無料&ノーコードRPAではじめる業務自動化

はじめての Power Automate Desktop

パワー オートメート デスクトップ

JN028115

株式会社ASAHI Accounting Robot 研究所

技術評論社

◆ご注意

本書に記載された内容は情報の提供のみを目的としています。したがって、本書を用いた運用はお客様自身の責任と判断のもと行ってください。これらの情報の運用について、技術評論社および著者はいかなる責任も負いません。本書記載の内容は2021年8月現在のものです。以上の注意をご了承の上で本書をご利用ください。

◆使用環境

本書記載の情報は、特に断りのない限り、以下の環境で使用した場合のものです。

・Power Automate Desktop 2.10.36.21161

・Windows 10

・Microsoft Excel

◆商標について

本文中に記載されている製品などの名称には、関係各社の商標または登録商標が含まれます。本文中では™や®などの記載は省略しています。

◆サンプルファイルのダウンロード

本書で用いるフローや教材などの一部をサンプルファイルとして提供しています。使い方も同梱しています。展開してご利用ください。

https://gihyo.jp/book/2021/978-4-297-12311-6/

はじめに

2021年3月、Windows 10ユーザーは追加費用なしでPower Automate Desktopを利用できることがマイクロソフトより発表され、世界的に大きな話題となりました。都市と地方のデジタル格差が進む中、Power Automate Desktopの登場により、住む場所、年齢、職業関係なく、誰もが最先端の技術を使って、業務を自動化できるようになったのです。

私どもASAHI Accounting Robot研究所とPower Automate Desktopとの出会いは、2018年にまでさかのぼります。Power Automate Desktopの前身である、WinAutomationを開発したSoftomotive社は、「RPAを1人1台保有し、単純作業はロボットに任せ、付加価値の高い業務は人が行う」といった世界になることをビジョンとして掲げていました。当社はそのビジョンに賛同し、2018年より税理士法人あさひ会計内でWinAutomationを導入、2019年1月より全国の企業へ、WinAutomationを活用した業務改善の支援や「RPAエンジニア」の育成支援を行ってきました。

WinAutomation時代を含め3年以上にわたり、自社グループ内や全国のお客様支援を通して培った経験とノウハウを、Power Automate Desktopをこれから学び始めるかた、興味を持ったかた、業務に活用したいかたなど、多くの皆様にお伝えし、自動化の魅力や楽しさ、素晴らしさをお伝えできればという考えから、本書を執筆する運びとなりました。

本書はPower Automate Desktop初学者が基礎を身に付け、単純な作業を自動化できることを目的としています。アカウントの取得からインストール、Power Automate Desktopの各種機能の解説はもちろん、業務をイメージした実践的なフローの作成方法を、Webアプリケーションやデスクトップアプリケーション、Excelの操作を実際に自動化しながら学べる構成となっております。日々お客様からの問い合わせに対応しているエンジニア集団だからこそお伝えできる「開発のポイント」も随所に織り込んでおります。Power Automate Desktopの操作を身に付けながら、自動化することの楽しさを知るきっかけにしていただければと思います。

「Think beyond」――Softomotive社のエンジニアSunil氏を日本に招いた際に、彼が残してくれた言葉です。「こうしなければならない、ではなく、どうするべきか」ということを我々に教えてくれました。既成概念にとらわれず、ぜひさまざまなことにチャレンジしてください。

そして本書を手に取った皆さんで「ヒトとロボット協働時代」を推進していきましょう。

ASAHI Accounting Robot研究所

本書の読み方

Sectionタイトル
Sectionの内容を示すタイトルが付けられています。

リード文
Sectionの導入となる内容がまとめられています。

Section番号
章ごとに、Section番号が付けられています。

4-2 Webブラウザーの起動

まずはPower Automate DesktopでWebブラウザーを起動してみます。なおPower Automate Desktopでは、使用するWebブラウザーを、Microsoft Edge、Google Chrome、Mozilla Firefox、Internet Explorer、オートメーションブラウザーの5種類から選択できます。本章ではMicrosoft Edgeを使用して解説します。

見出し
Section内でテーマごとに見出しで区切って解説しています。

◆ Microsoft Edgeに拡張機能をインストールする

本文
解説の本文です。特に重要な部分は青色で強調されています。

第3章でも触れましたが、Power Automate DesktopでWebブラウザーを操作するためには、はじめに**使用するWebブラウザーに拡張機能をインストールする必要があります**。なお、Internet Explorerとオートメーションブラウザーの操作では、拡張機能の設定は必要ありません。

拡張機能のインストールが済んでいない場合は、Power Automate Desktopのフローデザイナー上にあるメニューバーからインストールページへ移動して行います。

❶「ツール」をクリックします。

❷「ブラウザー拡張機能」をクリックします。

❸「Microsoft Edge」をクリックします。ほかのWebブラウザーで使いたい場合はそのWebブラウザーをクリックします。

❹「インストール」をクリックします。

102

インデックス
章番号とそのタイトルが表示されています。

第4章　Webの操作

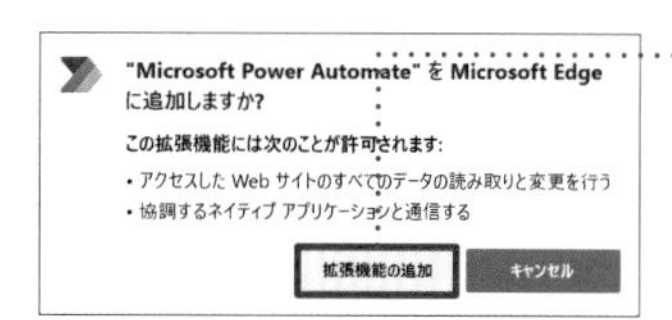

❺ 「拡張機能の追加」をクリックします。

インストールが完了すると拡張機能が有効化され、Webブラウザーの操作が可能となります。拡張機能が有効化されているかは、Microsoft Edgeの設定画面で確認できます。

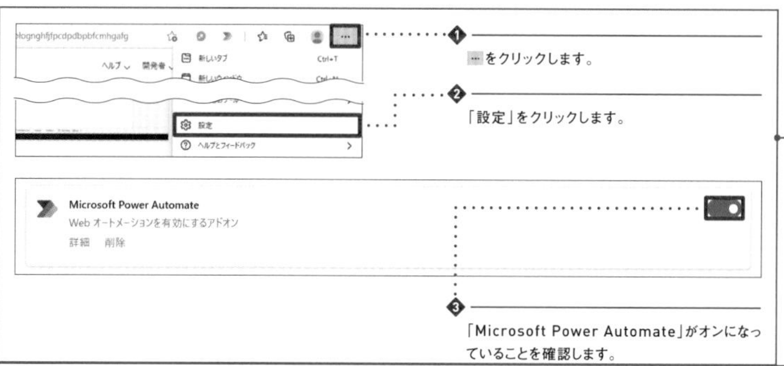

❶ ⋯をクリックします。

❷ 「設定」をクリックします。

❸ 「Microsoft Power Automate」がオンになっていることを確認します。

手順解説
操作手順を1つずつていねいに解説しています。

COLUMN

オートメーションブラウザーはPower Automate Desktop専用のWebブラウザー(Internet Explorerベース)です。WebブラウザーにInternet Explorerもしくはオートメーションブラウザーを使用するには、「新しいInternet Explorerを起動します」アクションを使用します。オートメーションブラウザーは、Internet Explorerと以下の点が異なります。

- **「Webページのダウンロードリンクをクリックします」アクションが使用できる。**
- **UI要素(P.120参照)をより速くキャプチャできる。**
- **ポップアップする可能性のあるすべてのメッセージダイアログを抑制する。**
- **不要な要素や拡張機能を読み込まない。**

103

COLUMN
本文を補足する内容や、本文に関連する内容について解説しています。

第3章 基本機能と概要

第5章 Excelの操作

第1章

RPAとは

1-1 RPAの概要

RPAとはRobotic Process Automation(ロボティック・プロセス・オートメーション)の略で、ロボットによるプロセス自動化技術を指す言葉です。ロボットといっても実際に物理的に存在するロボットではありません。これまでパソコン上でヒトが行ってきた業務をパソコンの中のソフトウェアロボットに代行させる技術です。たとえばExcelファイルをWebフォームに転記する、アプリに毎日情報を入力するといった業務を自動化できます。RPAはその特徴から仮想知的労働者とも呼ばれます。

◆ RPAにできること

パソコンの作業を自動化

- Excel/Wordの操作
- ファイルの移動などの管理
- Webページの操作
- メールの送付
- PDFの操作
- その他デスクトップアプリケーションの操作
- クラウド連携
- これらを組み合わせたフローの構築

実現
できること

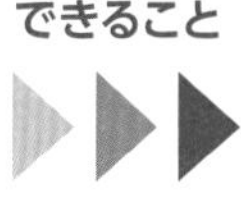

定型業務の一部を置き換える

- Excelの特定行だけを抜き出し新ファイル作成
- Webページの内容をExcelに転記
- 大量のファイルを長期保管用にZIP圧縮
- ファイルの内容をメールで通知

RPAはソフトウェアロボットのため、**パソコンさえ起動していれば24時間365日稼働可能であるうえ、性能の許す限り増やすことも可能**です。単調なくり返し業務や定期的に発生する業務などを自動化でき、創出された時間を付加価値の高い業務に充てることができるので、人材不足の解消や生産性向上に役立てることが可能です。たとえば、Webサービスのメッセージ確認業務をRPA化したことで、当該業務の確認時間が大幅に減らせたという事例もあります。

さらにRPAの特徴として挙げられるのは、**ノーコード・ローコード開発スタイル**です。**プログラミング言語を利用しない開発手法により、プログラム開発経験がなくても現場主導・主体の自動化を推進できます**。専門のプログラマーがいなくても始められるので、コスト的に外注が難しい業務も、現場起点で気軽に自動化に取り組めます。業務プロセスが変わったときも、外注なしで自分たちでフローを変更可能です。立ち上げや変更が迅速にできる､機動力や柔軟さも特徴です。

◆　RPAに向いている業務

ロボットはどのような作業でも代行してくれるわけではありません。たとえばデザインのように､個人のセンスが必要となる業務などは代行できません。

では､RPAが得意な作業とはどのようなものなのでしょうか。**①明確なルール、手順が確立されている業務**､**②誰がやっても同じ結果、成果物になる業務**､**③ヒトの判断を必要としない業務**､**④くり返し行われる単調な業務**､これらがパソコンで行われていればRPAで代行可能と思われます。

我々はこれらの業務を「ヒトが苦手な業務」と呼んでいます。RPAはヒトが苦手な業務を得意な業務として代行してくれるツールなのです。

たとえば単調なくり返し業務を長時間続けると、ヒトは疲労によりミスをしてしまったり､定期的に行わなければならない業務をし忘れてしまったりします。また「誰がやっても同じ結果、成果物になる業務」であれば、やりがいを感じづらくモチベーション低下につながったりしますが、ロボットは作られたフロー以外の作業は行わないのでミスなく長時間単調な作業を行うことができますし、スケジュール設定しておくことで決められた日時に稼働できるので、作業のし忘れもなくせます。また、モチベーションの低下もありません。「ヒトが苦手な業務」をRPAに置き換えることで､効率化が図れ､働くヒトのストレスを削減することも可能になります。

繁忙期に、大量の資料の印刷業務を社員がいなくなった後の夜間にロボットにやらせることで､大量の印刷をする社員､印刷待ちをする社員のストレスが軽減されたという事例もあります。

Robotic Process Automation

▶▶▶ 認知技術（学習機能・人工知能等）を活用した、主にホワイトカラー業務を効率化する取り組み。パソコンの中にいるロボットにヒトの作業を代行させる技術

▶▶▶ **Digital Labor**（仮想知的労働者）…業務変化に強く、人間より正確性・処理速度が高く無制限に増やすことができる

▶▶▶ **得意分野は「ヒトが苦手な仕事」**
単調な作業のくり返し
忘れがちな定期スケジュール業務
長時間に及ぶ作業、深夜・休日の作業

POINT
RPAとは…
「ヒトの苦手な仕事を減らす」
ためのツール

1-2 RPAの種類

インターネットで「RPA ツール」と検索すると、多くのRPAツールが存在するのがわかります。これらの中から自社に最適なRPAツールを選択するには、ツールそれぞれの性能や特徴を理解する必要があります。

◆ RPAツール選定の重要性

RPAを実現するためのツールにはいくつかの種類があり、価格・機能などに違いがあります。RPAツールの選定は重要です。自社に合ったものを選択しないと、「誰も使わないRPA」「コストの割にはイマイチなRPA」といった残念な結果につながりかねません。ツールの使いやすさや自分たちの想定用途にマッチしているかは、導入前に調査すべきです。Power Automate Desktopは無料で基本的な機能がすべて利用できるので調査もしやすいです。RPAツールの選定は、ツールそのものの使いやすさだけでなく、導入後の運用や社内での展開（スケール）も考えなくてはいけません。一般的にこういったツールの導入はスモールスタートで始め、効果が見込めたら社内展開していきます。このため導入しやすさ（使いやすさ）だけでなく、展開のしやすさも重要になります。

ロボットの稼働については、自動で起動できるかどうかもポイントになります。スケジュール機能（日時ごとの実行）やトリガー機能（何らかの操作などを契機に実行）は重要です。自動機能が可能だと実行忘れのようなヒューマンエラーがなくなり、深夜の実行なども可能になります。Power Automate Desktopは有償版ではスケジュール機能やトリガー機能を備えます。

RPA導入の効果を最大化するためには、立ち上げから展開まで意識したツール選定が重要になります。選定において考慮したいポイントをいくつか紹介します。

◆ 価格

RPAの導入に際しては価格も重要なポイントとなるでしょう。Power Automate Desktopは基本機能は無料で利用でき、追加機能が有料という形態をとっています

(P.299参照)。無料ツールのほかに、基本有償のツールの無料試用版を利用できるケースがあります。導入を決める前に価格と機能が見合うか、有料ライセンスの有無、使い勝手は調査しておくべきです。

◆ サーバー型／デスクトップ型／クラウド型

RPAには大別して、**デスクトップ型**／**サーバー型**／**クラウド型**の3つの構成があります。

デスクトップ型はパソコン1台で作成、運用が完結するもっとも導入しやすい構成です。無料もしくは安価で導入でき、専門知識が比較的必要ありません。ただし、複数台のパソコンを管理する能力が弱いことが多く、俗にいう「野良ロボット（IT部門が管理できてないロボット)」が発生しやすいといわれています。デスクトップ型はRDA(ロボティック・デスクトップ・オートメーション）とも呼ばれます。Power Automate Desktopは、単体ではデスクトップ型、RDAに分類されます。

サーバー型は、サーバー(専用のコンピューター）を必要とする構成です。サーバーでフローの作成・管理、ロボットの稼働状況の監視が可能です。ロボットやフローを一元管理できるので、スケールが容易です。フローを作成するパソコンと実行するパソコンを分けることが可能なため、ロボットの稼働状況により作業を割り振るなど大規模なRPAに適した機能を有します。高度な機能を有する分、ライセンス料が高価なことが多く、また導入も比較的容易ではありません。

クラウド型はその名のとおり、クラウド上で稼働するRPAです。パソコンにソフト

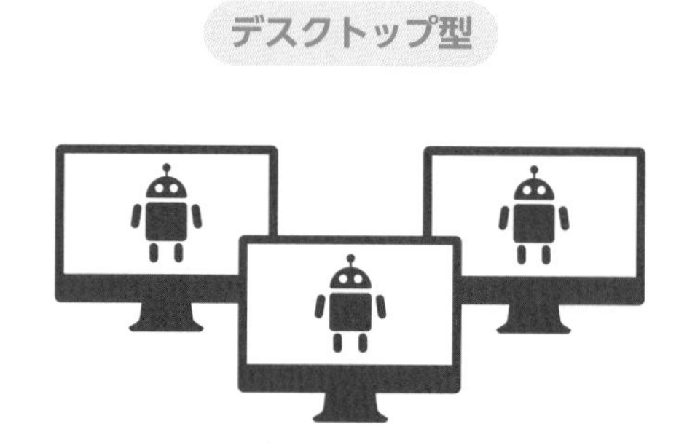

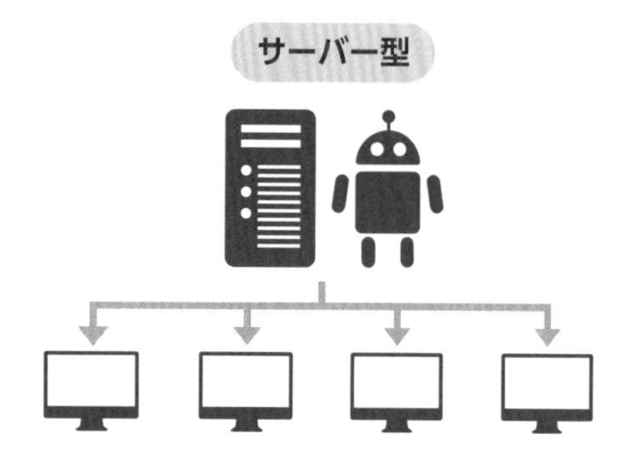

RDA（Robotic Desktop Automation)
- 1台のパソコン上で開発・運用
- インストールだけでかんたんに導入可能
- 個人・部門など小規模向き

- ロボットをサーバーで集中管理
- 大量のデータやルールを一括管理
- 業務を横断した全社導入

ウェアをインストールする必要がなく、アップデートや機能追加が自動的に行われるメリットがあります。導入はもっとも平易でしょう。ただし、Web API(クラウドサービスを外部サービスと接続するしくみ)の利用や、Web上のデータ管理などに用途が限定されることは注意しましょう。パソコンにインストールされるわけではないため、デスクトップアプリケーションの自動化はできません。

それぞれにメリット・デメリットがあります。**自社の規模、業務の特徴、とくに自動化したい業務の内容などを考慮した選定が必須**です。たとえば、まず企業内の1つの部署で導入、トライアルを経て次第に全社展開するケースで考えます。この場合はデスクトップ型からスタートし、何らかの形で管理運用を行うのが望ましいです。Power Automate Desktopはこのような想定にはぴったりです。当初は無料で導入でき、有償ライセンスを導入するとクラウド上でフローを管理できるようになります。**管理・監視のために高価なサーバーが必要なく、サーバー型よりコストメリットも大きい**です。また有償ライセンスを導入すると、Power Automateと高度な連携が可能となります(2-1参照)。Power Automate Desktopは基本的にはデスクトップ型ですが、柔軟に機能を拡張できるのも特徴です。

	デスクトップ型	サーバー型	クラウド型
メリット	低コスト 最小構成で運用可能	高性能 野良ロボット防止	パソコンに インストールする 必要がない
デメリット	野良ロボットが 発生する可能性 がある	高コスト	デスクトップ 自動化は不可

◆ 画像認識型と構造解析型

操作対象となるボタンや入力欄などの部品をどのようにロボットが認識するかによって、**画像認識型**と**構造解析型**、あるいは両方の機能を備えたRPAに分けられます。

この分類は操作性や性能に影響します。

画像認識型は、**操作対象を画像として登録し、これを実際の画面を照らし合わせて処理対象を特定します**。プロセスの構築が比較的かんたんで、導入後すぐに自動化のメリットが得られやすいです。また構造解析型が非対応のアプリケーションも動かせることがあります。しかし、RPAの動作が遅かったり、画面のちょっとした変更で操作ができなくなるといったしくみに起因する弱点があります。

構造解析型はUI識別型やオブジェクト識別型とも呼ばれます。**Webサイトやパソコン内のソフトウェアの構造を解析して、操作対象のボタンや入力欄などを特定します**。しくみ上、画像認識RPAより高速に動作します。また、見た目ではなく構造を対象とするため、対象となるウィンドウが最小化されていても（画面上見えていなくても）処理可能です。構造解析型は画像認識型よりやや操作感が直感的ではないですが、慣れれば同程度の作業時間で構築できます。

画像認識型の処理イメージ

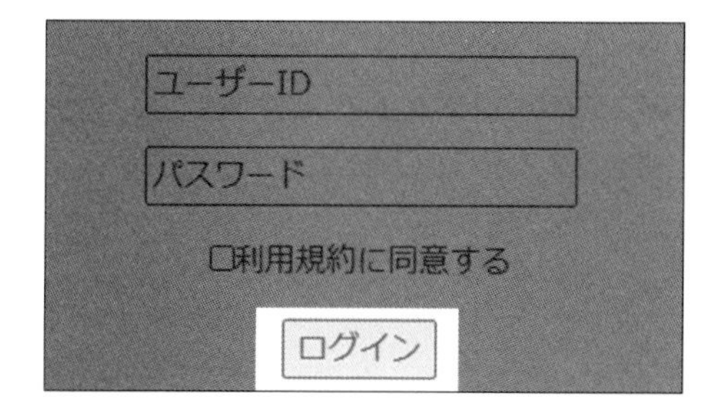

構造解析型の処理イメージ

ユーザーID
パスワード
□利用規約に同意する
ログイン

画像認識型（左）では、ボタンなどの対象を画像として認識して処理する。
構造解析型（右）では、Webサイトやソフトウェアの構造を解析して対象を処理する。

Power Automate Desktopは「無料（有償ライセンスあり）」「デスクトップ型（クラウドとの連携機能あり）」「構造解析型（画像認識型も利用可）」のRPAツールです。初心者が導入しやすく、比較的高速に動作します。

1-3 RPAの導入

RPAを導入すれば、すぐに効率化や生産性向上を達成できるわけではありません。RPAのセミナーや勉強会では、魔法のようにスムーズに動作するデモンストレーションを目にする機会も多いでしょう。しかし、これはあくまでも説明のためにきれいな例を取り上げているにすぎません。実際の現場ではRPAはよく考えて導入しないとうまくはいきません。効率化や生産性向上の効果を得るためには、「業務の細分化」と「ロボットを成長させること」が必要になります。

◆ RPAを導入する流れ

RPA導入に際して、対象業務の標準化・整流化が重要だといわれます。標準化は処理を統一すること、整流化は処理の流れを整えることです。これを大きな範囲で進めようとすると難しいことが多くあります。ある業務をRPAで効率化しようとしたとき、担当者や顧客によって処理方法が異なる、処理の流れが違うといったように現実には課題が多々あります。この状態で標準化・整流化を達成しようとすると、関係者間での調整や確認事項が積み重なり、RPAツール導入以前のところでつまずきかねません。

そこで、我々は**対象業務全体の最適化を考える前に、対象業務を細分化してRPAを適用できる部分を探し出す**ようにしています。たとえば、FAXとメールが用いられる受注業務をまとめてRPAに任せようと思うと、パソコン上で処理の難しいFAXの受注について検討・調整する必要があります。まずはメールでの受注だけをRPA化するとすばやく取りかかれます。このように範囲を限定したほうが、RPAを迅速かつ容易に活用できます。標準化・整流化してフローにしやすい業務プロセスをまとめるのはそれからでも遅くありません。

「ロボットを成長させる・育てる」という観点も欠かせません。ロボットは構築されたフローどおりの作業をします。そのフローにおいて通常の流れでは発生しないポップアップ表示など、いつもと違う事象が発生した場合、フローは止まります。このように**想定外のことでRPAが止まったとき、RPAは使い物にならないとさじを投げず、RPAを改善していくことが重要**です。例外処理（P.296参照）のフローを構築するなどして、ロボットをより止まらないようにメンテナンスしていくこと、付き合っていくことがRPAを成功させる鍵です。

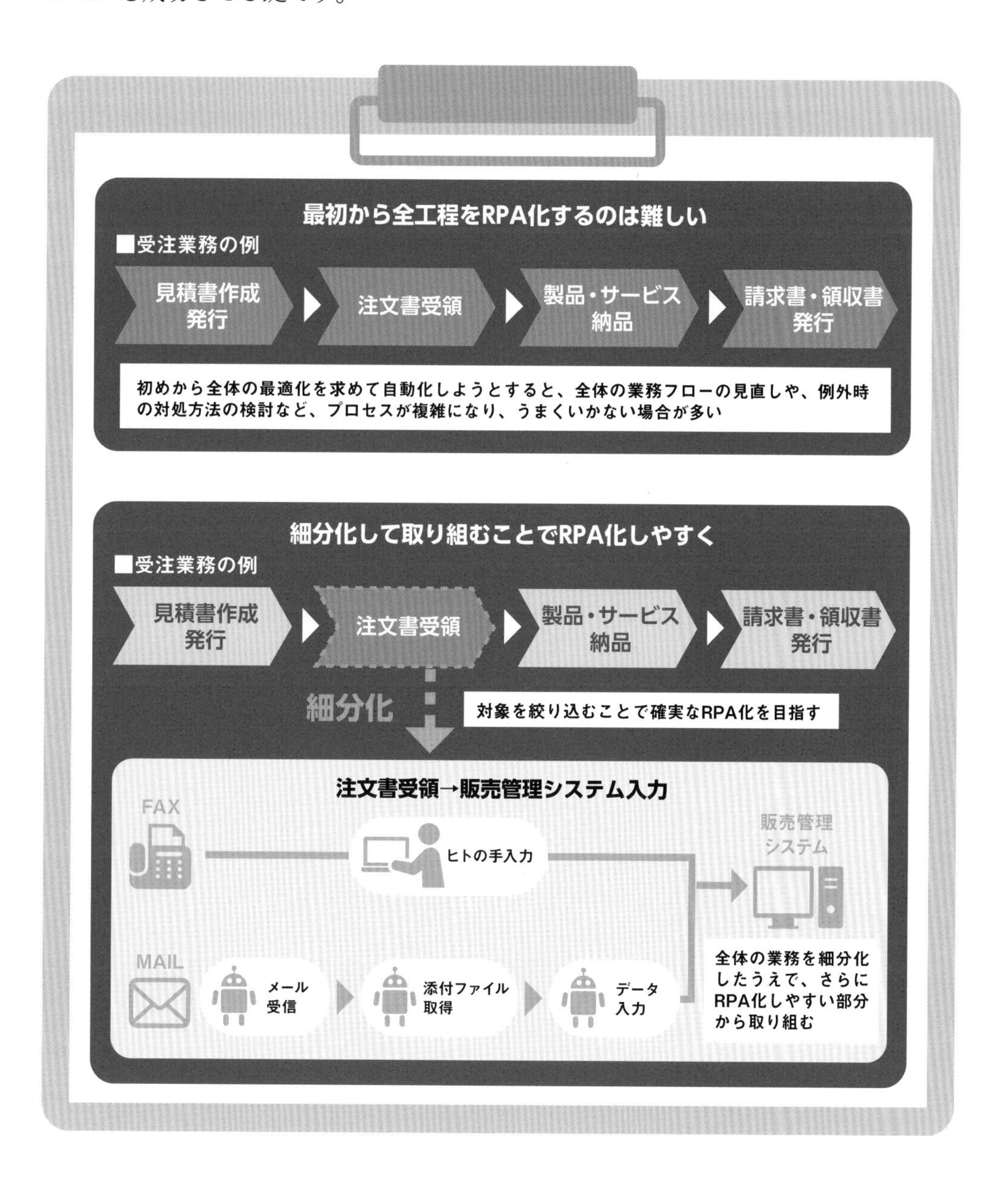

◆ 一人を助けるロボットを作る

RPAの導入をスムーズに進めるポイントとして、「一人を助けるロボット」を量産することが挙げられます。

RPA導入に際しては、当然ながら費用対効果を求められます。しかし、このとき成果の最大化を目論んで巨大な業務をRPAに移行しようとすると、標準化・整流化の負担が大きくなって、結局うまくいかないことが多いです。現在は、無料・安価で導入できるRPAツールが増えています。そのため、**小規模なRPAの導入でも、十分に費用対効果のバランスが取れる**はずです。

そこで我々は、「一人を助けるロボット」を量産することをおすすめしています。先述のヒトが苦手な単調なくり返しなどの業務について、しっかりと手順が明確化されているのであれば、たとえその業務を行っているのが一人だけだったとしても、RPA化していきます。**一人を助けるロボットの量産は、関係者間の調整などの時間と労力を削減できるため、RPA化がスムーズに進みます。**RPA化が迅速に進むので、メリットを早い段階で享受できます。先に紹介した細分化と同等の考え方のポイントです。

実は、一人が行う業務の自動化は、コストパフォーマンスに優れています。**最小限の費用で導入でき、調整の労力もなく、迅速なRPA化が可能なため確実な効果が見込める**からです。今まで小規模で外注によるシステム化などができなかった業務を各自がRPA化していけば、ちりも積もれば山となるで、全体では非常に大きな時間削減を期待できます。マイクロソフトも、これまで投資対効果を見込めずエンジニアにアサインできなかった業務を自動化することは非常にビジネスインパクトが大きいと述べています。

RPA導入のポイントはスモールスタートです。そのために、業務の細分化や「一人を助けるロボット」を駆使しましょう。

Power Automate Desktopはスモールスタートに最適です。基本的には無料で、高度な監視機能やスケジュール起動などを活用する場合も1ライセンス5,000円以下。ノーコード・ローコードで現場主導で導入できます。これまで費用対効果が見込めず、システム化できなかった一人が行う業務でも、自動化の対象とすることが可能です。

第 2 章

Power Automate Desktopの基本

2-1 Power Automate Desktopとは

Power Automate Desktopは、マイクロソフトが提供するPower Automateに含まれるRPA機能の１つで、デスクトップフローとも呼ばれます。人が普段からパソコンを使って行う単純作業やくり返し作業を自動化できます。2021年3月にはマイクロソフトから、Windows 10を利用するユーザーは追加費用なしで Power Automate Desktopを使って身の回りの作業を自動化できると発表がありました。

では、Power Automate Desktopとは具体的にどういった製品で、どういった機能を備えているのでしょうか。

◆ マイクロソフトが提供するローコードツール

Power Automate Desktopは「ローコードツール」の1つです。ローコードとは、**少ないプログラムコードの記述で、アプリケーション開発や、処理を自動化する機能の開発が行える**ことで、プログラムコードの記述をまったく行わずに済む場合はノーコードとも呼ばれます。また、**専門的なプログラミングスキルを保有していない人でも開発ができるため、近年注目を浴びている**開発手法、ツールです。

マイクロソフトが提供するローコードプラットフォームにMicrosoft Power Platformがあり、業務分析・可視化ツールであるPower BI、業務アプリケーション開発ができるPower Apps、業務の自動化やワークフロー関連の機能を備えるPower Automate、チャットボットツールであるPower Virtual Agentsの4つの製品で構成されます。この中のPower Automateの一機能として、Power Automate DesktopのRPA機能が提供されています。

Power BI
業務分析・可視化

Power Apps
アプリケーション開発

Power Automate
業務の自動化

Power Virtual Agents
チャットボット

Power Automateの主な特徴として以下が挙げられます。なお、一部機能は別途有償ライセンスが必要です。

- ローコードであり、非エンジニアでもかんたんに業務を自動化できる。
- さまざまなクラウドサービスと連携することができ、そのための「コネクタ」と呼ばれる部品が500以上用意されている。
- 1,000を超えるテンプレートが用意されており、かんたんに業務プロセスを自動化できる。
- AI BuilderというAI機能が利用できる。
- Microsoft 365の中に一部の機能が含まれているため、Microsoft 365を導入済みの場合は、気軽にPower Automateを使ってワークフローを自動化できる。
- パソコン上のくり返し、単純作業を自動化できる（Power Automate Desktop）。
- Process Advisorというプロセスマイニング機能が利用でき、業務のボトルネックを可視化し、最適な処理を提案してくれる。
- 生産性向上だけではなく、組織全体で管理・統制するための機能が用意されており、組織全体への展開ができる。

◆ Power AutomateとPower Automate Desktop

Power Automateは主に、「クラウドフロー」と「デスクトップフロー」という2つの機能により構成されています。

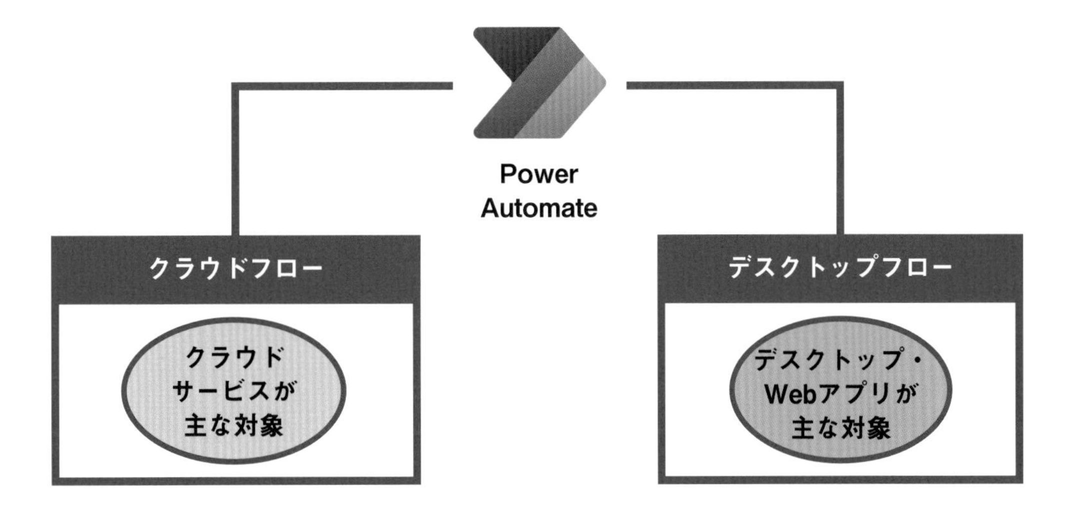

クラウドフローとは、**クラウドサービスの連携・自動化を行うもので、デジタルプロセスオートメーション**（DPA：Digital Process Automation）**に分類されます**。クラウドフローが各クラウドサービスどうしを連携させる橋渡しの役割を担います。クラウドフローは、サービスどうしが互いに情報をやりとりするのに使用するAPI(Web API）というしくみが用意されているサービスに対して有効です。通常、Power Automateと呼ぶ場合は、このクラウドフローを指すことが多いです。

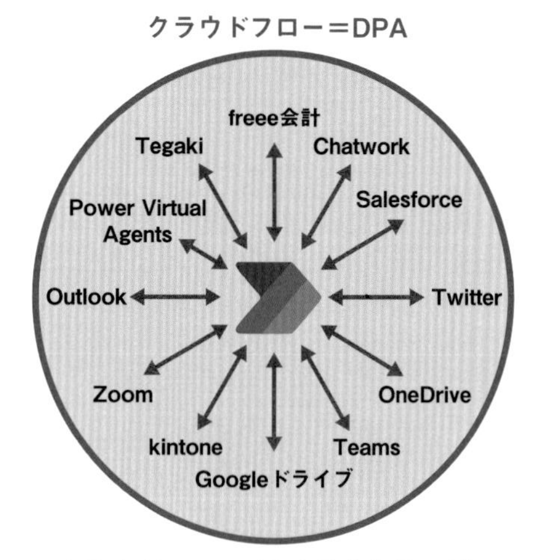

クラウドフローが各クラウドサービスの橋渡しを行う

一方の**デスクトップフロー**は、**デスクトップアプリケーションや、API 非対応のWebサービスの連携・自動化を行うもので、ロボティックプロセスオートメーション**（RPA）**に分類されます**。デスクトップフローはデスクトップアプリなどの各アプリケーションどうしを連携させる橋渡しの役割を担います。Power Automate Desktopはこのデスクトップフローを指します。なお、Power Automate DesktopでWeb APIを呼び出すことも可能です。

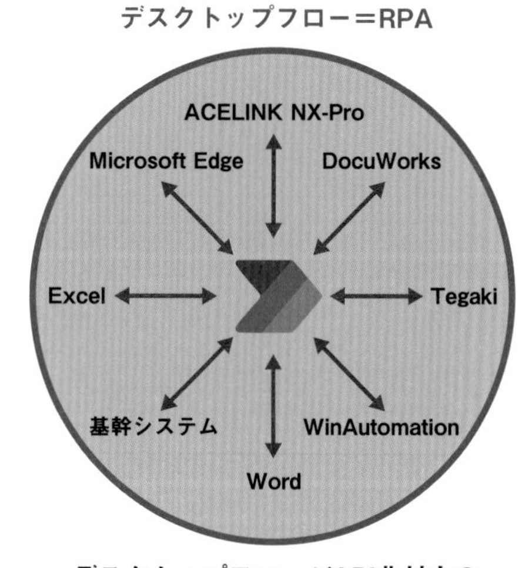

デスクトップフローがAPI非対応のアプリケーションどうしの橋渡しを行う

従来は、クラウドサービスを自動化するためと、RPA機能で自動化するためにそれぞれ別のサービスやツールを導入し、使い分けながら業務プロセスを自動化する必要がありました。しかし、クラウドサービスを自動化できるクラウドフローと、デスクトップの操作を自動化できるデスクトップフローそれぞれの機能を持ったPower Automateを利用すれば、一貫して業務プロセスを自動化することが可能となるのです。

Power Automate（クラウドフロー）とは

より詳しく確認していきましょう。クラウドフローのPower Automate(狭義のPower

Automate）は、Microsoft 365やTwitter、Salesforce、Googleサービスなどといった、ふだんからみなさんが利用しているようなクラウドサービスどうしをつなぎ合わせ、作業を自動化するツールです。ほかにも、クラウド会計ソフトのfreee会計や、Web会議ツールの Zoom、クラウドストレージサービスのDropboxやbox、メッセージアプリのLINEなどが、対象のクラウドサービスに該当します。

Power Automateには、クラウドサービスどうしを連携させるための「コネクタ」と呼ばれる部品が500以上用意されており、**さまざまなクラウドサービスどうしを連携させて組織内の業務プロセスを自動化し、各部門間で意識せずに一体的に連携を図ることを可能に**します。

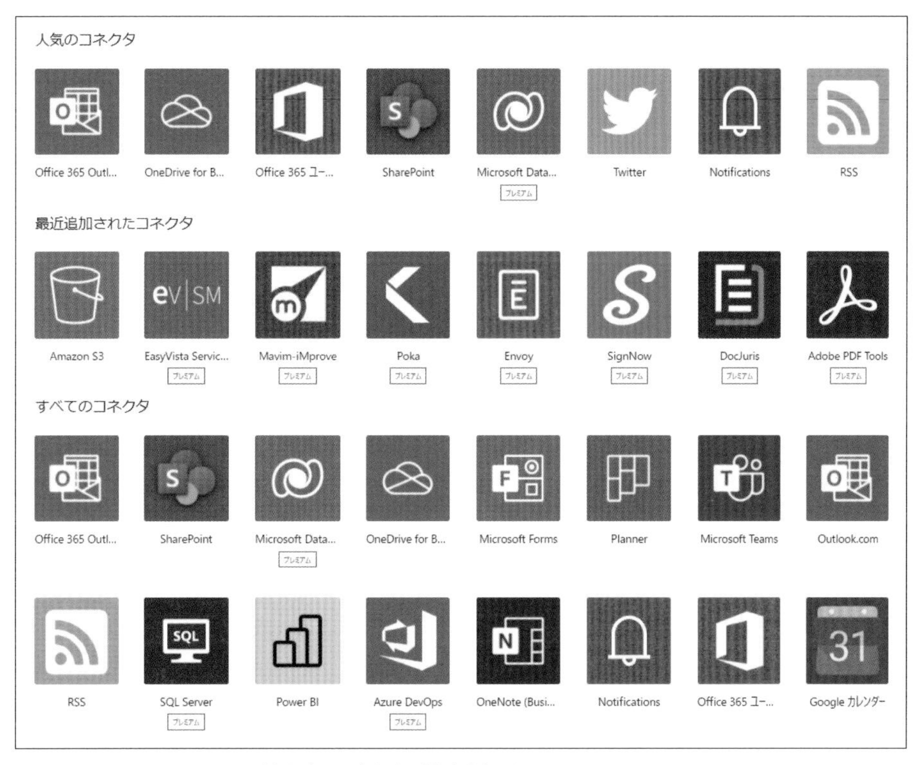

Power Automateには500以上ものコネクタが用意されている。
https://flow.microsoft.com/ja-jp/connectors/

Power Automate Desktop（デスクトップフロー）とは

デスクトップフローのPower Automate Desktopは、普段パソコン上で行っている単純な作業やくり返し作業を自動化できるツールです。デスクトップアプリケーションだけでなく、API提供の有無によらずWebサービス（クラウドサービス）を自動化できます。

Power Automate DesktopはWindows 10に標準搭載されることがマイクロソフトから発表されており、**Windows 10が搭載されたパソコンがあれば、パソコンで行っていた単純なくり返し作業を、無料で自動化することができます。**

Power Automate Desktopの主な特徴としては以下が挙げられます。

・デスクトップアプリケーションやWebアプリケーションの操作を自動化できる。
・マウス操作やキー操作などを自動化するための「アクション」という部品が300以上用意されている。
・レコーダー機能を使って、操作の自動記録（フローの自動作成）ができる。
・有人モード（ユーザーとの対話形式）での利用のほかに、無人モード（ユーザーが関与しない自動実行形式）での利用ができる（別途アドオンが必要）。
・世界的に高い市場評価を得ている。

Power Automate Desktopの市場評価・有用性

Power Automate Desktopは、前身であるRPAツール「WinAutomation」の時代から世界的に高い評価を受けていました。調査会社Forrester Research社が発表した2021年第一四半期のThe Forrester WaveのRPA部門で、Power Automate Desktopを提供するマイクロソフトがリーダーとしての評価を獲得しています。これは、**RPAツールを提供するベンダー各社の中でトップグループに位置付けられた**ということを意味し、それだけPower Automate Desktopが評価されているということでもあります。

Power Automate Desktopは無料で、ノーコード／ローコードのRPAツールです。そのため、投資対効果を考慮して、RPAツールを導入できなかった個人・中小零細企業も非常に採用しやすいです。高価なツールや専門人員の配置なしに、身の回りの単純作業や、くり返し行う作業を自動化できるようになります。今までは、Office製品を使っていれば、それらの業務はVBAで効率化・自動化できていたでしょう。これからはWindows 10以降のOSを搭載したパソコンさえあれば、Power Automate Desktopで誰もがパソコンの作業を自動化・効率化できるようになっていくことでしょう。Office製品以外にも使えて、プログラミングの知識があまりなくても利用できるため、Power Automate DesktopにはVBA以上の効果が期待できます。

2-2 Power Automate Desktopのライセンス

Power Automate Desktopは、Windows 10を搭載したパソコンがあれば無料で利用することが可能ですが、使用するパソコンの環境や利用するMicrosoftアカウント、ライセンスの違いによって、利用できる機能に違いが出てきます。具体的に確認していきましょう。

◆ MicrosoftアカウントとPower Automate Desktop

Power Automate Desktopを利用する際には、Microsoftアカウントが必要です。Power Automate Desktopを利用するパソコンは**常にインターネットに接続している状態で、Microsoftアカウントを使用し、サインインしたうえで使用する**必要があります。

Power Automate Desktopで作成したデスクトップフローの情報や実行履歴のログ情報などは、マイクロソフトが提供する個人のクラウドストレージ**OneDrive**上にすべて保存されます。なお、企業内で組織アカウントと呼ばれるMicrosoftアカウントを利用している場合は、フローの情報はすべて、マイクロソフトが提供するデータプラットフォーム**Microsoft Dataverse**上に保存されます。

Power Automate Desktopは、フローの情報や実行履歴がすべてクラウド上で保管されるため、クラウド型のRPAツールという特徴があります。クラウド型のメリットとして、利用していたパソコンが故障した場合に、Microsoftアカウントに、新たなパソコンでサインインするだけで、フローの情報をすべて利用できる、ということが挙げられます。

◆ Power Automate Desktopのライセンスと機能比較

Power Automate Desktopは、Windows 10のユーザーであれば追加費用なく利用可能です。無料版とは別に有料版に相当するアテンド型もあります。利用するMicrosoftのアカウントやライセンス、Windows 10のバージョンの違いによって、できることが異なります。

■OSやアカウントによって異なるPower Automate Desktopの機能

項目	Microsoftアカウント		組織のMicrosoftアカウント		組織のPremiumアカウント	
OS	Windows 10 Home	Windows 10 Pro/Enterprise/Server	Windows 10 Home	Windows 10 Pro/Enterprise/Server	Windows 10 Home	Windows 10 Pro/Enterprise/Server
フローの情報の保存先	個人のOneDrive	個人のOneDrive	組織の既定環境のMicrosoft Dataverse	組織の既定環境のMicrosoft Dataverse	指定した環境のMicrosoft Dataverse	指定した環境のMicrosoft Dataverse
Power Automate Desktopの利用、フローの作成	○	○	○	○	○	○
有人実行（手動での実行）	○	○	○	○	○	○
トリガー／スケジュール起動による無人実行（クラウドフローからの自動起動）	×	×	×	×	×	○（完全自動実行の場合は、非アテンド型RPAアドオンが必要）
フローの稼働監視、ログの表示	×	×	×	×	○	○
デスクトップフローの共有	△（コピー&ペーストによる共有）	△（コピー&ペーストによる共有）	△（コピー&ペーストによる共有）	△（コピー&ペーストによる共有）	○	○
デスクトップフローの共同開発	×	×	×	×	○	○
デスクトップフローの開発権限や実行専用権限などのアクセスレベル管理	×	×	×	×	○	○
AI Builder、500以上のコネクタ利用、Process Advisorの利用、無人アドオンの利用	×	×	×	×	△（クラウドフローからデスクトップフローの呼び出しが不可）	○

※組織のMicrosoftアカウント:学校または会社のMicrosoftアカウント

※組織のPremiumアカウント:Power Automateの有償ライセンスを保有しているアカウント（アテンド型 RPAのユーザーごとのプラン）

※完全自動実行:トリガー実行やスケジュール実行により自動的にデスクトップフローを呼び出しする際、端末へのサインインが必要となる場合は、有償のPower Automateアドオンである、非アテンド型 RPAアドオンが必要

※出典:https://flow.microsoft.com/ja-jp/pricing/

※2021年6月時点

◆ Power Automate Desktopのシステム要件

Power Automate Desktopの利用条件は、Microsoftアカウントを保有し、Power Automate Desktopにサインインしていることだけです。ただし、Power Automate Desktopを適切に動作させるためには、マイクロソフトから推奨されているシステム要件を満たす必要があります。フローが操作するデスクトップアプリケーションやWebアプリケーションに必要なシステム要件は、それぞれに依存することに注意してください。

■システム要件

OS	Windows 10 Home/Pro/Enterprise Windows Server 2016/2019
最小のハードウェア構成	ストレージ：1GB RAM：2GB
推奨のハードウェア構成	ストレージ：2GB RAM：4GB
その他	.NET Framework バージョン 4.7.2 以降 利用するパソコンがインターネットに接続されていること

また、Power Automate Desktopは製品のアップデートが速く、アプリケーションのバージョンもその都度更新されます。そのため、「正常にフローの開発画面が表示されない」、「正常に動作していたフローがエラーになってしまう」といった事象が発生した場合は、**Power Automate Desktopのアプリケーションが最新版であるかも、あわせてチェックしましょう。**

なお、本書ではPower Automate Desktopの無料で利用できる内容について解説します。有償ライセンスで利用できる範囲については第8章で解説します。

2-3 Microsoftアカウントの準備

Power Automate DesktopはMicrosoftアカウントで常にサインインして使用します。個人のMicrosoftアカウント、または組織のMicrosoftアカウントを保有していない場合は、以下の手順を参考に個人のMicrosoftアカウントを作成してから、Power Automate Desktopの設定に進みましょう。

◆ Microsoftアカウントの作成

Microsoftアカウントを保有していない場合は、以下の手順でMicrosoft アカウントを作成します。

なお、すでにMicrosoftアカウントを保有している場合は、次の2-4「Power Automate Desktopの導入」に進みます。

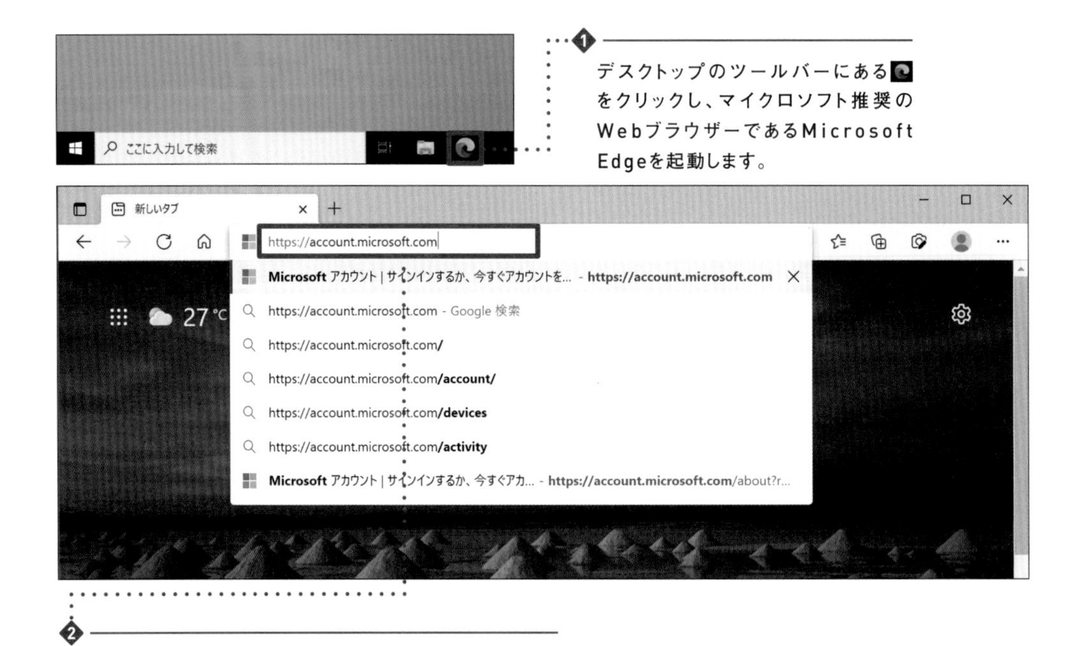

❶ デスクトップのツールバーにある をクリックし、マイクロソフト推奨のWebブラウザーであるMicrosoft Edgeを起動します。

❷ アドレスバーに「https://account.microsoft.com/」と入力して「Enter」キーを押すと、Microsoftアカウントページが表示されます。

❸

「Microsoftアカウントを作成」をクリックします。

今回は新しくメールアドレスを取得してアカウントを作成します。なお、画面は2021年6月時点のものであり、今後変わる場合があります。

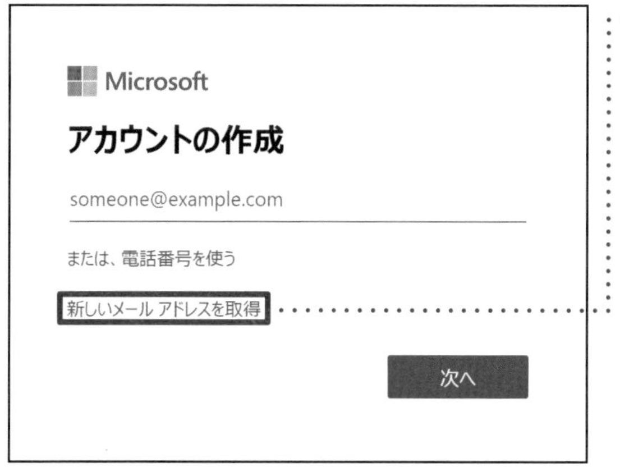

❹

表示されたMicrosoftアカウントの作成ページで、「新しいメールアドレスを取得」のリンクをクリックします。なお、すでに保有しているメールアドレスをMicrosoftアカウントとして利用したい場合は、メールアドレスの設定項目にMicrosoftアカウントとして利用したいメールアドレスを入力して、「次へ」をクリックしてください。

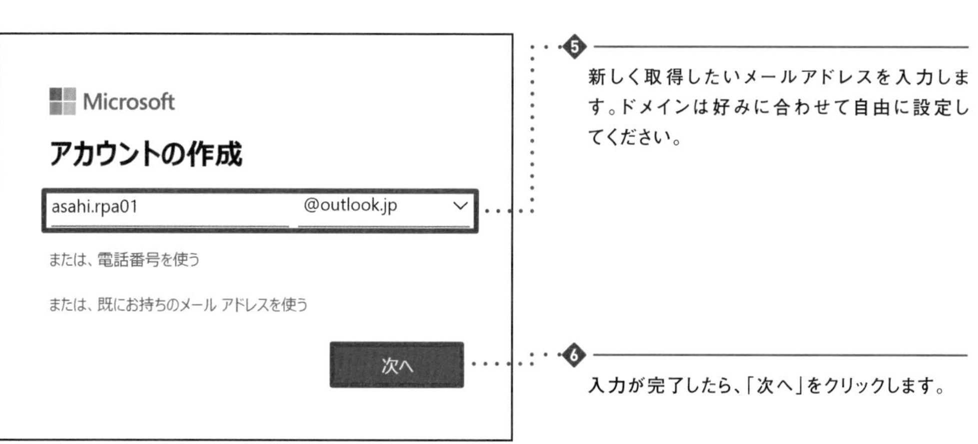

❺

新しく取得したいメールアドレスを入力します。ドメインは好みに合わせて自由に設定してください。

❻

入力が完了したら、「次へ」をクリックします。

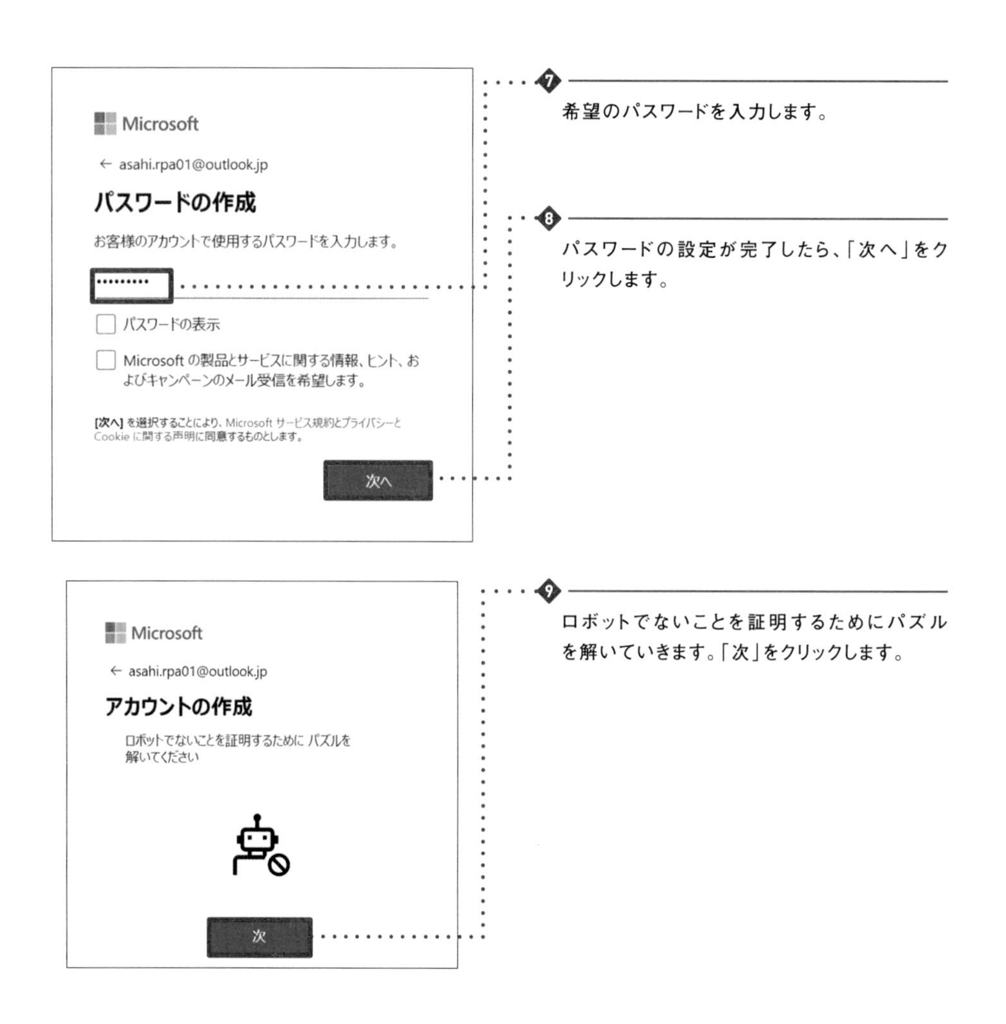

❼ 希望のパスワードを入力します。

❽ パスワードの設定が完了したら、「次へ」をクリックします。

❾ ロボットでないことを証明するためにパズルを解いていきます。「次」をクリックします。

COLUMN

パスワードは他人にとって推測や解読が困難な文字列を設定しましょう。以下の条件で設定することで強力なパスワードを設定することができます。

- 8文字以上の長さがある。
- ユーザー名、実名、会社名などが含まれていない。
- 単語が含まれていない。
- 以前利用したことのあるパスワードと異なる。
- 大文字／小文字の英字、数字、記号が含まれる。

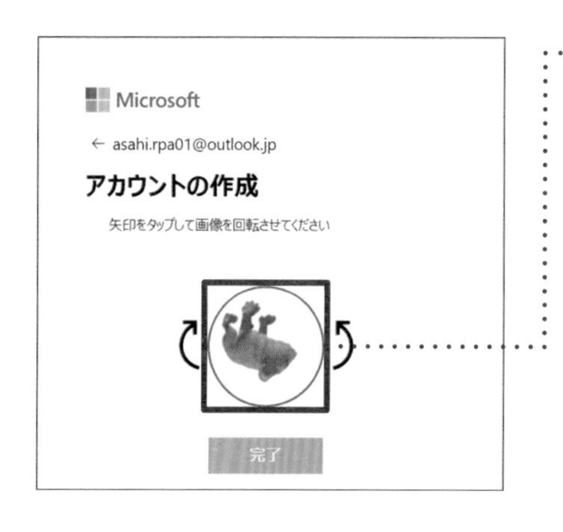

⑩
表示された画像を正しい向きに回転させ調整します。

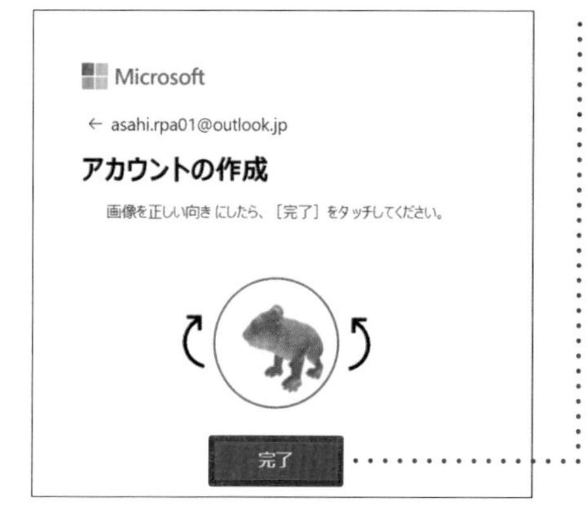

⑪
正しい向きになったことを確認したら、「完了」をクリックします。パズルに成功するとアカウントが作成され、Microsoftアカウントの管理ページが表示されます。

◆ アカウント情報の設定

Microsoft アカウントの管理ページが表示されたら、アカウント情報を設定します。

❶
名前の設定をします。「名前を追加する」をクリックします。

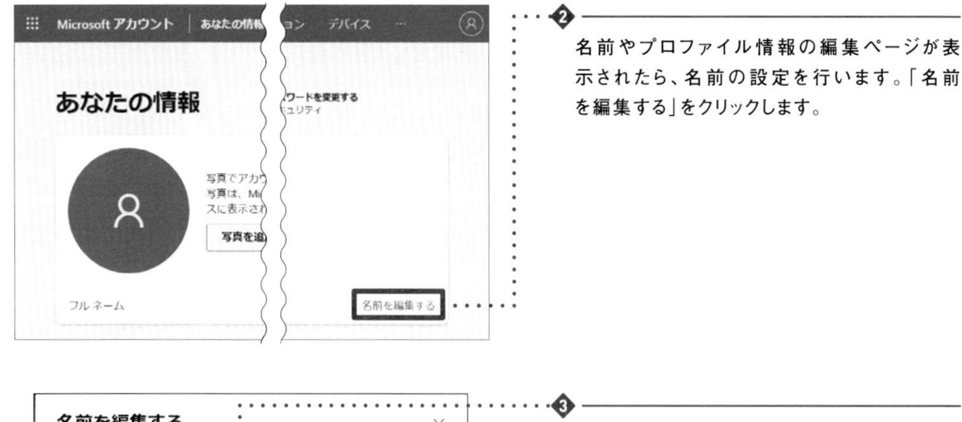

❷ 名前やプロファイル情報の編集ページが表示されたら、名前の設定を行います。「名前を編集する」をクリックします。

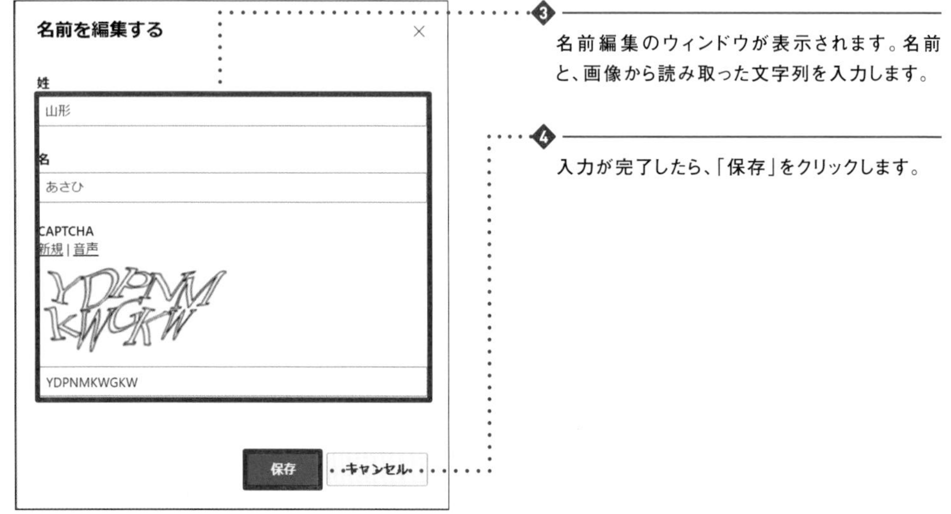

❸ 名前編集のウィンドウが表示されます。名前と、画像から読み取った文字列を入力します。

❹ 入力が完了したら、「保存」をクリックします。

❺ 設定が完了し、「フルネーム」に先ほど設定した名前が反映されていることが確認できます。

そのほかに「生年月日」や「国または地域」を設定したい場合は、「プロファイル情報の編集」から設定します。電話番号の設定は「アカウント情報の編集」から行えます。

2-4 Power Automate Desktopの導入

Power Automate Desktopを利用するためには、Power Automate Desktopのアプリケーションをインストールし、Microsoftアカウントでサインインする必要があります。

◆ Power Automate Desktopのインストール

ここでは、実際にPower Automate Desktopをパソコンへインストールし、前のセクションで作成したMicrosoftアカウントでサインインします。なお、Power Automate Desktopは今後、Windows 10に標準搭載される予定のため、インストールは不要になる見込みです。

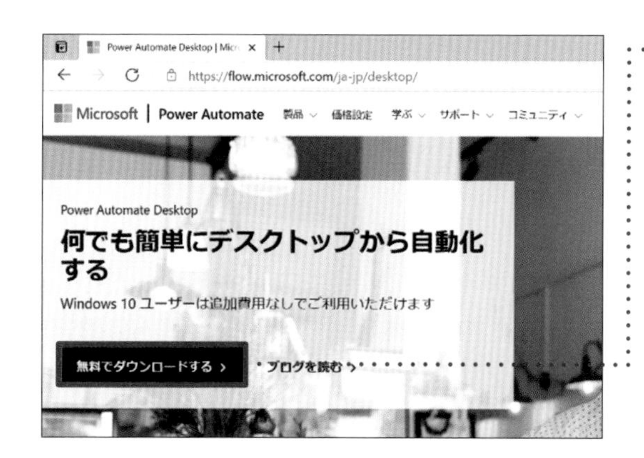

❶「https://flow.microsoft.com/ja-jp/desktop/」にアクセスし、「無料でダウンロードする」をクリックすると、Power Automate Desktopのインストーラーがダウンロードされます。

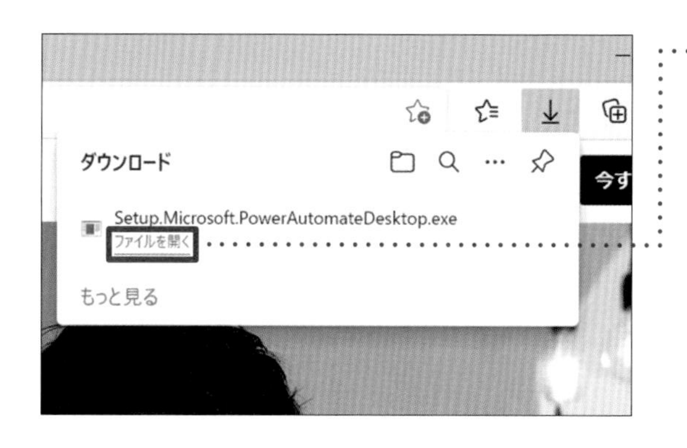

❷インストーラーのダウンロードが完了したら、「ファイルを開く」をクリックするか、ダウンロードフォルダーに保存されたインストーラーを実行して、インストールを開始します。

❸「Power Automate Desktopの設定」画面が表示されたら、「次へ」をクリックします。

❹「インストールの詳細」画面が表示されたら、「使用条件」、「プライバシーに関する声明」を確認し、問題なければ、「[インストール]を選択すると、Microsoftの使用条件に同意したことになります」にチェックを付けます。なお、インストール先を変更したい場合は、「インストール先」を変更します。

❺「インストール」をクリックします。

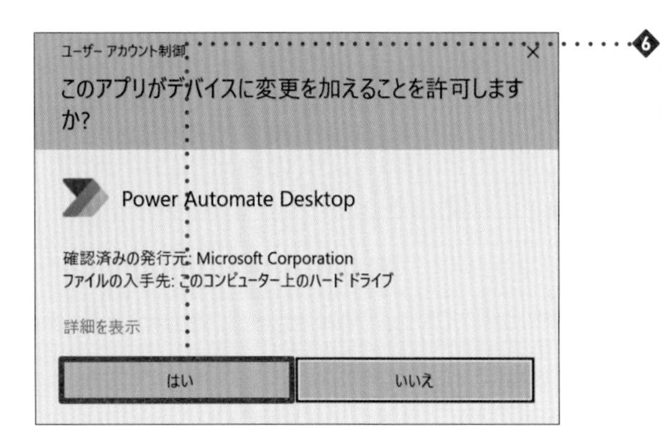

❻「ユーザーアカウント制御」画面が表示されたら、「はい」をクリックします。

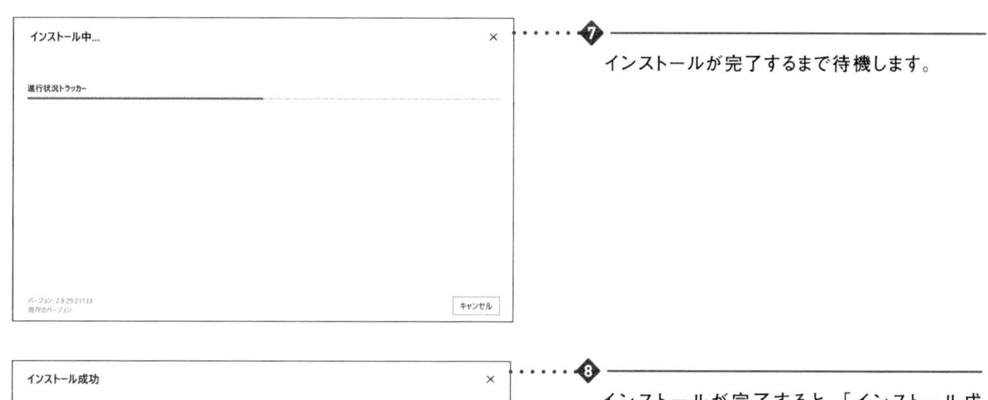

❼ インストールが完了するまで待機します。

❽ インストールが完了すると、「インストール成功」画面が表示されます。これでPower Automate Desktopのアプリケーションはインストールが完了です。

◆ 拡張機能のインストール（Webブラウザー用）

Power Automate拡張機能は、Webブラウザーの機能を拡張するためのツールです。Power Automate拡張機能を使用することで、Power Automate Desktop内でWebアプリケーションの操作、自動化が可能になります。**Power Automate Desktopを使ってWebアプリケーションを自動化するうえで必要な機能**であるため、忘れずにインストールしましょう。なお、拡張機能はMicrosoft Edgeのほかに、Google Chrome、Mozilla Firefox用にそれぞれ用意されています。

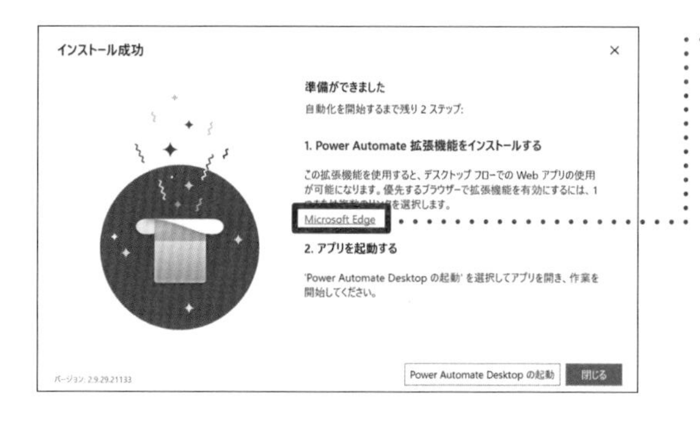

❶ 「インストール成功」画面で、「1.Power Automate拡張機能をインストールする」の「Microsoft Edge」をクリックします。

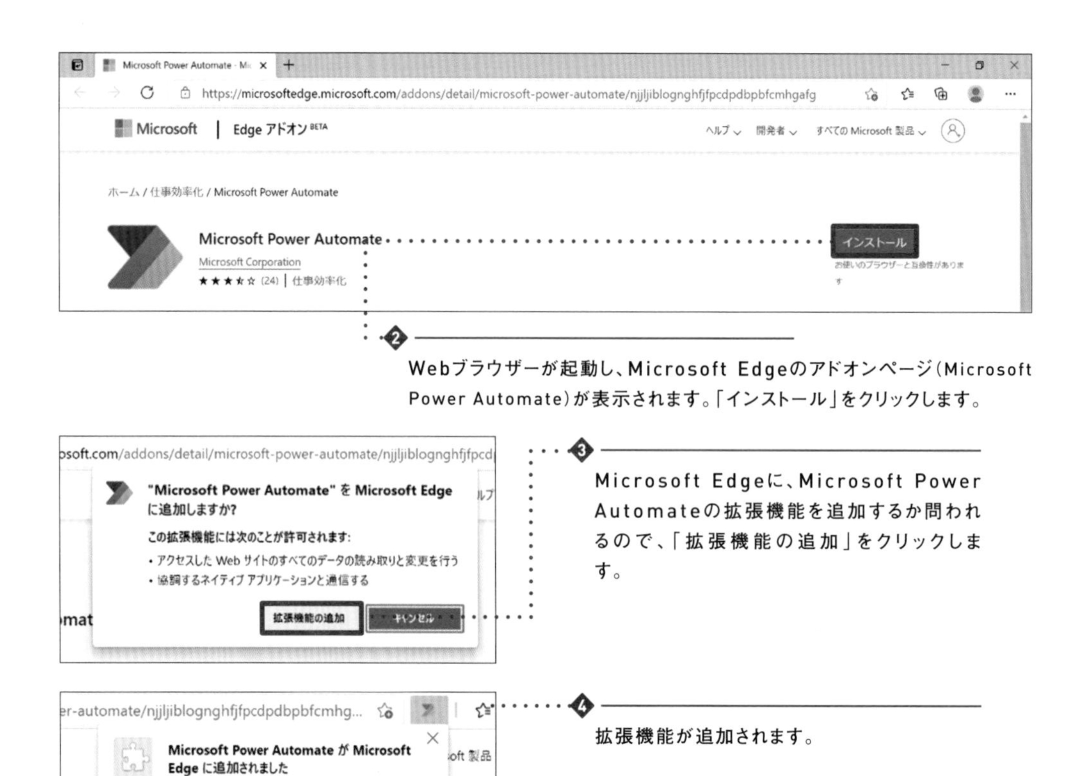

「同期を有効にする」は任意でクリックして設定してください。これでWebブラウザーの作業は完了したため、Microsoft Edgeを終了します。

◆ Power Automate Desktop の起動とサインイン

Power Automate Desktopの起動とサインインの方法を確認します。

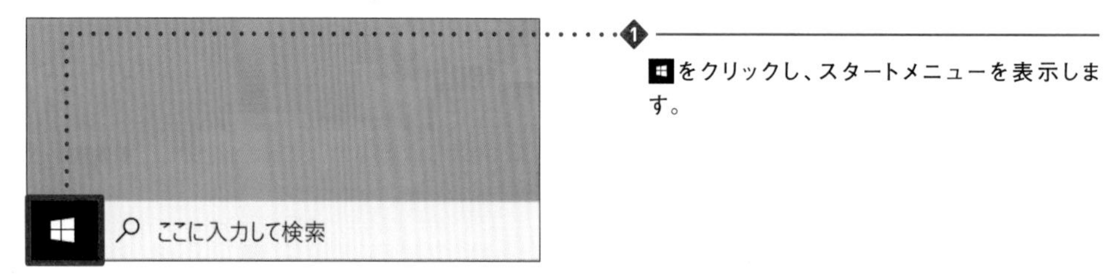

ここに入力して検索
❶ をクリックし、スタートメニューを表示します。

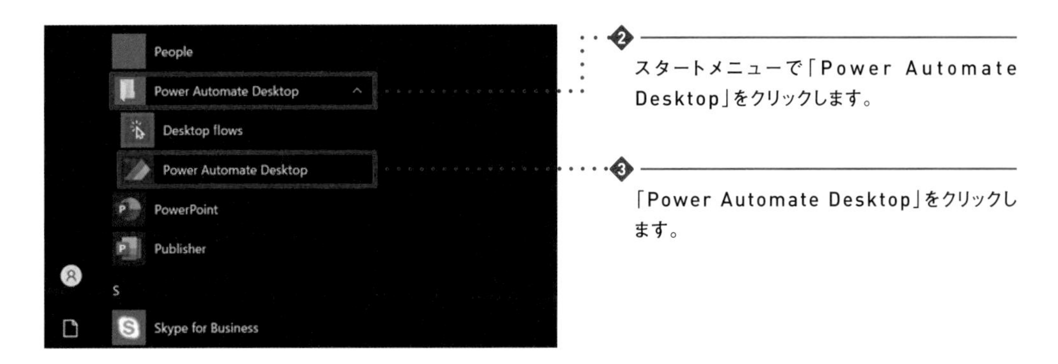

ツールバーの「ここに入力して検索」に「Power Automate Desktop」と入力し、表示された検索結果からPower Automate Desktopを起動することも可能です。

また、ひんぱんにPower Automate Desktopを利用する場合は、スタートメニューにピン留めしたり、デスクトップにショートカットを作成したりして、スムーズに起動できるようにしましょう。

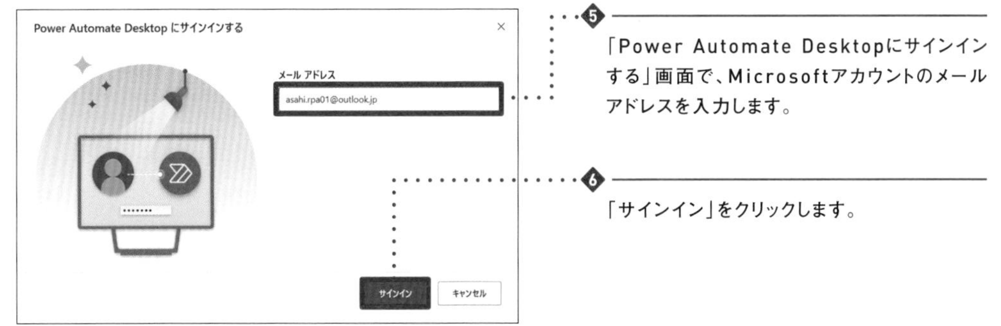

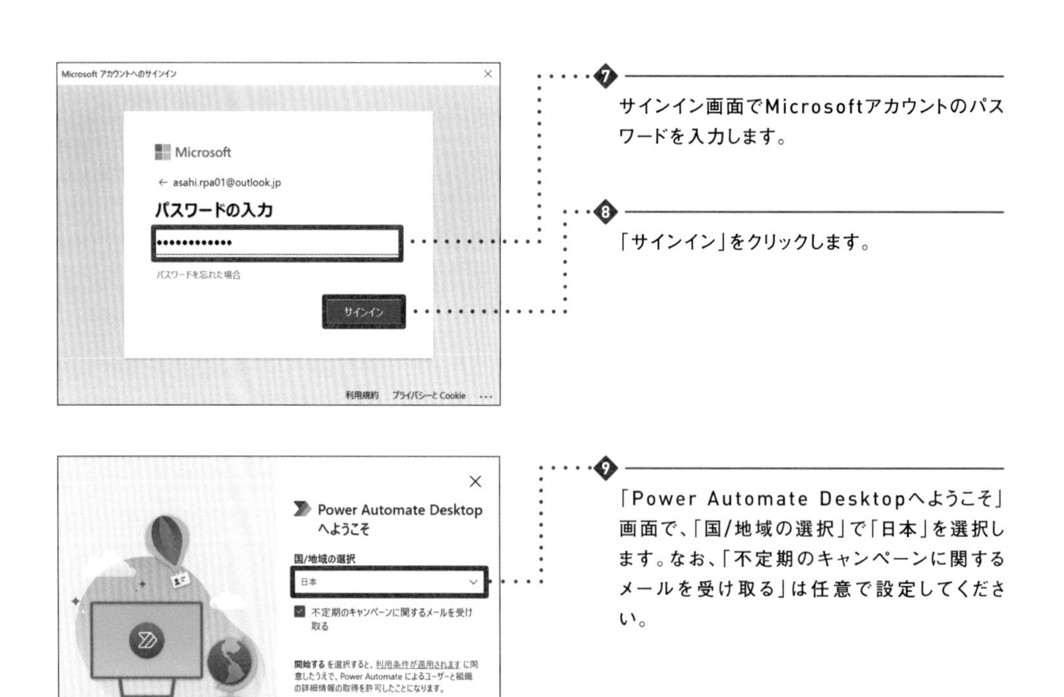

11 Power Automate Desktopへのサインインが完了し、下の画面が表示されます。

これで実際に、Power Automate Desktopを使って、デスクトップアプリケーションやWebアプリケーションの自動化をするためのフローを作っていくことができるようになりました。

2-5 Power Automate Desktopの画面構成

Power Automate Desktopの導入が完了しました。まずは実際に使用する前に、Power Automate Desktopの画面構成を確認していきましょう。

◆ コンソール

コンソールとは、Power Automate Desktopを起動したとき、最初に表示されるウィンドウです。ユーザーはこのコンソールで、新しいフロー（デスクトップフロー）の作成や編集を行ったり、既存のフローを実行したりします。

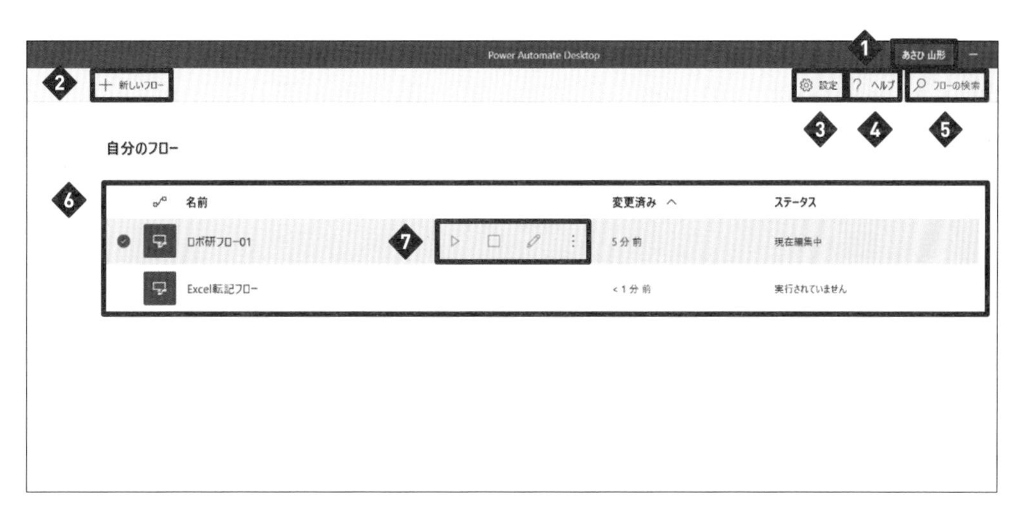

❶ アカウント：サインインしているアカウント名が表示されています。

❷ 新しいフロー：新規でフローを作成するボタンです。フローデザイナーが開きます。

❸ 設定：Power Automate Desktopに関する設定が行えます。

❹ ヘルプ：マイクロソフトが提供しているドキュメントページへのアクセスや、Power Automate Desktopのバージョン確認などが行えます。

❺ フローの検索：フローのリストからフローを検索することができます。

❻ フローのリスト：フローの最終更新時間や実行状態を確認できます。

❼ フローのメニュー：選択中のフローに関する、実行／停止／編集などのメニューが表示されています。

フローの新規作成

❶ コンソールウィンドウの左上にある「＋新しいフロー」をクリックするか、フローを1つも作成していない場合は「+新しいフロー」をクリックして、フローを新規作成します。

フローの編集

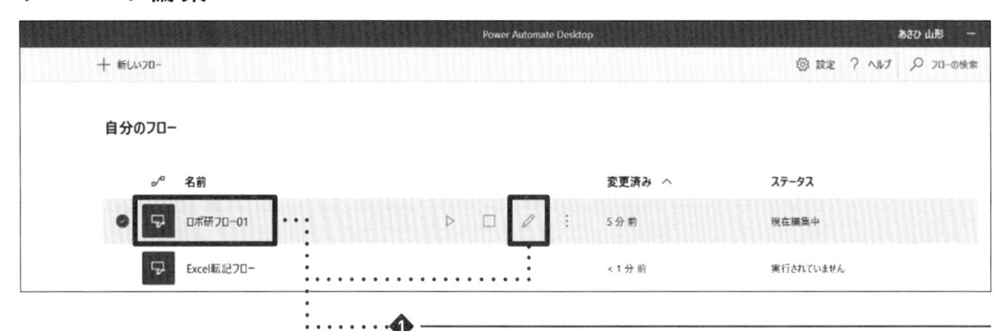

❶ フローをダブルクリックするか、をクリックすると、フローデザイナーが開きます。フローを編集します。

フローの実行

❶ フローを選択し、をクリックすることで、デスクトップフローを実行することができます。

フローの実行中は、「ステータス」が「実行中」になるため、フローの実行状況などが確認可能です。

コンソールの設定

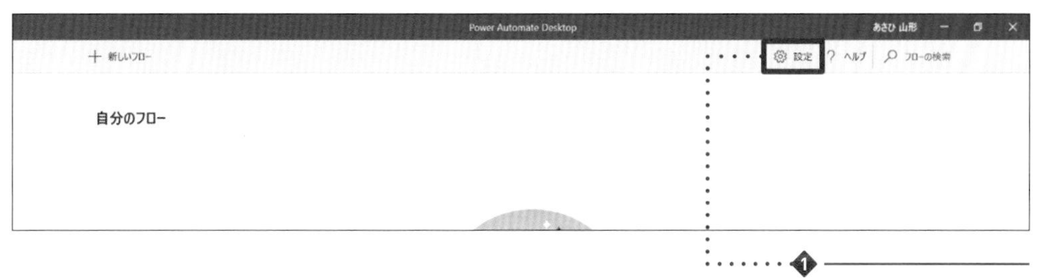

❶「設定」をクリックします。

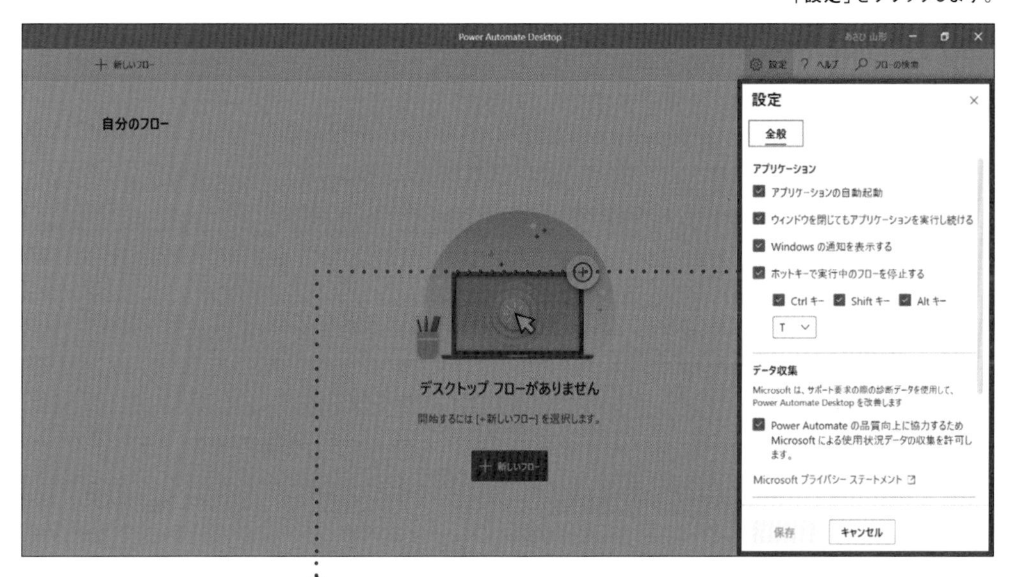

❷「設定」でPower Automate Desktopに関する設定ができます。アプリケーションの自動起動設定や、フローが実行していることを通知するWindows 10の通知設定、ホットキーで実行中のフローを停止するための設定などが行えます。

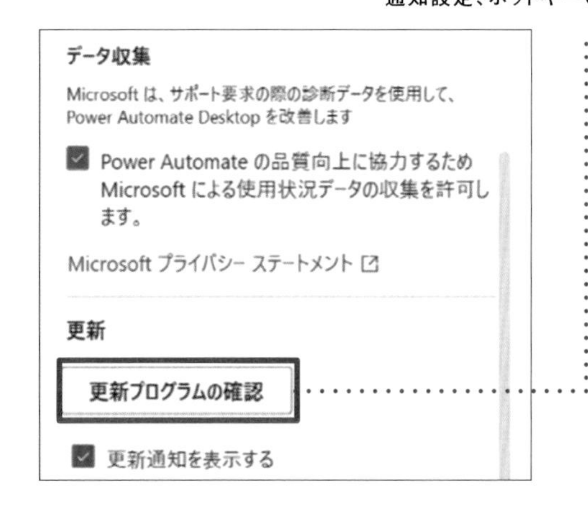

❸「更新プログラムの確認」で、Power Automate Desktopアプリケーションの更新プログラムがあるかどうかを確認することができます。「更新通知を表示する」にチェックを付ければ、更新ダイアログで通知するように設定できます。

◆ フローデザイナー

フローデザイナーは、フローの作成や編集を行う画面です。フローデザイナーには、フローの作成やデバッグ（テスト）をするために必要な機能が含まれており、変数やUI要素、画像の管理ができます。フローデザイナーは複数の要素によって構成されています。それぞれの要素について順に解説します。

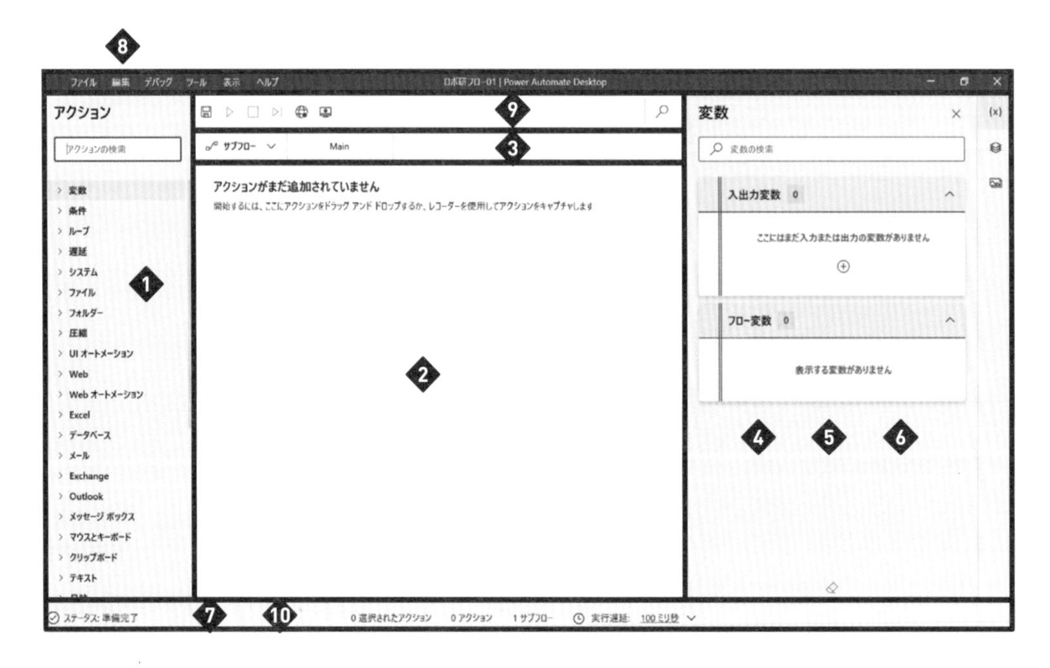

1. アクションペイン
2. ワークスペース
3. サブフロータブ
4. 変数ペイン
5. UI要素ペイン
6. 画像ペイン
7. エラーペイン
8. メニューバー
9. ツールバー
10. 状態バー

アクションペイン

アクションペインは、Power Automate Desktopの自動化処理の機能、**アクション**がまとめられた表示領域です。すべてのアクションは機能ごとにアクショングループとして分類されています。

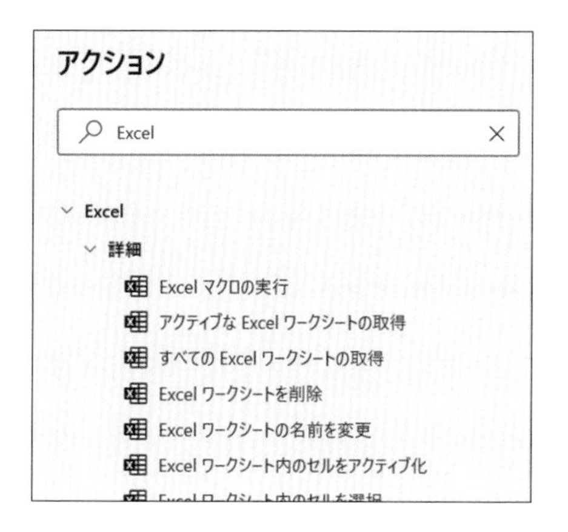

アクションペインにある検索バーに特定のアクション名を入力することで、かんたんに特定のアクションを見つけることができます。なお検索バーでは、「部分一致」でアクションが検索されます。

アクションペインからアクションをワークスペースにドラッグするか、アクションをダブルクリックすることで、ワークスペースにアクションを配置できます。

新しい Microsoft Edge を起動する
Microsoft Edge を起動して、'https://support.asahi-robo.jp/learn/' に移動し、インスタンスを Browser に保存します

Web ページ内のテキスト フィールドに入力する
エミュレート入力を使ってテキスト フィールド <input:text> 'userid' に 'asahi' を入力します

Web ページ内のテキスト フィールドに入力する
エミュレート入力を使ってテキスト フィールド <input:password> 'password' に 'asahi' を入力します

ワークスペース

ワークスペースを使ってフローの開発を行います。各アクションをワークスペースに配置することで、フローを作成し、業務プロセスの自動化を行います。

操作	ショートカット
編集	Enter
ここから実行	Alt+F5
元に戻す	Ctrl+Z
やり直す	Ctrl+Y
切り取り	Ctrl+X
コピー	Ctrl+C
貼り付け	Ctrl+V
上に移動	Ctrl+Alt+Shift+Up
下に移動	Ctrl+Alt+Shift+Down

配置したアクションをダブルクリックするとアクションを編集できます。右クリックするか、アクションの ⋮ をクリックすることで、配置したアクションに対して以下の操作が可能です。

- アクションの編集／削除
- アクションの並べ替え
- アクションのコピー／切り取り／貼り付け
- アクションの有効化／無効化
- 元に戻す／やり直す
- ここから実行

元に戻す	Ctrl+Z
やり直す	Ctrl+Y
切り取り	Ctrl+X
コピー	Ctrl+C
貼り付け	Ctrl+V

アクションが配置されていないワークスペース上を右クリックすると、左のメニューを開くことができます。

サブフロータブ

サブフロータブには、フロー内のサブフロー(一連のアクションの集まり）の一覧が表示されています。

最初に表示されている「Main」も実はサブフローです。「Main」サブフローは、フロー実行時に最初に実行されるサブフローです。以降、「Main」サブフローのことを「メインフロー」と表現します。

サブフローはアクションの組み合わせをグループ化してひとまとまりにできます。くり返し利用するアクションの組み合わせをサブフローとして運用することで、フローの管理や編集がかんたんになり、メインフローの煩雑化を防ぎます。

サブフローはメインフローやほかのサブフローから呼び出して実行します。

ワークスペース上部のいちばん左のタブがサブフロータブです。サブフロータブの右側に並ぶタブで、サブフローのリストを確認することができます。

また、サブフロータブをクリックすると、サブフローの新規作成や検索ができます。

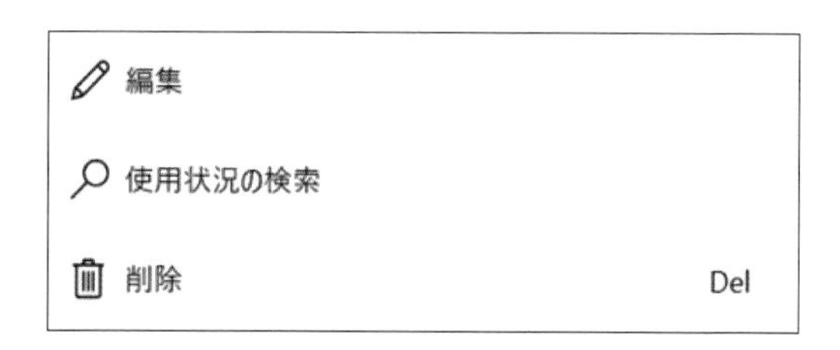

サブフローのリストで作成済みのサブフローを右クリックするか、⋮をクリックすると、サブフローの名前の編集、使用状況の検索、削除を行うことができます。

変数ペイン

変数ペインは、クラウドフローとデスクトップフロー間の連携や、デスクトップフローどうしの連携でやり取りする入出力変数や、Power Automate Desktop内で使用される変数の検索や格納された値の確認、変数名の変更などが可能な領域です。フローデザイナーの右側のペインで{x}をクリックすると表示できます。

フロー内で利用する変数の管理はすべて変数ペインで行います。

変数ペインは、「入出力変数」と「フロー変数」に分かれています。「入出力変数」は、クラウドフローとのやり取りや、デスクトップフローどうしでやり取りする際に利用する値です。「フロー変数」は、デスクトップフロー内で生成した値です。

フロー変数上で右クリックするか、⋮をクリックすると、左下のメニューが表示されます。このメニューで、デバッグ実行時に変数に格納された値の表示や、変数名の変更、フロー内で対象の変数を使用しているアクションの検索ができます。

表示

名前の変更

使用状況の検索

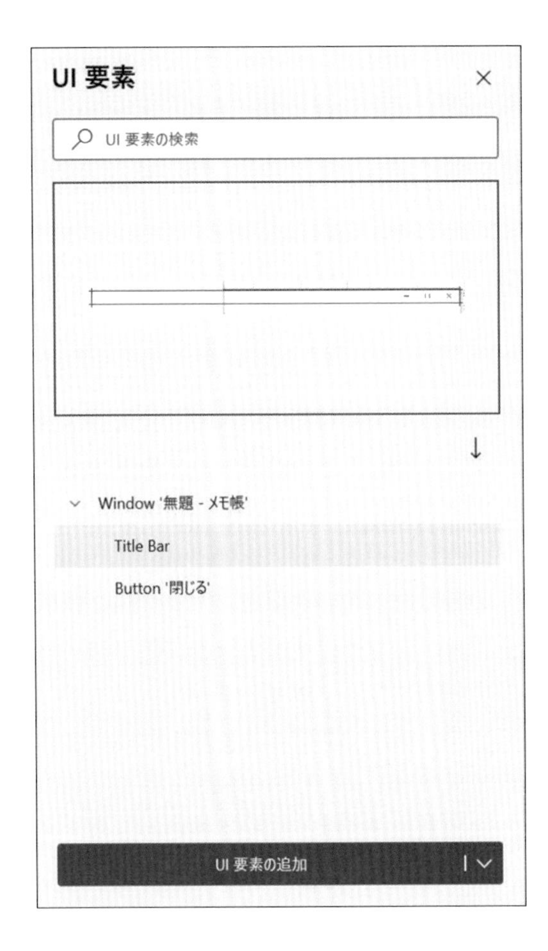

セレクターの編集	Enter
UI 要素名の変更	F2
使用状況の検索	
UI 要素の削除	Del

UI要素ペイン

UI要素ペインは、フロー内で使用するUI要素の管理ができる領域です。フローデザイナーの右側のペインでをクリックすると表示できます。

UI要素とは、デスクトップアプリケーションや、Webアプリケーションの画面に見えているウィンドウやチェックボックス、テキストフィールド、ドロップダウンリストなどを構成する要素です。一部のデスクトップアプリはUI要素をクリックする処理などを追加して自動化します。

デスクトップアプリケーションやWebアプリケーションの操作を行うフローでは、取得したUI要素はすべてUI要素ペインに追加され、新しいUI要素の作成や、UI要素の編集・削除、利用状況の確認、検索ができます。

UI 要素の上で右クリックするか、⋮をクリックすると、左下のメニューが表示されます。このメニューで、UI要素の認識に使われるセレクターの編集や、UI要素名の変更、フロー内で対象のUI要素を使用しているアクションの検索などができます。

画像ペイン

画像ペインは、フロー内で使用する画像を管理できる領域です。フローデザイナーの右側のペインでをクリックすると表示できます。

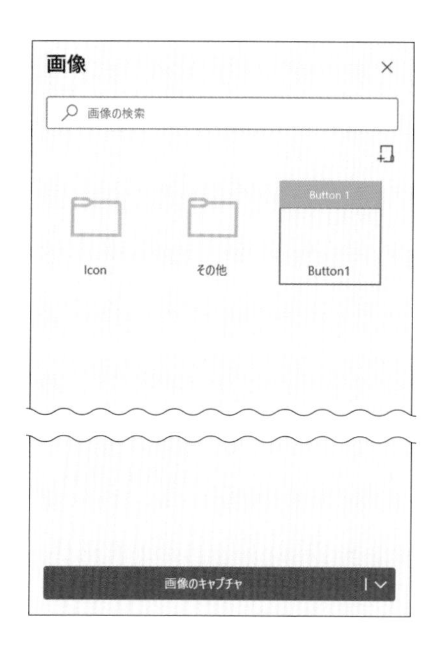

画像ペインには、フロー内で取得した画像のキャプチャが保存され、画像の追加や管理ができます。

なお、アプリケーションの操作を自動化する際、画像処理で自動化するよりもUI要素に対して操作するほうが安定的に処理できますが、操作対象のアプリケーションによっては、UI要素を取得できないものが存在します。その場合は、画像として操作対象のボタンやアイコンなどを記録して処理させます。画像処理は利用するパソコンの画面解像度などにも大きく影響を受けるため、実運用の際には注意が必要です。

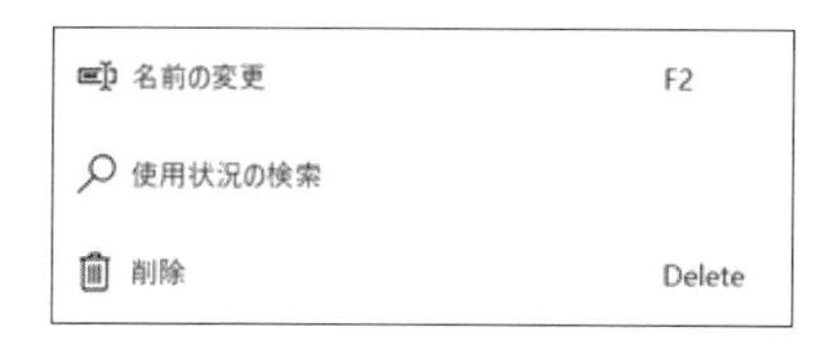

キャプチャした画像を右クリックすると、左下のメニューが表示されます。このメニューで、キャプチャ画像の名前の変更、フロー内で画像を使用しているアクションの検索、キャプチャ画像の削除ができます。

エラーペイン

エラーペインは、フロー開発時（デザイン時）の各種エラー(問題、アクションのエラーやランタイムエラーなど）が表示される、下の赤枠の領域です。

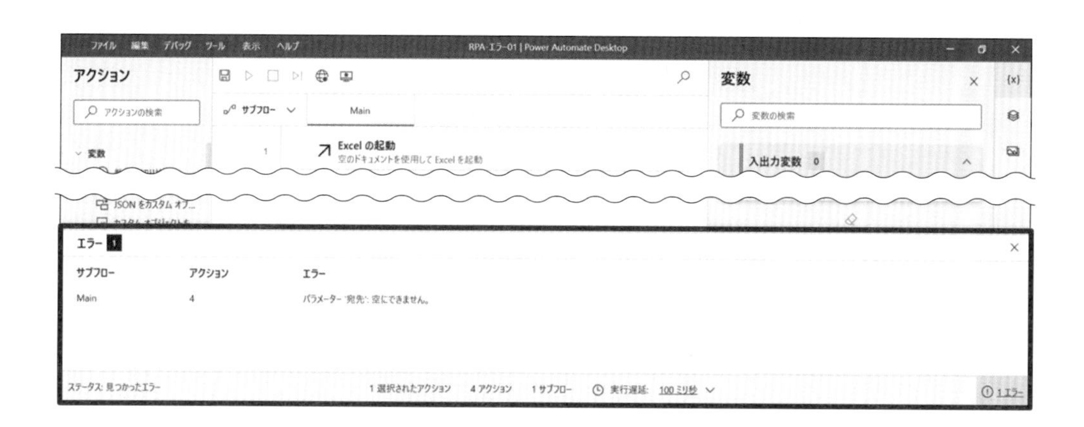

表示されたエラー行を選択し、「詳細の表示」をクリックすることで、下のようなエラーの詳細情報を確認できます。必須項目に空値設定をしたり、未定義の変数を設定することで、この例のようなエラーが発生します。

変数の設定 アクション - エラーの詳細

場所　サブフロー: Main、アクション: 変数の設定

エラー メッセージ　パラメーター '宛先': 空にできません。

閉じる

なお、エラーには、「デザイン時エラー」と「ランタイムエラー」があります。

デザイン時エラーとは、アクション構成に関連するエラーです。配置するアクションの必須項目に値が入っていなかったり、未定義の変数を設定したりすると、このエラーが発生します。デザイン時エラーが発生している場合は、フローを実行できません。次の例はアクションに必要項目が不足しています。

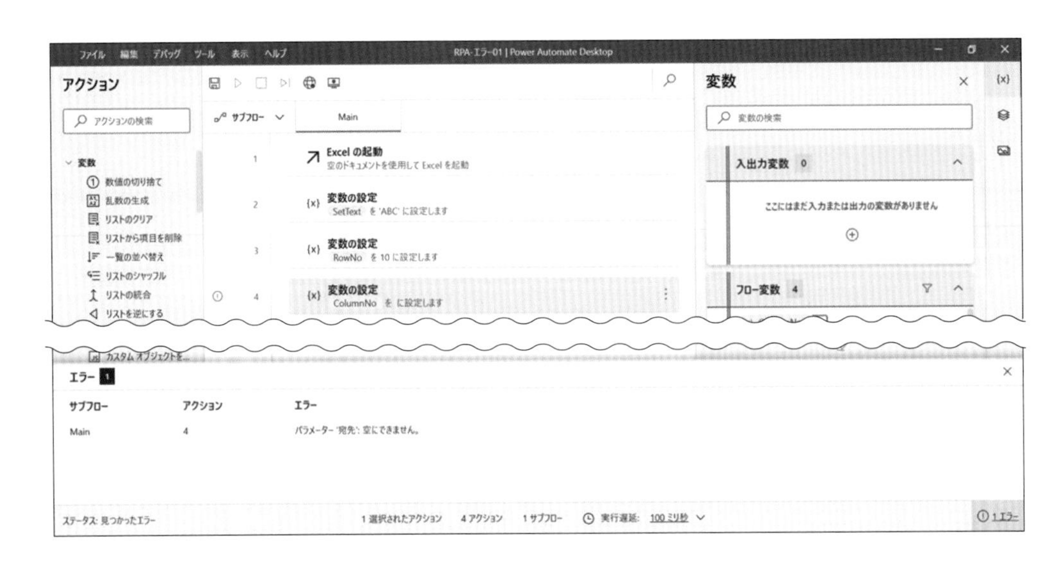

ランタイムエラーは、フロー実行時に発生するエラーです。Power Automate Desktopが予期せぬエラーを検出した場合もランタイムエラーとして処理されます。次の例はアクションが指定しているファイルが存在していません。

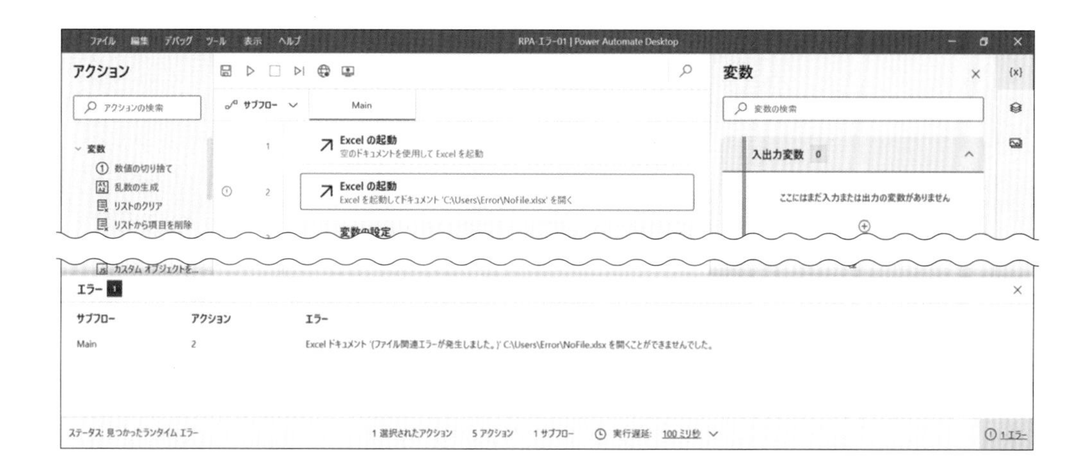

メニューバー

メニューバーからは、フローの開発に必要な各操作にアクセスできます。

ファイル　編集　デバッグ　ツール　表示　ヘルプ　　ロボ研フロー01 | Power Automate Desktop

ファイル	フローの保存やフローデザイナーの終了
編集	コピー、切り取り、貼り付けなどの配置したアクションに対する操作
デバッグ	フローの実行や停止、ブレークポイントの設定
ツール	レコーダー機能の起動、拡張機能の追加
表示	フローデザイナーのレイアウトなど、表示に関する操作
ヘルプ	Microsoft DocsやMicrosoft Power Automateブログ、学習コンテンツへのアクセス、現在のPower Automate Desktopアプリケーションのバージョン確認

ツールバー

ツールバーには、フローの開発やテストに必要な機能が用意されています。

左側の各アイコンで、フローの保存、実行、停止、一時停止、Webレコーダーの操作、デスクトップレコーダーの操作が可能です。

また、右側の🔍をクリックすると「フロー内を検索する」というメッセージが表示され、フロー内で使用しているアクションや変数を検索することができます。

状態バー

状態バーには、フローのステータス、選択されたアクション、フロー内のアクション数、フロー内のサブフロー数が表示されます。

ステータス: 見つかったランタイム エラー　1 選択されたアクション　5 アクション　1 サブフロー　実行遅延: 100 ミリ秒

「実行遅延」では、フローデザイナー内でフローを実行した際の、各アクションの実行間隔を設定できます。下の画面でスライダーをドラッグするか、「遅延」の値を変更して、ミリ秒単位で待機時間を調整します。遅延の値を大きくするとアクション間の待機時間が長くなり、値を小さくすると待機時間が短くなるので、フローの実行テストなどでは遅延の値が最適になるように調整してみてください。

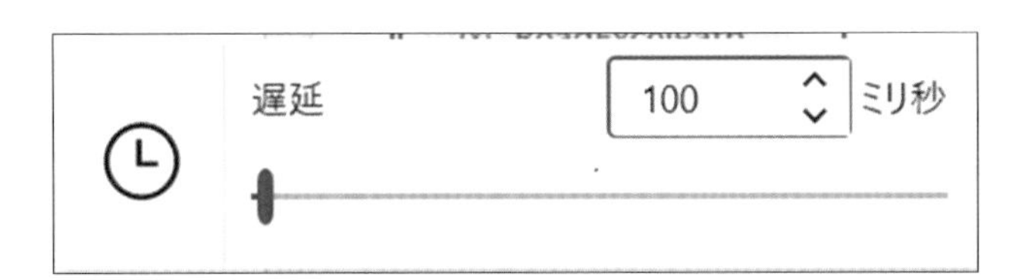

また状態バーには、フロー実行開始時点からの処理時間や、デザイナーエラー数も表示されます。そのため、フローの実行テストを行う際に確認する部分でもあります。

COLUMN

フローデザイナーの変数ペイン／UI要素ペイン／画像ペインは、画面右側の各ペインのアイコンをクリックして切り替えます。ペインを隠したい場合は今使っているペインのアイコンをクリックします。

第3章

基本機能と概要

3-1 フローの作成

2-5において、Power Automate Desktopのコンソールとフローデザイナーについて説明しました。実際に業務を自動化するフローを作成するには、このフローデザイナーにアクションと呼ばれる部品を適宜追加し、自動化したい業務の動作をフローで再現する必要があります。

第3章では、Power Automate Desktopでアクションをフローに追加する方法や、アクションの種類、使い分けの方法といった、実際に業務プロセスをフローで再現するために必要となる基本的な知識と手順について解説します。ここではまず、フローの作成について解説します。

◆ 新しいフローを作成する

早速、以下の手順に従ってかんたんなフローを作成してみましょう。フローとアクションの詳細はのちほど解説します。

❶ Power Automate Desktopを起動するとコンソールが表示されます。コンソール上の「+新しいフロー」ボタンをクリックすると、新規にフローを作成することができます。

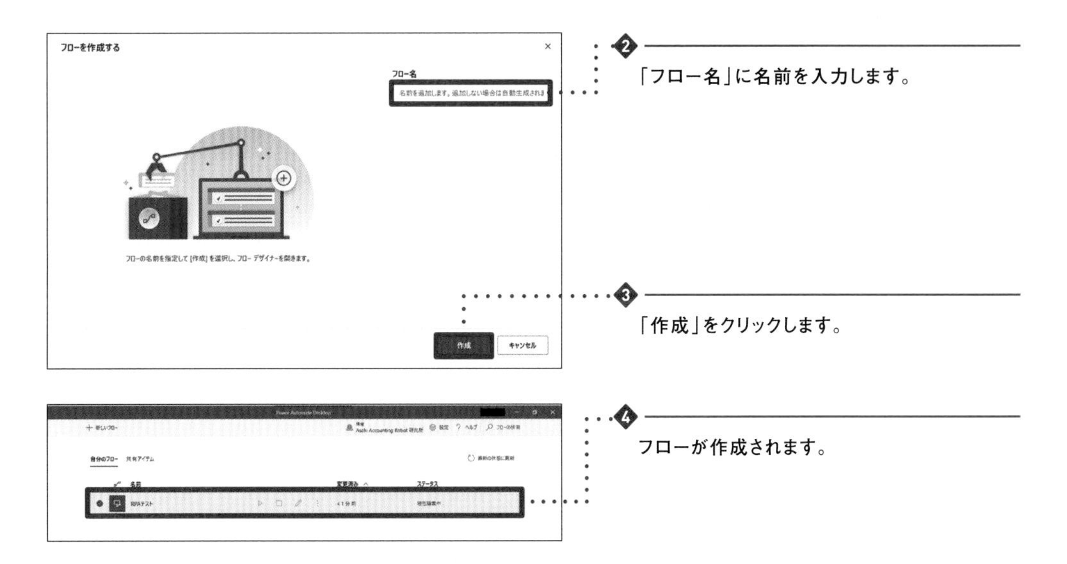

フローを作成すると、フローデザイナーが自動的に表示されます。フローデザイナーの詳細については2-5を参照してください。

COLUMN

フロー名は、用途がすぐに判別できるように、具体的な業務名(「月次売上データ転記作業」「請求書発行」など)を付けるようにしましょう。また、活用に慣れてきたら、作成したフローをより業務に定着させるために、愛着がわく名前を付ける、という方法もおすすめです。たとえば、モリさんが考案した場合に人名を基に「モリテック」と名付ける、といったものです。こうした名前を付けることで、フローが社内の共通言語となり、親しみがわきます。結果として、職場で気軽にフローを使ってもらえるようになる、定着しやすくなる、といった効果があります。今回はテスト例のため、フロー名を「RPAテスト」としています。

◆ フローにアクションを追加する

ここからは実際にフローを作成していきます。冒頭でも少し触れたとおり、フローはフローデザイナーにアクションと呼ばれる部品を適宜追加して作成していきます。フローの中身を制作する前に、そもそもアクションやフローが具体的にどういうものであるかを説明します。

・アクション
フローを動かすための部品です。さまざまなアクションが準備されており、**目的に応じたアクションを組み合わせてフローを作成していきます。**

・フロー
アクションを組み合わせて作成した、ロボットの動きの流れをフローと呼びます。**アクションは基本的に上から順番に処理されるため、アクションをどの順番で配置するかを考えることが重要**になります。

例としてExcelのマクロを実行するフローを考えてみます。

①「Excelの起動」アクション
②「Excelマクロの実行」アクション
③「Excelを閉じる」アクション

上記の3つのアクション追加した場合、まずExcelが起動し、その後Excelのマクロが実行され、最後にExcelが閉じられる、という具合に、①から順番に処理が行われます。この①～③の各部品がアクション、一連の流れがフローとなります。

フロー（処理の流れ）

◆ フローを動かしてみる

メッセージを表示するフローを作成し、フローの実行を試します。メッセージを表示するには、「メッセージを表示」アクションが必要です。以下の手順で「メッセージを表示」アクションを探して、ワークスペースに追加し、実行してみましょう。

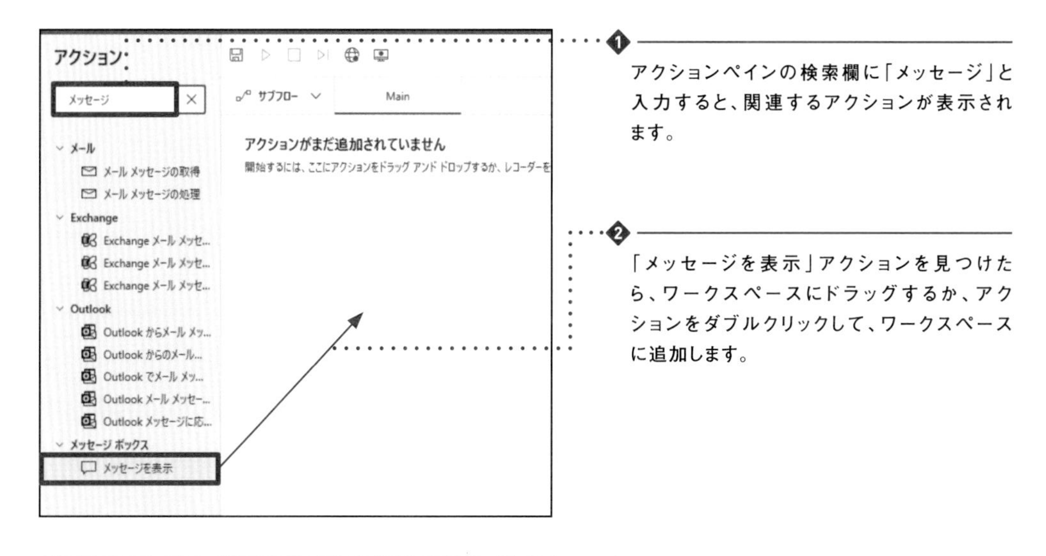

❶ アクションペインの検索欄に「メッセージ」と入力すると、関連するアクションが表示されます。

❷ 「メッセージを表示」アクションを見つけたら、ワークスペースにドラッグするか、アクションをダブルクリックして、ワークスペースに追加します。

❸ アクションを追加すると、アクションの詳細設定を行うためのウィンドウが表示されます。「メッセージボックスのタイトル」に「Test」、「表示するメッセージ」に「Hello Power Automate Desktop!」と入力します。

❹ 入力が完了したら、「保存」をクリックします。なお、アクションを再度編集したい場合は、ワークスペース上のアクションをダブルクリックするか、右クリックメニューから行います。

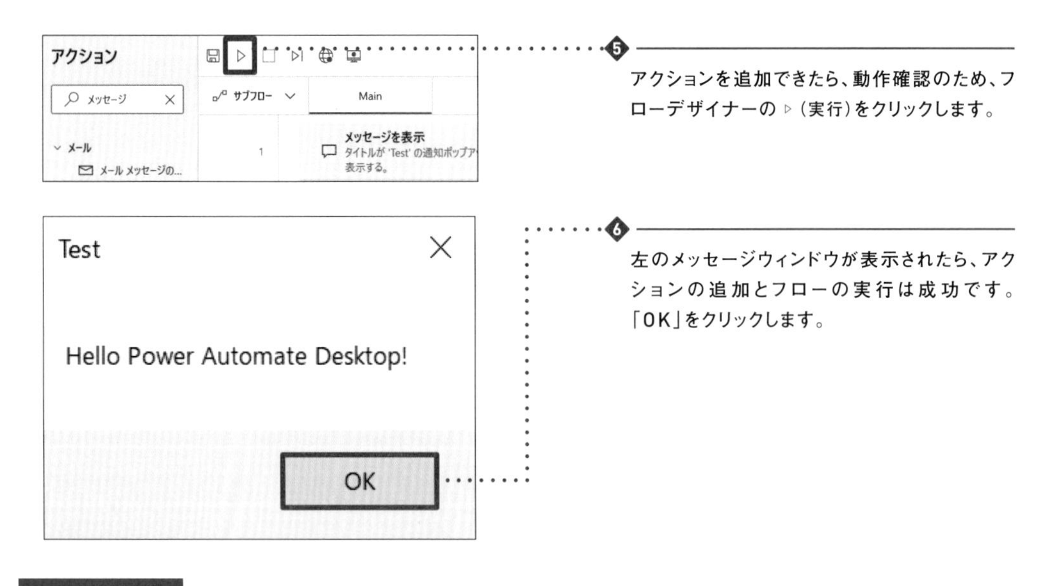

❺ アクションを追加できたら、動作確認のため、フローデザイナーの ▷（実行）をクリックします。

❻ 左のメッセージウィンドウが表示されたら、アクションの追加とフローの実行は成功です。「OK」をクリックします。

COLUMN

フローを作成する際、「フロー」アクショングループの「コメント」アクションで「コメント」を配置しておくと、後からフローを見直した際に非常にわかりやすくなります。コメントとはフローの実行内容に影響しないメモ書きのようなものです。コメントには好きな内容を入力できます。フローで実行する業務内容や、フローやアクションで処理している内容についてコメントを残しておくと、とくに複数人でフローを扱うときにメンテナンスがしやすくなるため、適宜コメントを残しておくことをおすすめします。

フローを保存せずにフローデザイナーを終了してしまうと、作成したフローが保存されずに消えてしまいます。終了する前に、以下の手順でしっかりと保存しておきましょう。

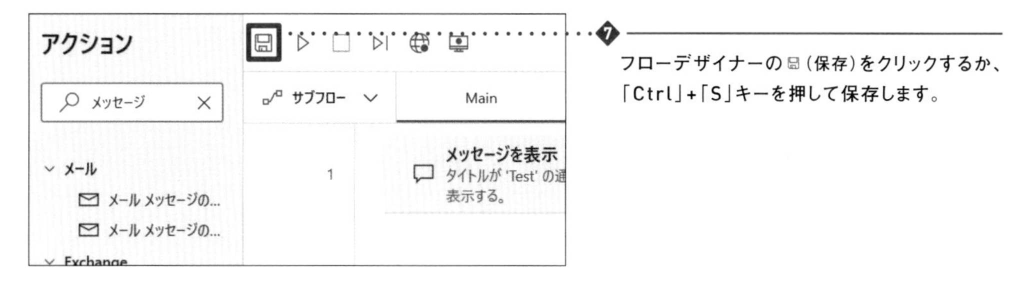

◆ サブフローを作成する

フローにはメインフロー(「Main」サブフロー) とサブフロー(P.48参照) の2種類が存在します。

メインフローはフローの基点となる特別なフローで、**フローは必ずメインフローから処理が行われます**。しかし、メインフローにのみアクションを追加すると、フローが肥大化、複雑化します。これが、フローの内容がわかりづらい、フローの編集やメンテナンスに時間がかかる、といった問題の要因となります。

サブフローを活用することで、その問題を解決することができます。**Web操作を行う処理、メールを作成する処理、といった各処理を、サブフローに分けて管理することで、メインフローの肥大化、複雑化を避けることができます。**

第3章ではこの先もかんたんなフローを作成しながら進めていきます。フローを見やすくするため、以下の手順でサブフローを活用しましょう。

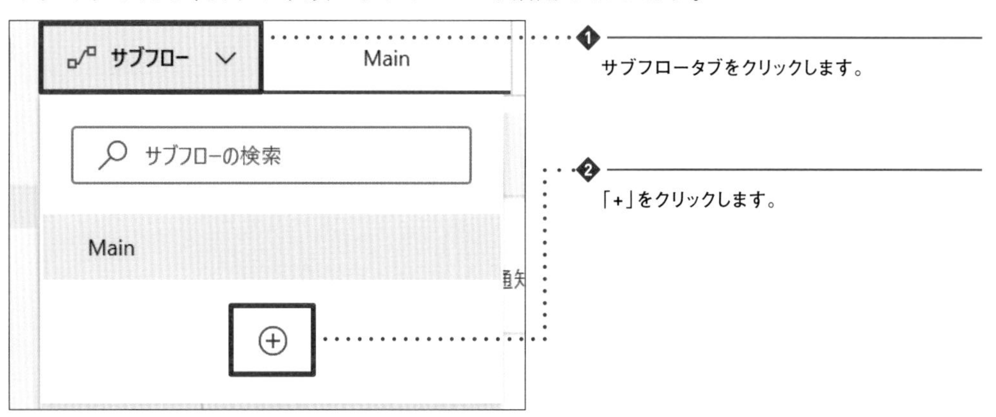

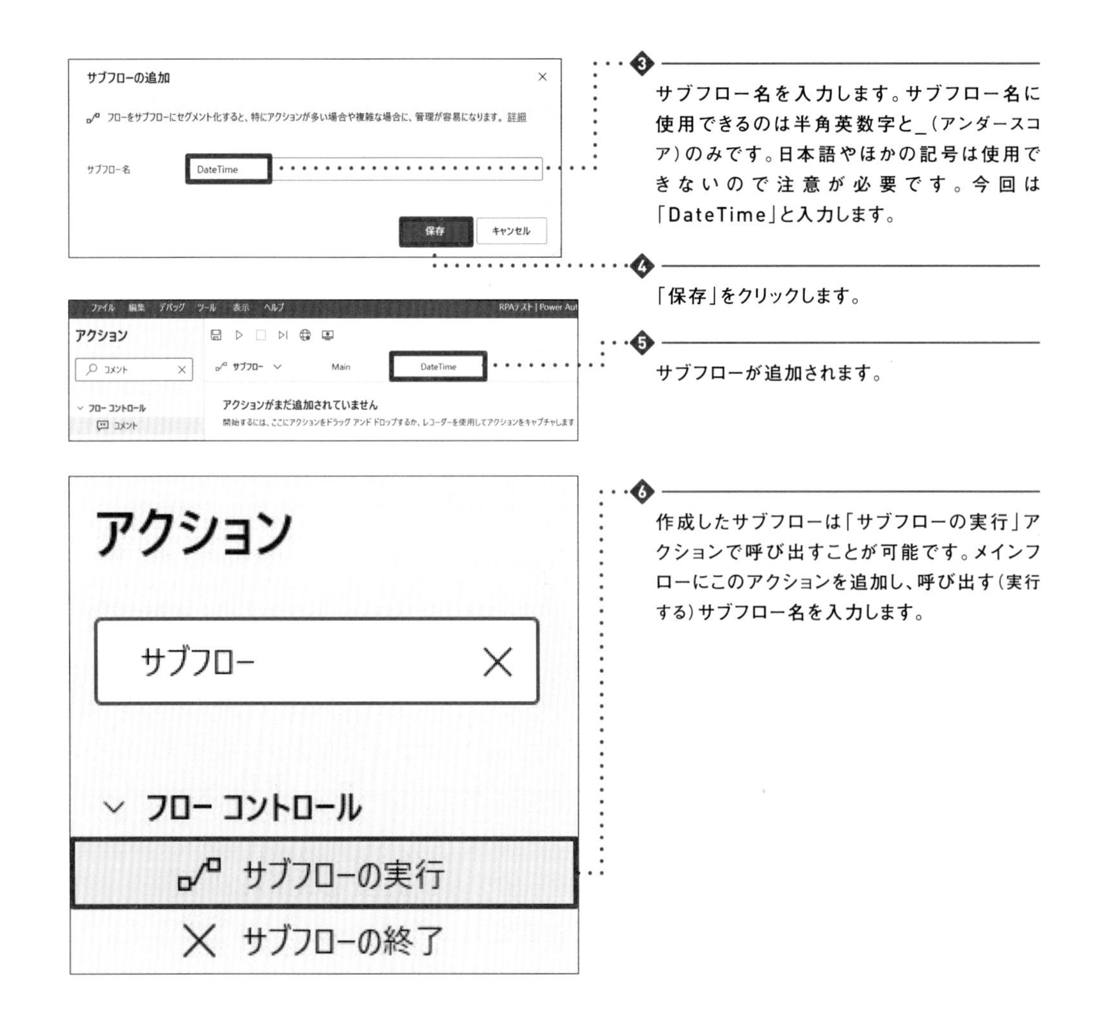

❸ サブフロー名を入力します。サブフロー名に使用できるのは半角英数字と_(アンダースコア)のみです。日本語やほかの記号は使用できないので注意が必要です。今回は「DateTime」と入力します。

❹ 「保存」をクリックします。

❺ サブフローが追加されます。

❻ 作成したサブフローは「サブフローの実行」アクションで呼び出すことが可能です。メインフローにこのアクションを追加し、呼び出す(実行する)サブフロー名を入力します。

◆ 「ここから実行」と「ブレークポイント」

P.60で解説したように、フローを実行するには、フローデザイナーの▷（実行）をクリックします。フローを実行すると、II（一時停止)、もしくは□（停止）をクリックしないかぎり、メインフローの最初から最後まで実行されます。

ごくかんたんなフローしか作成しない間はこれでも問題ありません。しかし、今後Power Automate Desktopでフローを作成していくにつれ、徐々に複雑なフローを作る機会が増えてきます。そうなると、フローの途中から動作確認をしたい、動作を途中で止めたい、という状況が出てきます。そのようなときに非常に便利なのが、「ここから実行」と「ブレークポイント」という機能です。

「ここから実行」はその名のとおり、**フローを好きな場所から実行できる**機能です。メインフロー、サブフローにかかわらず好きな場所から実行できるため、アクション追加後の動作確認や、サブフローの動作確認、エラーで動作しないときの確認などに便利です。

「ブレークポイント」は、**任意の箇所でフローをいったん停止できる**機能です。好きな箇所で止められるため、後述する変数（3-3参照）の値を確認したいときや、特定箇所の処理内容を確認したい場合に便利です。

どちらもフローを作成する上で欠かせない機能なので、覚えておきましょう。

ここから実行

実行したいアクション上で右クリックすると、メニューから「ここから実行」を行うことができます。以下のように2行目のアクションで右クリックし、「ここから実行」を行った場合は、2行目以降のアクションが実行されます。

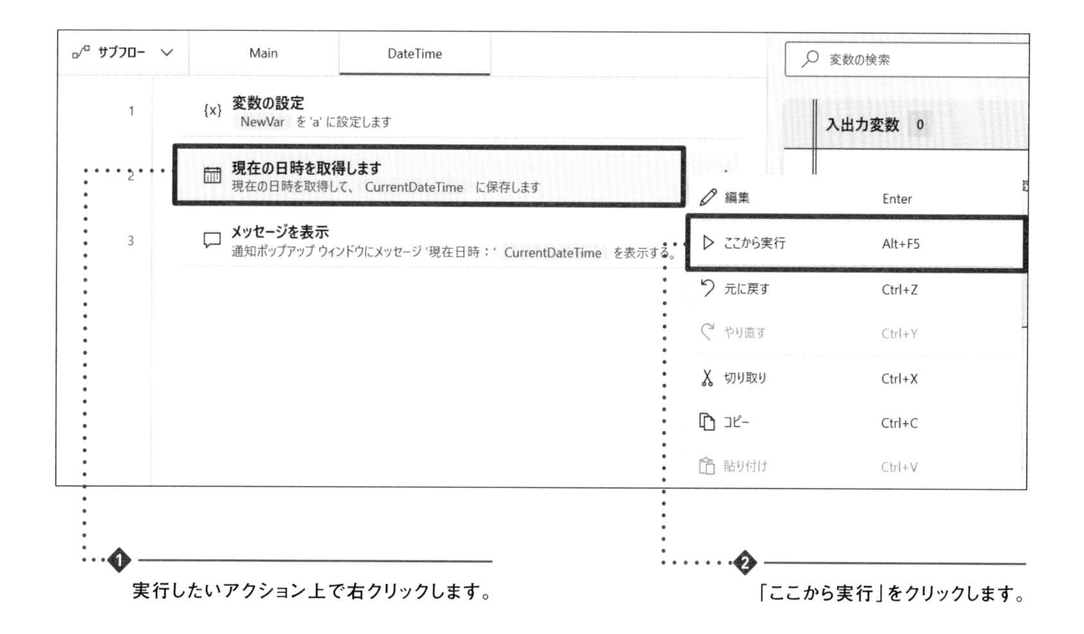

なお、「ここから実行」を行う際、注意すべきことがあります。フロー内でWebブラウザーやExcelに対するアクションを使用している場合、「Webブラウザーを起動する」アクション、「Excelを起動する」アクションから実行しないと、次のようにエラーになってしまうということです。

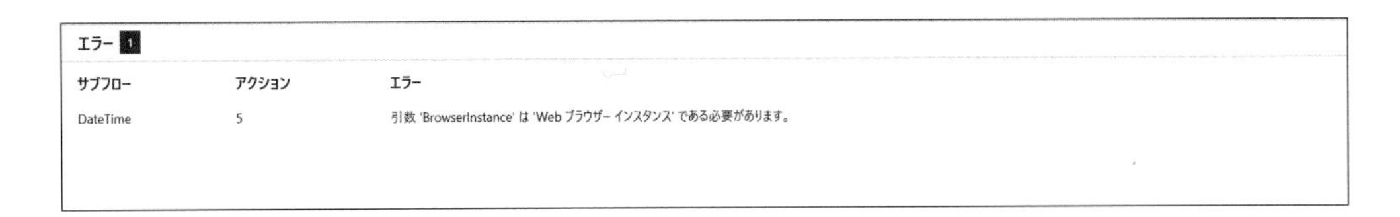

エラー 1
サブフロー
アクション
エラー
DateTime
5
引数 'BrowserInstance' は 'Web ブラウザー インスタンス' である必要があります。

Webブラウザーや Excelを操作するアクションでは、操作する対象をアクション内で選択する必要があり、WebブラウザーやExcelを起動していない状態では対象が見つからないため、このようなエラーが発生します。

どのWebブラウザーを操作するのか設定する必要があります。

また、のちほど説明する「条件分岐」や「くり返し処理」の途中から「ここから実行」を行うことはできません。**条件分岐やくり返し処理は開始から終了までが一連の処理として扱われる**からです。この一連の処理を「ブロック」と呼びます。ブロックについては、条件分岐やくり返し処理の項目で説明します。ブロックで「ここから実行」を行うときは、ブロックの開始点から行うようにしましょう。

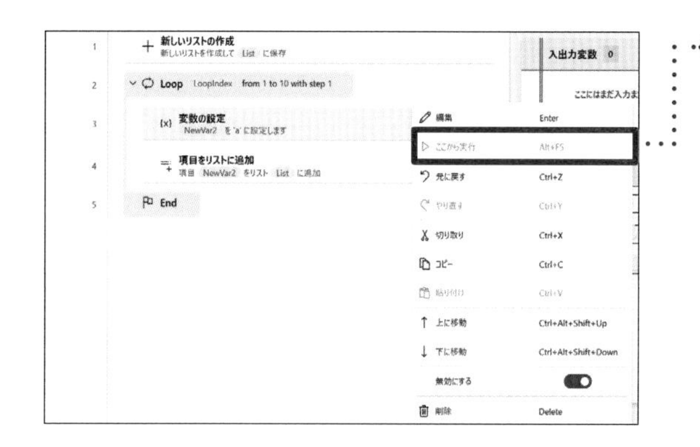

ブロック（水色で囲まれている範囲）は一連の処理として扱われるため、その途中から「ここから実行」を行うことはできません。

ブレークポイント

アクションのオーダー番号の左側をクリックすると、オーダー番号の左側に赤い点が表示され、「ブレークポイント」を配置することができます。「ブレークポイント」でいったん停止した後は、▷（実行）もしくは▷I（次のアクションの実行）をクリックすることで、フローの実行を再開することができます。

アクションのオーダー番号の左側をクリックしてブレークポイントを配置します。

また、**「ブレークポイント」と「次のアクションを実行」を組み合わせることで、フローの特定箇所を1つのアクションごとに処理することができます。**フローが想定通りの動きをしてくれているのかを確実に確認することができるので、エラー発生時や、欲しい値がうまく取得できていないときの原因調査に、とても役立ちます。

3-2 アクション

ここまでは「メッセージを表示」アクションなどを例として用いてきましたが、ここからはアクションの詳細について解説していきます。おさらいになりますが、フローはアクションの組み合わせで成り立っており、アクションはフローの部品としての役割を持っています。そのため、Power Automate Desktopにはフローの目的に合わせたさまざまなアクションが存在します。

アクションは「システム」、「ファイル」、「Web」、「Excel」などの操作対象ごとに分類されています。これらの分類を「アクショングループ」と呼びます。フローを作成するうえで使用頻度が高いアクショングループとその詳細を、ここでいくつか紹介します。

◆ 「変数」アクショングループ

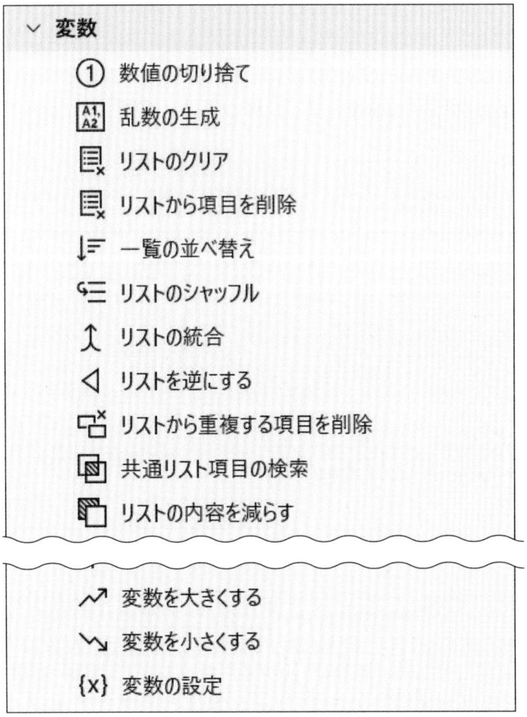

変数
数値の切り捨て
乱数の生成
リストのクリア
リストから項目を削除
一覧の並べ替え
リストのシャッフル
リストの統合
リストを逆にする
リストから重複する項目を削除
共通リスト項目の検索
リストの内容を減らす
変数を大きくする
変数を小さくする
変数の設定

変数に関する操作を行うことができるアクションのグループです。このグループのアクションでは、変数やリストを新たに生成したり、変数の値を増減させたりすることなどが可能です。

なおリストとは、後述するリスト型というデータ型のことです。変数については3-3、データ型やリスト型の詳細については3-4を参照してください。

◆ 「システム」アクショングループ

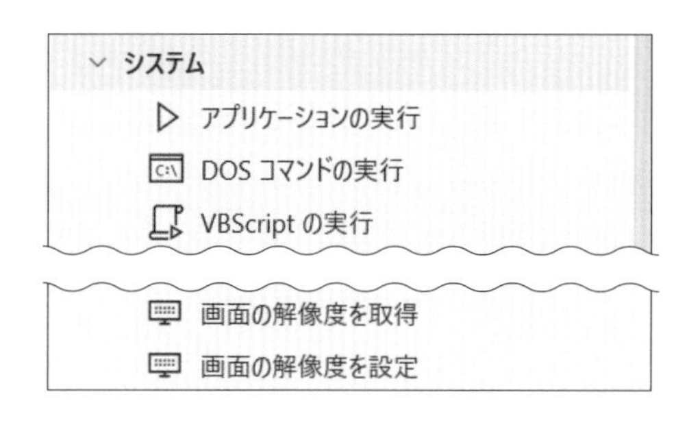

パソコンをシャットダウンする、ごみ箱を空にするなどといった、Windowsの基本的な操作や、コマンド、スクリプトの実行、スクリーンショットの保存などを行うアクションのグループです。

◆ 「ファイル」アクショングループ

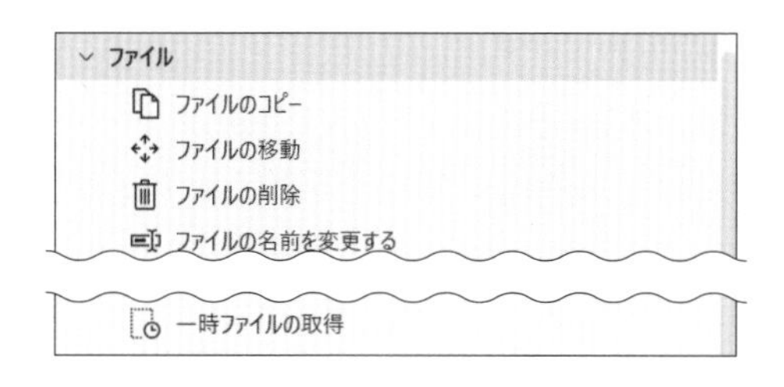

ファイルに関する操作を行うことができるアクションのグループです。このグループのアクションでは、ファイルのコピーやファイルの移動、ファイルの削除といった処理を行うことが可能です。

COLUMN

2021年6月時点で、アクショングループは33種類、アクションの種類は約350種類も存在し、ここで紹介しているのはその一部です。本COLUMN末に示すサイトで、全アクションを確認できます。なお、アクションの所属するグループは変更されることがあります。アクションが見つからない場合は検索してください(P.59参照)。

マイクロソフト Power Automate Desktop アクション リファレンス
https://docs.microsoft.com/ja-jp/power-automate/desktop-flows/actions-reference

ASAHI Accounting Robot研究所 Power Automate サポートサイト
https://support.asahi-robo.jp/padactionlist

◆「フォルダー」アクショングループ

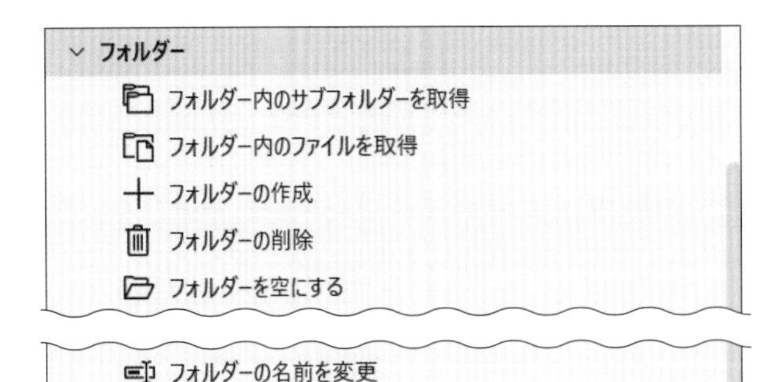

フォルダーに関する操作を行うことができるアクションのグループです。このグループのアクションでは、フォルダーの作成やフォルダーの削除、フォルダー内のサブフォルダーやファイルの取得といった処理を行うことが可能です。

◆「UI オートメーション」アクショングループ

UI オートメーション
Windows
ウィンドウの取得
ウィンドウにフォーカスする
ウィンドウの状態の設定
データ抽出
ウィンドウの詳細を取得する
ウィンドウにある UI 要素の詳細を取得する
ウィンドウにある選択済みチェック ボックスを取得する
ウィンドウにある選択済みラジオ ボタンを取得する
ウィンドウからデータを抽出する
フォーム入力
デスクトップを使用する
ウィンドウでタブを選択する
ウィンドウの UI 要素をクリックする
ウィンドウ内のメニュー オプションを選択する
UI 要素をウィンドウ内にドラッグ アンド ドロップする
ウィンドウ内のツリー ノードを展開/折りたたむ

デスクトップアプリケーションの操作を行うことができるアクションのグループです。このグループのアクションでは、アプリケーションのテキストフィールドに入力する、ボタンを押す、アプリケーションを操作する、アプリケーション上の情報を取得するといった処理を行うことが可能です。

◆「Web オートメーション」アクショングループ

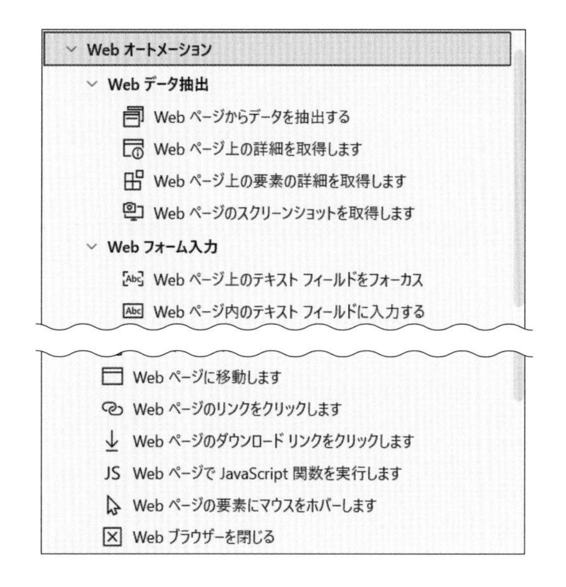

Webページの操作を行うことができるアクションのグループです。このグループのアクションでは、Webブラウザーの起動や、Webページの移動といったWebページの操作、Webページ上の情報の取得などといった処理が可能です。なお、Power Automate Desktopのバージョンによっては、Webページに関する操作のアクショングループ名が「ブラウザー自動化」と表現されています。

COLUMN

Power Automate Desktopで操作できるブラウザーは、Microsoft Edge、Google Chrome、Mozilla Firefox、Internet Explorer、Power Automate Desktop固有のオートメーションブラウザーの5種類です。また、詳しくは第4章で説明しますが、Microsoft Edge、Google Chrome、Mozilla Firefoxのブラウザーを操作するには、「拡張機能」を別途インストールする必要があります。拡張機能はPower Automate Desktopのメニューバーの「ツール」よりインストールが可能です。

◆「Excel」アクショングループ

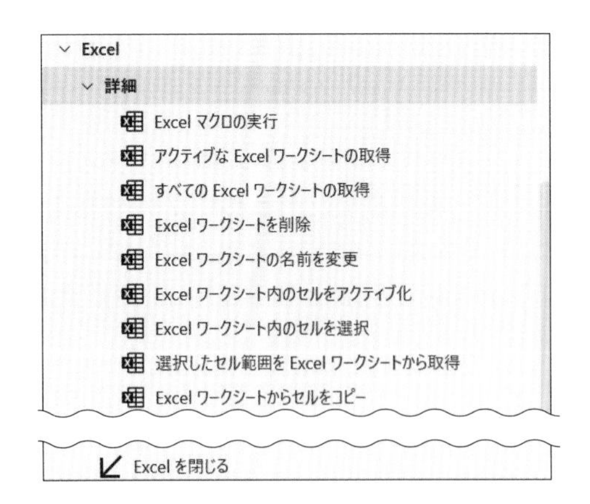

Excelに関する操作を行うことができるアクションのグループです。このグループのアクションでは、Excelの起動をはじめ、Excelの保存、Excelワークシートからのデータの読み取り、Excelワークシートへのデータの書き込みといった処理が可能です。

◆「メール」アクショングループ

メール
メール メッセージの取得
メール メッセージの処理
メールの送信

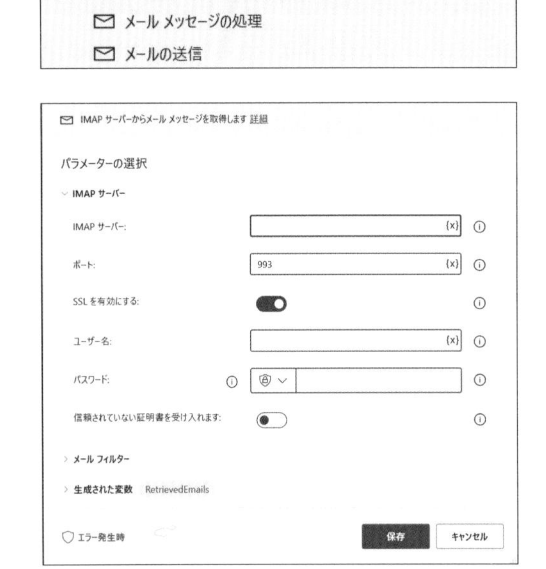

メールに関する操作を行うアクションのグループです。メール内容の取得や、メールの送信などが可能です。利用にはメールのSMTP、IMAPという情報の設定が必要です。「https://gihyo.jp/book/2021/978-4-297-12311-6/support」を参考にしてください。

「メールメッセージの取得」アクションでは、取得するメールを限定できます。「特定のメールフォルダーにメールが届いた時」「特定の送信相手からメールが届いた時」「件名や本文に特定のワードが含まれている時」といった条件で、必要なメールのみ取得可能です。Outlookによるメール処理自動化の「Outlook」アクショングループもあります。

◆「マウスとキーボード」アクショングループ

マウスとキーボード
入力のブロック
マウスの位置を取得します
マウスの移動
マウスを画像に移動します
画面上のテキストにマウスを移動する (OCR)
マウス クリックの送信
キーの送信
キーを押す/離す
キーの状態を設定
キーボード識別子を取得する
ショートカット キーを待機する

マウスやキーボードの操作を行うことができるアクションのグループです。このグループのアクションでは、マウスの移動や、マウスのクリック、キーの送信（入力）などを行うことが可能です。とくにキーの送信は、ショートカットキーの入力も可能なため、よく使用されるアクションです。

◆「日時」アクショングループ

日時
加算する日時
日付の減算
現在の日時を取得します

日時に関する情報を取得できるアクションのグループです。このグループのアクションでは、現在の日時を取得することができるほか、日時の加減を行うことが可能です。

◆「フローコントロール」アクショングループ

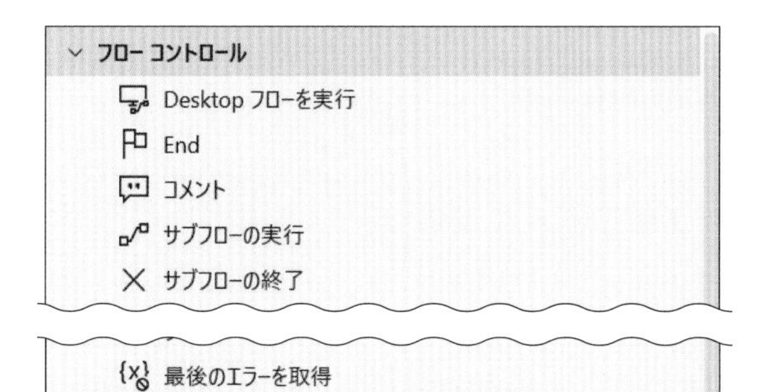

フローの操作を行うことができるアクションのグループです。このグループのアクションでは、サブフローの開始や終了、メインフローの終了、コメントの配置などの処理を行うことが可能です。

3-3 変数

Power Automate Desktopでは、使用する値を「変数」で管理する必要があります。変数はアクションに値を設定する際や、アクションの処理結果を格納する際にも利用されるため、Power Automate Desktopを使用するうえでは必須となる概念です。

◆ 変数とは

Power Automate Desktopのフローで使用される値は、変数として管理されます。変数は箱のようなもので、データや値を格納することができます。数学でたとえると、「x = 1」の「x」が変数で、「1」がデータや値です。

変数のイメージ

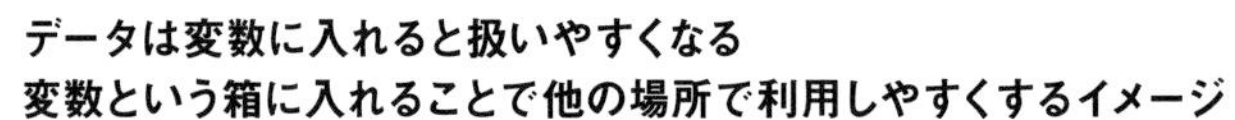

データは変数に入れると扱いやすくなる
変数という箱に入れることで他の場所で利用しやすくするイメージ

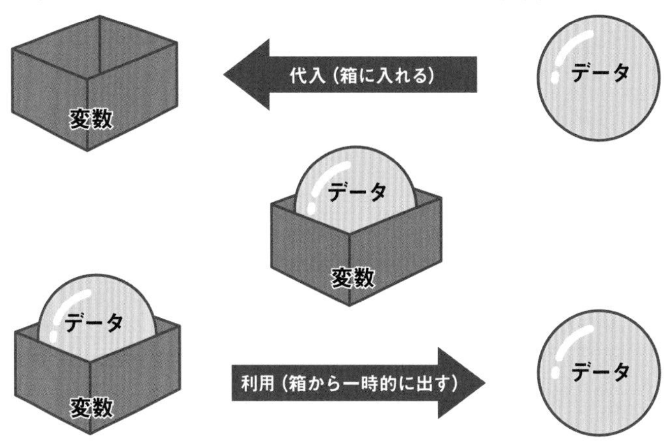

Power Automate Desktopでは%で囲むことで変数を表します。たとえば、「Variable」という変数であれば、「%Variable%」と表現します。本書では以降、%で囲んだ値を変数として扱います。また、変数の名前に使用できるのは半角英数字とアンダースコア（_）のみで、日本語と全角英数字、記号は使用できません。たとえば、「%Hensu1%」は使用可能ですが、「%へんすう１@%」は使用できません。

◆ 変数を使用する

Power Automate Desktopを触ったことがあれば、実は変数をすでに使用していま す。いったいどこで使用しているのでしょうか。アクションペインの「日時」アクショングループの、「現在の日時を取得します」アクションを例に解説します。

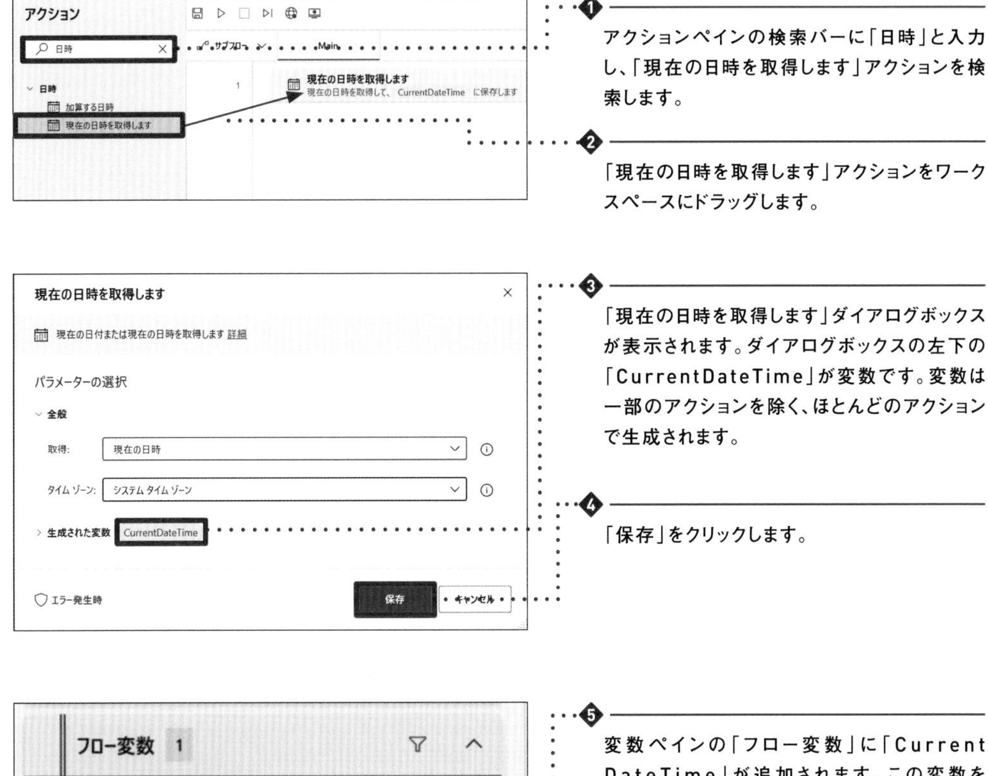

❶ アクションペインの検索バーに「日時」と入力し、「現在の日時を取得します」アクションを検索します。

❷ 「現在の日時を取得します」アクションをワークスペースにドラッグします。

❸ 「現在の日時を取得します」ダイアログボックスが表示されます。ダイアログボックスの左下の「CurrentDateTime」が変数です。変数は一部のアクションを除く、ほとんどのアクションで生成されます。

❹ 「保存」をクリックします。

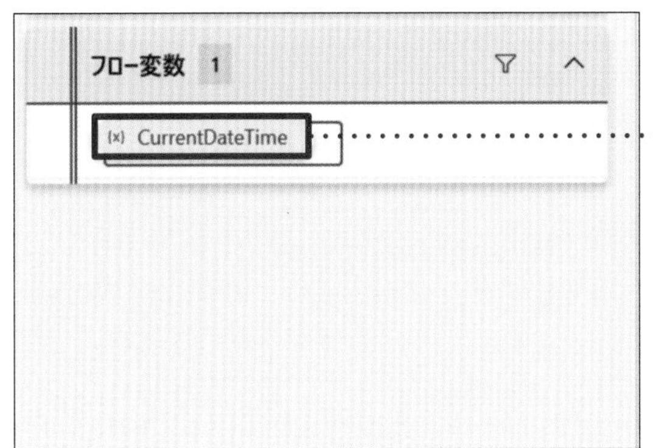

❺ 変数ペインの「フロー変数」に「CurrentDateTime」が追加されます。この変数を「%CurrentDateTime%」のように利用します。

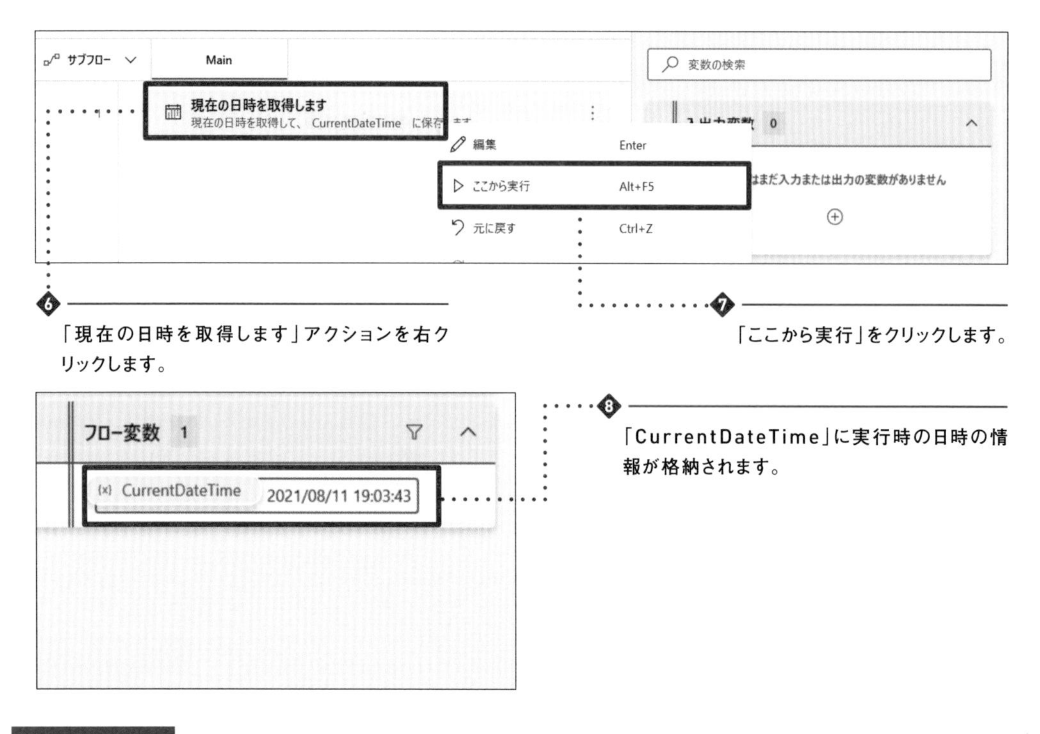

❻「現在の日時を取得します」アクションを右クリックします。

❼「ここから実行」をクリックします。

❽「CurrentDateTime」に実行時の日時の情報が格納されます。

COLUMN

日時の情報は変数ペインの「フロー変数」でも確認できました。しかし、URLのような長い値や、のちほど説明するリスト型のような変数内に複数行の値が存在する場合、「フロー変数」では省略されてしまいます。

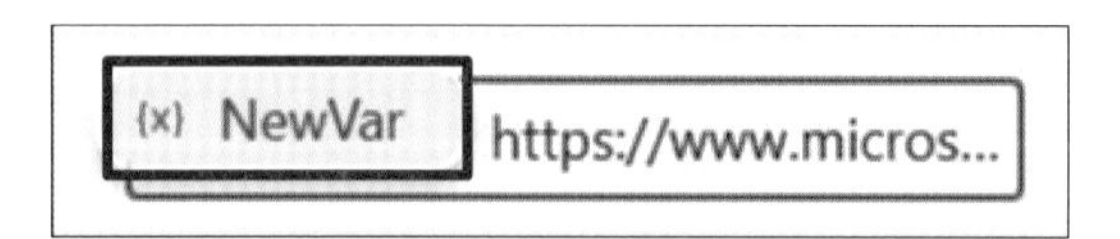

その場合、変数ペインの変数をダブルクリックすることで、変数に格納されている値を確認することができます。

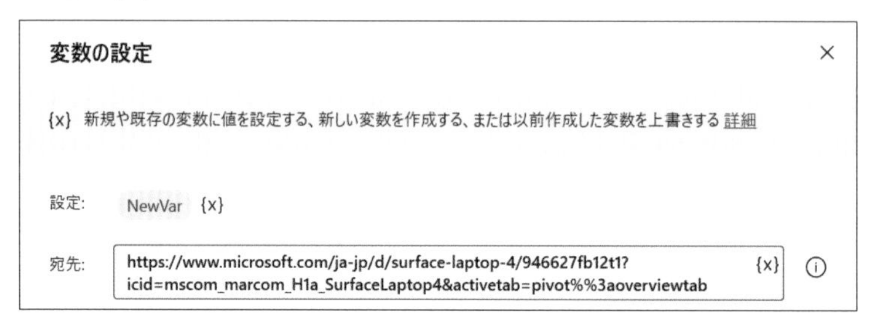

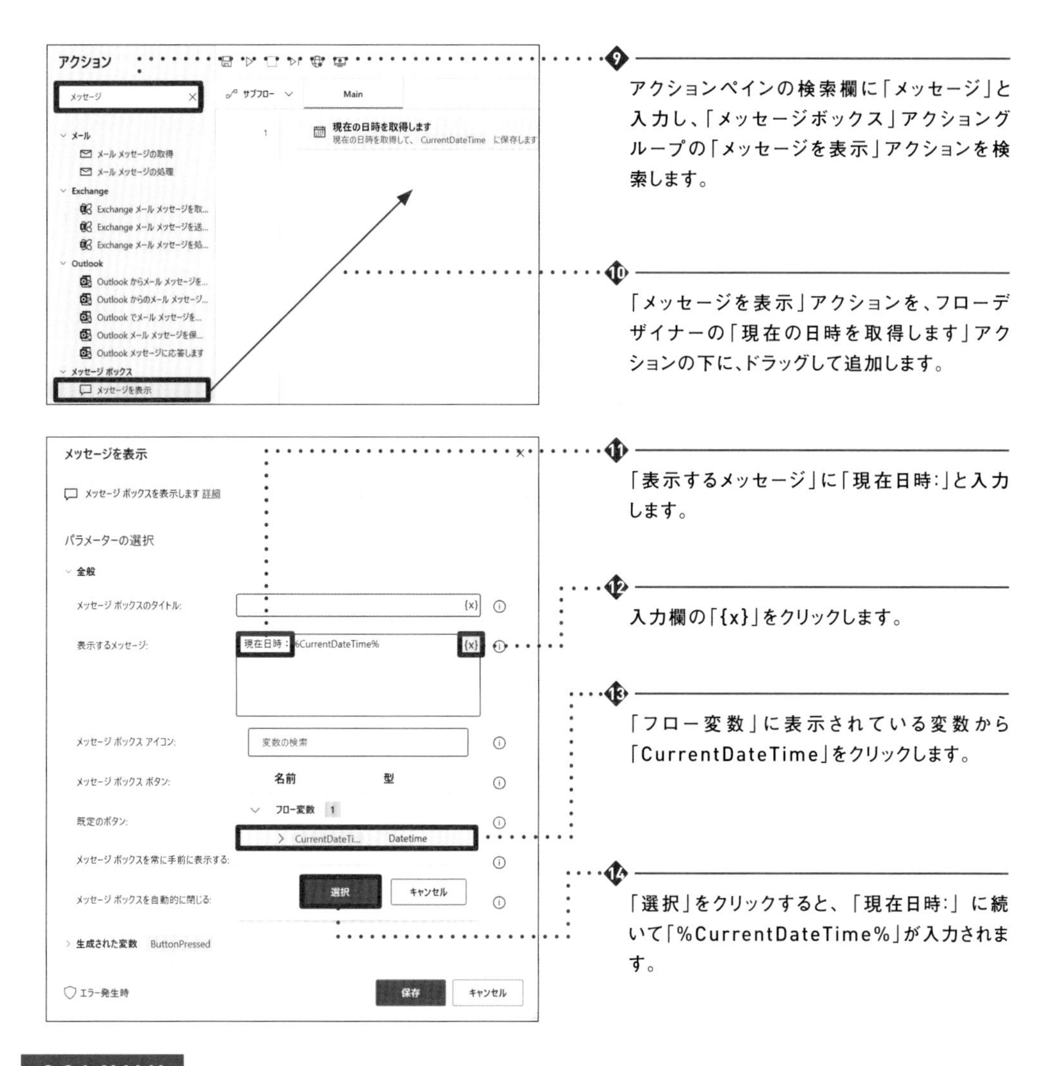

COLUMN

P.72で解説したように、Power Automate Desktopでは%で囲んだ値が変数として認識されます。では、「100%」のように、値の中に%が含まれている場合はどうなるでしょうか。「%100%%」と入力した場合、100%の%が変数の囲い文字として認識され、構文エラーとなってしまいます。もし、変数名に%を使いたい場合、「%%」という具合に%を2つ重ねることで、後の%が文字列であるとPower Automate Desktopに認識させることができます。「100%」の場合は「100%%」と入力することで、構文エラーを回避して使用できます。

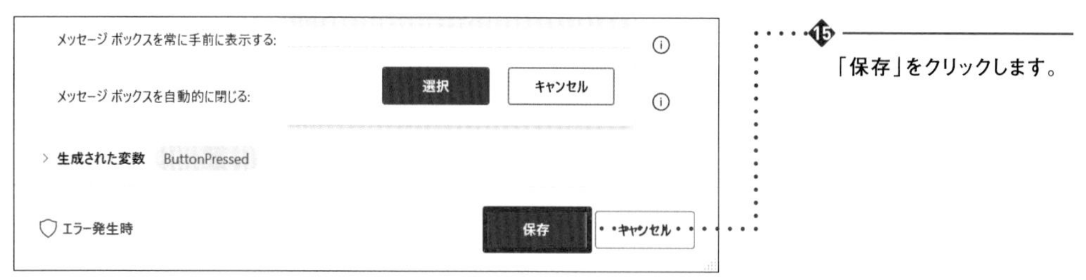

⑮ 「保存」をクリックします。

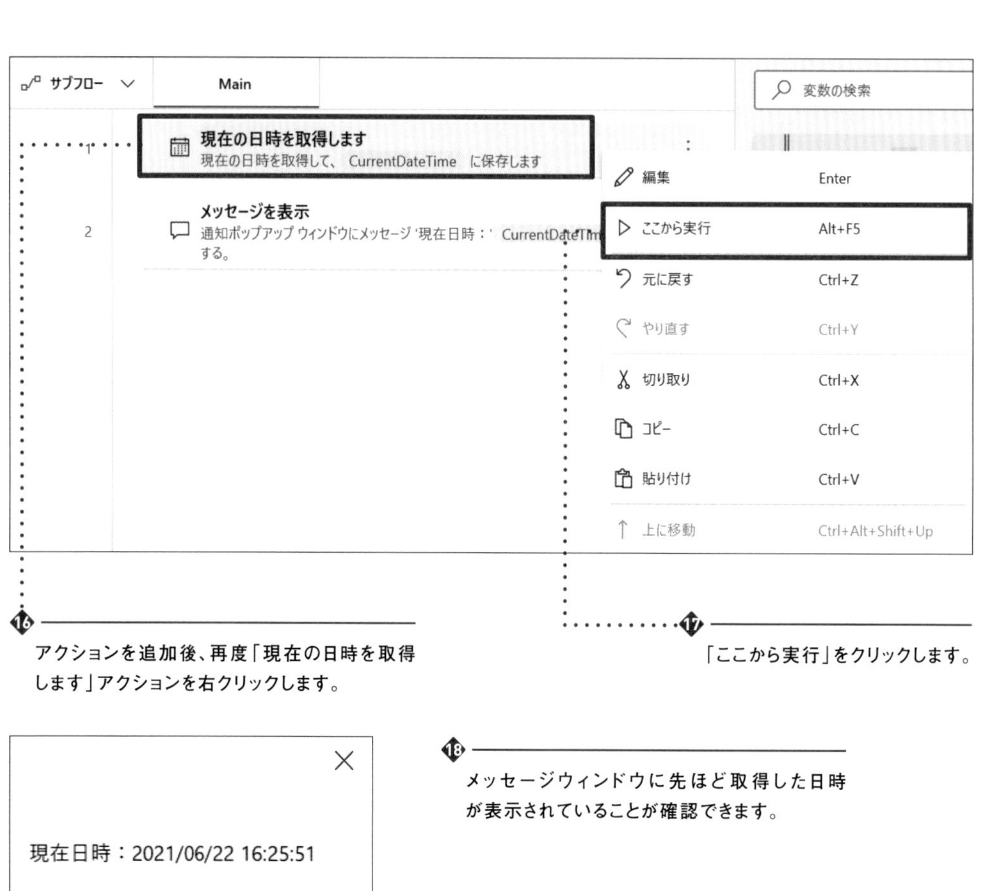

⑯ アクションを追加後、再度「現在の日時を取得します」アクションを右クリックします。

⑰ 「ここから実行」をクリックします。

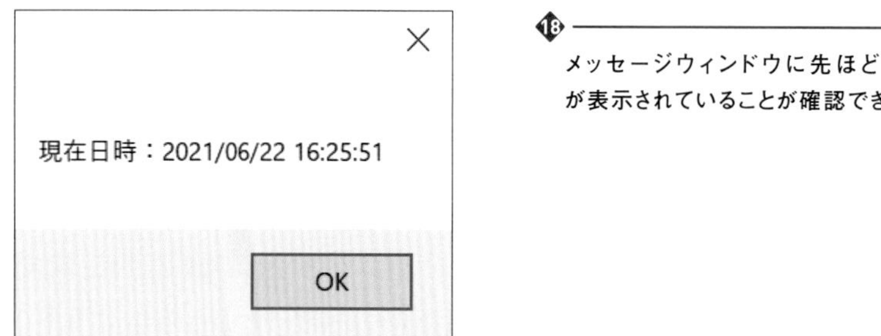

⑱ メッセージウィンドウに先ほど取得した日時が表示されていることが確認できます。

このように、生成した変数はほかのアクションで使用することが可能です。また、「変数」アクショングループの「変数の設定」アクションで、任意の値を持つ変数を生成することもできます。

変数の設定

{x} 新規や既存の変数に値を設定する、新しい変数を作成する、または以前作成した変数を上書きする 詳細

設定: Test {x}

宛先: Testです。 {x}

変数は、フロー内で同じ値を何度も使う場合や、後から値が変わる可能性がある場合に非常に有効です。

変数を使わないフローでは、たとえばファイルの保存先や利用するWebサイトのURLの情報を各アクションに書き込まなければなりません。変更があった場合、すべて書き換えようとすると大変な手間になりますし、変更漏れがある場合はエラーの原因にもなります。しかし、変数を使っていれば、変数の中身を変えるだけでフロー全体の修正が完了します。

左は、特定のフォルダー内にあるExcelファイルに対して書き込み処理を行い、同じフォルダーに保存するフローの例です。

アクション内で、ファイルを取得し、保存先のフォルダーを指定しています。指定のフォルダーを変更したい場合、変数を使っていれば変数の値を変更するだけで修正が完了します。

もしフォルダーの場所を直接入力していたら、アクション一つ一つでフォルダーの場所を入力し直す必要があります。そのため非常に手間がかかり、ミスやエラーの原因にもなります。

3-4 データ型とプロパティ

変数に格納する値には、数字や文字列、日付などさまざまな種類が存在します。数字と文字を足し算できないように、これらの値は混同できず、区別する必要があります。こうした種類のことを変数の「データ型」と呼びます。

◆ データ型の種類

データ型にはさまざまな種類があり、Power Automate Desktopでは変数に格納した値に応じて、自動的に適切な型が割り当てられます。**変数をアクションに使用する際や、変数どうしの演算を行う際には、型を確認し、場合に応じて正しい型に変換することとも必要**になります。

Power Automate Desktopにあるデータ型のうち、とくに使うものを紹介します。現段階では、すべてのデータ型を理解する必要はありません。プログラミング的な概念であるため、RPAやローコードツールを使うのが初めての人にとっては、難しいところもあるでしょう。ここではかんたんに確認する程度で問題ありません。実際の使い方については、のちの各章や、下記のマイクロソフトの公式ドキュメントを参考にしてください。

マイクロソフト 変数のデータ型
https://docs.microsoft.com/ja-jp/power-automate/desktop-flows/variable-data-types

数値型

数値型は、数字（マイナスも含む）に適用されるデータ型です。Power Automate Desktopは変数内で足し算や引き算といった計算、算術演算を行うことができますが、**算術演算を行えるのは数値型のみ**です。具体的には「1」や「-10」などの数字が数値型になります。Excel操作で行数を数字で指定するときなどに用います。

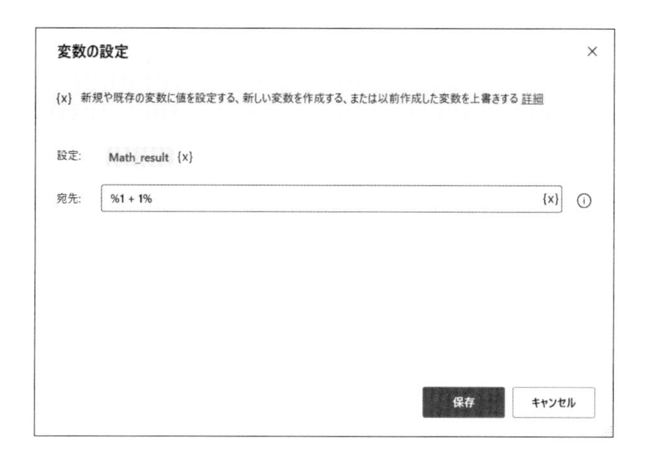

算術演算を行った結果を変数に格納することができます。

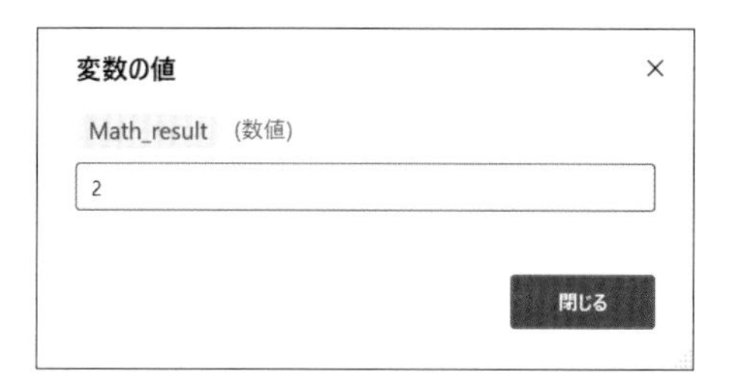

算術演算結果である「2」が格納された状態です。

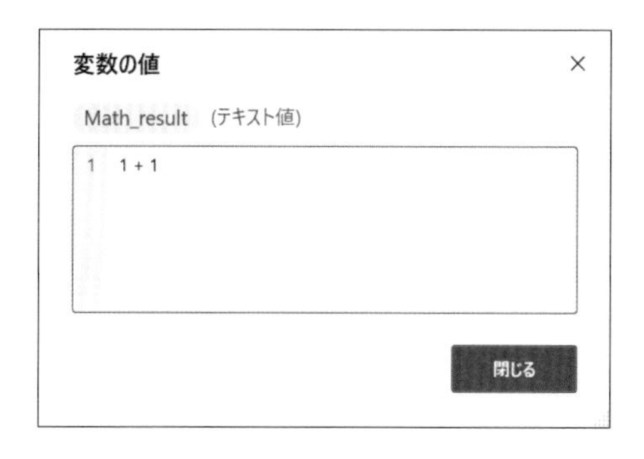

「変数の設定」アクションに「%1 + 1%」の「%」を抜いて書き込んでしまった場合、演算されず、テキスト値型で取得されます。後述するテキスト値型やDatetime型では算術演算を行えないため、数値型に変換する必要があります。

テキスト値型

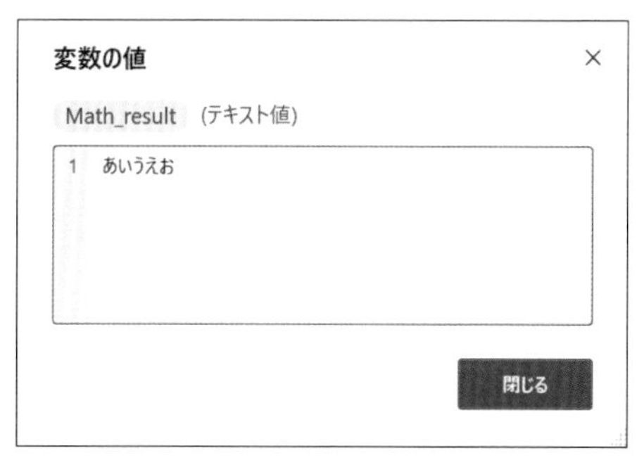

テキスト値型は、「あいうえお」といった文字列に適用されるデータ型です。**日本語、英語、記号といった区別がなく、すべてがテキスト値型**となります。

Datetime型

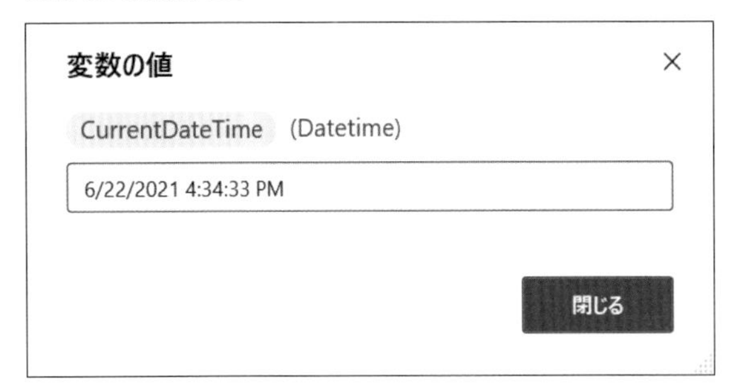

Datetime型は、「6/22/2021 4:34:33 PM」といった日付や時間に適用されるデータ型です。ここでは日付表記が、月日年……と見慣れない形になっています。主にアメリカで用いられる表記法です。日本の日付に変更する方法は第5章で解説します。

ブール値型

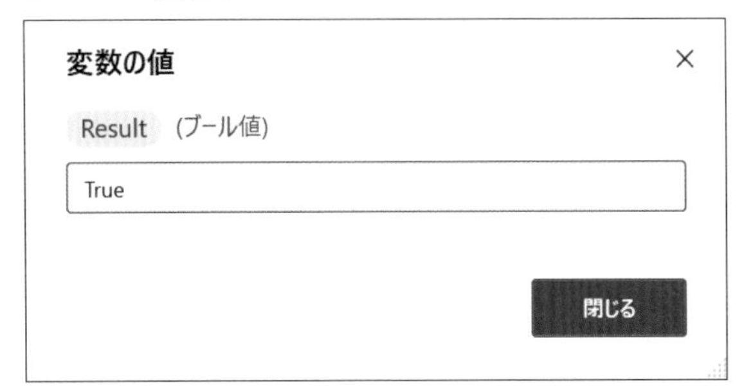

ブール値型は、条件に対し、Yes／Noといった2つの状態を表すデータ型です。2つの状態のうち、Yesの場合はTrue(トゥルー)、Noの場合はFalse(フォールス)を使って表されます。主に後述する「条件分岐」で使用します。

リスト型

リスト型は、複数の値を1つの変数で管理できるデータ型です。

リスト型は、Excelの1列がそのまま変数に格納されているようなイメージです。「%変数名[行番号]%」と入力することで、リストの指定した行から値を使用することができます。

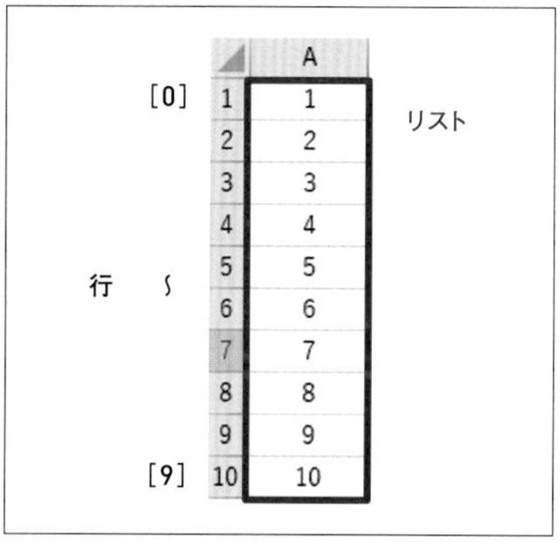

	A
[0] 1	1
2	2
3	3
4	4
5	5
6	6
7	7
8	8
9	9
[9] 10	10

リスト

行 ～

また、**行番号は1ではなく0から始まる**点に注意しましょう。左図を例にすると、「1」の値を使用するには「%変数名[0]%」と入力します。

なお、プログラミング用語の「1次元配列」に相当します。

データテーブル型

データテーブル型は、リスト型と同じく複数の値を1つの変数で管理できるデータ型です。リスト型は1列のみでしたが、**データテーブルは2列以上ある**点が異なります。

変数の値

ExcelData　(Datatable)

#	Column1	Column2	Column3	Column4	Column5	Column6
0	1	11	21	31	41	51
1	2	12	22	32	42	52
2	3	13	23	33	43	53
3	4	14	24	34	44	54
4	5	15	25	35	45	55
5	6	16	26	36	46	56
6	7	17	27	37	47	57
7	8	18	28	38	48	58
8	9	19	29	39	49	59
9	10	20	30	40	50	60

データテーブルと行番号や列番号の指す位置

列

[0] ～ [5]

	A	B	C	D	E	F	G
[0] 1	1	11	21	31	41	51	
2	2	12	22	32	42	52	データテーブル
3	3	13	23	33	43	53	
4	4	14	24	34	44	54	
5	5	15	25	35	45	55	
行 ～ 6	6	16	26	36	46	56	
7	7	17	27	37	47	57	
8	8	18	28	38	48	58	
9	9	19	29	39	49	59	
10	10	20	30	40	50	60	
[10] 11							

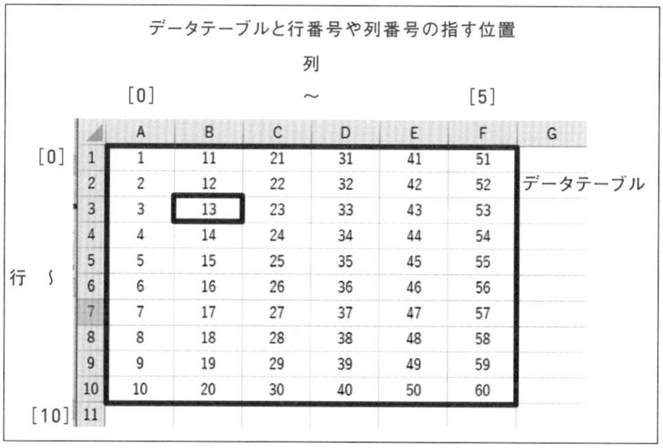

「%変数名[行番号][列番号]%」という具合に、使用したい値の行と列を指定することで、値を使用することができます。リスト型と同じく、行番号、列番号ともに0から始める点に注意しましょう。

左下の図を例にすると、「%変数名[2][1]%」と指定した場合、「13」の値が取得できます。

なお、データテーブル型はプログラミング用語の「2次元配列」に相当します。

インスタンス型

Excel の起動

新しい Excel インスタンスを起動するか、Excel ドキュメントを開きます 詳細

パラメーターの選択

全般

Excel の起動: 空のドキュメントを使用

インスタンスを表示する:

詳細

生成された変数 ExcelInstance

エラー発生時

保存 キャンセル

インスタンス型は、「Excelの起動」アクションや「新しいWebブラウザーを起動する」アクション、「ウィンドウの取得」アクションで生成される変数に適用されるデータ型です。

変数の値

ExcelInstance (Excel インスタンス)

プロパティ	値
.Handle	5248222

インスタンス型は操作対象を指定するのに使用されます。

例として、Excelのブックが2つ以上開いている場合を考えてみます。Excelに値を入力しようとしたとき、どちらのExcelに入力すればよいのか、Power Automate Desktopにはわかりません。

インスタンス型の変数には、対象を判別するための情報が格納されています。**インスタンス型の変数を使用することで、指定したExcelに値を入力することができます。**

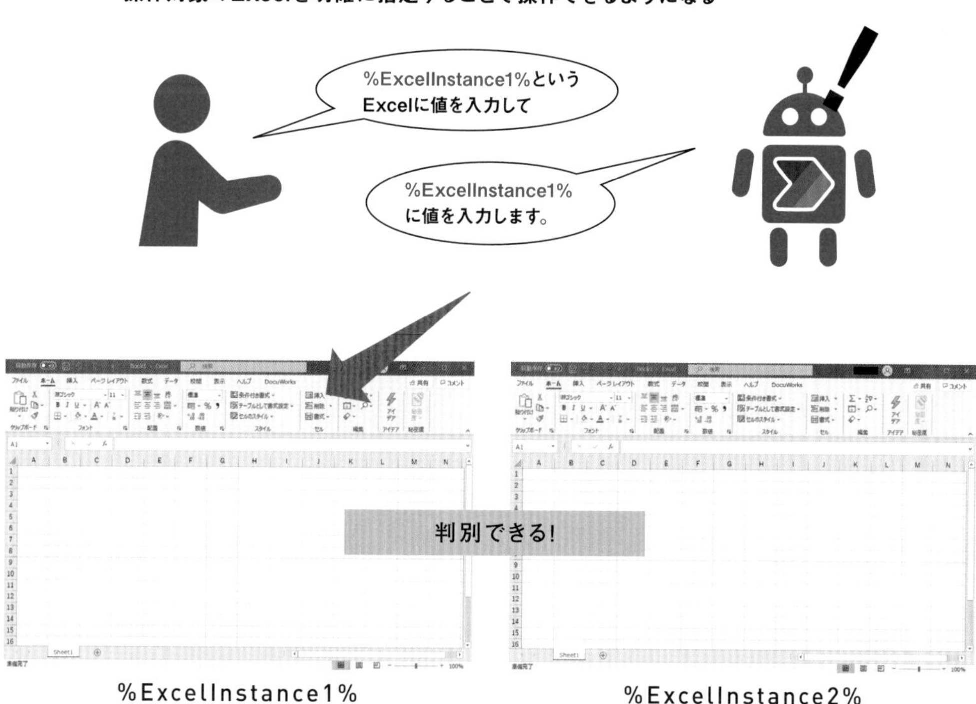
操作対象のExcelを明確に指定することで操作できるようになる
%ExcelInstance1%という
Excelに値を入力して
%ExcelInstance1%
に値を入力します。
判別できる!
%ExcelInstance1%
%ExcelInstance2%

ファイル型

← 変数の値

Files [0] (ファイル)

プロパティ	値
.FullName	C:\Users\\[redacted]\Desktop\Test\新しいフォルダー\テスト.pdf
.Name	テスト.pdf
.Extension	.pdf
.NameWithoutExtension	テスト
.Directory	C:\Users\\[redacted]\Desktop\Test\新しいフォルダー
.RootPath	C:\
.Size	3762472
.CreationTime	6/11/2021 11:10:08 AM
.LastModified	6/11/2021 11:10:08 AM
.LastAccessed	6/22/2021 12:07:18 PM
.IsHidden	False

ファイル型は、取得したファイルの情報が格納された変数に適用されるデータ型です。

フォルダー型

← 変数の値

Folders [0] (フォルダー)

プロパティ	値
.FullName	C:\Users\■■■■\Desktop\Test\新しいフォルダー
.Name	新しいフォルダー
.Parent	C:\Users\■■■■\Desktop\Test
.RootPath	C:\
.CreationTime	6/11/2021 9:34:14 AM
.LastModified	6/11/2021 6:18:22 PM
.IsHidden	False
.IsEmpty	False
.Exists	True
.FilesCount	1
.FoldersCount	0

フォルダー型は、取得したフォルダーの情報が格納された変数に適用されるデータ型です。

◆ プロパティ

ファイル型、フォルダー型といった一部のデータ型には、「プロパティ」が存在します。プロパティとは、そのデータ型が持っている情報のことです。

たとえば、フォルダー型の場合は、「.FullName(フォルダーのフルパス)」、「.Name(名前)」、「.Parent(フォルダーの格納場所)」、「.CreationTime(作成日)」といったプロパティを持っています。

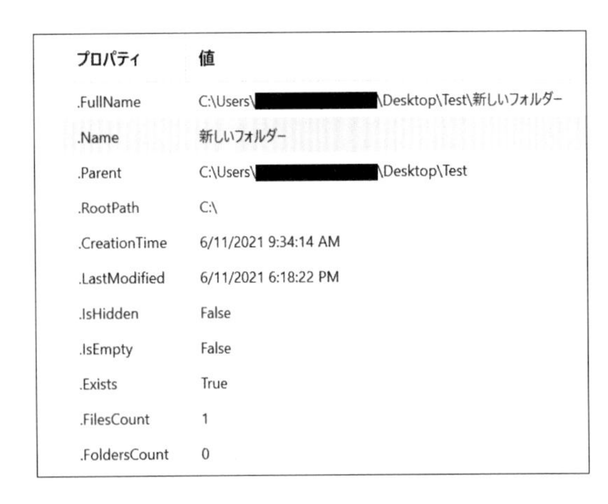

プロパティ	値
.FullName	C:\Users\■■■■\Desktop\Test\新しいフォルダー
.Name	新しいフォルダー
.Parent	C:\Users\■■■■\Desktop\Test
.RootPath	C:\
.CreationTime	6/11/2021 9:34:14 AM
.LastModified	6/11/2021 6:18:22 PM
.IsHidden	False
.IsEmpty	False
.Exists	True
.FilesCount	1
.FoldersCount	0

これらのプロパティはアクションでも使用できます。使用するときは、**変数名の後にプロパティ名を入力します。**プロパティ名には「.(ドット)」が付く点に注意しましょう。

以下はフォルダーの名前（.Name）を使用した場合の例です。変数の扱いに慣れてきたら、ぜひプロパティも使ってみましょう。できることの幅が広がります。

表示するメッセージ:　%Folders[0].Name%　{x}

◆　ダイアログボックス

これまでに、変数に値を格納する方法として、「フローの中で値を取得して格納する」方法と「決まった値（定数）を設定して変数に格納しておく」方法の、2つを紹介しました。

このほか、フローの外から情報を取り入れ変数に格納するアクションもあります。

たとえば、社員に出社時間や退社時間を入力させ、勤怠管理を行うフローを作成する場合、社員名や時刻などの情報は外部から取得する必要があります。

このように、フローの外から情報を取り入れたいときや、人の判断が必要となる場合は、「ダイアログボックス」を使用します。**ダイアログボックスを使えば、フロー実行中に直接、変数へ値を入力することができます。**

「入力ダイアログを表示」アクション

「入力ダイアログを表示」アクションは、自由に値を入力可能なダイアログボックスを表示させるアクションです。下のようにダイアログボックスのタイトルやメッセージなどを指定して使用します。入力された値は既定値として%UserInput%に格納されます。通常の変数と同様に、フローの中で扱うことができます。

%UserInput%に値が格納されているか確認してみます。例として、「入力ダイアログを表示」アクションを上のものと同様に使用して、ダイアログボックスに入力した値を「メッセージを表示」アクションを使って表示させるフローで見てみます。フロー全体は次のようになります。アクションや変数の使い方は第4章以降の実際に操作する箇所も参照してください。

フローを実行すると、以下のダイアログボックスが表示されます。ダイアログボックスに「あさひ太郎」と入力して「OK」をクリックします。

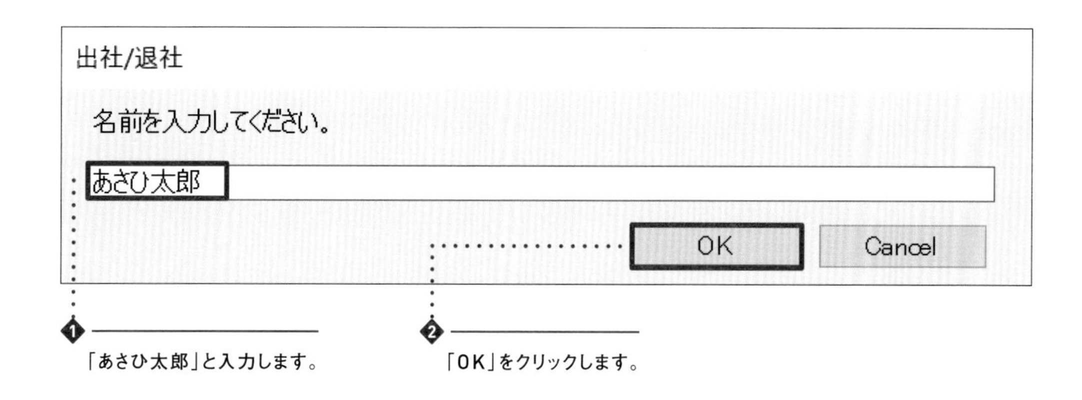

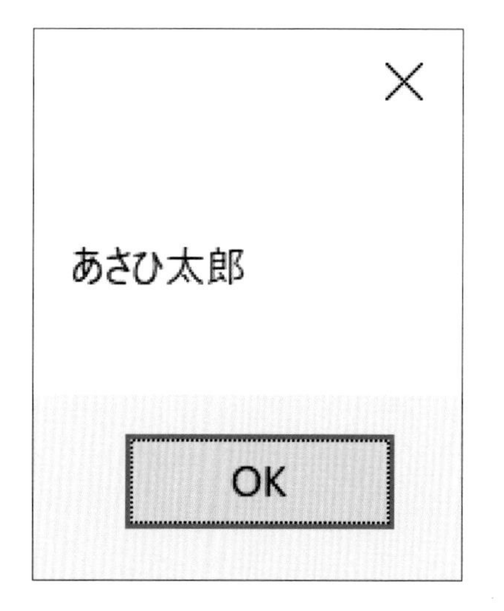

左のように、ダイアログボックスで入力した「あさひ太郎」が、メッセージウィンドウに表示されます。

今回は例としてメッセージウィンドウを使用しましたが、業務ではダイアログボックスに入力された名前を、Excelで作成した名簿に転記するといったことにも活用できます。

3-5 条件分岐

仕事をしていると、この作業が終わったら上司に報告する、といったように、条件（ここでは「仕事が終わったかどうか」）に応じて作業の進め方を変える場面が数多くあります。ほかにも、フォルダー内にファイルが2つ以上あればファイルを移動する、ファイルがPDFファイルだったら結合する、といった何気ない作業にも、こうした条件に応じた対応が含まれます。

フローを作成する際、この「〜なら」という条件に応じて処理を分けることを「条件分岐」といいます。

条件分岐のアクションは、条件に合致する場合に指定のアクションを行う、といった形で、ほかのアクションと組み合わせて使用します。

◆ 条件分岐のアクション

基本的な条件分岐のアクションとして、Power Automate Desktopには「If」アクションが存在します。

「If」アクション

「If」アクションは、変数の値が設定した条件に合致した場合、特定のアクションを実行するアクションです。

例として、かんたんな条件分岐のフローを見てみます。以下は、変数に格納されたファイルの形式がPDFだった場合、ファイルを移動する条件分岐です。

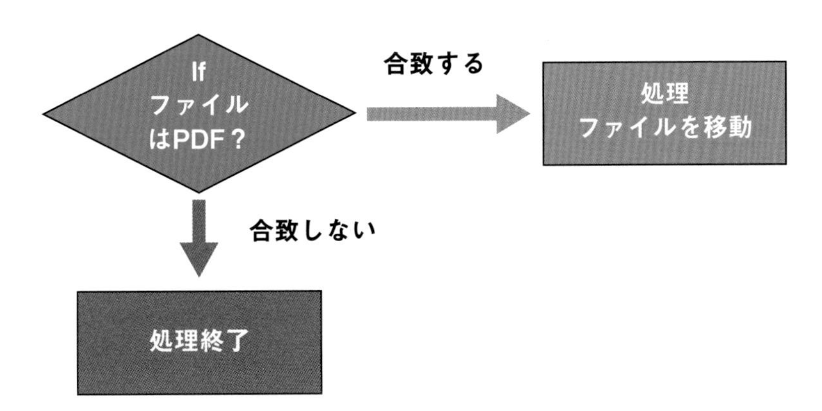

「Else」アクション

「Else」アクションは、Ifで条件に合致しなかった場合に、特定のアクションを実行するアクションです。そのため、入力するパラメーターはありません。

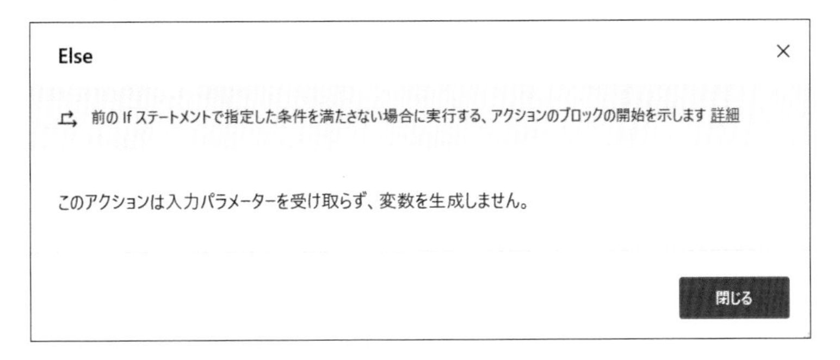

「Else」アクションを使った例を見てみましょう。以下は、先ほどのフローに「Else」アクションを追加したものです。変数の値がPDFファイルの場合はファイルを移動し、PDFファイルでない場合はファイルを削除する処理となります。

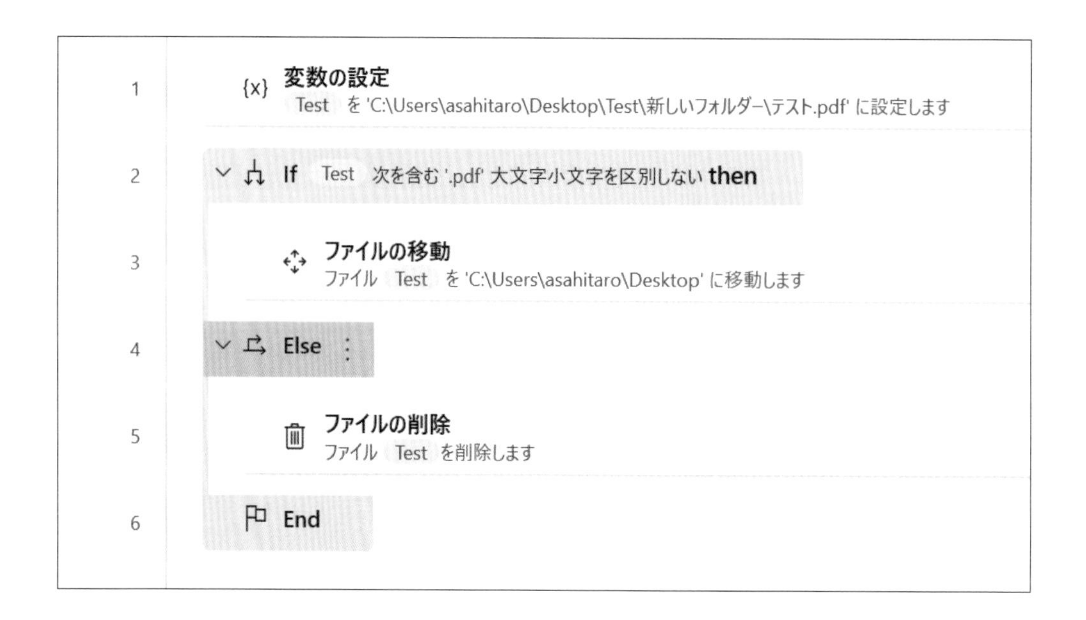

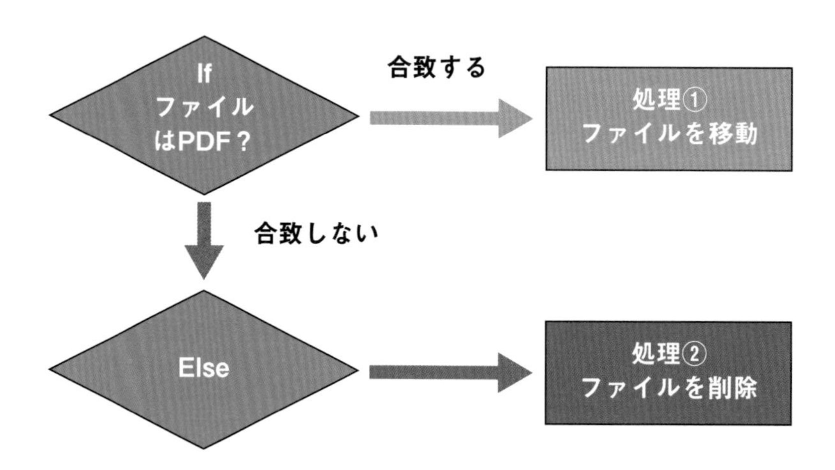

「Else if」アクション

「Else if」アクションは、Ifに条件を追加できるアクションです。Ifに合致しなかった場合、別条件で特定のアクションを実行できます。

Else if

前の If ステートメントで指定した条件を満たしていないが、このステートメントで指定した条件を満たす場合に実行する、アクションのブロックの開始を示します 詳細

パラメーターの選択

最初のオペランド: %Test%

演算子: 次を含む

2 番目のオペランド: .jpg

大文字小文字を区別しない:

保存　キャンセル

「Else if」アクションを使った例を見てみましょう。以下は、先ほどのフローに「Else if」アクションを追加したものです。変数の値がPDFファイルの場合はファイルを移動し、PDFファイルでない場合は、JPEG(JPG) ファイルであればファイルをコピーし、それ以外のファイルは削除する処理となります。

1 変数の設定
Test を 'C:\Users\asahitaro\Desktop\Test\新しいフォルダー\テスト.pdf' に設定します

2 If Test 次を含む '.pdf' 大文字小文字を区別しない then

3 ファイルの移動
ファイル Test を 'C:\Users\asahitaro\Desktop' に移動します

4 Else if Test 次を含む '.jpg' 大文字小文字を区別 then

5 ファイルのコピー
ファイル Test を 'C:\Users\asahitaro\Desktop' にコピーします

6 Else

7 ファイルの削除
ファイル Test を削除します

8 End

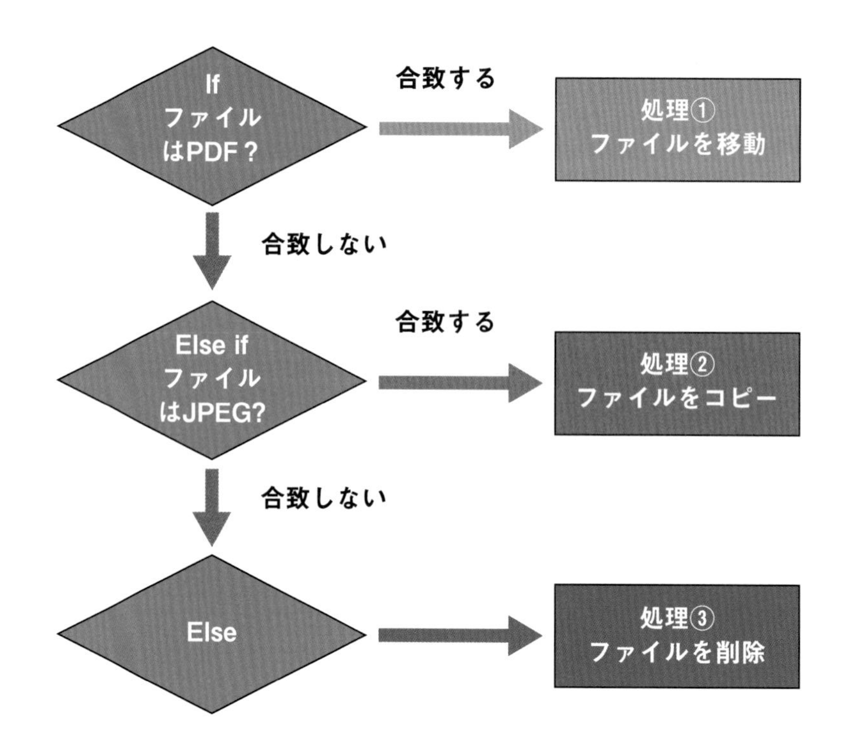

◆ 演算子

「If」アクション、「Else if」アクションの説明において、条件について触れました。その条件を設定するパラメーターが演算子です。設定できる演算子にはさまざまなものがあります。多くは最初のオペランドに変数、2番目のオペランドに比較したい対象を指定して用います。

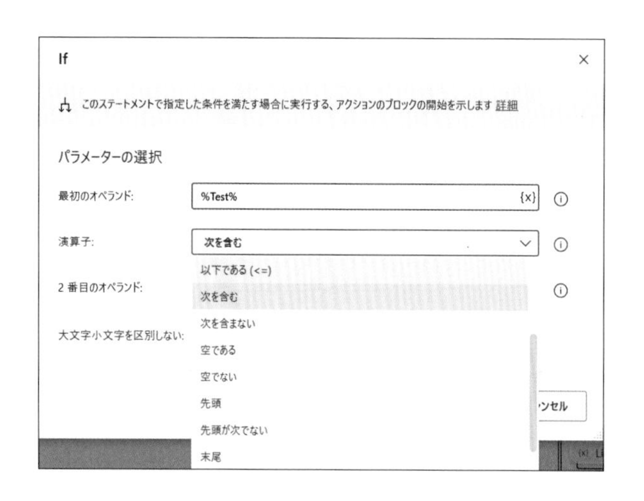

使用できる演算子の一部を紹介します。

演算子	説明
～と等しい（＝）	最初のオペランドが、2番目のオペランドと同じ
～と等しくない（<>）	最初のオペランドが、2番目のオペランドと違う
～より大きい（>）	最初のオペランドが、2番目のオペランドよりも大きい
～より小さい（<）	最初のオペランドが、2番目のオペランドよりも小さい
～以上である（>＝）	最初のオペランドが、2番目のオペランド以上
～以下である（<＝）	最初のオペランドが、2番目のオペランド以下
次を含む	最初のオペランド内に、2番目のオペランドと同じ値が含まれている
次を含まない	最初のオペランド内に、2番目のオペランドと同じ値が含まれていない
空である	変数に値が入っている（この演算子と「空でない」だけは2番目のオペランドが不要）
空でない	変数に入っていない（この演算子と「空である」だけは2番目のオペランドが不要）
先頭	最初のオペランドが、2番目のオペランドから始まっている
先頭が次でない	最初のオペランドが、2番目のオペランドから始まっていない
末尾	最初のオペランドが、2番目のオペランドで終わっている
末尾が次でない	最初のオペランドが、2番目のオペランドで終わっていない

※オペランドには比較に用いる変数や数値、文字列を入れる

3-6 ループアクション

業務の中には、宛名だけを変更した書類を大量に作成する、生産管理システムに必要な品目名のデータを入力する、といったくり返し作業が存在します。

単調な作業を何度も行うことで集中力が途切れ、ミスが発生しやすくなりますが、Power Automate Desktopであれば、高速でミスなく大量のくり返し作業を行うことができます。

ここからはPower Automate Desktopでくり返し作業を行うために必要な、ループアクションについて解説します。

◆ 3つのループアクション

複数の列と行にデータが入ったデータテーブル型のExcelデータを転記する場合、データ一つ一つに対して転記するアクションを配置しているとアクション数が膨大になってしまい、フロー制作やメンテナンスが煩雑になってしまいます。

1 Excel の起動
Excel を起動してドキュメント 'C:\Users\ippei.moriya.asahi1\Desktop\Book1.xlsx' を開く

2 Excel ワークシートから読み取り
列 'A' 行 1 から列 'F' 行 10 までの範囲のセルの値を読み取り、 ExcelData に保存する

3 Excel の起動
空のドキュメントを使用して Excel を起動

4 Excel ワークシートに書き込み
Excel インスタンス ExcelInstance の列 'A' および行 1 のセルに値 ExcelData [0][0] を書き込み

5 Excel ワークシートに書き込み
Excel インスタンス ExcelInstance の列 'A' および行 2 のセルに値 ExcelData [1][0] を書き込み

6 Excel ワークシートに書き込み
Excel インスタンス ExcelInstance の列 'A' および行 3 のセルに値 ExcelData [2][0] を書き込み

7 Excel ワークシートに書き込み
Excel インスタンス ExcelInstance の列 'A' および行 4 のセルに値 ExcelData [3][0] を書き込み

8 Excel ワークシートに書き込み
Excel インスタンス ExcelInstance の列 'A' および行 5 のセルに値 ExcelData [4][0] を書き込み

また、一連の処理を何度もくり返し実施したい場合、その処理を実施したい回数分のアクションをフローに追加する、ということでも対応は可能ですが、そちらも手間がかかるうえ、フローが非常に見づらくなるという問題があります。

そのようなときはループアクションを使用することで、同じ処理を指定した回数分くり返すことが可能になります。Power Automate Desktopには3つのループアクションが存在します。順番に確認していきます。

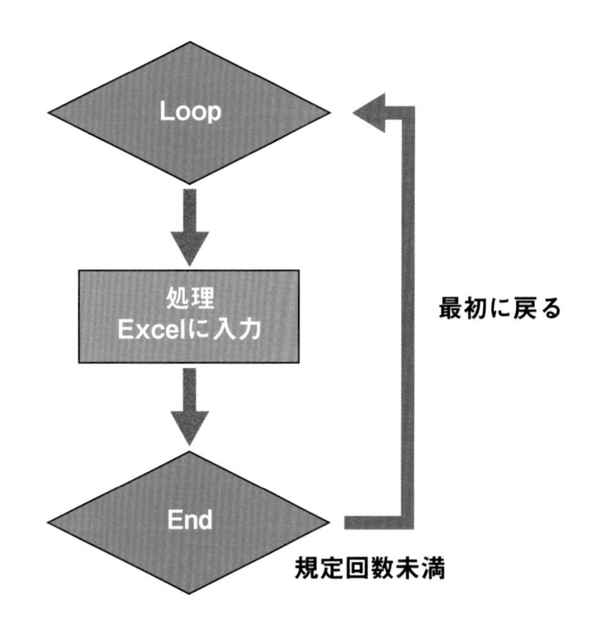

「Loop」アクション

「Loop」アクションは、「Loop」アクションから「End」アクションまでの間にあるアクションを、指定した回数分くり返すアクションです。たとえば、Excelから読み取った値を別のファイルにくり返し転記していく作業などに使用されます。

Loop

指定された数のアクションのブロックを反復処理します 詳細

パラメーターの選択

開始値: 1

終了: 10

増分: 1

> 生成された変数 LoopIndex

保存　キャンセル

左のように、「増分」を指定する項目があります。**生成された変数は、増分の値ずつ増加し、終了に設定した値になるまでくり返されます。**

Excelの値を一つ一つ転記していく最初のフローとは大きく異なり、「Loop」アクションを使用すればわずか3アクションで、くり返し転記する作業を作成することができます。

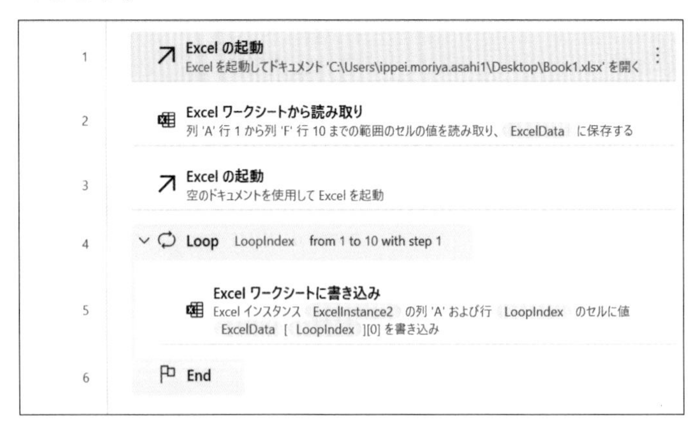

「ループ条件」アクション

「ループ条件」アクションは、指定した条件が満たされているかぎり、くり返し処理を続ける、というループと条件分岐が組み合わさったアクションです。くり返し回数が決まっていないため、システムのエラー検知などに活用できます。

「For each」アクション

「For each」アクションは、データテーブル型やリスト型といった、複数の値を持つ変数のみ使用可能なアクションです。データテーブルやリストの行数分、くり返し処理を行い、1行ずつ値を出力できます。**「単一の値」のみの変数には使用できない**点に注意しましょう。

「For each」アクションは、お客様情報をアプリケーションに1件ずつ入力する、フォルダー内のファイルを1件ずつ順番に開いて値を入力する、といった業務に活用できます。

For each

リスト、データ テーブル、またはデータ行にあるアイテムを反復処理して、アクションのブロックを繰り返して実行します
詳細

パラメーターの選択

反復処理を行う値: %List% {x}

> 生成された変数 CurrentItem

保存　キャンセル

COLUMN

「If」アクションや「Loop」アクションには必ず「End」アクションが必要となります。この「If」アクションや「Loop」アクションから「End」アクションまでの範囲を、アクションの「ブロック」と呼びます。

ブロックとなっているアクションは、右の赤枠部分のようにフロー上でアクションどうしがつながっています。ブロックは一連の処理として扱われるため、ブロックの途中から「ここから実行」を行うことはできません。

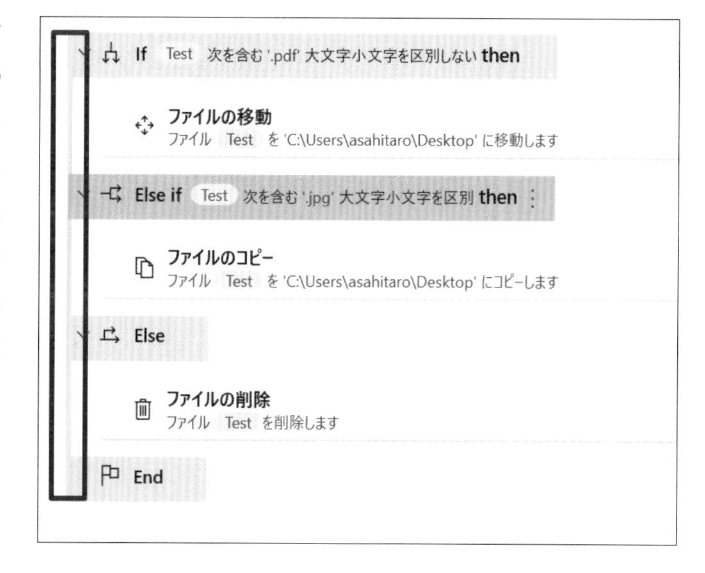

3-7 レコーダー機能

アクションを組み合わせるのが難しいと感じる人のために、Power Automate Desktopには便利な「レコーダー機能」が用意されています。レコーダー機能とは、自分が行った操作を記録し、自動的に適切なアクションに置き換えてくれる、非常に便利な機能です。

◆ レコーダー機能の種類

レコーダー機能には「Webレコーダー」と「デスクトップレコーダー」の2つがあります。それぞれ、フローデザイナーの、をクリックすることで使用できます。

Webレコーダー

Webレコーダーは Webページの操作を記録できます。Webブラウザーを選択して操作することで記録できます。特殊な操作状態となり、右クリックからスクリーンショットなどが行えます。デスクトップレコーダーの操作と共通点も多いです（6-7参照）。

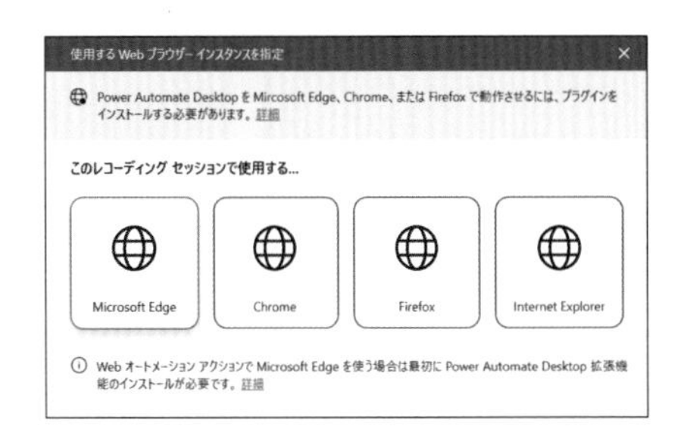

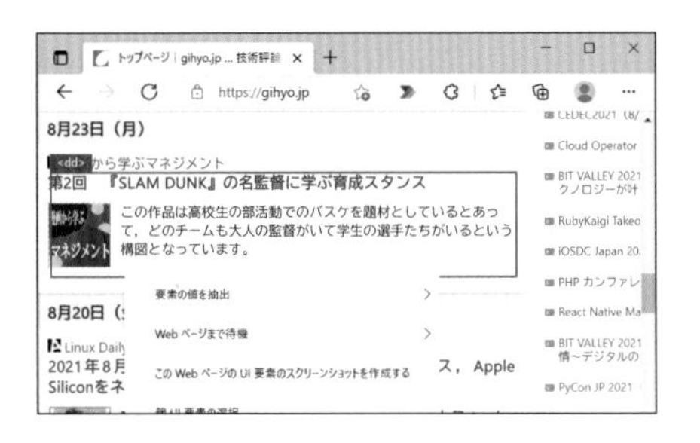

デスクトップレコーダー

デスクトップレコーダーは、デスクトップアプリケーション（Web操作以外）の操作を記録します（6-7参照）。

第 4 章

Webの操作

4-1 Web操作の基本アクション

ここからは実際にフローを作成していきながら学びます。この章ではWebページを操作するフローの作成方法、Web操作の自動化を解説します。Webブラウザーの起動をはじめ、各種操作の方法を取り上げます。この章の内容をマスターすると、Webサービスでの自動入力、データ収集などが可能になります。まずWebブラウザー操作の準備事項と基本アクションを解説します。その後、Webサイトから複数データを一括で取得するフロー、取得したデータの中から任意のデータを取り出すフローを作成します。

◆ Web操作を始める前に

毎月決まった日時に取引先のWebサイトから複数データを取得し、社内システムに転記する、といったWebサイトに関係する日常業務は数多くあります。定型的なくり返し作業であるものの、取得するデータ数が多い、ミスできないなどの理由で、担当者に大きな負担をかけている場合があります。このようなWeb関連の操作もPower Automate Desktopならかんたんに自動化できます。

この章では、まずWebブラウザー操作の準備事項を解説し、その後に、Webサイトから複数データを一括で取得するフロー、取得したデータの中から任意のデータを取り出すフローを作成します。

練習用サイト「Power Automate Desktop練習サイト」(https://support.asahi-robo.jp/learn/)を使用します。

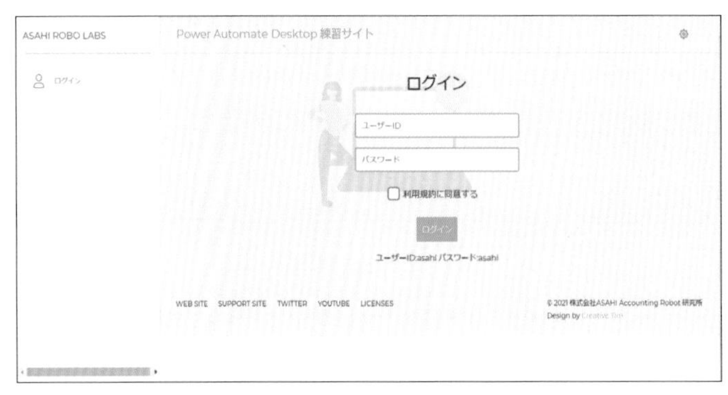

https://support.asahi-robo.jp/learn/

◆ Web操作を行うためのアクション

これまでに解説してきたように、フローを作成するにはアクションを用います。アクションは用途ごとにグループで分類されています。

Web操作に必要となるアクションは、アクションペインの「Webオートメーション」アクショングループに揃っています。

今回は「Webオートメーション」アクショングループのアクションを主に使用するので、どのようなアクションがあるかを確認しておきましょう。

アクションはアクションの検索欄から検索することもできます。「Microsoft Edge」、「テキスト」といったキーワードを入力することで関連するアクションが表示されます。ぜひ活用してください。

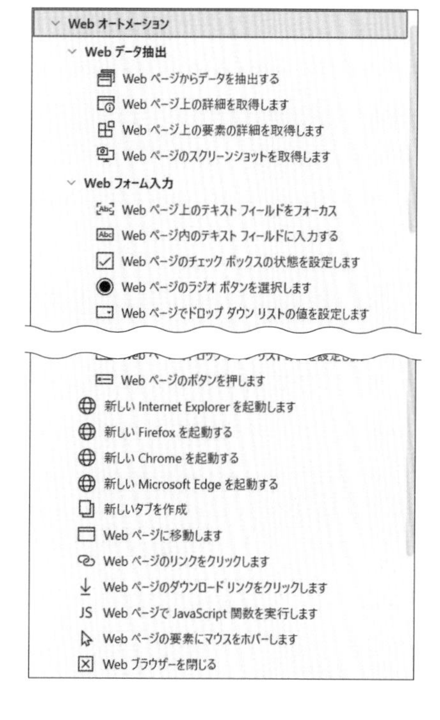

COLUMN

Web操作に関するアクションには、上記の「Webオートメーション」アクショングループと「Web」アクショングループの2種類があります。「Webオートメーション」アクショングループには、Webブラウザー上で動作するWebページの操作に関するアクションがまとめられており、「Web」アクショングループには、WebページやWebブラウザーに依存しない「Webサービス」に関するアクションがまとめられています。本章では触れませんが、「Web」アクショングループの「Webからダウンロードします」アクションを使うことで、指定したURLからファイルやテキストを取得し、値を変数へ格納したりパソコン内にファイルを保存したりすることができます。また、「Webサービスを呼び出します」アクションを使うことでWebサービスを呼び出して処理を行うことができます。

4-2 Webブラウザーの起動

まずはPower Automate DesktopでWebブラウザーを起動してみます。なおPower Automate Desktopでは、使用するWebブラウザーを、Microsoft Edge、Google Chrome、Mozilla Firefox、Internet Explorer、オートメーションブラウザーの5種類から選択できます。本章ではMicrosoft Edgeを使用して解説します。

◆ Microsoft Edgeに拡張機能をインストールする

第3章でも触れましたが、Power Automate DesktopでWebブラウザーを操作するためには、はじめに**使用するWebブラウザーに拡張機能をインストールする必要があります**。なお、Internet Explorerとオートメーションブラウザーの操作では、拡張機能の設定は必要ありません。

拡張機能のインストールが済んでいない場合は、Power Automate Desktopのフローデザイナー上にあるメニューバーからインストールページへ移動して行います。

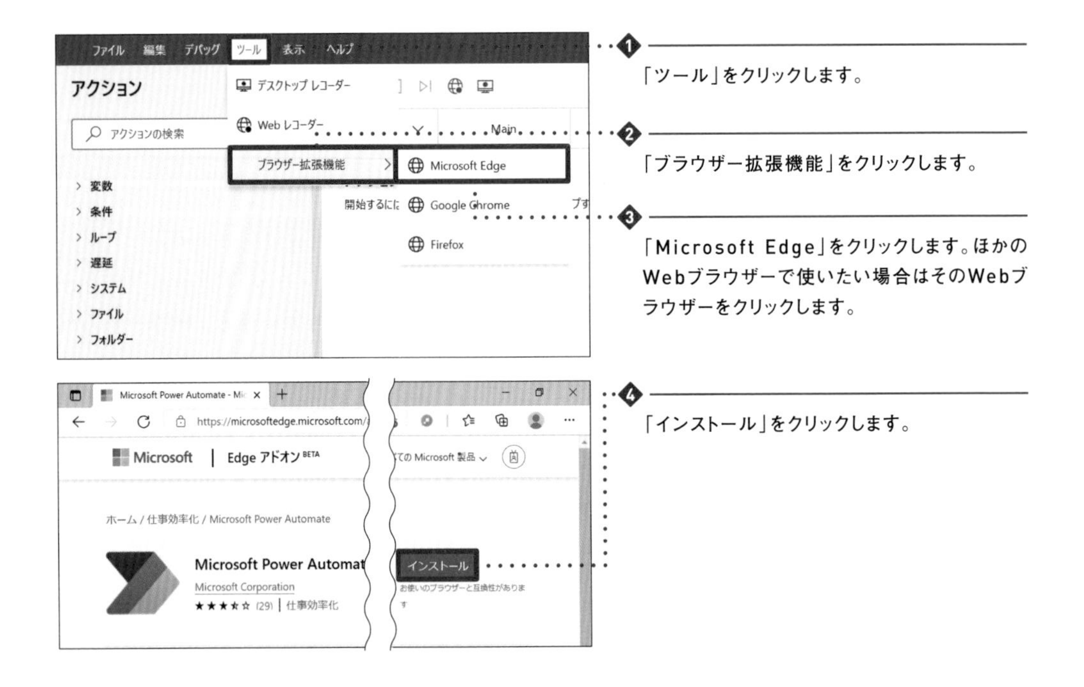

❶「ツール」をクリックします。

❷「ブラウザー拡張機能」をクリックします。

❸「Microsoft Edge」をクリックします。ほかのWebブラウザーで使いたい場合はそのWebブラウザーをクリックします。

❹「インストール」をクリックします。

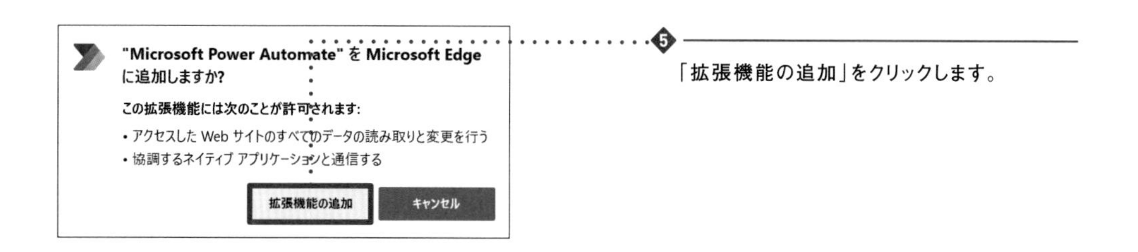

インストールが完了すると拡張機能が有効化され、Webブラウザーの操作が可能となります。拡張機能が有効化されているかは、Microsoft Edgeの設定画面で確認できます。

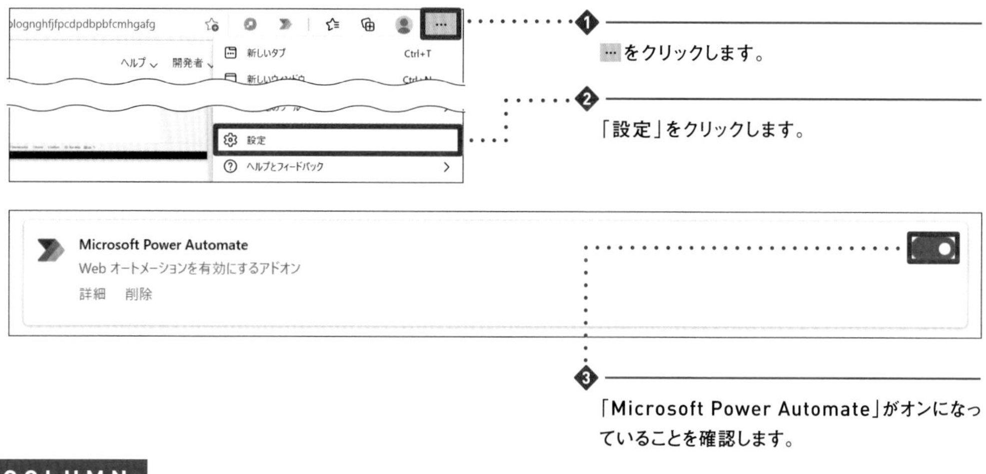

COLUMN

オートメーションブラウザーはPower Automate Desktop専用のWebブラウザー(Internet Explorerベース)です。WebブラウザーにInternet Explorerもしくはオートメーションブラウザーを使用するには、「新しいInternet Explorerを起動します」アクションを使用します。オートメーションブラウザーは、Internet Explorerと以下の点が異なります。

- **「Webページのダウンロードリンクをクリックします」アクションが使用できる。**
- **UI要素(P.120参照)をより速くキャプチャできる。**
- **ポップアップする可能性のあるすべてのメッセージダイアログを抑制する。**
- **不要な要素や拡張機能を読み込まない。**

◆ Microsoft Edgeの設定を行う

Microsoft Edgeはウィンドウを閉じても裏側では動作し続けていることがあります。その状態でMicrosoft EdgeをPower Automate Desktopで起動すると、うまく制御が行えずエラーとなる可能性があります。

Microsoft EdgeをPower Automate Desktopで正常に操作するためには、「Microsoft Edgeが終了してもバックグラウンドアプリの実行を続行する」を無効化し、Microsoft Edgeが裏側で動作しないように設定する必要があります。設定が済んだら、P.110の「Webブラウザーを起動するフローを作成する」からの解説を読めばすぐに操作できます。

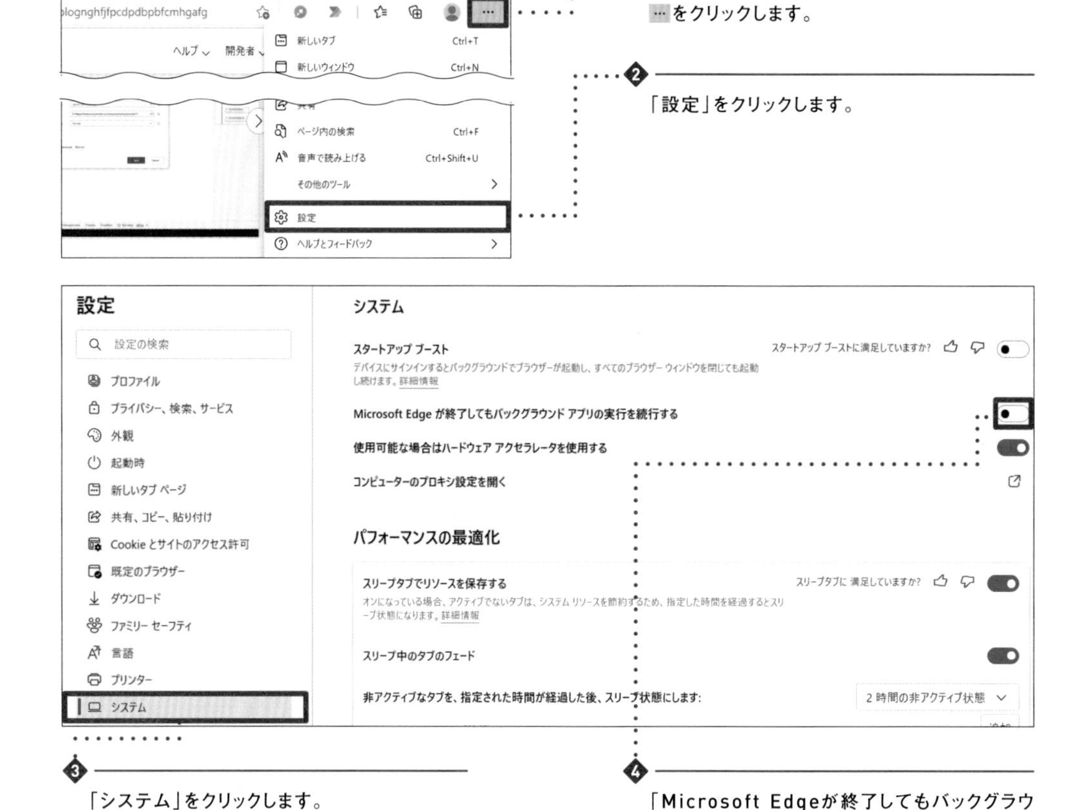

これで準備は完了です。

◆ Google Chromeで設定する場合

参考のため、Google Chromeを使用する場合の設定手順についても解説します。Microsoft Edgeを使用する場合は、この操作を行う必要はありません。

拡張機能のインストールは、Microsoft Edgeの場合と同様に、Power Automate Desktopのフローデザイナー上にあるメニューバーからインストールページへ移動して行います。

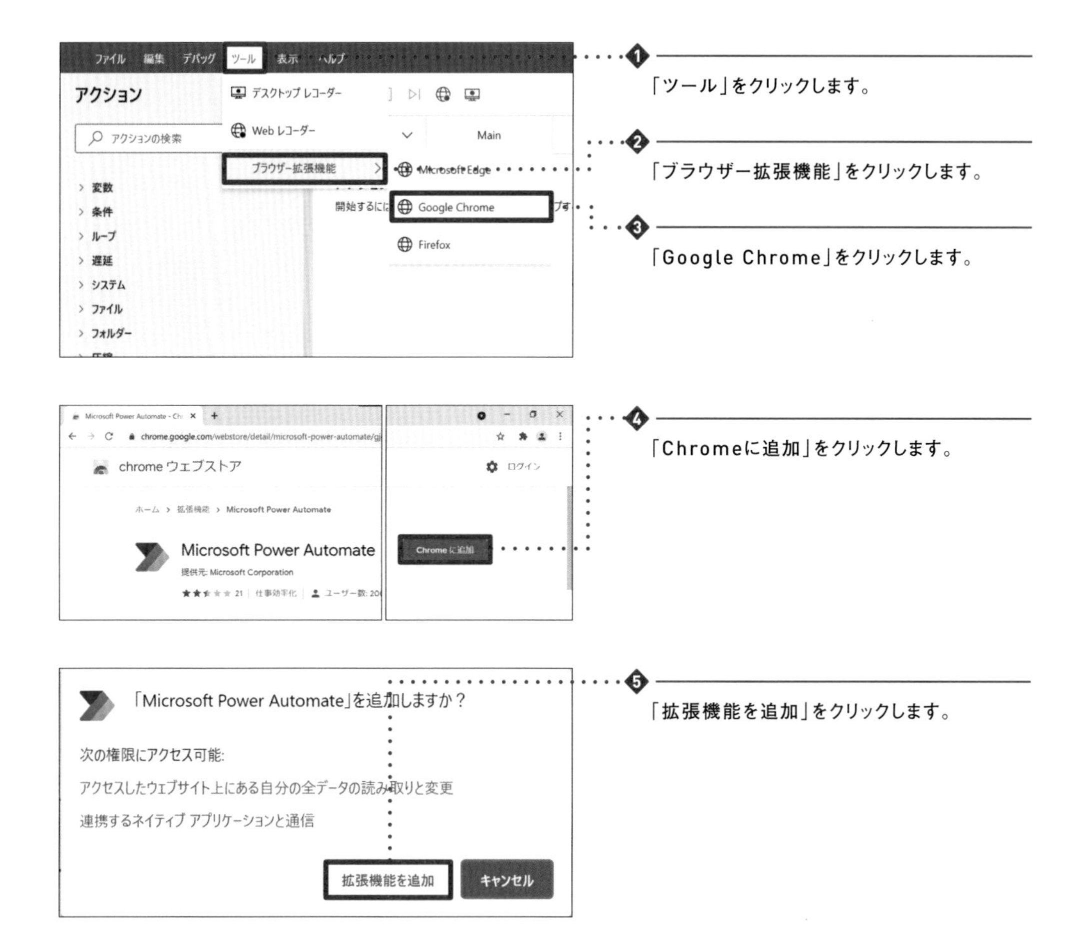

インストールが完了すると拡張機能が有効化され、Webブラウザーの操作が可能となります。拡張機能が有効化されているかは、Google Chromeの設定画面で確認できます。

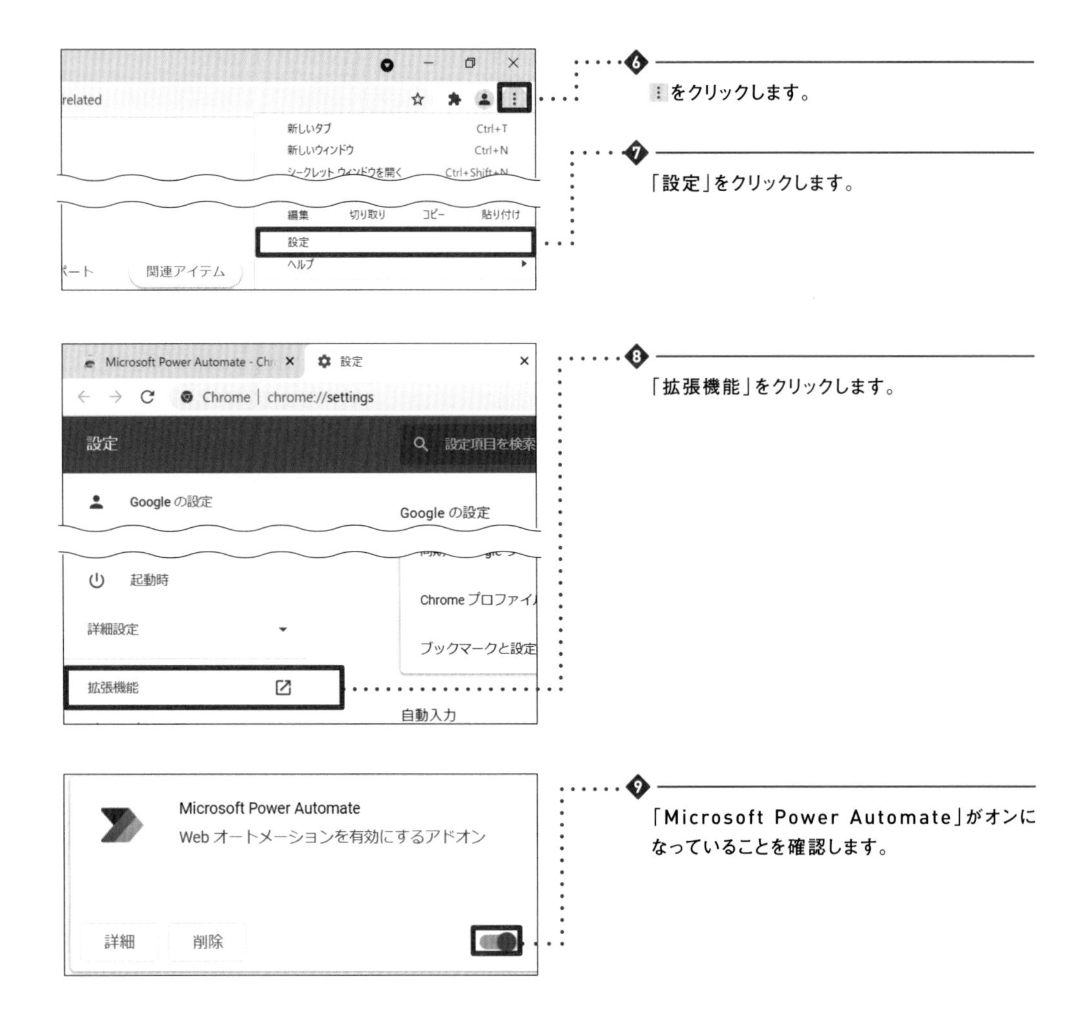

❻ ⋮をクリックします。

❼ 「設定」をクリックします。

❽ 「拡張機能」をクリックします。

❾ 「Microsoft Power Automate」がオンになっていることを確認します。

Google ChromeもMicrosoft Edge同様、Power Automate Desktopで正常に動作するためには、「Google Chromeを閉じた際にバックグラウンドアプリの処理を続行する」を無効化し、Google Chromeが裏側で動作しないよう設定する必要があります。

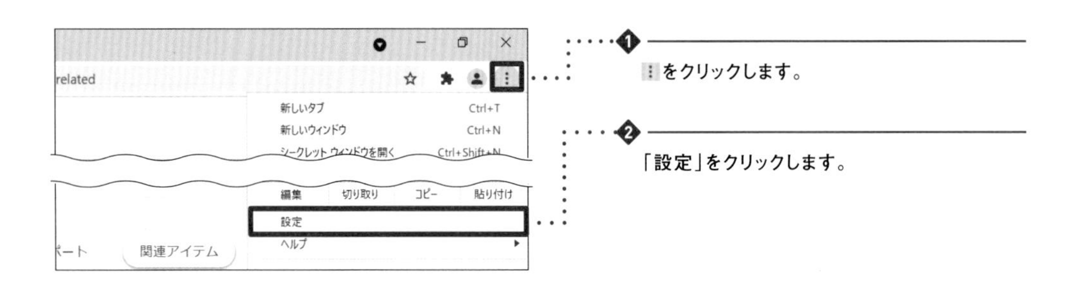

❶ ⋮をクリックします。

❷ 「設定」をクリックします。

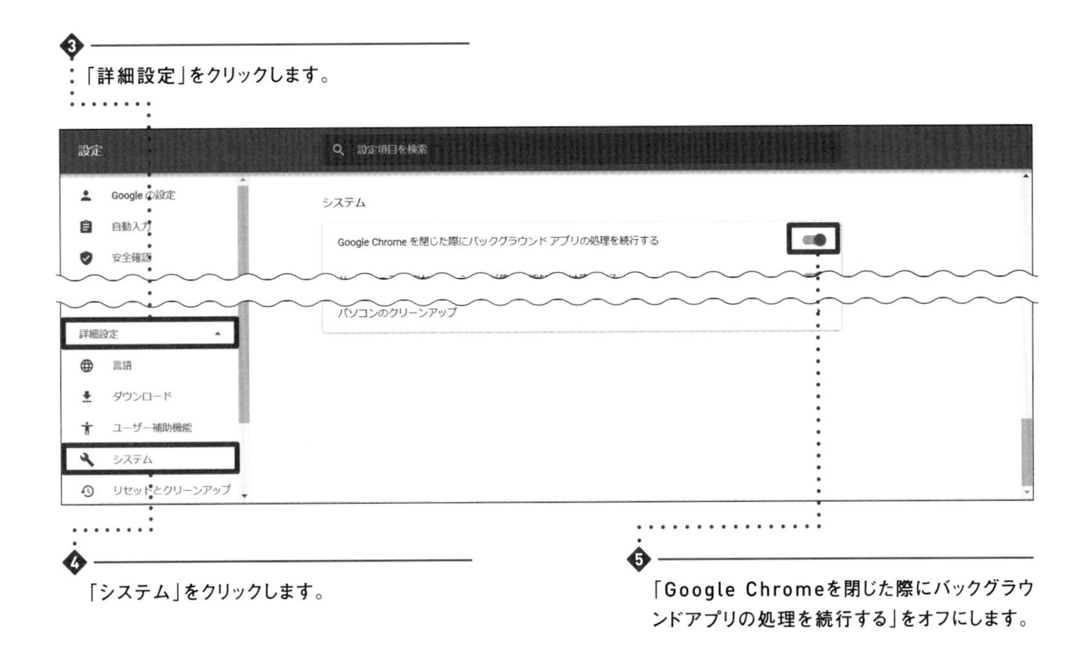

これで準備は完了です。

◆ Mozilla Firefoxで設定する場合

参考のため、Mozilla Firefoxを使用する場合の設定手順についても解説します。Microsoft Edgeを使用する場合は、この操作を行う必要はありません。

拡張機能のインストールは、Microsoft Edgeの場合と同様に、Power Automate Desktopのフローデザイナー上にあるメニューバーからインストールページへ移動して行います。

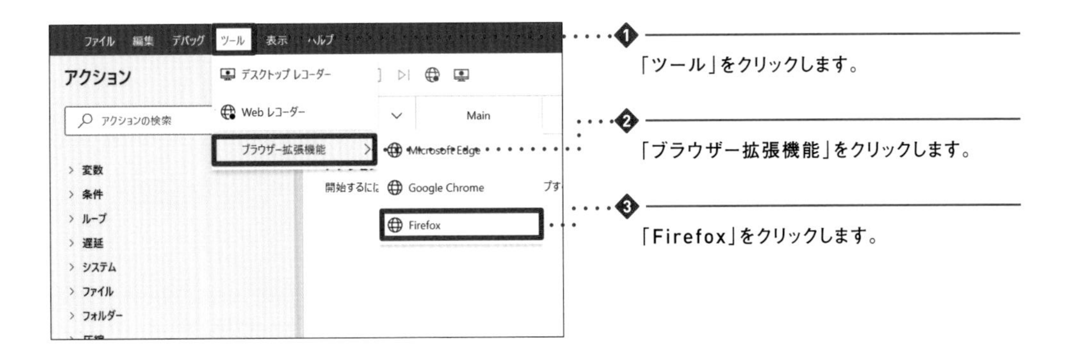

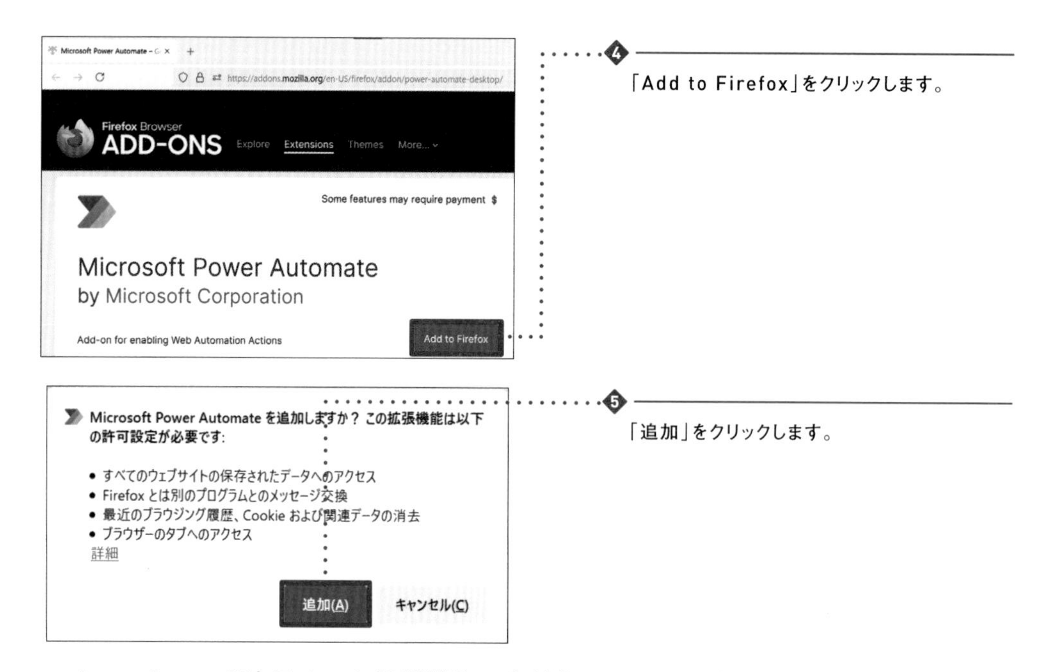

インストールが完了すると拡張機能が有効化され、Webブラウザーの操作が可能となります。拡張機能が有効化されているかは、Mozilla Firefoxの設定画面で確認できます。

危険性のあるWebサイトにアクセスした際、Webブラウザーをフリーズさせ、ユーザーがほかのタブやウィンドウに切り替えられないようにするFirefoxアラート機能は、フローの機能に影響を与える可能性があるため、無効とする必要があります。そのためにはMozilla Firefoxでconfig画面を表示し、「prompts.tab_modal.enabled」を「false」に変更します。

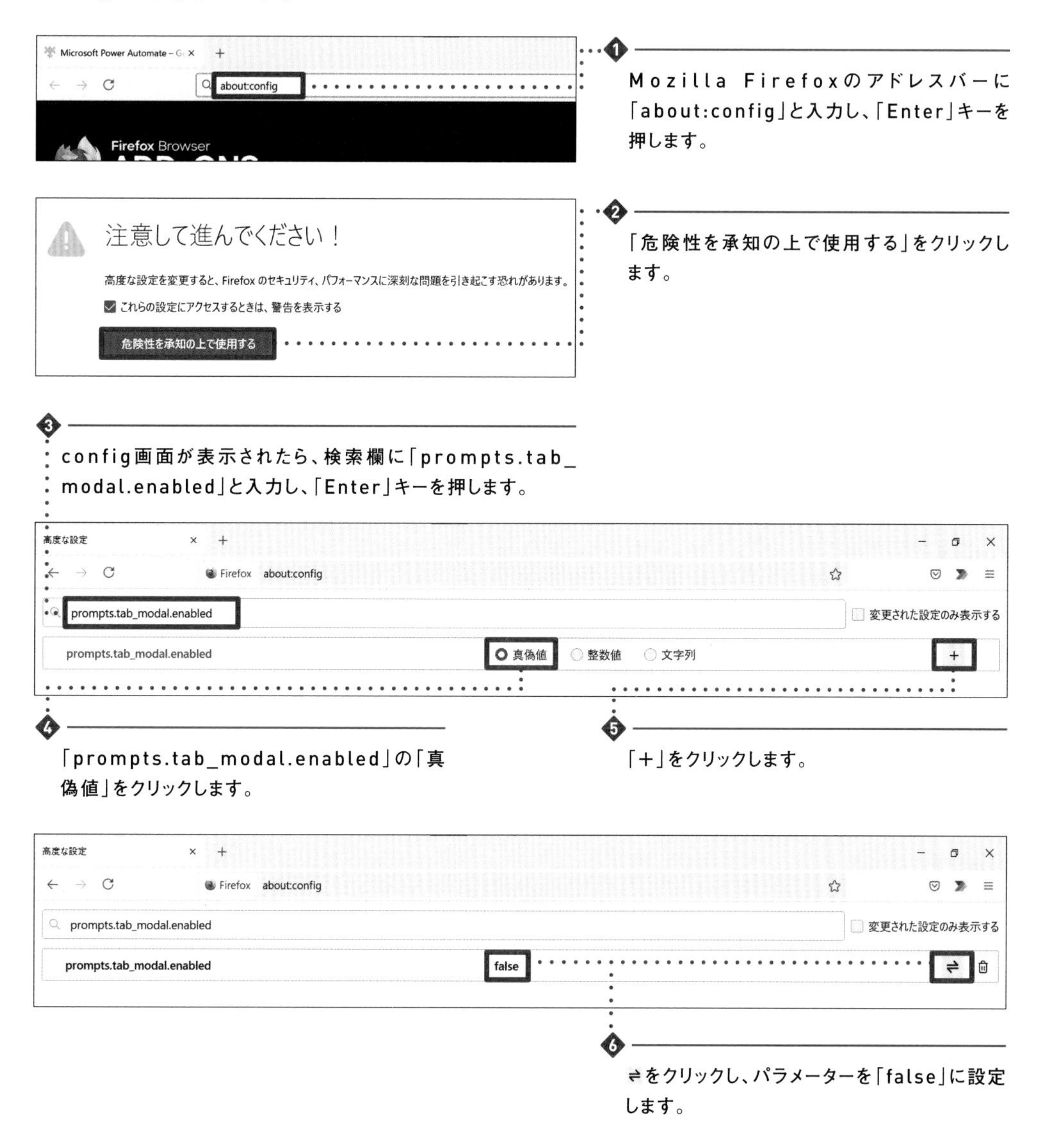

❶ Mozilla Firefoxのアドレスバーに「about:config」と入力し、「Enter」キーを押します。

❷「危険性を承知の上で使用する」をクリックします。

❸ config画面が表示されたら、検索欄に「prompts.tab_modal.enabled」と入力し、「Enter」キーを押します。

❹「prompts.tab_modal.enabled」の「真偽値」をクリックします。

❺「＋」をクリックします。

❻ ⇌をクリックし、パラメーターを「false」に設定します。

config画面の設定変更後は、Webブラウザーの再起動が必要です。Mozilla Firefoxをいったん終了してから、再起動します。これで準備は完了です。

◆ Internet Explorerで設定する場合

参考のため、Internet Explorerを使用する場合の設定手順についても解説します。Microsoft Edgeを使用する場合は、この操作を行う必要はありません。

Power Automate DesktopでInternet Explorerを使用する場合、拡張機能のインストールは不要ですが、以下の手順でInternet Explorerの設定を行う必要があります。

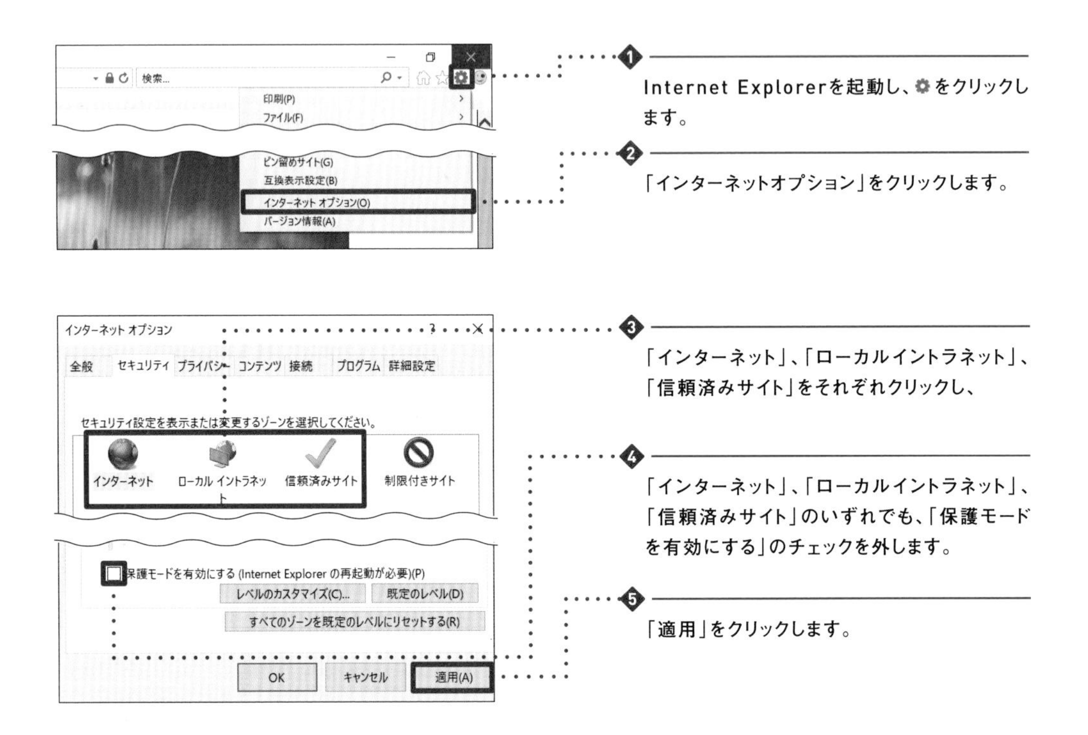

設定変更後は、Webブラウザーの再起動が必要です。Internet Explorerをいったん終了してから、再起動します。

◆ Webブラウザーを起動するフローを作成する

拡張機能のインストールと設定が完了したら、Power Automate Desktopに戻り、実際にWebブラウザーを起動するフローを作成していきます。「新しいMicrosoft Edgeを起動する」アクションを使用します。

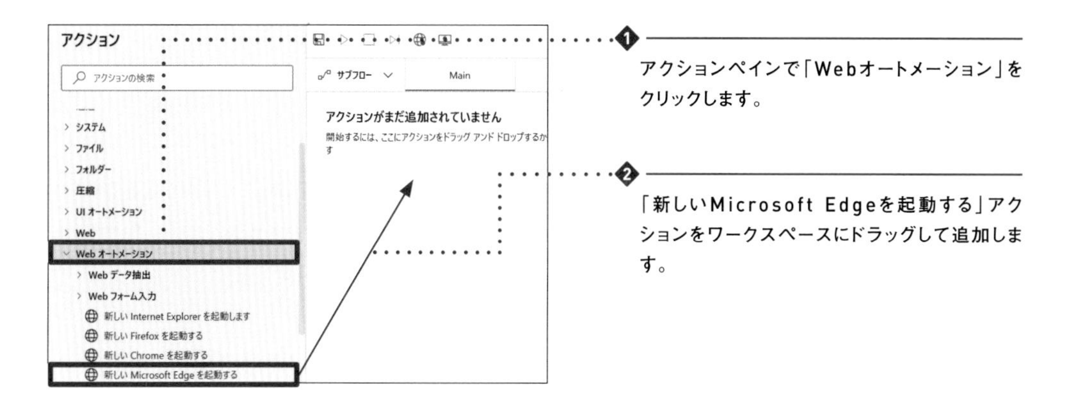

アクションのパラメーターを設定していきます。
「起動モード」では、新たにWebブラウザーを起動し操作したい場合は「新しいインスタンスを起動する」を、すでに起動済みのWebブラウザーを操作したい場合は「実行中のインスタンスに接続する」を選択します。たとえば、Webページのリンクをクリックした際、新たにタブが開かれることがあります。この場合すでに起動しているWebブラウザーを使用するため「実行中のインスタンスに接続する」を選択します。
今回は「新しいインスタンスを起動する」を選択します。

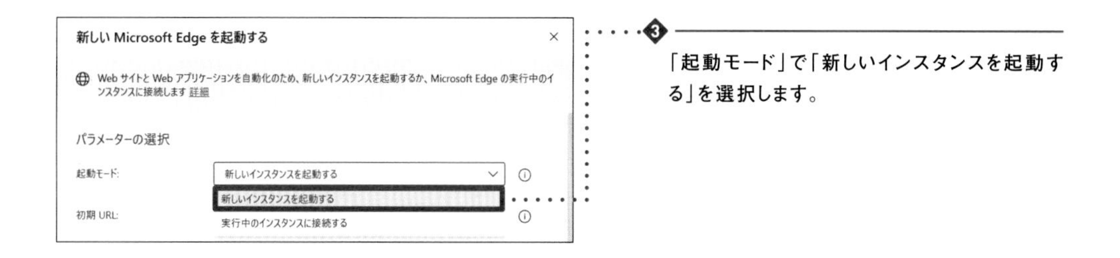

「初期URL」では、Webブラウザーの起動後、接続するWebページのURLを設定します。P.100で紹介した「Power Automate Desktop練習サイト」のURL(https://support.asahi-robo.jp/learn/)を入力します。URLは{x}をクリックして変数から選択することも可能です。

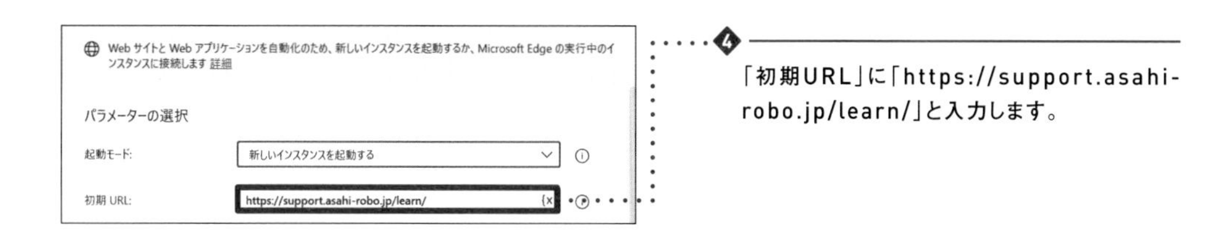

「ウィンドウの状態」では、Webブラウザーが起動した際のウィンドウサイズを設定できます。今回は「最大化」を選択します。

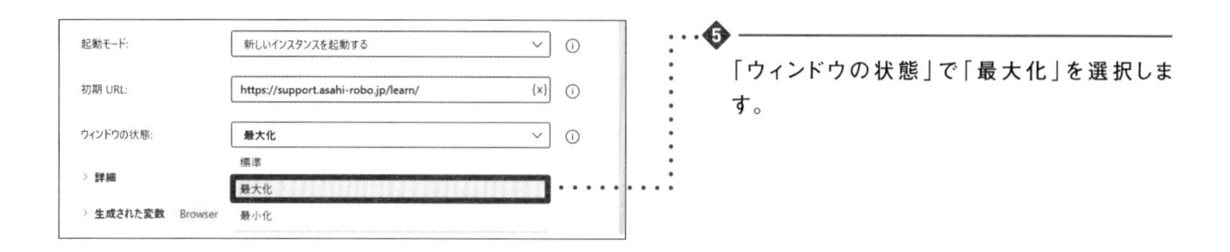

「詳細」では、そのほかの設定が行えます。たとえば、「ページが読み込まれるまで待機します」を有効にすると、ページの読み込みに時間がかかっても、エラーにならず特定のページが表示されるまで待機することができます。

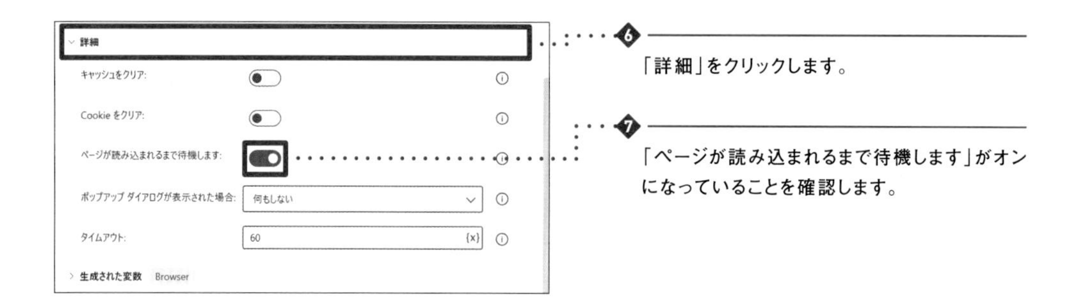

「生成された変数」の「Browser」はアクションにより生成された変数で、起動したWebブラウザーが初期値として格納されます。変数%Browser%はデータ型がインスタンス型（P.82参照）の変数で、Webページの操作を行う際に対象となるWebページを指定するために使用されます。

設定が完了したら保存します。

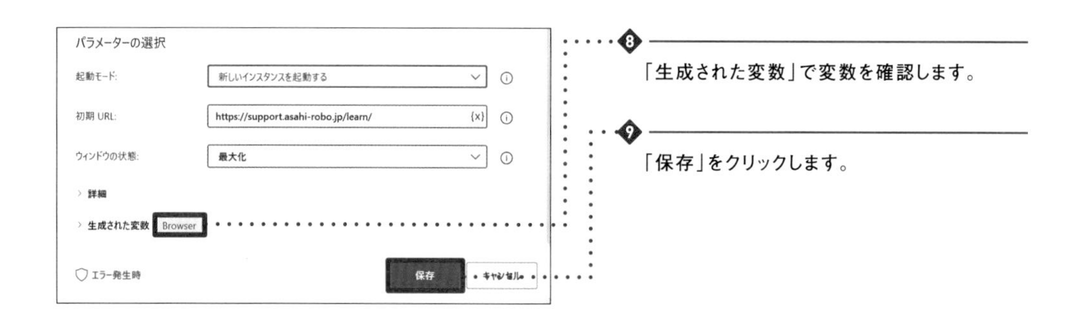

動作確認のため、フローデザイナー上で実行ボタンをクリックし、フローを動作させてみましょう。

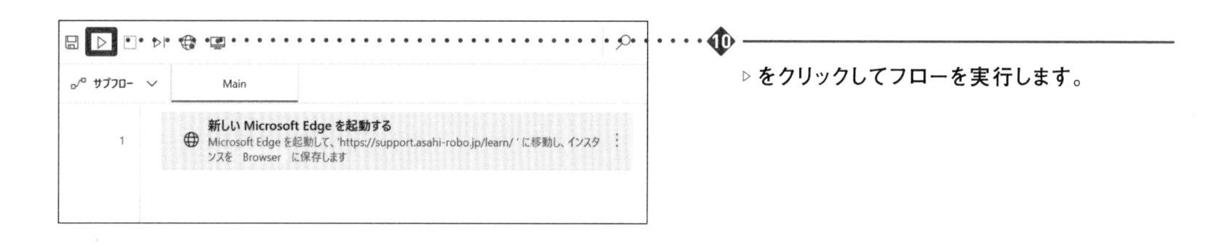

動作後、Microsoft Edgeで「Power Automate Desktop練習サイト」が表示されることを確認します。フローデザイナー上から実行する方法はフローの動作テスト（デバッグ）を行う際によく使用します。

フローの動作テストは、フロー作成中の各アクションの動作を確認したり、作成したフロー全体が実運用を想定したとおりに動作するかを確認したりする、重要な操作です。**各変数に格納される値が、処理の流れによって想定通り正しく設定できているかも確認できるため、**覚えておきましょう。

◆ Webページが表示されない場合の対処

「新しいMicrosoft Edgeを起動する」アクションを動作させた際、正しく設定をしていても以下のエラーが発生することがあります。

エラー 1

サブフロー	アクション	エラー
Main	1	Microsoft Edge を制御することができませんでした (内部エラーまたは通信エラー)。

Power Automate Desktopのバージョンや使用している端末、Webブラウザーなど、エラーが発生する原因はいろいろと考えられます。エラーが発生した場合、次の2つの方法を試してください。

拡張機能を再インストールする

フローデザイナー上の「ツール」から「ブラウザー拡張機能」をクリックし、Microsoft Edgeの拡張機能インストールページにアクセスして、「Microsoft Power Automate」の拡張機能を一度削除します。

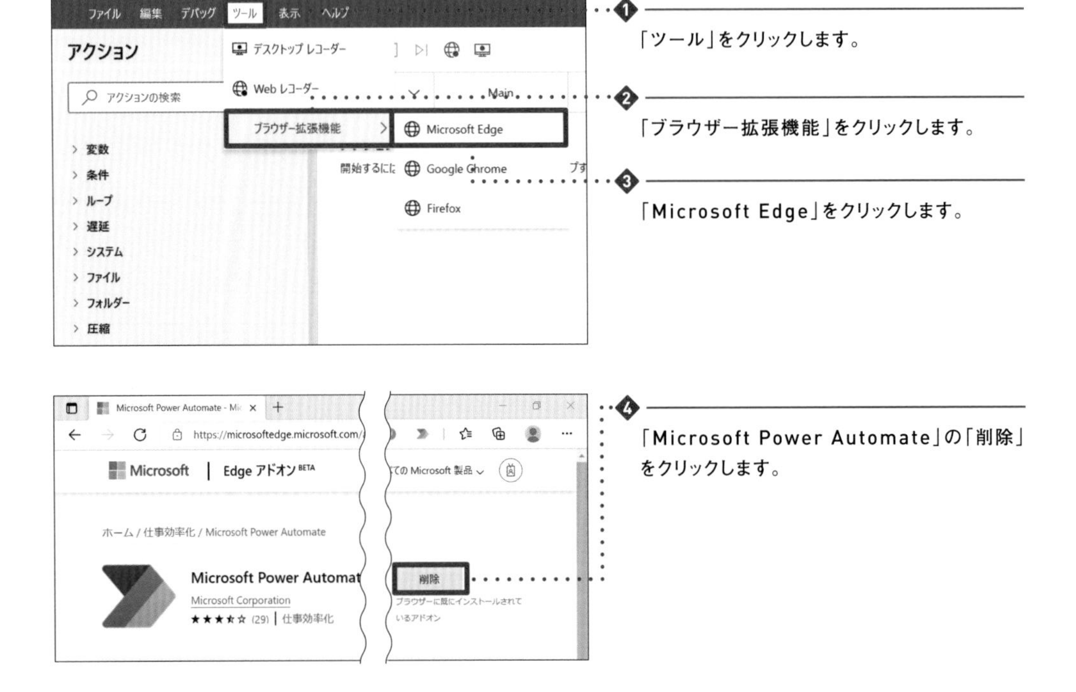

❶「ツール」をクリックします。

❷「ブラウザー拡張機能」をクリックします。

❸「Microsoft Edge」をクリックします。

❹「Microsoft Power Automate」の「削除」をクリックします。

削除できたら、4-2の拡張機能のインストール手順に従い、再度拡張機能をインストールします。その後、Webブラウザーを再起動し、拡張機能を有効にしてください。

拡張機能の再インストール作業が完了したら、P.113手順❿の操作でフローが正常に実行できるか確認します。

Webブラウザーのキャッシュと Cookieを削除する

Webブラウザーのキャッシュや Cookieといった閲覧データを削除します。

キャッシュやCookieのデータを削除後、Webブラウザーを再起動し、P.113手順⓾の操作でフローが正常に実行できるか確認します。

4-3 Webブラウザーのスクリーンショットの撮影

Webブラウザーがうまく起動できたら、練習として、Webブラウザー起動後にWebページのスクリーンショットを撮るフローを作成してみましょう。

◆ Web ページを撮影するアクションを追加する

Webブラウザーを起動するアクションの下に、「Web ページのスクリーンショットを取得します」アクションを追加します。

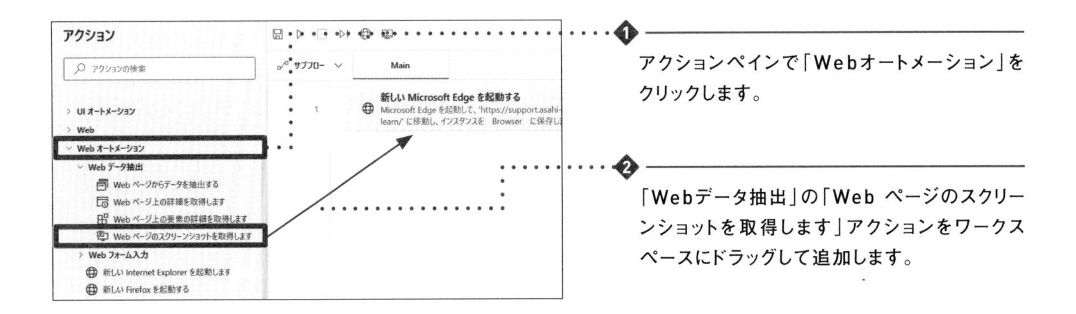

「Webブラウザーインスタンス」で、操作する対象のWebブラウザーを設定します。ここでは「%Browser%」となっていることを確認します。
「キャプチャ」では、Webページのキャプチャ範囲を設定できます。範囲は「Web ページ全体」と「特定の要素」から選択でき、「特定の要素」とした場合はP.120で解説するUI要素から選択できます。ここでは「Web ページ全体」を選択します。

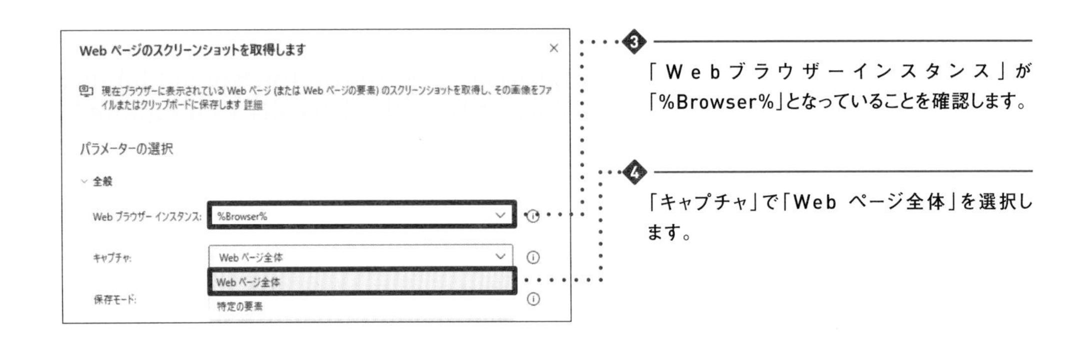

「保存モード」は「クリップボード」か「ファイル」を選択できます。「クリップボード」は一時的にデータを保存可能な領域のことで、右クリックから「貼り付け」などを行うことで使用できます。ここでは「ファイル」を選択します。

❺「保存モード」で「ファイル」を選択します。

「画像ファイル」には、「保存モード」が「ファイル」の場合、取得した画像ファイルの保存先を入力します。今回は、「 C:\Users\○○○（ユーザー名）\Desktop\Test.jpg 」（\はキーボードの¥で入力）と入力し、パソコンのデスクトップに画像ファイルを保存します。「ファイル形式」で、ファイルの形式を選択します。ここでは「JPG」を選択します。

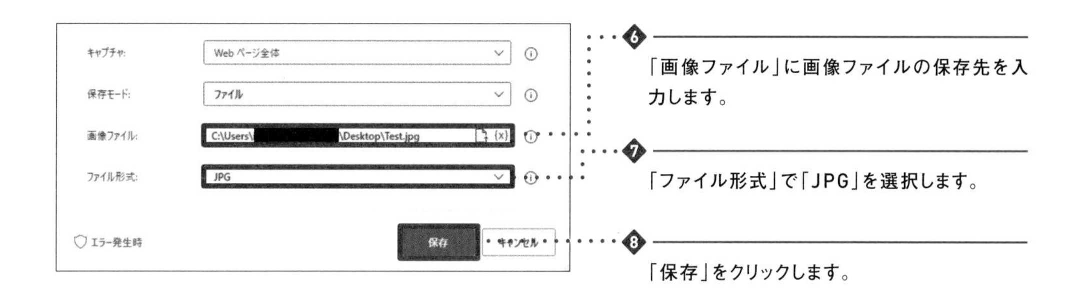

❻「画像ファイル」に画像ファイルの保存先を入力します。

❼「ファイル形式」で「JPG」を選択します。

❽「保存」をクリックします。

アクション追加後のフローは以下のようになります。

◆ フローを実行する

アクションを追加したら、フローを実行してみましょう。実行後、デスクトップに「Test.jpg」のファイルが作成されたら成功です。

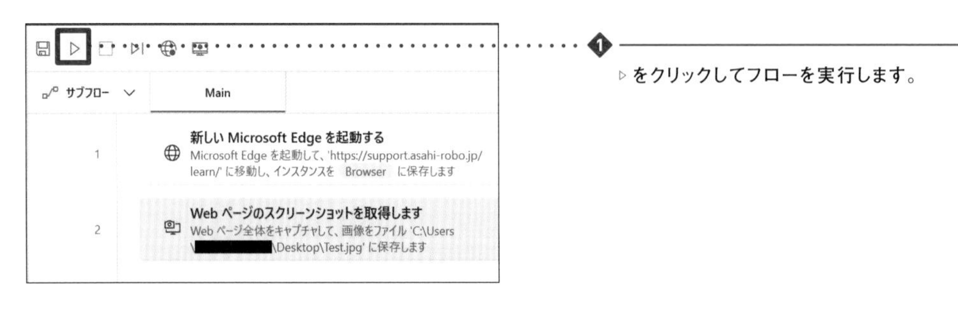

❶ ▷をクリックしてフローを実行します。

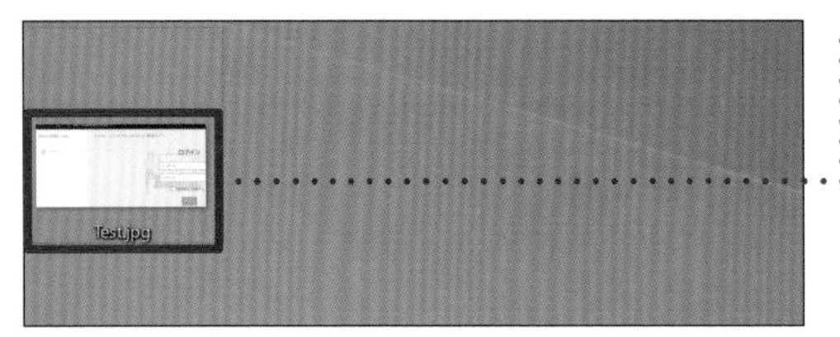

❷ 画像ファイルの保存先（ここではデスクトップ）に保存された画像ファイルをダブルクリックします。

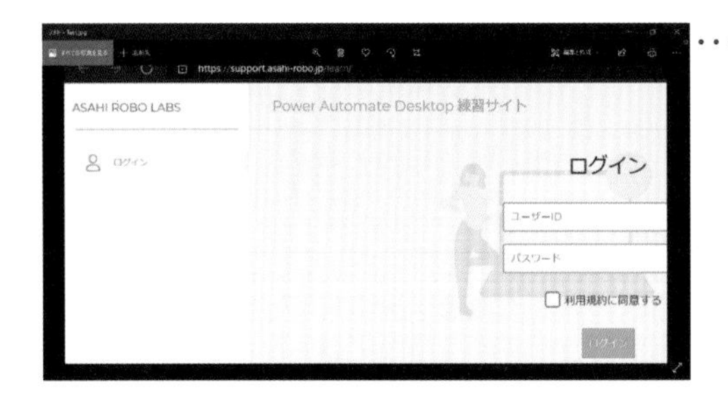

❸ Webページのスクリーンショットが表示されることを確認します。

◆ アクションを削除する

以降は「Webページのスクリーンショットを取得します」アクションは不要になるため、削除しましょう。

アクションの削除は、削除したいアクションを右クリックし、メニューから「削除」を選択することで行えます。また、アクションを左クリックで選択後、「Delete」キーを押すことで削除することも可能です。

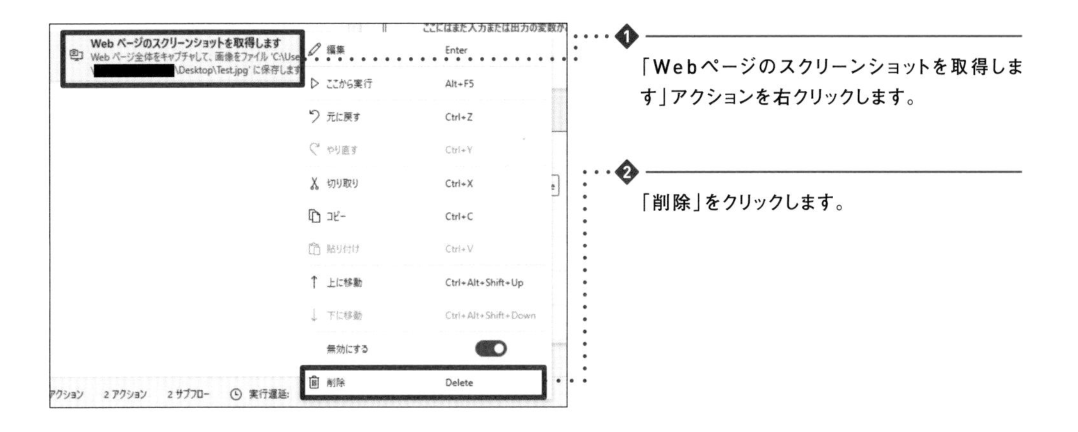

❶ 「Webページのスクリーンショットを取得します」アクションを右クリックします。

❷ 「削除」をクリックします。

COLUMN

今後、作成したフローの編集や、動作テストを行う際、もとのアクションは残したまま別のアクションを試してみたい、ということが出てきます。そのようなとき、Power Automate Desktopではアクションを無効化して実行時に処理をスキップすることができます。アクションを無効化するには、無効化したいアクションを右クリックし、「無効にする」をオンにします。アクションを無効にすると、無効化したアクションの色がグレーアウトします。有効にするには、再度アクションを右クリックし、「有効にする」をオンにします。

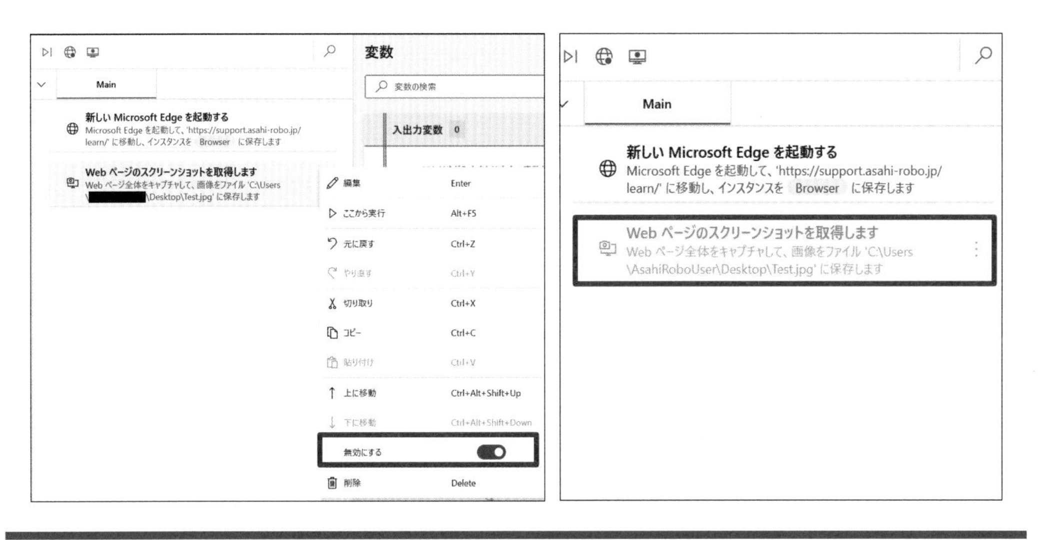

4-4 UI要素

Webページやデスクトップアプリケーションを操作する場合、操作の対象となるボタンや入力枠などを指定する必要があります。Power Automate DesktopはWebページやアプリケーション上から「UI要素」という情報を取得することができ、取得した情報をアクションに登録することで操作を可能にしています。UI要素は、Power Automate Desktopでアプリケーションを扱ううえで必須となる知識なので、しっかり確認しておきましょう。

◆ UI要素とは

そもそも、UI要素とは何のことでしょうか。まず、UI要素の「UI」とは「User Interface(ユーザーインターフェース)」の略で、ユーザーとコンピューター間で情報をやり取りするためのしくみのことです。以下に示すのは、「Power Automate Desktop 練習サイト」です。このWebサイト自体がUIとして機能します。

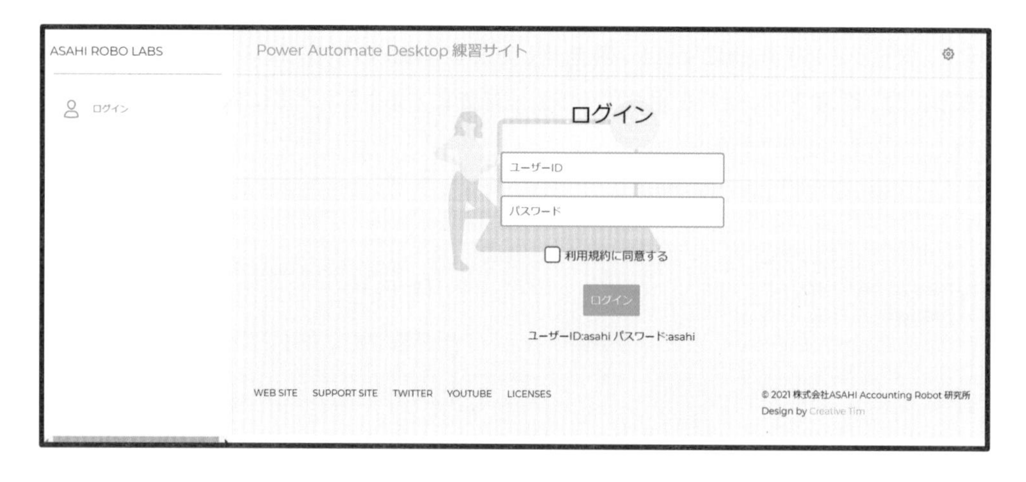

これに対して、**UI要素はUIのしくみを実現するために画面上に配置された部品のこと**を指します。Webページを例とすると、「ページ内のテキスト」、「テキスト フィールド」、「チェック ボックス」、「ボタン」、「リンク」といった部品すべてがUI要素となります。

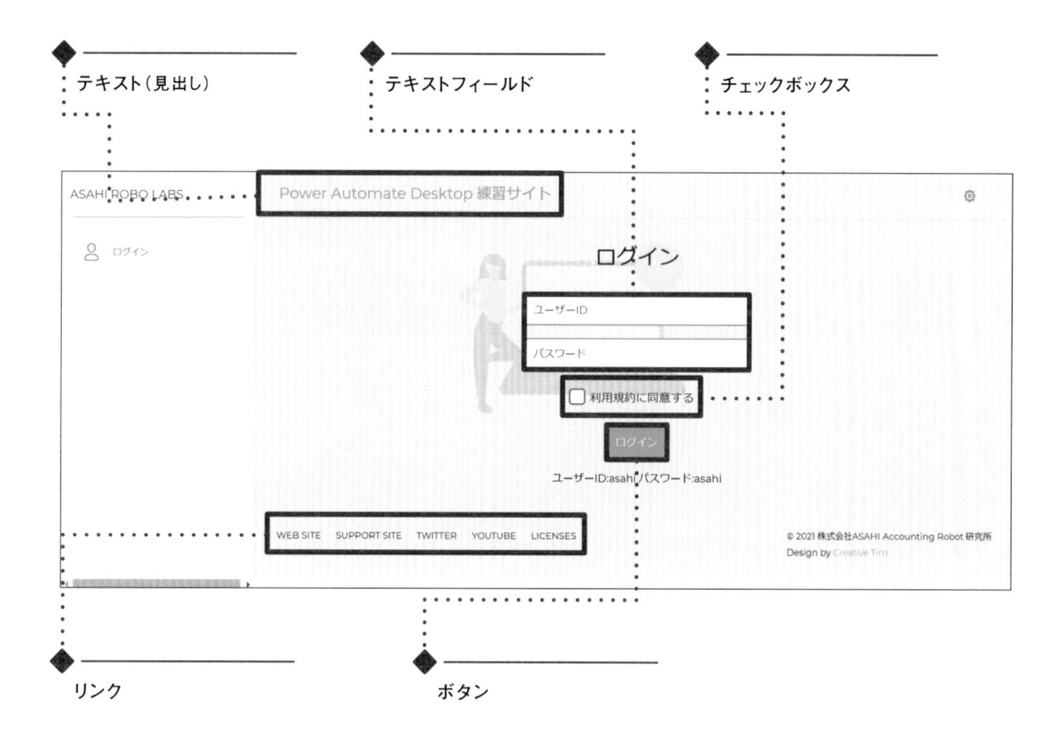

◆ UI要素の使い方

UI要素は主に「UI オートメーション」、「Webオートメーション」アクショングループで使用します。Power Automate DesktopがWebページやアプリケーション上の操作対象を識別できるように、UI要素の指定を行います。

該当するアクションの「UI要素」で指定を行います。「Webオートメーション」アクショングループの「Webページのリンクをクリックします」アクションを例に用いています。

「UIオートメーション」、「Webオートメーション」アクショングループには「Webページのリンクをクリックします」アクションのほかに、「Webページ内のテキストフィールドに入力する」、「Webページのチェックボックスの状態を設定します」、「Webページのボタンを押します」アクションのように、さまざまな種類のUI要素に対して操作を行うアクションが用意されています。アクションを選択し、Webページやアプリケーション上のUI要素を取得後、操作対象への書き込み内容や操作条件などを設定します。UI要素の取得方法は、P.125〜126で解説します。

◆ UI要素の構造

操作対象を識別するためにUI要素が必要と解説しました。各UI要素には、Webページやアプリケーション上の位置を特定するために「セレクター」というものが設定されています。**セレクターはUI要素の住所のようなものです。**

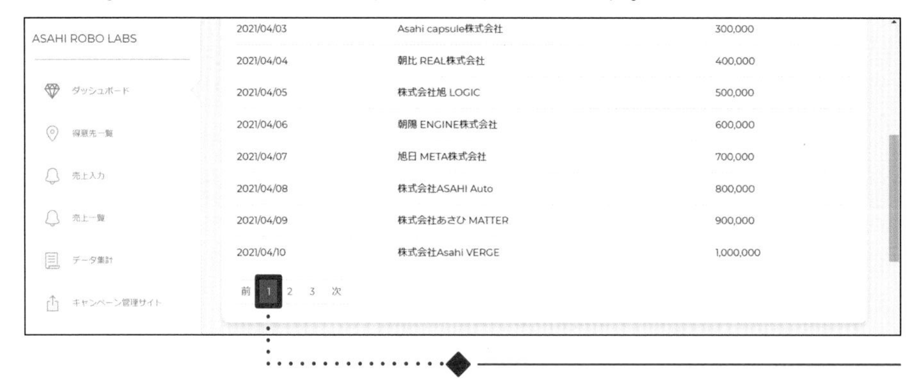

このUI要素（ボタン）のセレクターを例に解説します。

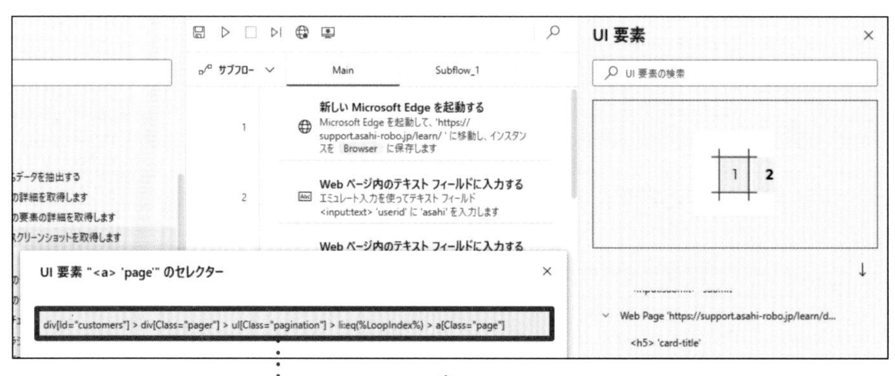

Power Automate DesktopではUI要素（ボタン）をこのように認識しています。

人がウィンドウ上のボタンを見た場合、ただボタンがそこにあるように見えます。しかし、Power Automate Desktopがボタンを識別する場合、「どこに」、「どのような」ボタンがあるかを見る（識別する）必要があります。たとえば下図の場合、中央にボタンが配置されていますが、実際はウィンドウの中にペインという枠があり、さらにペインという枠があり、その中にボタンがあります。

人がボタンを押す場合は「中央のボタンをクリックする」という表現で通じますが、Power Automate Desktopに指示するには、「Window > Pane > Pane > Button」にあるボタンをクリックする、と丁寧に指定する必要があります。これがUI要素のセレクターの構造です。

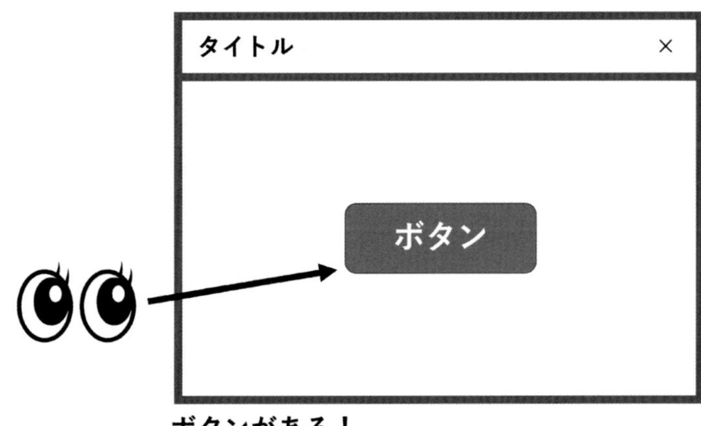

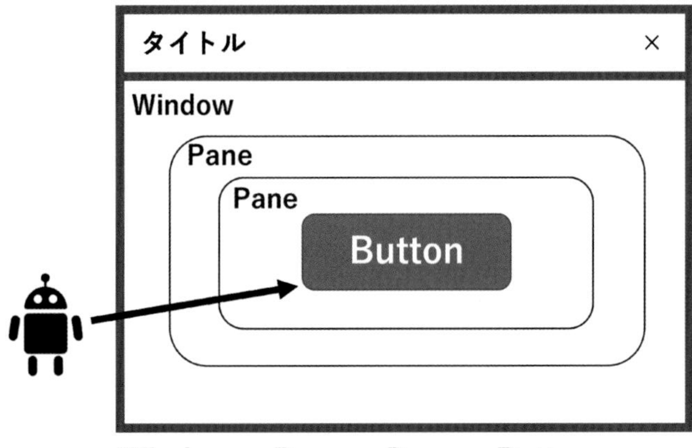

4-5 Webページの操作

ここからは、実際にWebページを操作してみましょう。ここでは、先ほど立ち上げた「Power Automate Desktop練習サイト」にログインする操作を自動化していきます。

◆ ここで行うWebページ操作の内容

「Power Automate Desktop練習サイト」を開くとログインページが表示されます。ログインに必要な操作を以下の手順で行い、練習サイトにログインするようにフローを作成しましょう。

①ログインページにユーザーIDとパスワードを入力する。
　※ID、パスワードはどちらも「asahi」です。
②「利用規約に同意する」のチェックボックスにチェックを付ける。
③ログインボタンをクリックする。

ログイン直前は以下の状態になります。

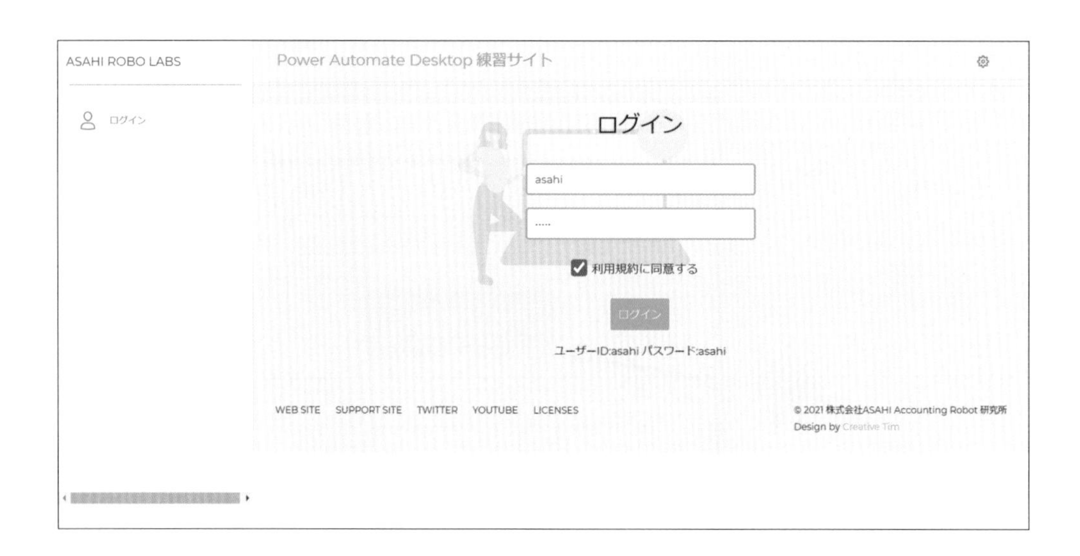

◆ UI要素の追加方法

Webページを操作するには、操作対象のUI要素を取得し、アクションに設定する必要があります。そのためにまず、「追跡セッション」ウィンドウを表示する方法から確認しておきましょう。これはUI要素の追加を行う際に表示されるウィンドウで、追加したUI要素がウィンドウ内に表示され、確認できます。

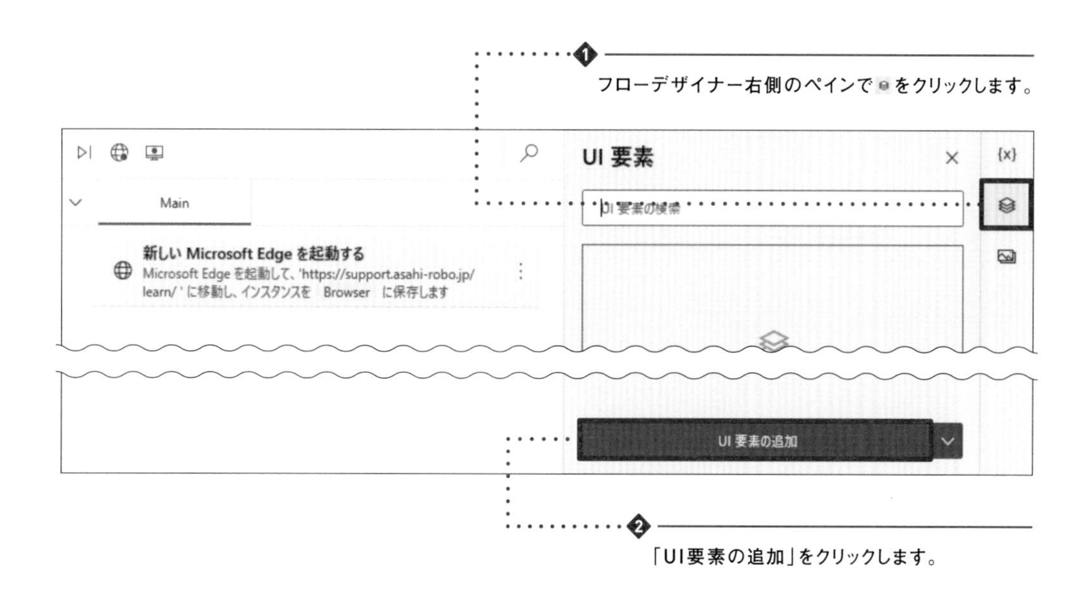

「追跡セッション」ウィンドウが表示され、Webページ内のUI要素にマウスポインターを合わせると赤枠が表示されます。

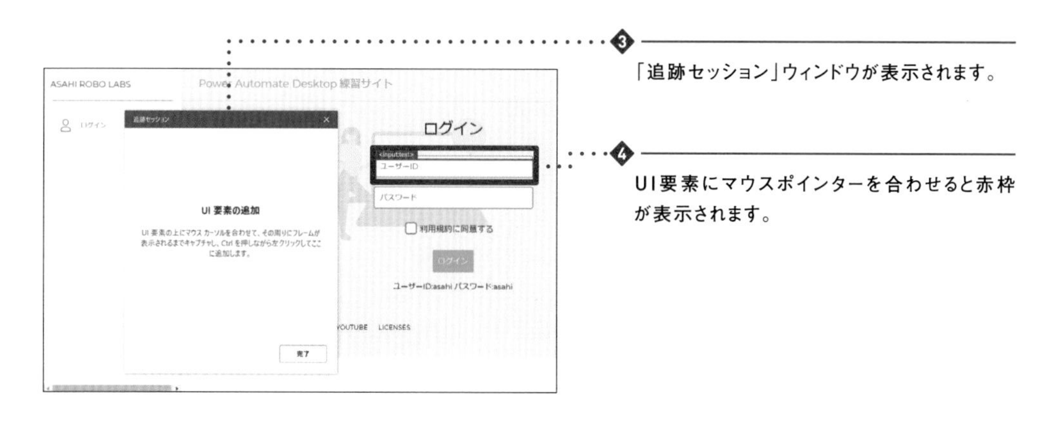

赤枠が表示されているときに「Ctrl」キーを押しながらクリックすることで、赤枠が表示されていた箇所のUI要素を追加することができます。複数のUI要素を連続で追加することも可能です。

「追跡セッション」ウィンドウで追加後、「完了」をクリックすることで、Power Automate DesktopのUI要素ペインにUI要素が追加され、アクションの中で使用することが可能になります。

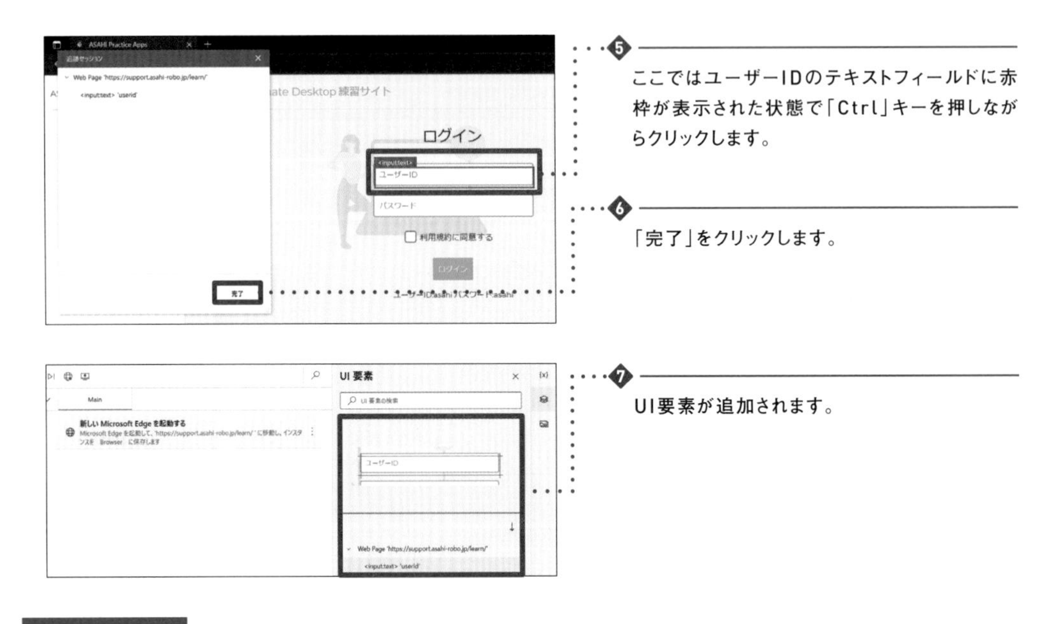

5
ここではユーザーIDのテキストフィールドに赤枠が表示された状態で「Ctrl」キーを押しながらクリックします。
6
「完了」をクリックします。
7
UI要素が追加されます。
ログイン
ユーザーID
パスワード
利用規約に同意する
ログイン
完了
UI 要素

COLUMN

UI要素を選択する必要のあるアクションの場合、アクションのダイアログボックスからUI要素の追加をすることが可能です。UI要素の ⌵ をクリックすると表示される「UI要素の追加」をクリックすると、「追跡セッション」ウィンドウが表示され、UI要素ペインから追加する場合と同じ手順で、UI要素を追加することができます。

◆ Webページにユーザー IDとパスワードを入力する

ログインページのテキストフィールドにユーザーIDとパスワードを入力するためのアクションを作成してみましょう。

まずは、「Webページ内のテキストフィールドに入力する」アクションを追加して、ユーザーIDを入力するように設定します。

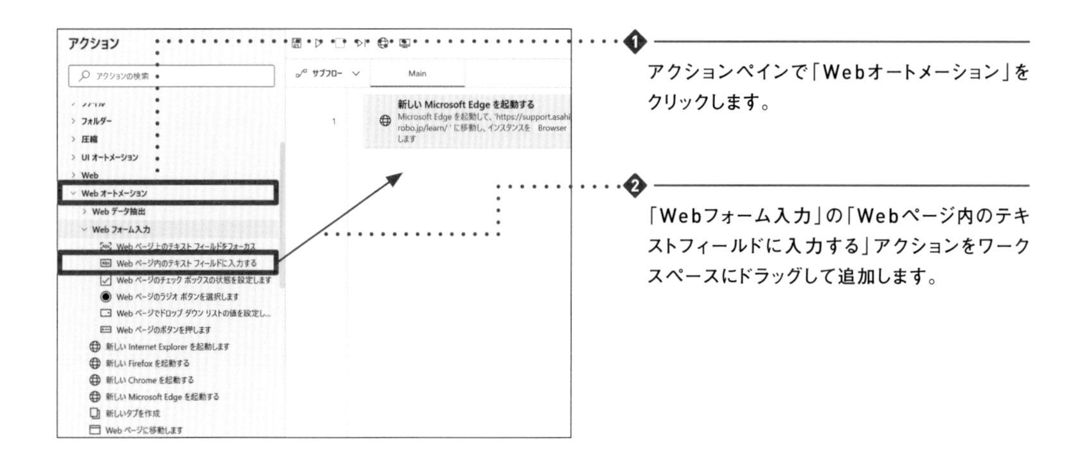

アクション
Web オートメーション
Web フォーム入力
Web ページ内のテキスト フィールドに入力する
新しい Microsoft Edge を起動する
Main
❶
アクションペインで「Webオートメーション」をクリックします。
❷
「Webフォーム入力」の「Webページ内のテキストフィールドに入力する」アクションをワークスペースにドラッグして追加します。

「Webブラウザーインスタンス」で、操作に使用するWebブラウザーインスタンスを選択します。ドロップダウンリストにすでに生成済みのインスタンスが表示されるので、操作したいWebブラウザーを選択しましょう。今回は、前述の「新しいブラウザーを起動する」アクションで生成した「%Browser%」を選択します。

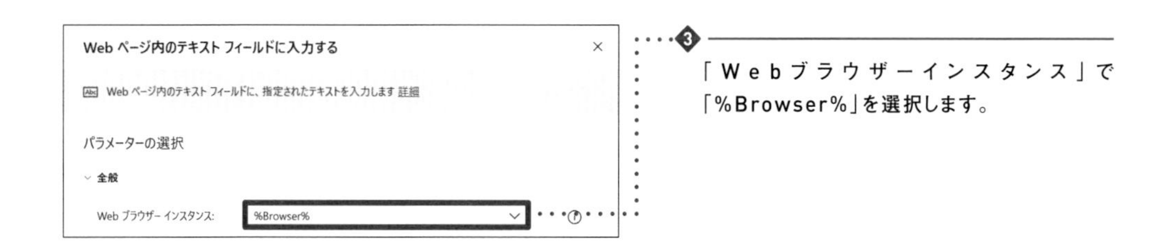

「UI要素」で、アクションに設定するUI要素を選択します。ユーザーID入力用のテキストフィールドのUI要素はP.126で追加されているので、ドロップダウンリストから選択できます。

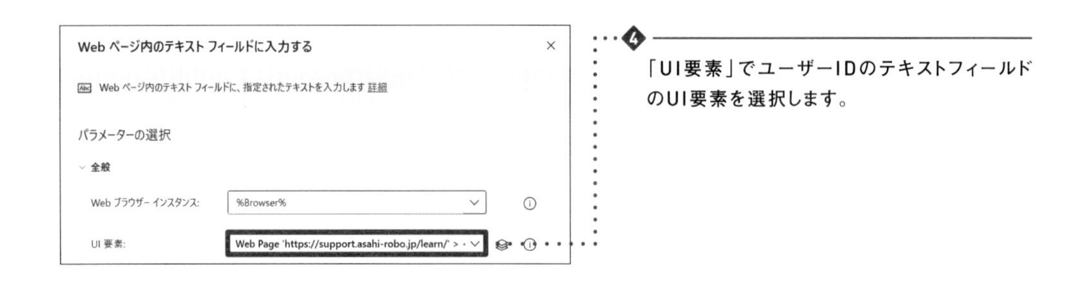

「テキスト」で、テキストフィールドに入力したい文字列を設定します。変数を設定することも可能です。今回は「asahi」と入力します。

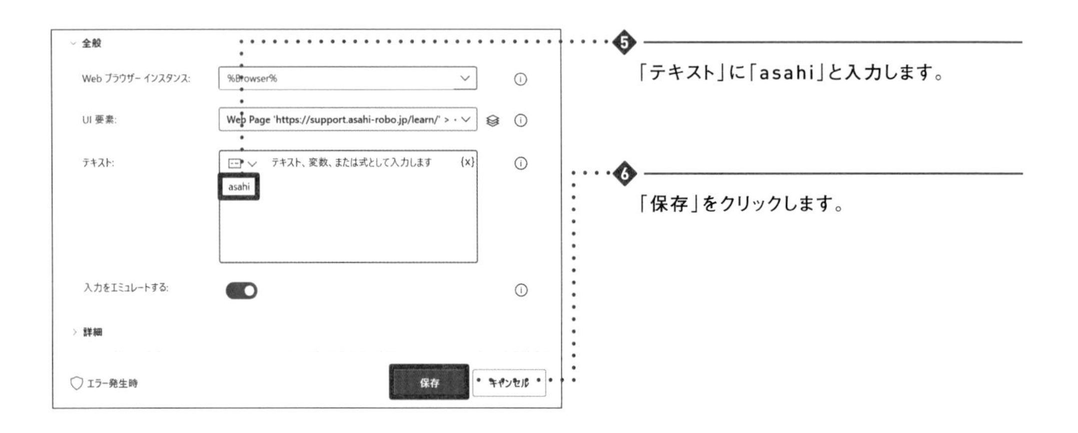

同様に、パスワードのテキストフィールドのUI要素も追加し、「Webページ内のテキストフィールドに入力する」アクションを追加して設定します。なお、「Webページ内のテキストフィールドに入力する」アクションのパラメーターの「テキスト」は、ユーザーIDのテキストフィールドの場合と同じく、「asahi」とします。

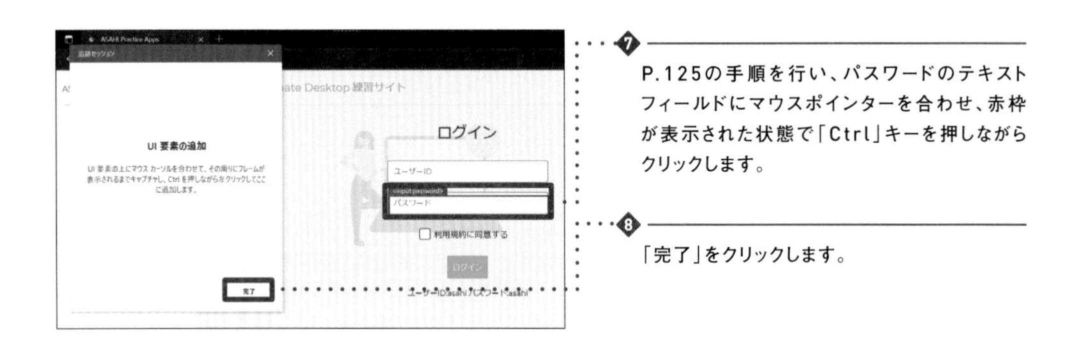

UI 要素の追加
ログイン
ユーザーID
パスワード
利用規約に同意する
ログイン
完了
❼
P.125の手順を行い、パスワードのテキストフィールドにマウスポインターを合わせ、赤枠が表示された状態で「Ctrl」キーを押しながらクリックします。
❽
「完了」をクリックします。

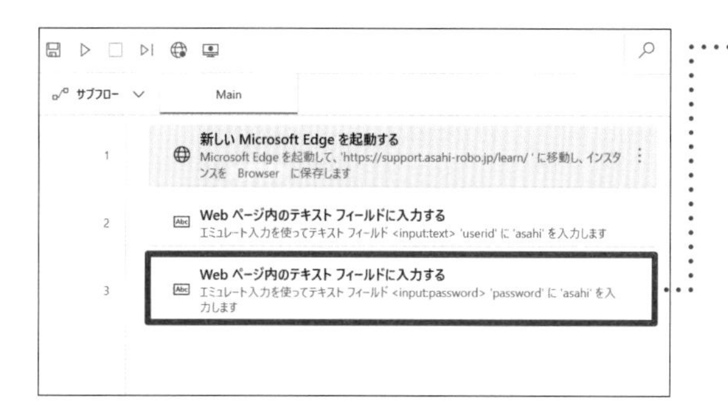

❾ P.127～128と同様の手順で「Webページ内のテキストフィールドに入力する」アクションを追加して、パスワードのテキストフィールドのUI要素を設定します。

◆ チェックボックスにチェックを付ける

ログインページの「利用規約に同意する」のチェックボックスにチェックを付けるためのアクションを作成してみましょう。

チェックボックスの操作には、「Webページのチェックボックスの状態を設定します」アクションを使用します。

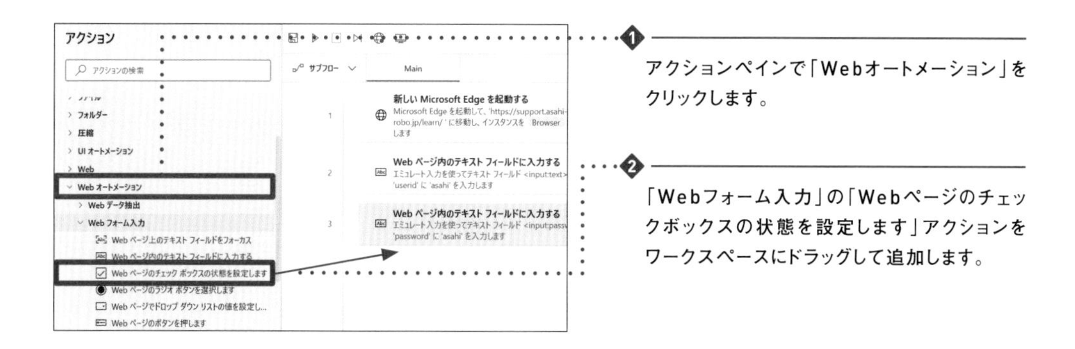

アクション
Web オートメーション
Web フォーム入力
Web ページのチェック ボックスの状態を設定します
❶ アクションペインで「Webオートメーション」をクリックします。
❷ 「Webフォーム入力」の「Webページのチェックボックスの状態を設定します」アクションをワークスペースにドラッグして追加します。

「Webブラウザーインスタンス」で、操作に使用するWebブラウザーインスタンスを選択します。今回は「%Browser%」を選択します。

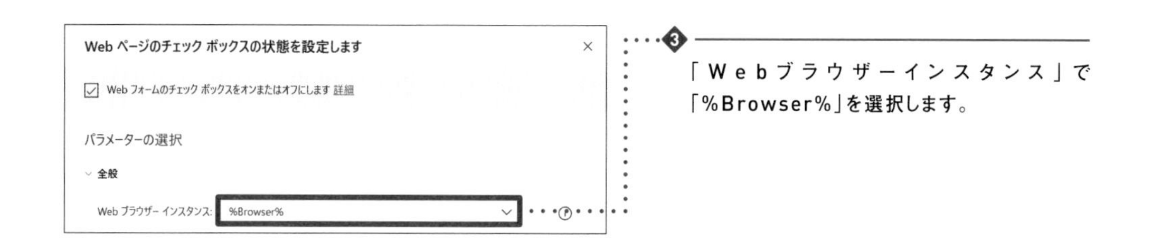

チェックボックスのUI要素を追加し、アクションに設定します。

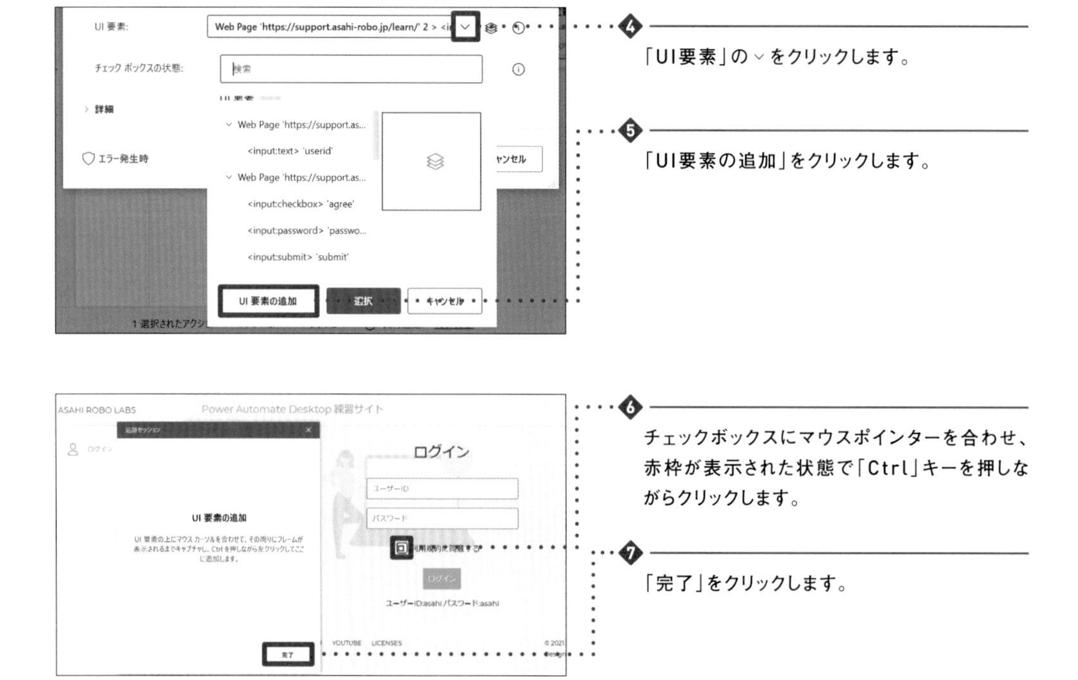

❹ 「UI要素」の ⌵ をクリックします。
❺ 「UI要素の追加」をクリックします。
❻ チェックボックスにマウスポインターを合わせ、赤枠が表示された状態で「Ctrl」キーを押しながらクリックします。
❼ 「完了」をクリックします。

「チェックボックスの状態」で、チェックボックスのオン／オフを設定できます。今回はチェックボックスにチェックを付けたいため、「オン」を選択します。

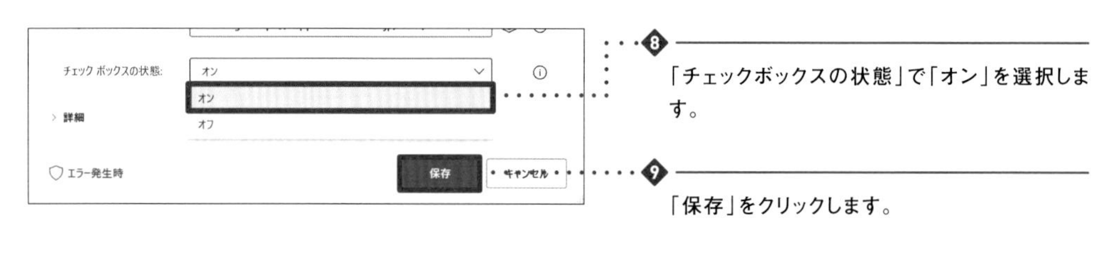

アクション追加後のフローは左のようになります。

◆「ログイン」ボタンをクリックする

ログインページの「ログイン」ボタンをクリックするためのアクションを作成してみましょう。

Webページのボタンを操作するには、「Webページのボタンを押します」アクションを使用します。

❶
アクションペインで「Webオートメーション」をクリックします。
❷
「Webフォーム入力」の「Webページのボタンを押します」アクションをワークスペースにドラッグして追加します。

「Webブラウザーインスタンス」で、操作に使用するWebブラウザーインスタンスを選択します。今回は「%Browser%」を選択します。

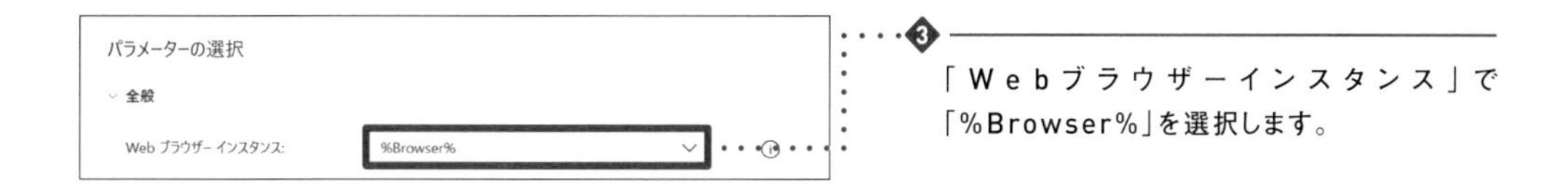

「UI要素」で「ログイン」ボタンのUI要素を追加し、アクションに設定します。

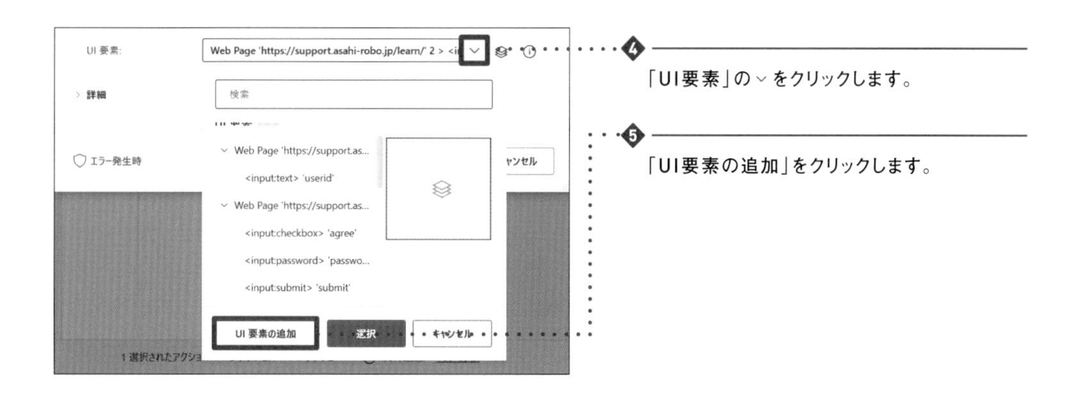

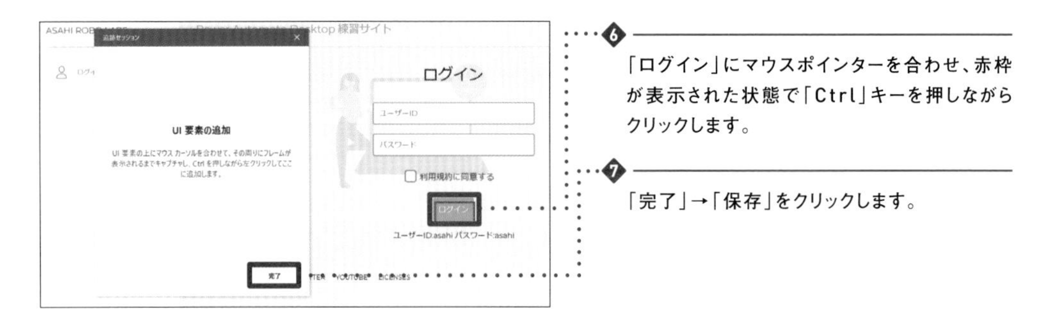

Power Automate Desktop 練習サイト
UI 要素の追加
ログイン
ユーザーID
パスワード
利用規約に同意する
ログイン
ユーザーID:asahi パスワード:asahi
完了

❻「ログイン」にマウスポインターを合わせ、赤枠が表示された状態で「Ctrl」キーを押しながらクリックします。

❼「完了」→「保存」をクリックします。

サブフロー
Main
1 新しい Microsoft Edge を起動する
Microsoft Edge を起動して、'https://support.asahi-robo.jp/learn/' に移動し、インスタンスを Browser に保存します
2 Web ページ内のテキスト フィールドに入力する
エミュレート入力を使ってテキスト フィールド <input:text> 'userid' に 'asahi' を入力します
3 Web ページ内のテキスト フィールドに入力する
エミュレート入力を使ってテキスト フィールド <input:password> 'password' に 'asahi' を入力します
4 Web ページのチェック ボックスの状態を設定します
チェック ボックス <input:checkbox> 'agree' の状態を オン に設定する
5 Web ページのボタンを押します
Web ページのボタン <input:submit> 'submit' を押します

アクション追加後のフローは左のようになります。

◆ 動作確認を行う

これで、ブラウザー起動から「Power Automate Desktop練習サイト」へのログインまでのフローが完成しました。

ここまで作成したフローの動作確認を行ってみましょう。

サブフロー
Main
1 新しい Microsoft Edge を起動する
Microsoft Edge を起動して、'https://support.asahi-robo.jp/learn/' に移動し、インスタンスを Browser に保存します
2 Web ページ内のテキスト フィールドに入力する
エミュレート入力を使ってテキスト フィールド <input:text> 'userid' に 'asahi' を入力します
3 Web ページ内のテキスト フィールドに入力する
エミュレート入力を使ってテキスト フィールド <input:password> 'password' に 'asahi' を入力します
4 Web ページのチェック ボックスの状態を設定します
チェック ボックス <input:checkbox> 'agree' の状態を オン に設定する
5 Web ページのボタンを押します
Web ページのボタン <input:submit> 'submit' を押します

❶ ▷をクリックしてフローを実行します。

うまくログインができれば、以下のダッシュボート画面に移動します。エラーが発生した場合の対処法については下記のCOLUMNを参照してください。

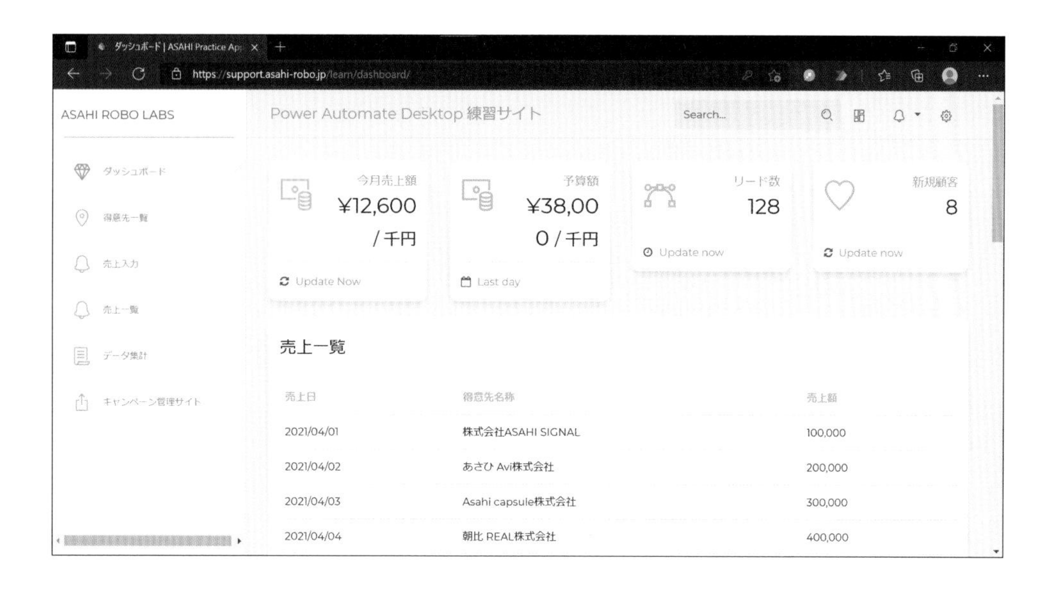

COLUMN

「フォームフィールドにテキストを書き込めませんでした。」、「チェックボックスの状態を設定できません。」、「ボタンを押せませんでした。」といったエラーメッセージが表示された場合、テキストフィールドやチェック ボックス、ログインボタンのUI要素をうまく取得できていない可能性があります。これらのエラーが発生した際は、UI要素を再取得し、各アクションに再取得したUI要素を設定して、動作確認を行ってみましょう。

エラー 1

サブフロー	アクション	エラー
Main	3	フォーム フィールドにテキストを書き込めませんでした。

エラー 1

サブフロー	アクション	エラー
Main	4	チェック ボックスの状態を設定できません。

エラー 1

サブフロー	アクション	エラー
Main	5	ボタンを押せませんでした。

◆ Webページの読み込みが完了するまで待機させる

Webページ内でログイン処理などのページ移動する操作を行った直後、次の操作を行おうとするとエラーが発生することがあります。以下はボタンを押すアクションでエラーが発生した場合の例です。

Webページを移動する操作は、以下の3つの手順に分けることができます。

①WebページのボタンやリンクをクリックしてWebページを移動する。
②次のWebページや操作対象が読み込まれるまで待つ。
③表示されたら操作を開始する。

人が操作を行う場合、②の待つという動作を無意識に行っています。しかし、Power Automate Desktopなどの自動化ツールの場合、Webページの移動後、「操作対象が表示されるまで待つ」という指示を与えないと、Webページをページの読み込みが完了する前に操作しようとしてエラーになってしまうことがあります。

このようにWebページの移動が必要な場合、**待機のアクションを使うことでWebページが読み込まれるのを待つことができ、処理を安定させることができます。**

待機のアクションは「遅延」アクショングループに揃っています。今回はWebページの操作を行うため、「Web ページのコンテンツを待機します」アクションを使用しましょう。

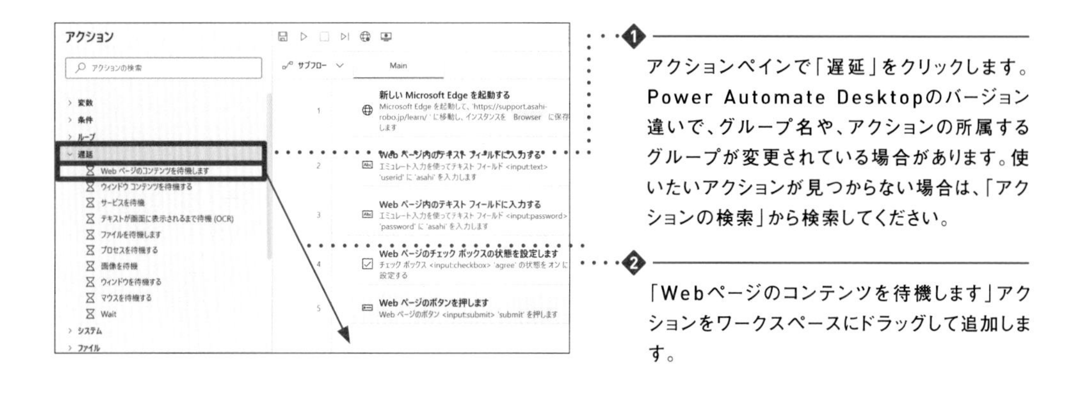

「Webブラウザーインスタンス」で、操作に使用するWebブラウザーインスタンスを選択します。今回は「%Browser%」を選択します。

「Webページの状態を待機する」では、要素の有無、テキストの有無により、待機を行うことができます。今回は「次の要素を含む」を選択します。

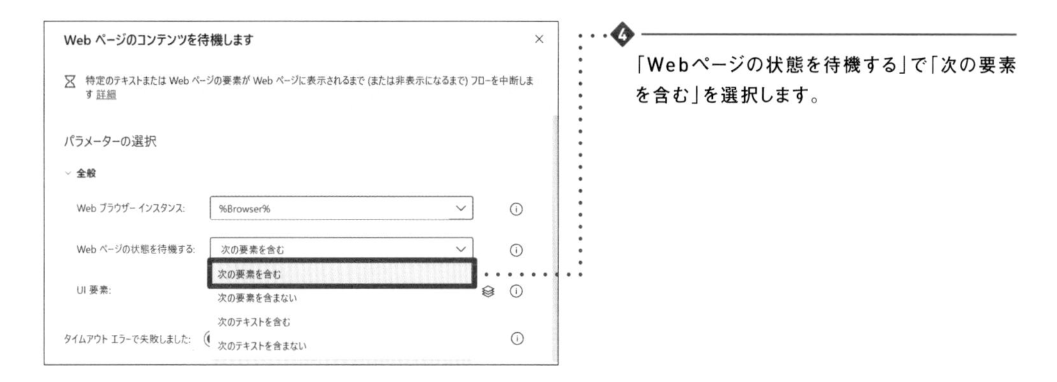

「UI要素」で設定したUI要素が表示されるまで処理を待機し続けます。操作する対象のUI要素を設定することで、操作対象が表示された後に処理を実行することができます。今回は、フロントページの「売上一覧」の<h5>要素を取得し追加します。

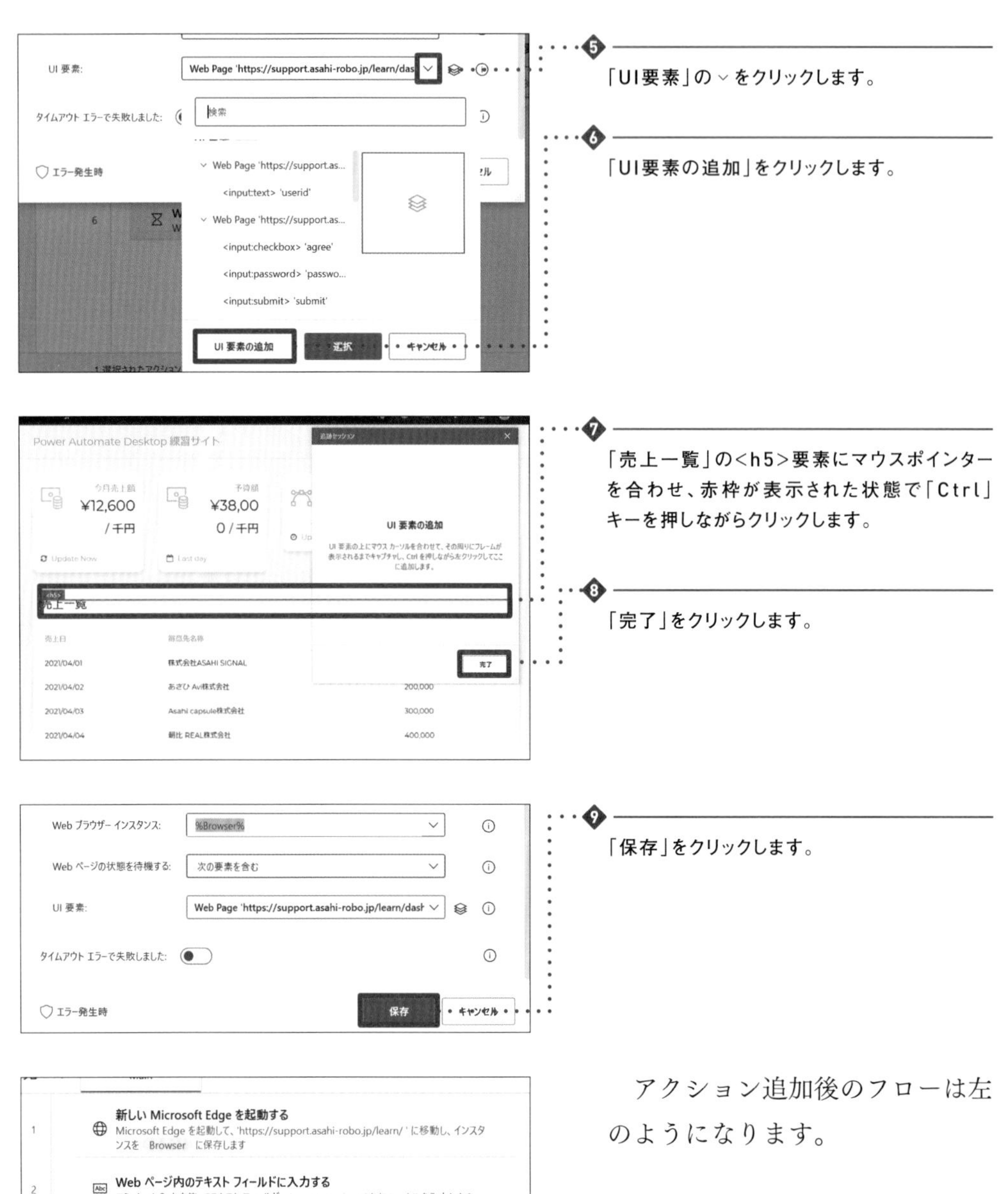

❺ 「UI要素」の ⌄ をクリックします。

❻ 「UI要素の追加」をクリックします。

❼ 「売上一覧」の<h5>要素にマウスポインターを合わせ、赤枠が表示された状態で「Ctrl」キーを押しながらクリックします。

❽ 「完了」をクリックします。

❾ 「保存」をクリックします。

1
新しい Microsoft Edge を起動する
Microsoft Edge を起動して、'https://support.asahi-robo.jp/learn/' に移動し、インスタンスを Browser に保存します
2
Web ページ内のテキスト フィールドに入力する
エミュレート入力を使ってテキスト フィールド <input:text> 'userid' に 'asahi' を入力します
3
Web ページ内のテキスト フィールドに入力する
エミュレート入力を使ってテキスト フィールド <input:password> 'password' に 'asahi' を入力します
4
Web ページのチェック ボックスの状態を設定します
チェック ボックス <input:checkbox> 'agree' の状態を オン に設定する
5
Web ページのボタンを押します
Web ページのボタン <input:submit> 'submit' を押します
6
Web ページのコンテンツを待機します
Web ページに UI 要素 が表示されるまで待機します

アクション追加後のフローは左のようになります。

4-6 Webページのデータ抽出

ログインができたらWebページからデータを抽出する処理を作成してみましょう。Webページから特定の文言や表などのデータを抽出、取得する行為のことを、「スクレイピング」と呼びます。

◆ 作業前の準備

Webページから必要な情報を抽出する方法について、以下の手順で解説します。

①特定箇所の情報を取得する。
②リスト、またはテーブルの情報を一括で取得する。

まず作業の準備として4-5で作成したフローを実行し、「Power Automate Desktop練習サイト」のダッシュボートを開いておきます。

サブフロー
Main
新しい Microsoft Edge を起動する
Microsoft Edge を起動して、'https://support.asahi-robo.jp/learn/' に移動し、インスタンスを Browser に保存します
Web ページ内のテキスト フィールドに入力する
エミュレート入力を使ってテキスト フィールド <input:text> 'userid' に 'asahi' を入力します
Web ページ内のテキスト フィールドに入力する
エミュレート入力を使ってテキスト フィールド <input:password> 'password' に 'asahi' を入力します
Web ページのチェック ボックスの状態を設定します
チェック ボックス <input:checkbox> 'agree' の状態を オン に設定する
Web ページのボタンを押します
Web ページのボタン <input:submit> 'submit' を押します
❶
▷をクリックしてフローを実行します。
ASAHI ROBO LABS
Power Automate Desktop 練習サイト
¥12,600
/千円
¥38,00
0/千円
128
8
売上一覧
❷
Webページのダッシュボートが表示されます。

このダッシュボート上の「売上一覧」の「得意先名称」から「株式会社ASAHI SIGNAL」の情報を抽出してみましょう。

売上一覧

売上日	得意先名称	売上額
2021/04/01	株式会社ASAHI SIGNAL	100,000
2021/04/02	あさひ Avi株式会社	200,000
2021/04/03	Asahi capsule株式会社	300,000
2021/04/04	朝比 REAL株式会社	400,000

◆ 特定箇所の情報を取得する

今回のように抽出したい情報の要素が決まっている場合、「Webページ上の要素の詳細を取得します」アクションで抽出することができます。

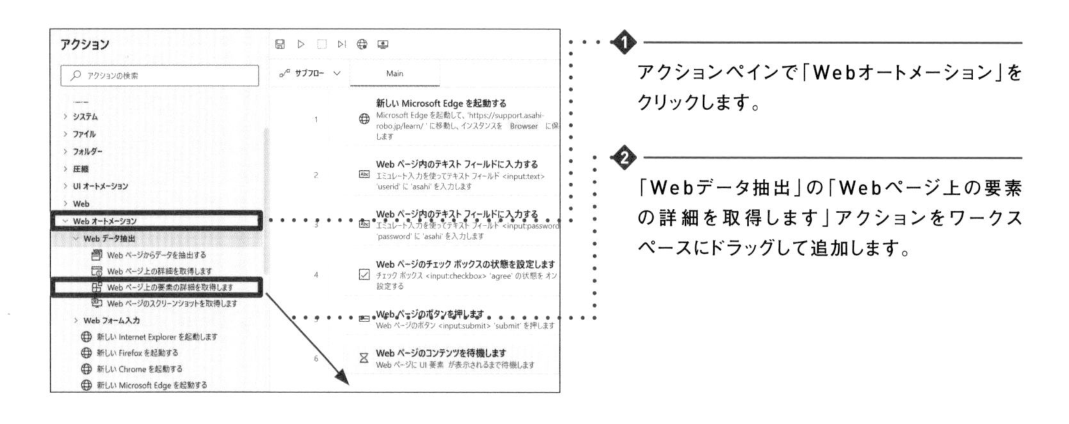

❶
アクションペインで「Webオートメーション」をクリックします。
❷
「Webデータ抽出」の「Webページ上の要素の詳細を取得します」アクションをワークスペースにドラッグして追加します。

「Webブラウザーインスタンス」で、操作に使用するWebブラウザーインスタンスを選択します。今回は「%Browser%」を選択します。

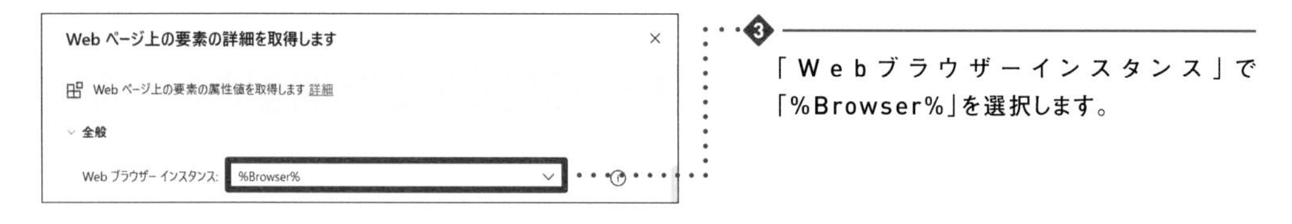

「UI要素」で、ダッシュボード上の「得意先名称」の「株式会社ASAHI SIGNAL」のUI要素を追加し、アクションに設定します。

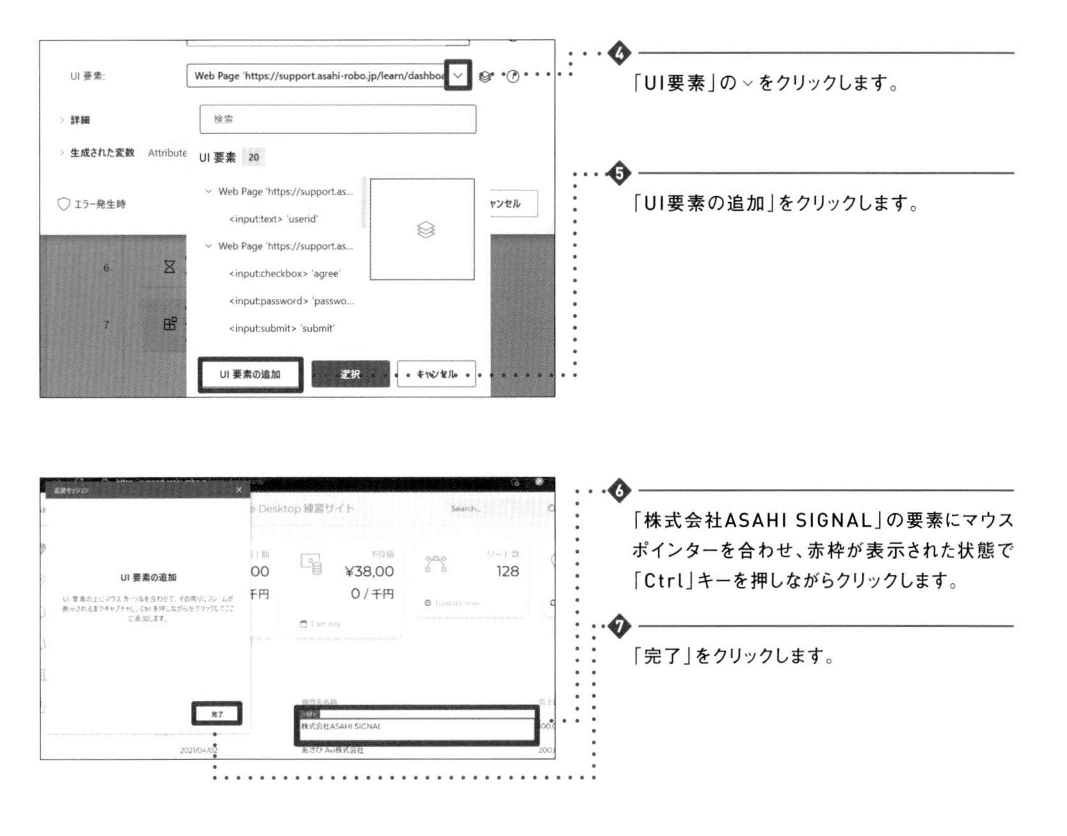

4
「UI要素」の ∨ をクリックします。
5
「UI要素の追加」をクリックします。
6
「株式会社ASAHI SIGNAL」の要素にマウスポインターを合わせ、赤枠が表示された状態で「Ctrl」キーを押しながらクリックします。
7
「完了」をクリックします。

「詳細」の「属性名」で、値を抽出する対象の属性を選択します。今回は「株式会社ASAHI SIGNAL」というテキストを取得するため、「Own Text」を選択します。

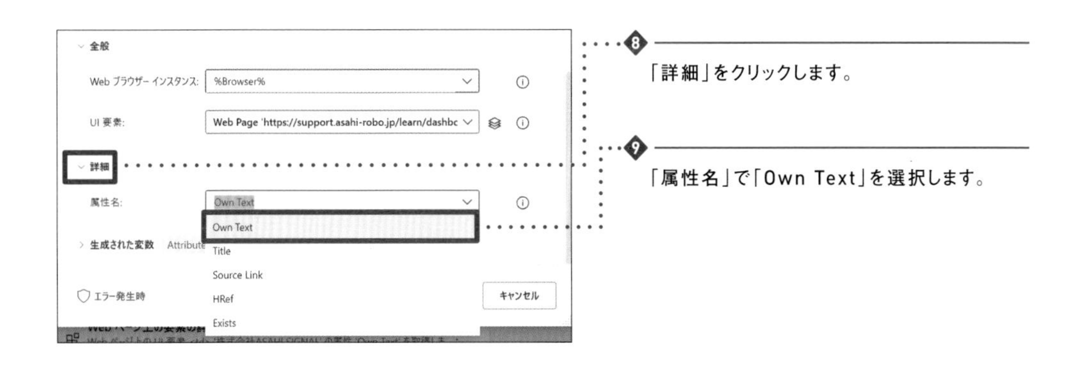

「生成された変数」の変数「AttributeValue」に、取得した情報が保存されます。

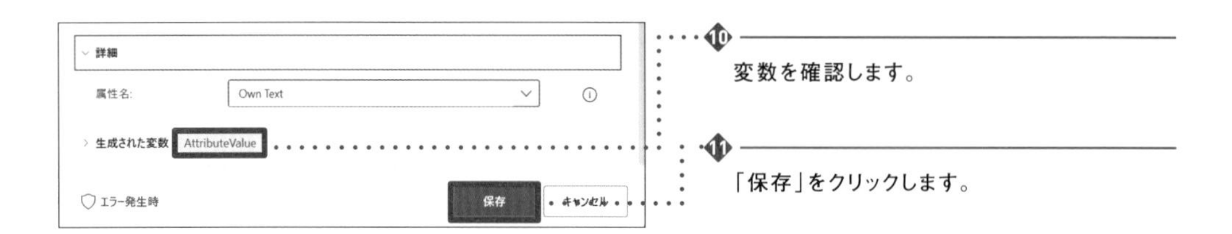

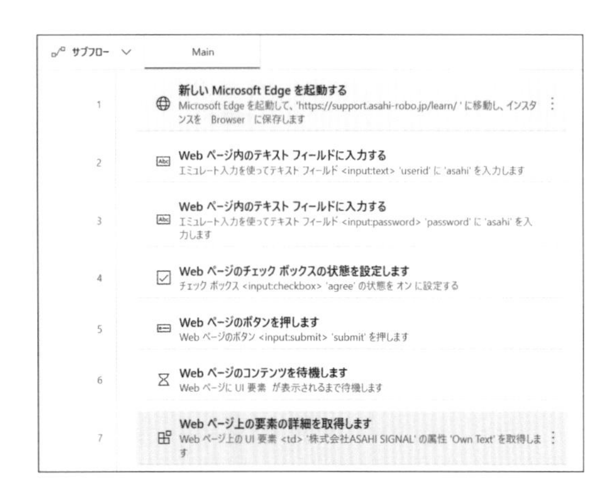

これで特定箇所から情報を取得する際の設定は完了です。アクション追加後のフローは左のようになります。

フローを作成したら、一度実行してみましょう。実行後、変数%AttributeValue%の内容を確認し、「株式会社ASAHI SIGNAL」という情報が取得できているか見てみましょう。

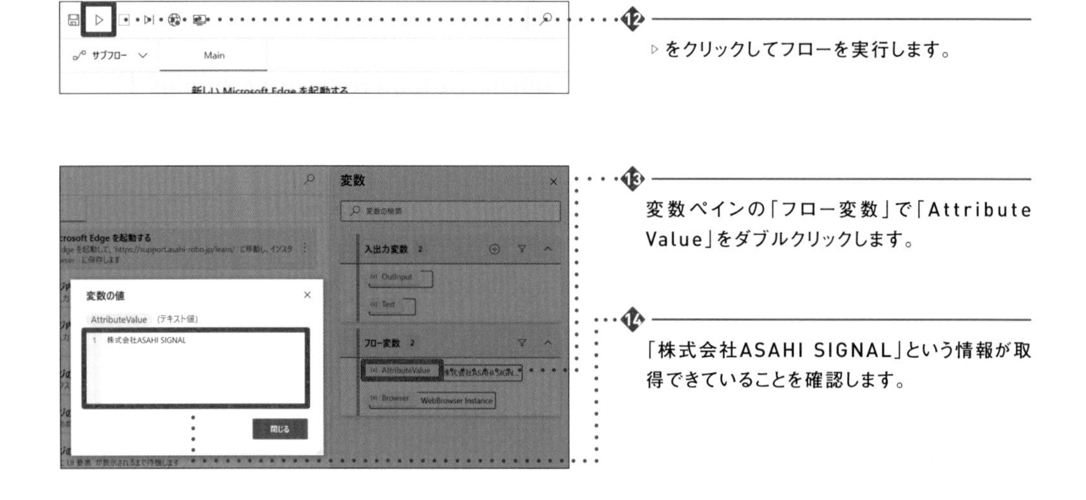

⑫
▷をクリックしてフローを実行します。
⑬
変数ペインの「フロー変数」で「Attribute Value」をダブルクリックします。
⑭
「株式会社ASAHI SIGNAL」という情報が取得できていることを確認します。

COLUMN

P.139で、「詳細」の「属性名」では、抽出する対象の属性を選択できると解説しました。抽出する対象の属性として、「Own Text」、「Title」、「Source Link」、「Href」、「Exists」の計5種類があります。属性は検証ツールを用いることで確認ができます。検証ツールは、Webページ上で「F12」キーを押すことで使用でき、Webページ全体のHTMLを確認することができます。さらに、検証ツールの をクリック後、値を抽出したい対象をクリックすると、クリックした対象のHTMLを確認できます。

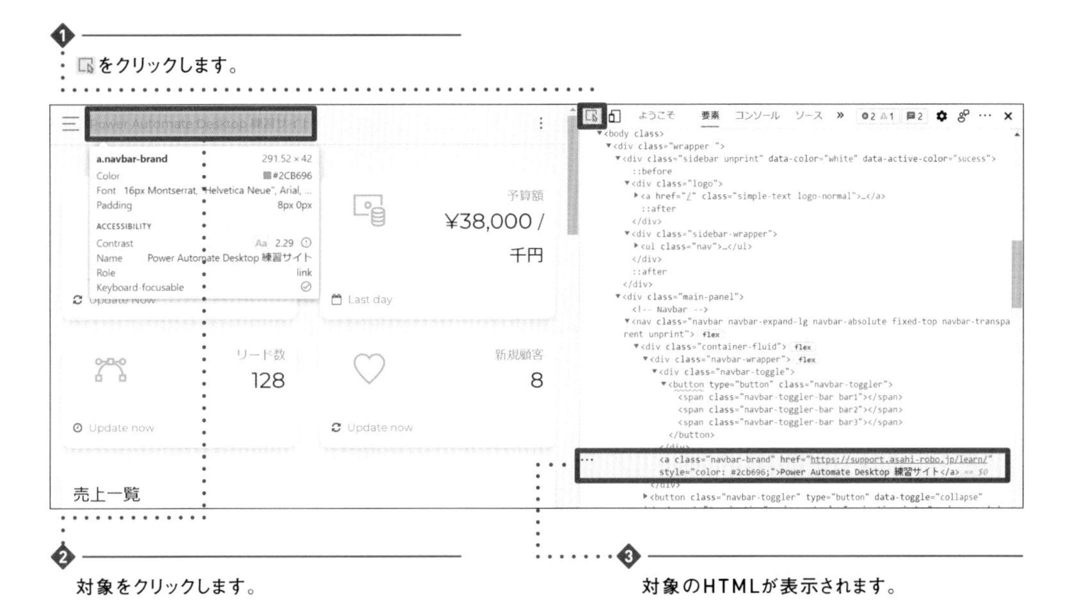

HTMLの中には「href」などの属性があり、「Webページ上の要素の詳細を取得します」アクションで設定した属性に対応する値が取得できます。

◆ リストまたはテーブルの情報を一括で取得する

Webページの特定箇所からデータを抽出する方法を解説しました。一方、顧客リストや売上一覧などの表データをすべて抽出したいというケースもあるでしょう。下図のようなテーブル形式のデータを一括抽出することも可能です。

「Webページからデータを抽出する」アクションを使用すれば、テーブル、またはリスト形式のデータを一括で抽出することができます。一つ一つデータを抽出しようとすると何回も操作を行うことになり、時間がかかりますが、このアクションを使えば1アクションで抽出が完了します。

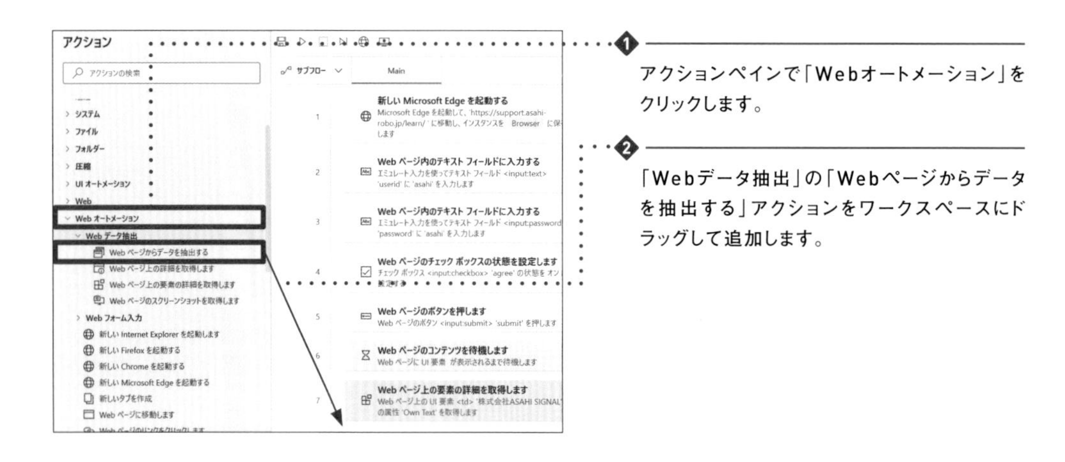

❶ アクションペインで「Webオートメーション」をクリックします。

❷ 「Webデータ抽出」の「Webページからデータを抽出する」アクションをワークスペースにドラッグして追加します。

「Webブラウザーインスタンス」で、操作に使用するWebブラウザーインスタンスを選択します。今回は「%Browser%」を選択します。

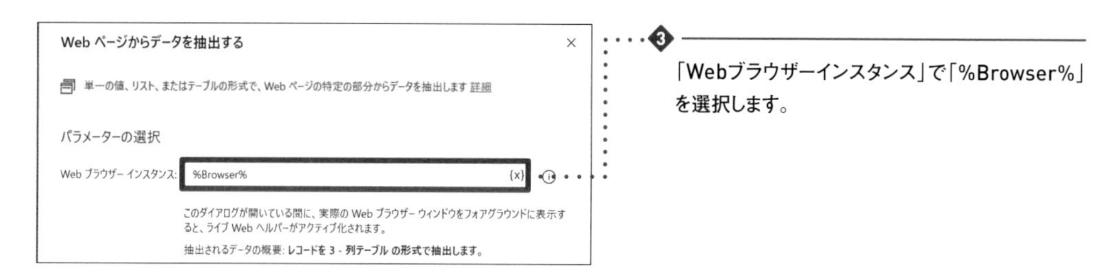

「データ保存モード」で、データの抽出先を「変数」とするか、「Excelスプレッドシート」とするかを選択できます。「Excelスプレッドシート」を選択した場合、Excelが起動し取得した値が入力されます。今回は「変数」を選択します。

また、「生成された変数」の変数「DataFromWebPage」には、取得された情報が保存されます。

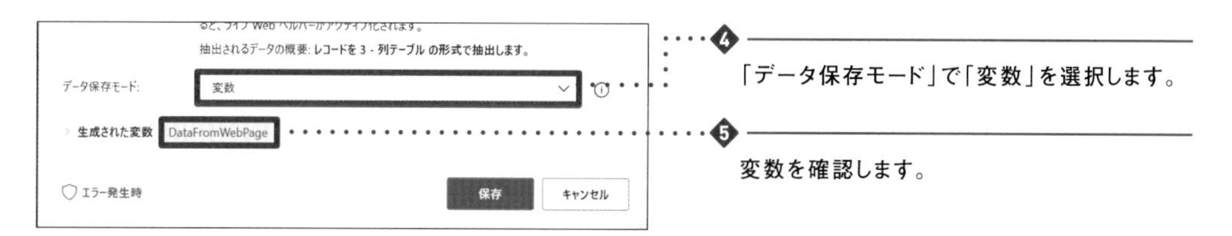

アクションの設定が完了したら、「Webページからデータを抽出する」アクションのダイアログボックスを開いた状態で、データを取得したいWebページを開き、Webブラウザーのウィンドウをクリックしてアクティブ状態にしましょう。

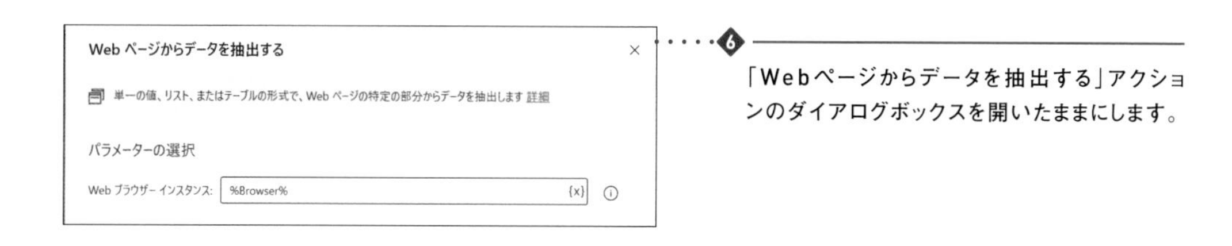

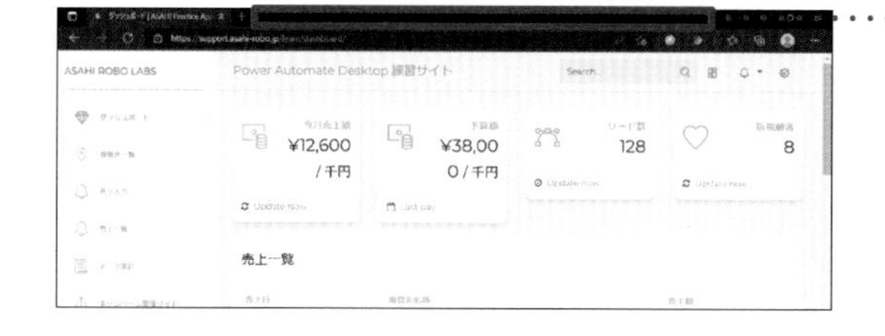

❼ 「Power Automate Desktop練習サイト」のダッシュボードを表示したWebブラウザーのウィンドウをクリックしてアクティブにします。

Webブラウザーをアクティブ状態とすると、「ライブWebヘルパー」ウィンドウが表示されます。「ライブWebヘルパー」ウィンドウには、「Webページからデータを抽出する」アクションで抽出した値が表示されます。「ライブWebヘルパー」ウィンドウが表示されると、UI要素を追加するときと同様、赤枠が表示されます。

今回は例として「Power Automate Desktop練習サイト」のダッシュボート1ページ目にある「売上一覧」の「売上日」、「得意先名称」、「売上額」のすべての値をテーブル形式で抽出してみましょう。

まず「売上日」の「2021/04/01」の値を抽出します。「売上日」の「2021/04/01」を選択し、赤枠が表示されている状態で右クリックすると、メニューが表示されます。メニューの「要素の値を抽出」にマウスポインターを合わせると、要素からどの属性の値を抽出するのかを選択できます。今回はテキストを取得したいので、「テキスト」を選択します。

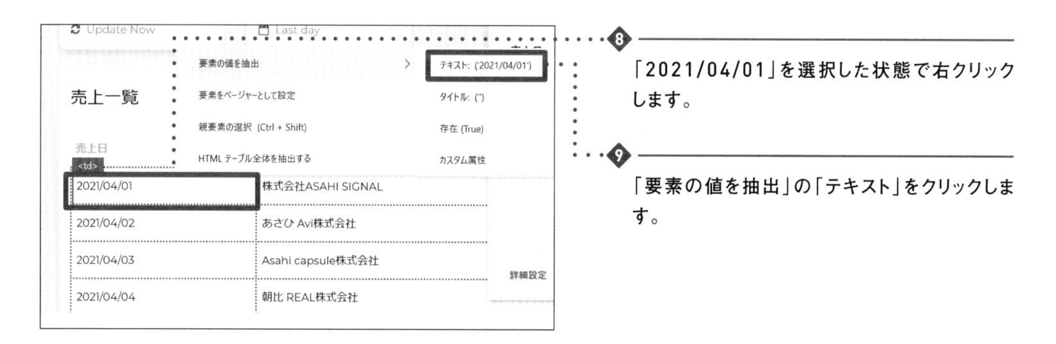

選択すると「ライブWebヘルパー」ウィンドウに抽出した値が表示されます。

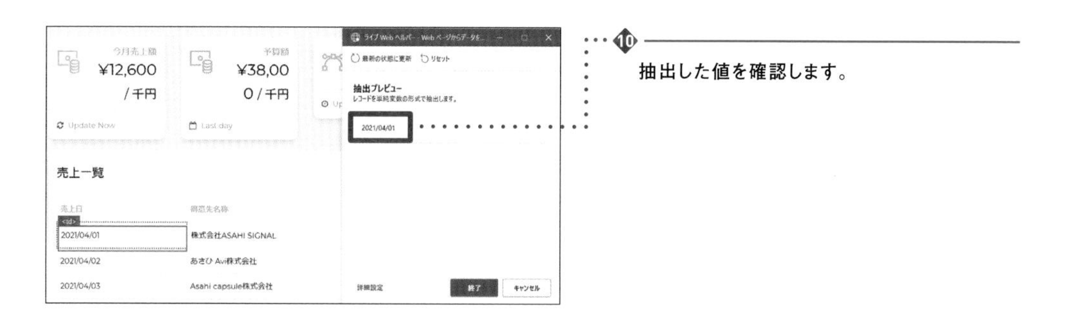

続いて、「売上日」の「2021/04/02」の値を同様に取得します。

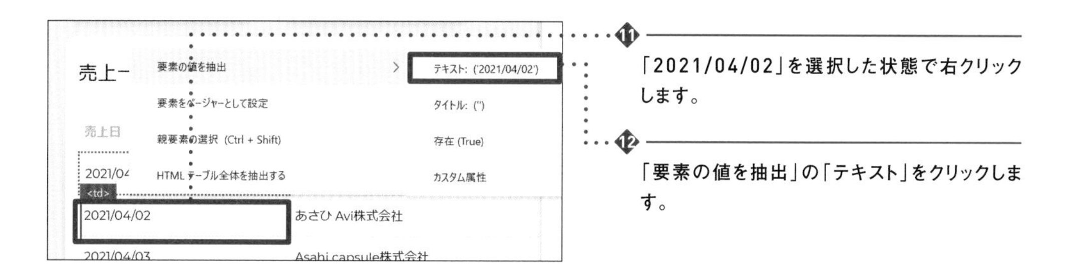

すると次のように、Webページ上の「売上日」の値をリスト形式ですべて取得することができます。

さらに、「得意先名称」の「株式会社ASAHI SIGNAL」の値を取得してみましょう。

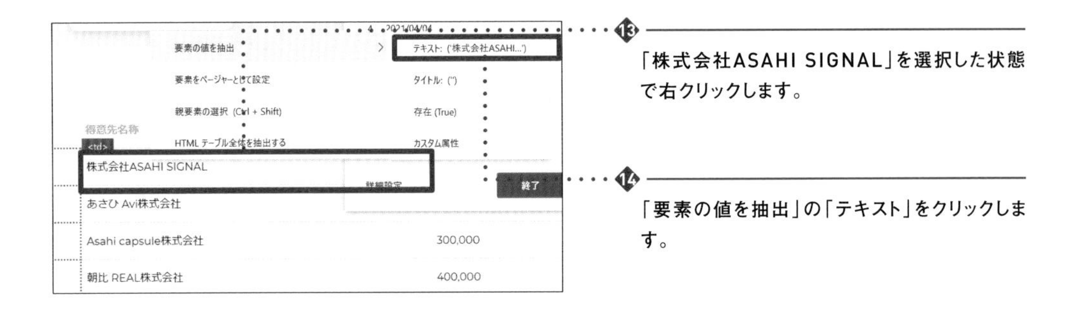

すると、「得意先名称」のすべての値がテーブル形式で一気に取得されます。

同様の手順で「売上額」の値も追加してみましょう。

⑮
同様に「売上額」の値を追加します。

このように、「Webページからデータを抽出する」アクションを使用することで、特定の値、リスト、テーブルいずれの形式でも目的のデータを取得できます。

また、「Webページからデータを抽出する」アクションでデータを抽出した際、ヘッダー名の初期値は「Value #連番」となります。ヘッダーは「ライブWebヘルパー」ウィンドウ上でクリックすると、任意の名称に変更することが可能です。取得した値が、のちほど何の値であるかわかりやすくするため、ヘッダーの名前は変えておくことをおすすめします。今回はヘッダーの名称を「売上日」、「得意先名称」、「売上額」に変更します。変更後、「ライブWebヘルパー」ウィンドウの「終了」をクリックし、「保存」をクリックすることで、「Webページからデータを抽出する」アクションの設定は完了です。

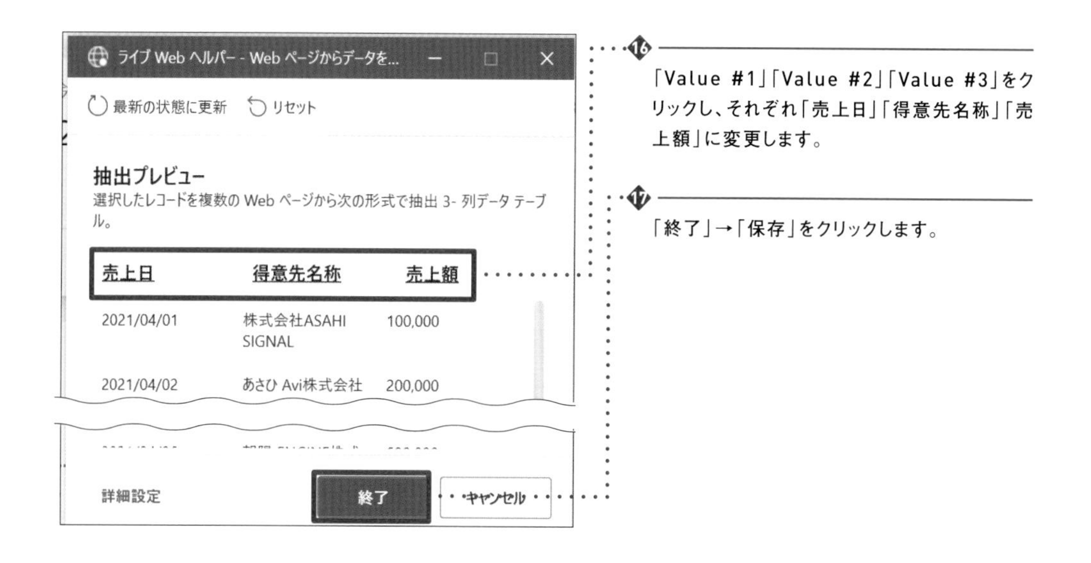

フローを作成したら実行して確認してみましょう。実行後、%DataFromWebPage%の内容を確認し、「売上一覧」の値がテーブル形式で抽出できているか確認してみましょう。

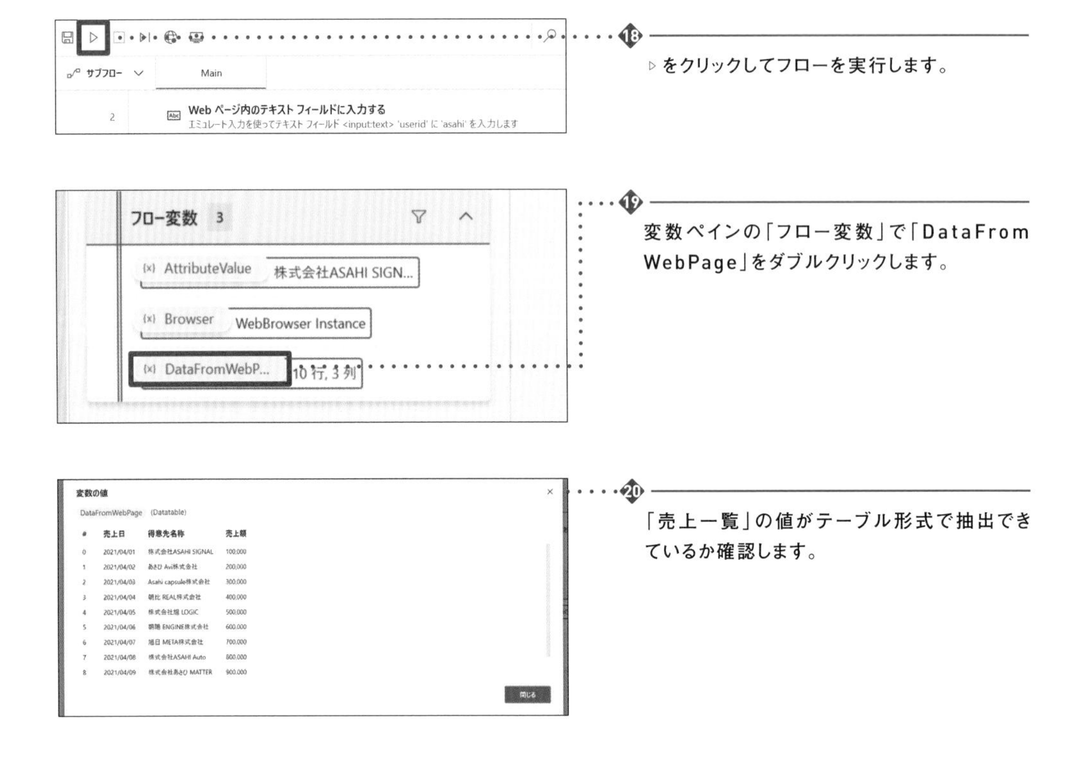

COLUMN

Webページの操作やスクレイピングを行うフローは非常に便利ですが、ロボットによるページの操作やスクレイピングを禁止しているサービスがある点には注意しましょう。たとえば、Amazonの利用規約では、ロボットによるデータ収集、抽出ツールの使用は禁止とされています。また、NewsPicksでは、ロボットによるWebページの操作自体が禁止とされています。このようにWebページの操作やスクレイピングを行う際は、利用するサービスの利用規約を読み、ロボットによる操作やスクレイピングが禁止されていないことをしっかり確認してから行いましょう。また、スパイダーやクローラー、スクレーパーといった文言が出てきた場合、これらも同じくWebページ上からくり返しデータを抽出する操作となるため、注意しましょう。

4-7 Webページを移動したデータ抽出

ここまでは、抽出したい目的のデータがWebページ上にすでに表示されていることが前提でした。しかし実際には、目的のデータが表示されているWebページまで、Webサイト内のメニューボタンなどを操作して移動する必要がある場合があります。

ここでは、Webページの移動をともなうデータを抽出するフローの作成を行ってみましょう。以下の流れでWebページの移動をともなうデータ抽出のフローを作成します。

①「得意先一覧」ページに移動する。
②「得意先一覧」ページのデータを抽出する。

◆「得意先一覧」ページに移動する

まず抽出したいデータが存在する「得意先一覧」ページに移動します。ダッシュボード左側のメニューの「得意先一覧」をクリックすると表示されるページです。

Webページ内の移動には「Webページのリンクをクリックします」アクションを使用します。

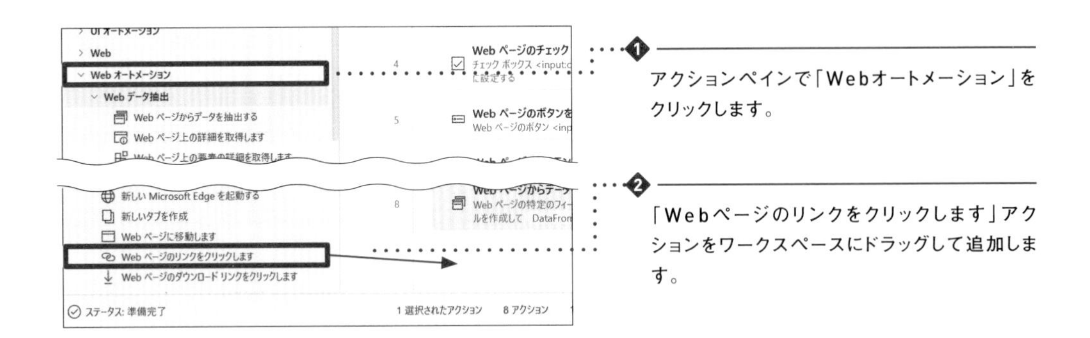

「Webブラウザーインスタンス」で、操作に使用するWebブラウザーインスタンスを選択します。今回は「%Browser%」を選択します。

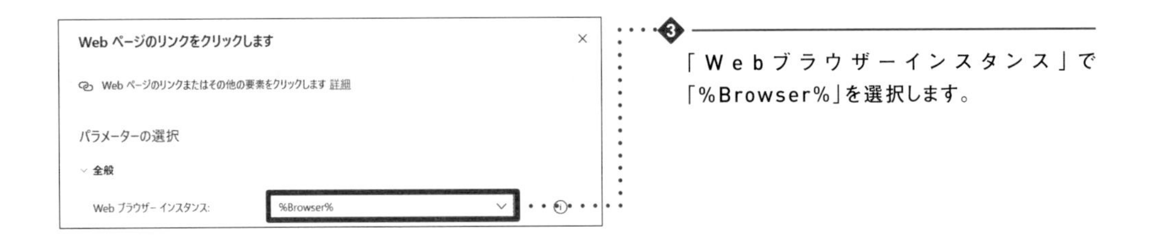

「UI要素」で、クリック先のUI要素を指定します。ダッシュボード左側のメニューの「得意先一覧」のUI要素を追加します。

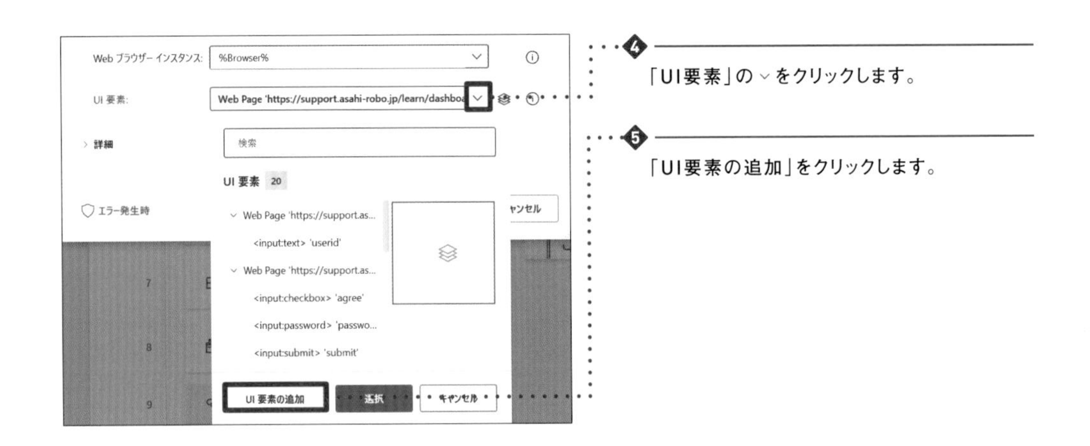

❻
「得意先一覧」のUI要素にマウスポインターを合わせ、赤枠が表示された状態で「Ctrl」キーを押しながらクリックします。
❼
「完了」をクリックします。
Web ページのリンクをクリックします
Web ページのリンクまたはその他の要素をクリックします 詳細
パラメーターの選択
全般
Web ブラウザー インスタンス:
%Browser%
UI 要素:
Web Page 'https://support.asahi-robo.jp/lear
詳細
エラー発生時
保存
キャンセル
❽
「保存」をクリックします。

サブフロー
Main
Web ページ内のテキスト フィールドに入力する
エミュレート入力を使ってテキスト フィールド <input:password> 'password' に 'asahi' を入力します
Web ページのチェック ボックスの状態を設定します
チェック ボックス <input:checkbox> 'agree' の状態を オン に設定する
Web ページのボタンを押します
Web ページのボタン <input:submit> 'submit' を押します
Web ページのコンテンツを待機します
Web ページに UI 要素 が表示されるまで待機します
Web ページ上の要素の詳細を取得します
Web ページ上の UI 要素 <td> '株式会社ASAHI SIGNAL' の属性 'Own Text' を取得します
Web ページからデータを抽出する
Web ページの特定のフィールドからデータを抽出し、仮想テーブルを作成して DataFromWebPage にストアします
Web ページのリンクをクリックします
Webページの <p> '得意先一覧' をクリックします

アクション追加後のフローは左のようになります。このアクションのあとは操作対象のWebページが表示されます。

◆ 得意先一覧のデータを抽出する

P.142〜147と同じ手順で、「Webページからデータを抽出する」アクションを使用し、「得意先一覧」ページのデータを抽出してみましょう。

ヘッダーの名称も、「得意先一覧」ページのヘッダー名に合わせて変更します。

❶ 「Web ページからデータを抽出する」アクションを使用し、P.142〜147と同様の手順で、「得意先一覧」ページのデータを抽出します。

❷ 各ヘッダー名をクリックし、それぞれ「コード」「会社名」「担当者名」「メールアドレス」「ホームページ」に変更します。

❸ 「終了」をクリックします。

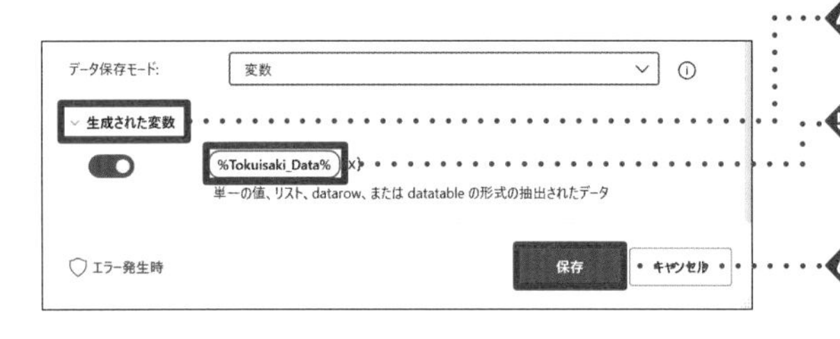

❹ 「生成された変数」をクリックします。

❺ 「生成された変数」を「%Tokuisaki_Data%」に変更します。

❻ 「保存」をクリックします。

「Web ページからデータを抽出する」アクション追加後のフローは左のようになります。

フローを作成したら実行し確認してみましょう。実行後、%Tokuisaki_Data%の内容を確認し、「得意先一覧」ページの値がテーブル形式で抽出できているか確認してみましょう。

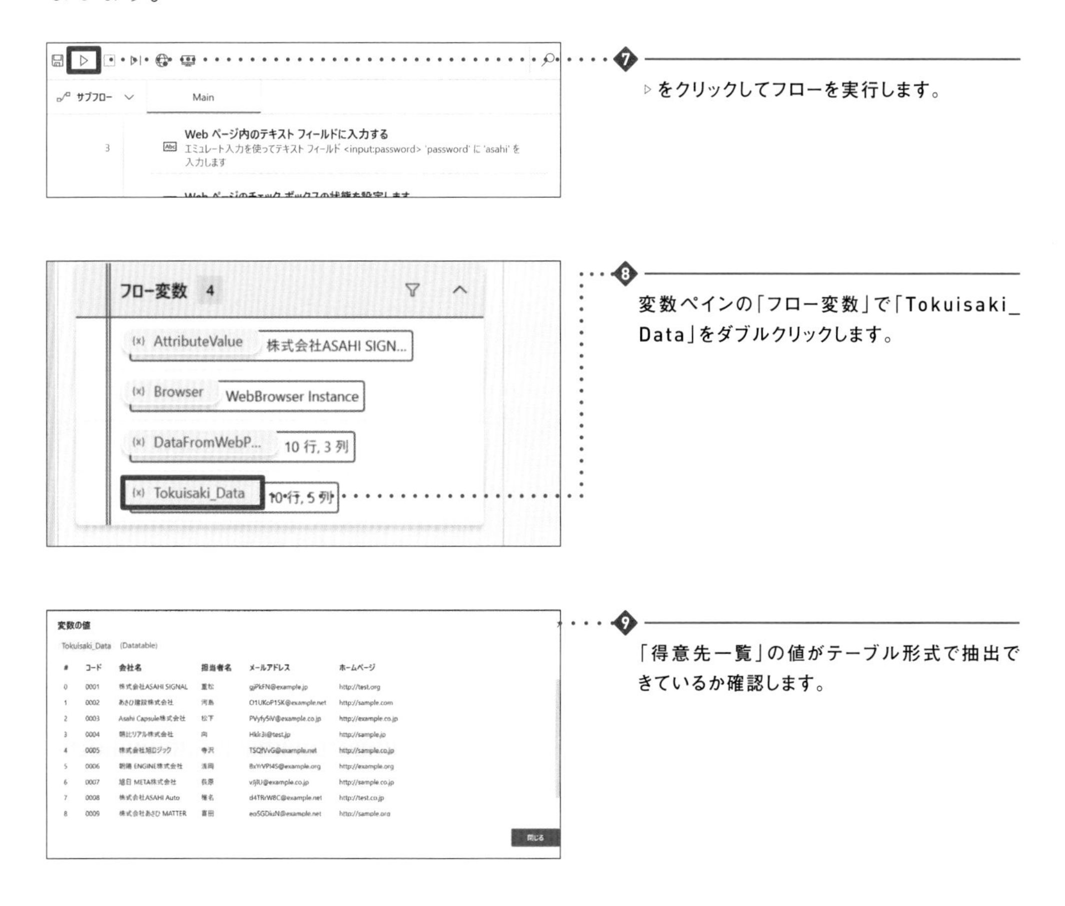

COLUMN

アクションから生成される変数の名前は自由に変更することが可能です。フローの中で同じアクションを何度も使用する、特定の値が格納された変数の使用頻度が高い、といった場合、初期設定値の変数名では使用する際にどのデータが格納されているのかがわかりづらく、違う変数を選んでしまったり、変数を上書きしてしまったりして、エラーの原因になります。とくに使用頻度が高い変数は、変数の名前を適宜変更しておくことをおすすめします。そのため、ここでは変数名を「%Tokuisaki_Data%」に変更しています。

4-8 条件分岐によるデータの絞り込み

ここでは、取得した一覧データの中から特定の情報を抽出する方法を解説します。一覧データ中の特定の会社の情報だけを別のシステムに転記したいといった場合、この方法を活用することができます。

くり返し処理の中に条件分岐を設け、1行ずつ順に条件に一致するデータが存在するかチェックします。一致するデータが存在した場合は、その行から必要なデータを抽出します。ここでは、先ほど取得した「得意先一覧」ページのデータから「株式会社あさひ MATTER」のメールアドレスデータを抽出するフローを、以下の手順で作成してみましょう。

①「得意先一覧」のデータを1行ずつくり返し取得する。
②会社名が「株式会社あさひ MATTER」の場合のみデータを取得する条件分岐を作成する。
③メールアドレスのデータを変数に格納してループを終了する。

◆ データを1行ずつくり返し取得する

先ほど取得した「得意先一覧」のデータから、特定のデータ（今回の場合は「株式会社あさひ MATTER」）を取得します。

変数の値

Tokuisaki_Data (Datatable)

#	コード	会社名	担当者名	メールアドレス	ホームページ
0	0001	株式会社ASAHI SIGNAL	重松	gjPkFN@example.jp	http://test.org
1	0002	あさひ建設株式会社	河島	O1UKoP15K@example.net	http://sample.com
2	0003	Asahi Capsule株式会社	松下	PVyfy5iV@example.co.jp	http://example.co.jp
3	0004	朝比リアル株式会社	向	Hklr3i@test.jp	http://sample.jp
4	0005	株式会社旭ロジック	寺沢	TSQfVvG@example.net	http://sample.co.jp
5	0006	朝陽 ENGINE株式会社	浅岡	BxYrVPI4S@example.org	http://example.org
6	0007	旭日 META株式会社	荻原	vJjlU@example.co.jp	http://sample.co.jp
7	0008	株式会社ASAHI Auto	椎名	d4TRrW8C@example.net	http://test.co.jp
8	0009	株式会社あさひ MATTER	喜田	eoSGDiuN@example.net	http://sample.org

「得意先一覧」のデータテーブルから「株式会社あさひ MATTER」のデータを取得するには、「%Tokuisaki_Data[8][1]%」という具合に、データの存在する場所を直接指定する方法もあります。しかし、実際には、目的のデータが抽出したデータテーブルのどこにあるかが決まっていない場合が多く、目的のデータがどこにあるか探す必要があります。**目的のデータを探す場合、データを1行ずつ取得し、取得したデータが目的のデータかを確認した後、異なる場合は次のデータを確認する、といった方法が有効です。**

データを1行ずつ取得するには「For each」アクションを使用します。「For each」アクションはリストやテーブル形式のデータを1行ずつくり返し取得することのできるアクションです。詳細については3-6を参照してください。

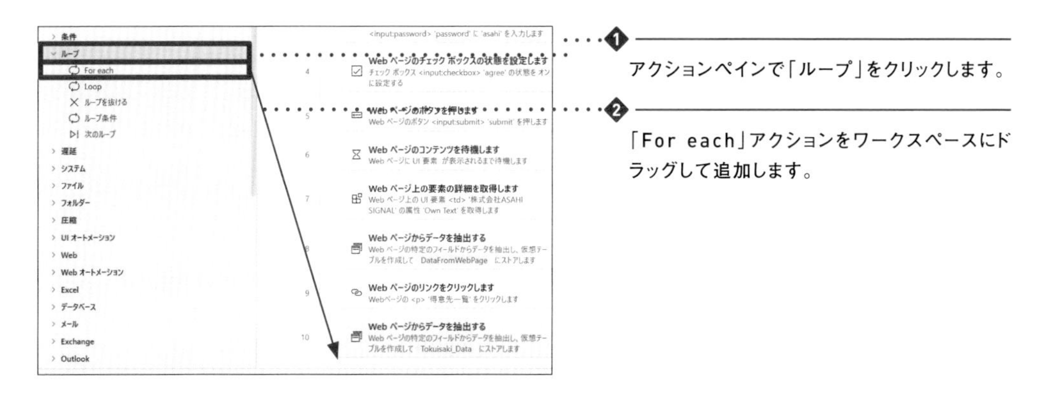

今回は、先ほど抽出した「得意先一覧」のデータから1行ずつデータを取得したいので、「反復処理を行う値」に「得意先一覧」のデータが格納されている変数「Tokuisaki_Data」を選択します。

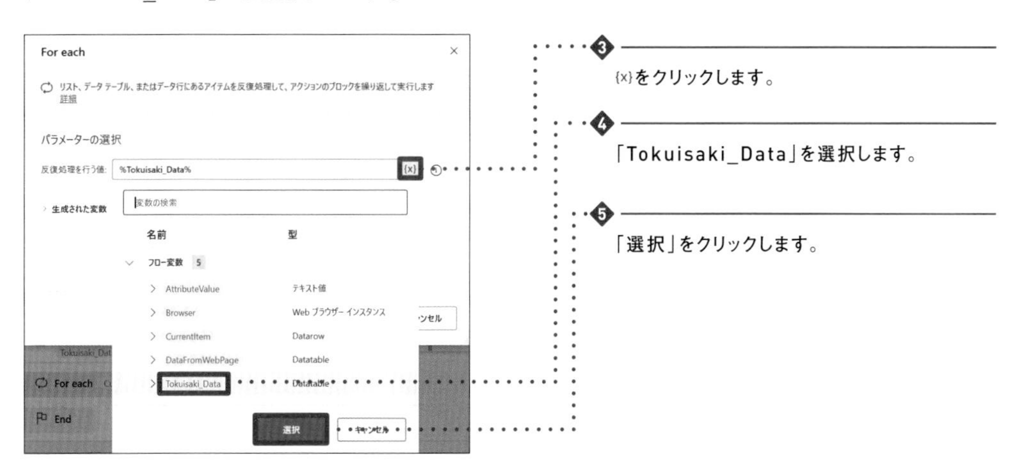

取得したデータは「生成された変数」の変数「CurrentItem」に格納されます。

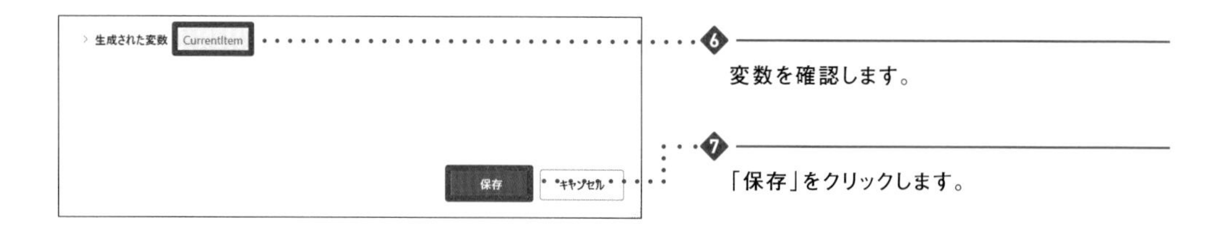

「For each」アクションを追加後のフローは以下のようになります。「For each」アクションにブレークポイントを設置し、1行ずつデータが取得できているか確認してみましょう。ブレークポイントはワークスペースに配置したアクションの左側をクリックすることで設置できます。ブレークポイントを設置したらフローを実行します。

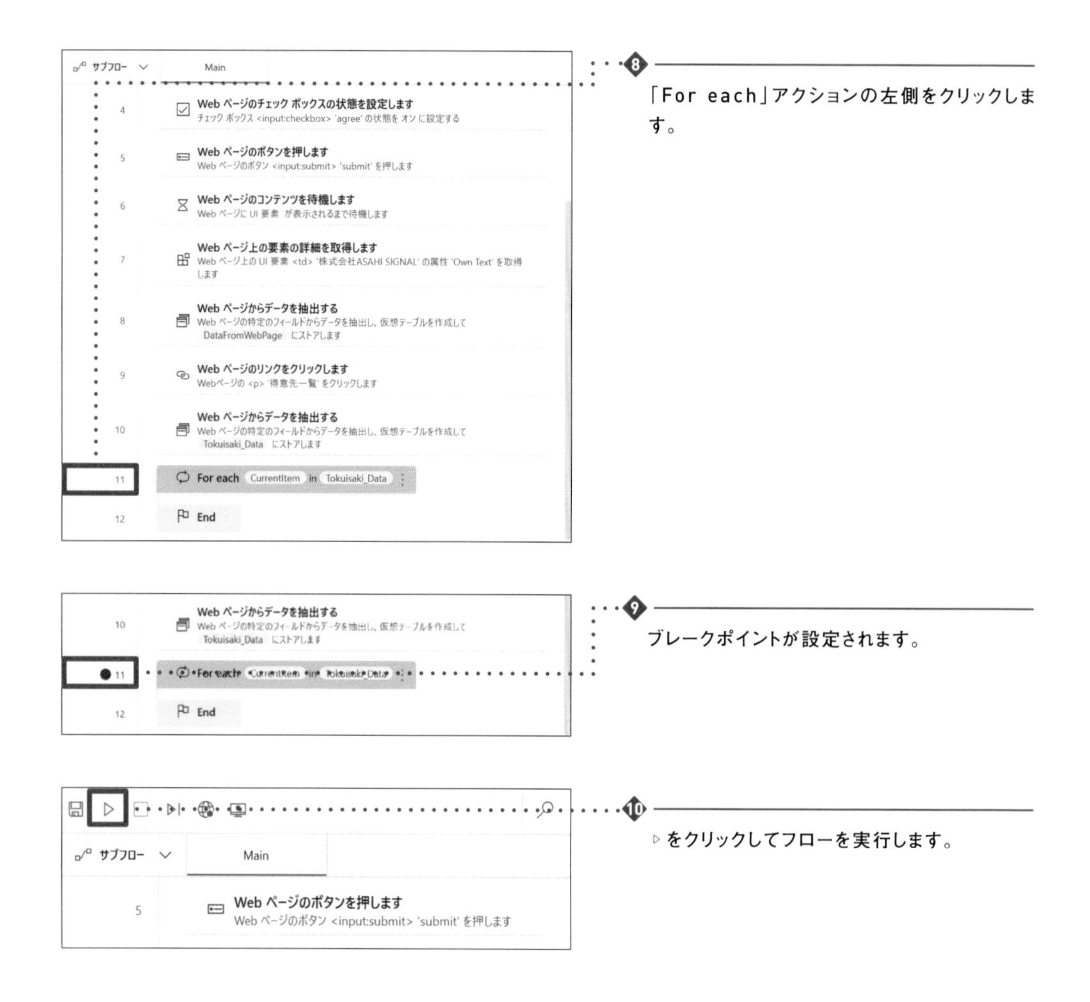

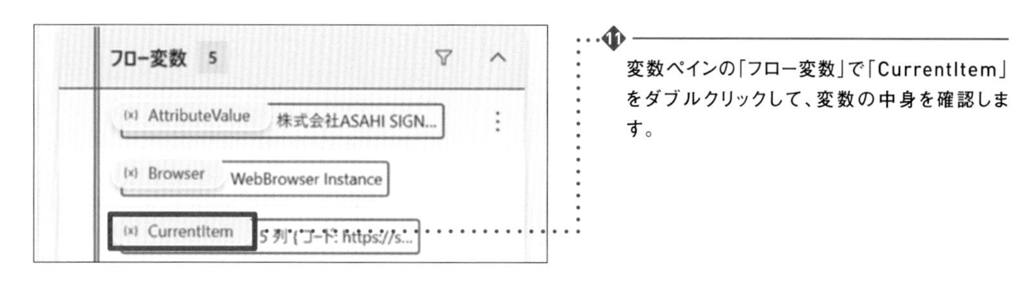

⑪ 変数ペインの「フロー変数」で「CurrentItem」をダブルクリックして、変数の中身を確認します。

「For each」アクションで取得した変数の中身は以下のようになります。生成した変数に1行分のみデータが格納されています。

変数内の値は、「%変数名['ヘッダー名']%」と入力することで使用できます。たとえば、会社名の値を使用したい場合は「%CurrentItem['会社名']%」と入力します。

変数の値

CurrentItem (Datarow)

コード	会社名	担当者名	メールアドレス	ホームページ
0001	株式会社ASAHI SIGNAL	重松	gjPkFN@example.jp	http://test.org

COLUMN

変数内の値は、「%変数名['ヘッダー名']%」で使用する以外にも、P.81で解説したように「%変数名[列番号]%」と列番号を入力することで値を使用することが可能です。行番号は1ではなく0から始まる点に注意しましょう。ただし、データテーブルに新しく列が挿入されたり、削除されたりした場合は、列番号がずれてしまうことがあります。ヘッダー名がある場合はヘッダー名を使用することで、列の挿入、削除に影響されず値を使用することが可能です。

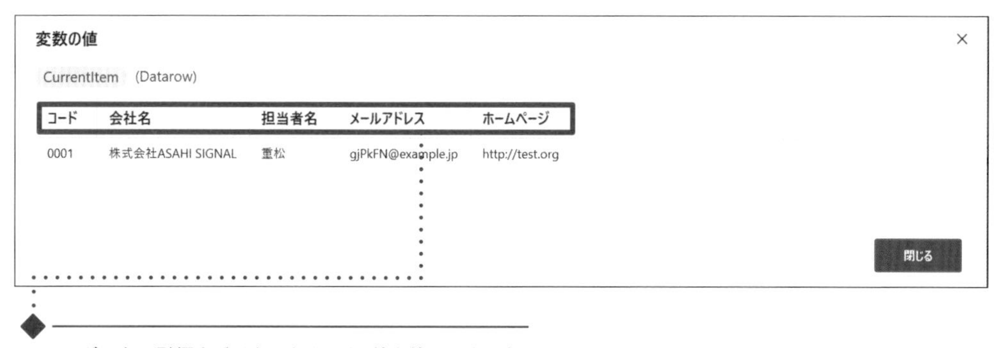

変数の値

CurrentItem (Datarow)

コード	会社名	担当者名	メールアドレス	ホームページ
0001	株式会社ASAHI SIGNAL	重松	gjPkFN@example.jp	http://test.org

閉じる

ヘッダー名は影響を受けないため、同じ値を使用できます。

◆ 条件分岐でデータを絞り込む

1行ずつ取得したデータに対し条件分岐を行うことで必要なデータのみを抽出できます。条件分岐には「If」アクションを使用します。

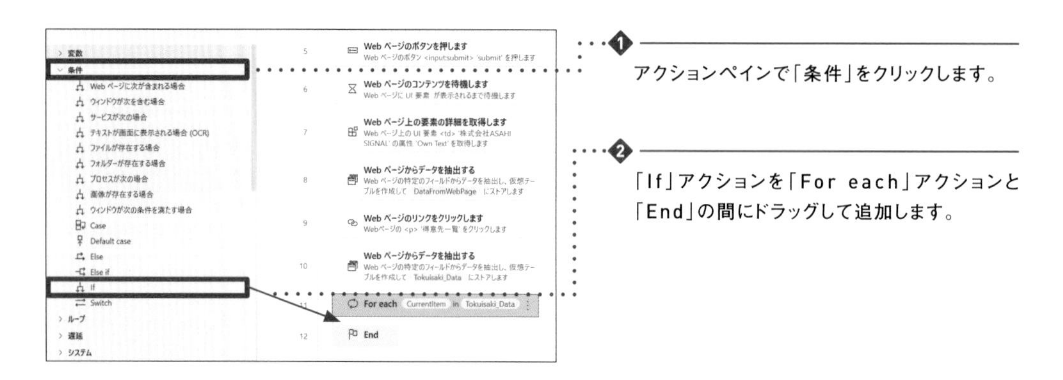

❶
アクションペインで「条件」をクリックします。
❷
「If」アクションを「For each」アクションと「End」の間にドラッグして追加します。

「最初のオペランド」には、条件分岐に用いる変数を入力します。「オペランド」とは、演算の対象となる値のことを指します。今回は会社名を抽出したいため、「%CurrentItem['会社名']%」と入力します。

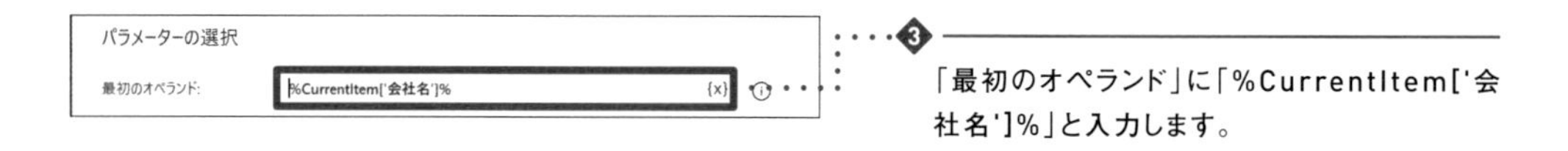

パラメーターの選択
最初のオペランド:
%CurrentItem['会社名']%
❸
「最初のオペランド」に「%CurrentItem['会社名']%」と入力します。

「演算子」で、条件分岐の処理実行条件を選択します。「If」アクションは各オペランドの値が演算子の条件を満たした場合に処理が実行されます。今回は会社名が「株式会社あさひ MATTER」の場合に処理を実行するため、「と等しい (=)」を選択します。

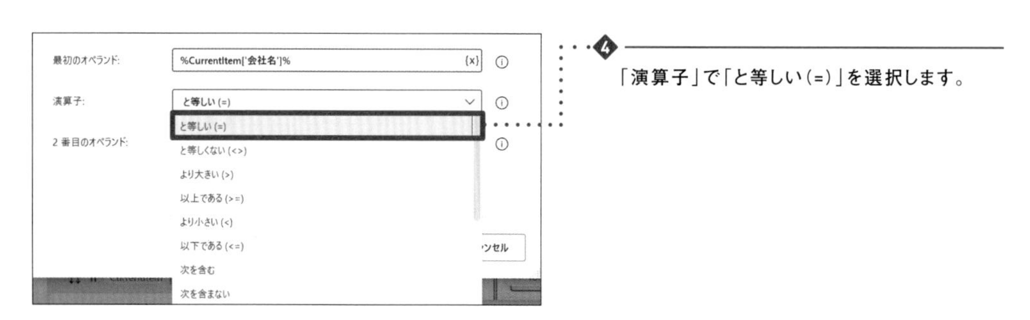

「2番目のオペランド」に、条件分岐の比較対象となる値、もしくは変数を入力します。今回は「株式会社あさひ MATTER」と入力します。

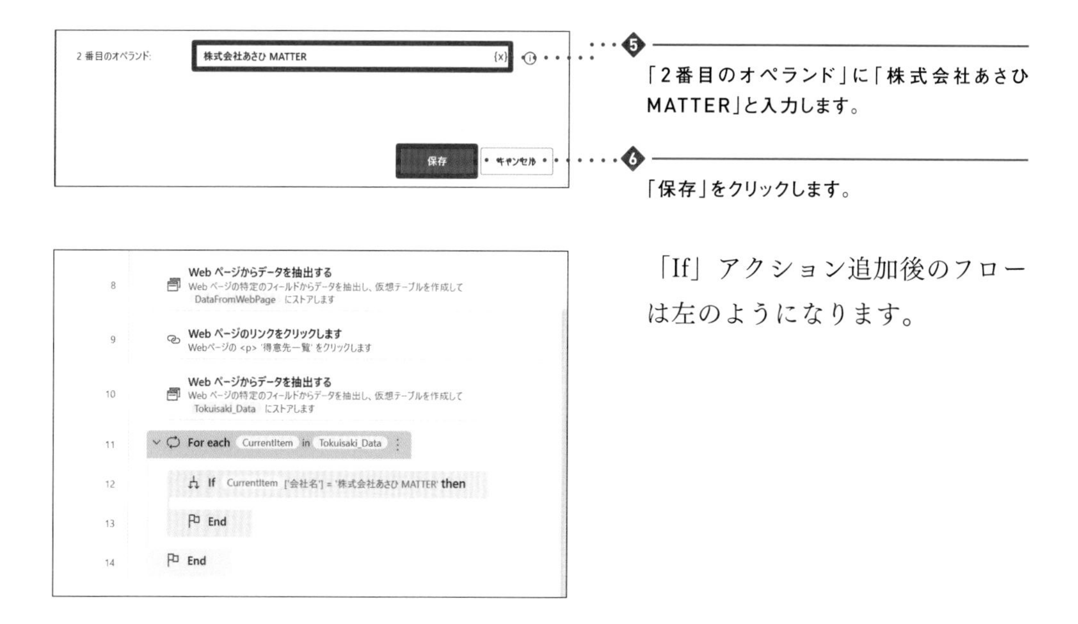

◆ メールアドレスのデータを変数に格納する

ここまでの手順で特定の会社名のデータのみを抽出することができました。抽出した値を変数に格納してみましょう。

変数に値を格納する場合は、「変数の設定」アクションを使用します。

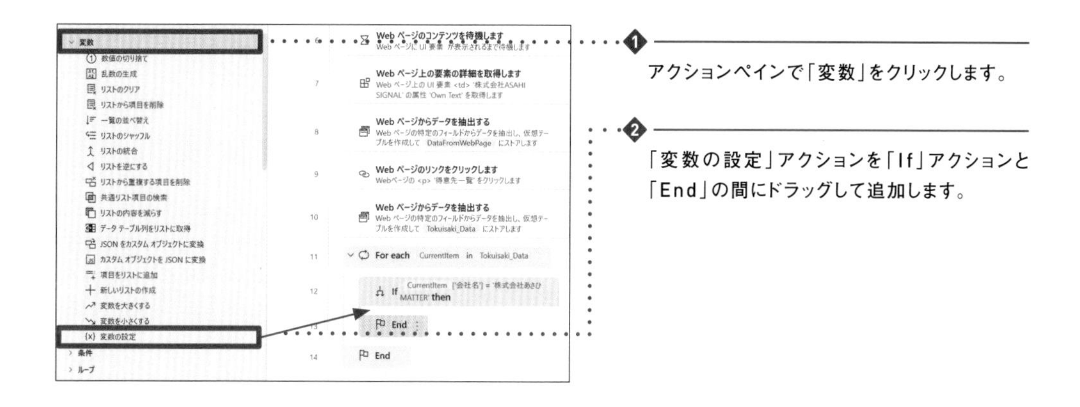

「設定」で、生成される変数の名称を設定します。既存の変数から選択することも可能です。初期設定値の変数名は「NewVar」となっています。今回は「株式会社あさひMATTER」のメールアドレスを値として設定するため、変数名を「MailAddress」とします。

「宛先」に、変数に格納する値を入力します。今回は取得したデータテーブルからメールアドレスの値を取得するため、「%CurrentItem['メールアドレス']%」と入力します。

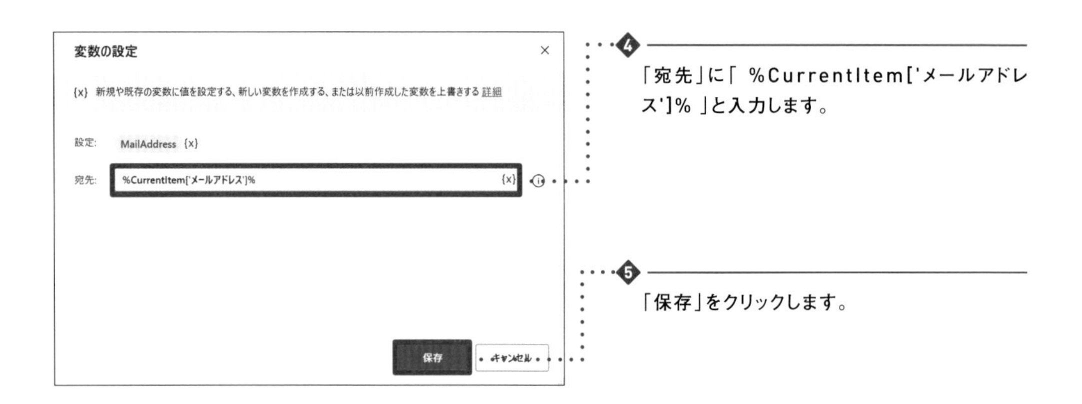

目的の値が取得できた後は、それ以上ループをくり返す必要がありません。そのため、「ループを抜ける」アクションを設置しておきます。

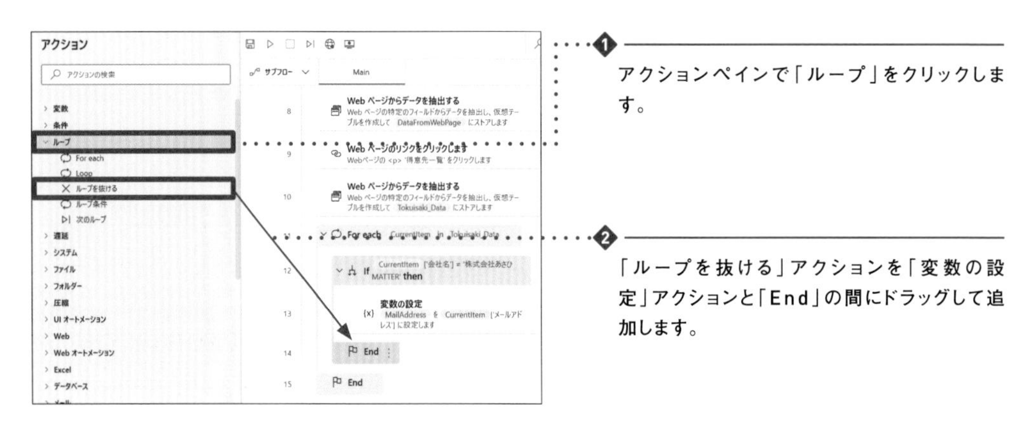

「ループを抜ける」アクションなどのパラメーターの設定が不要なアクションは、アクションを配置した際にダイアログボックスは表示されません。

ここまで作成したフローの全体像は以下のようになります。

サブフロー
Main
新しい Microsoft Edge を起動する
Microsoft Edge を起動して、'https://support.asahi-robo.jp/learn/' に移動し、インスタンスを Browser に保存します
Web ページ内のテキスト フィールドに入力する
エミュレート入力を使ってテキスト フィールド <input:text> 'userid' に 'asahi' を入力します
Web ページ内のテキスト フィールドに入力する
エミュレート入力を使ってテキスト フィールド <input:password> 'password' に 'asahi' を入力します
Web ページのチェック ボックスの状態を設定します
チェック ボックス <input:checkbox> 'agree' の状態を オン に設定する
Web ページのボタンを押します
Web ページのボタン <input:submit> 'submit' を押します
Web ページのコンテンツを待機します
Web ページに UI 要素 が表示されるまで待機します
Web ページ上の要素の詳細を取得します
Web ページ上の UI 要素 <td> '株式会社ASAHI SIGNAL' の属性 'Own Text' を取得します
Web ページからデータを抽出する
Web ページの特定のフィールドからデータを抽出し、仮想テーブルを作成して DataFromWebPage にストアします

Web ページのリンクをクリックします
Webページの <p> '得意先一覧' をクリックします
Web ページからデータを抽出する
Web ページの特定のフィールドからデータを抽出し、仮想テーブルを作成して Tokuisaki_Data にストアします
For each CurrentItem in Tokuisaki_Data
If CurrentItem ['会社名'] = '株式会社あさひ MATTER' then
変数の設定
MailAddress を CurrentItem ['メールアドレス'] に設定します
ループを抜ける
End
End

ここまで作成したフローの動作確認を行ってみましょう。処理が成功すれば「株式会社あさひ MATTER」のメールアドレスが抽出され、変数に格納されます。

サブフロー
Main
新しい Microsoft Edge を起動する
Web ページ内のテキスト フィールドに入力する
Web ページ内のテキスト フィールドに入力する

❶ ▷をクリックしてフローを実行します。

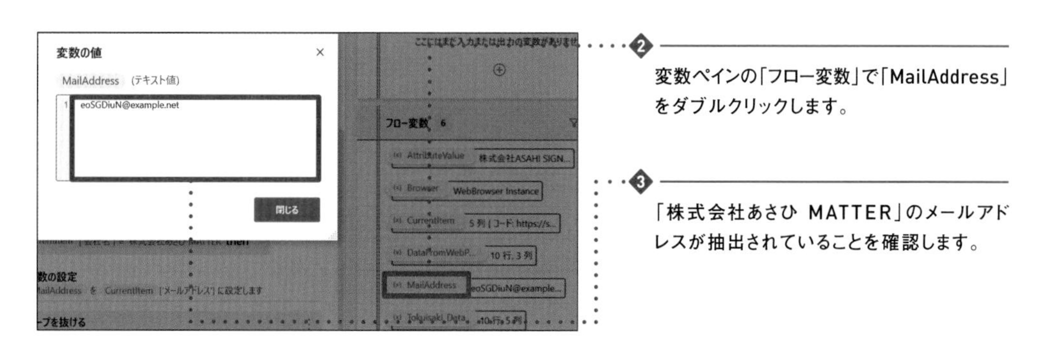
変数の値
MailAddress (テキスト値)
eoSGDiuN@example.net
閉じる
フロー変数 6
AttributeValue 株式会社ASAHI SIGN...
Browser WebBrowser Instance
CurrentItem
DataFromWebP... 10 行, 3 列
MailAddress eoSGDiuN@example...
Tokuisaki_Data 10行, 5列

❷ 変数ペインの「フロー変数」で「MailAddress」をダブルクリックします。

❸ 「株式会社あさひ MATTER」のメールアドレスが抽出されていることを確認します。

4-9 データの取得結果をメッセージ表示

これで、目的のデータを抽出することができるようになりました。最後に、データが抽出できているかを可視化するため、データの抽出結果をメッセージとして表示してみましょう。今回は、データが抽出できている場合と、できていない場合で表示するメッセージを変更したいため、条件分岐を使用します。

◆ 条件分岐でデータの抽出結果をメッセージ表示する

条件分岐には先ほど使用した「If」アクションと、新たに「Else」アクションを使用します。「Else」アクションは「If」アクションの条件を満たさない場合に処理される条件分岐です。

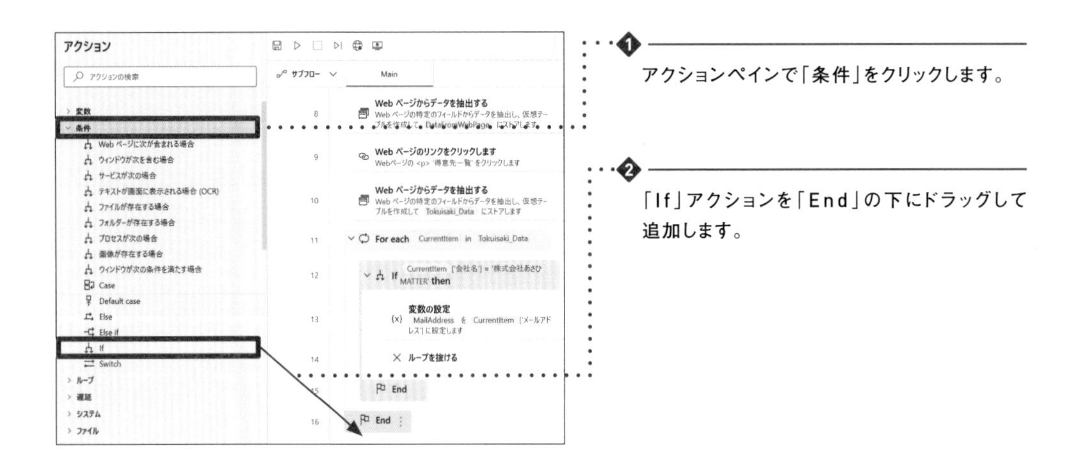

❶ アクションペインで「条件」をクリックします。

❷ 「If」アクションを「End」の下にドラッグして追加します。

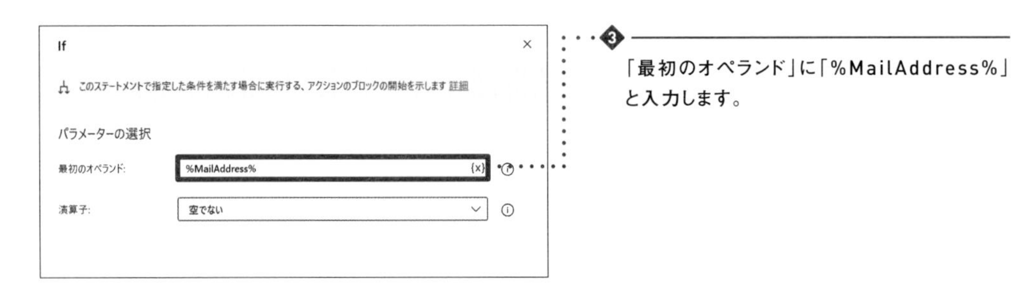

❸ 「最初のオペランド」に「%MailAddress%」と入力します。

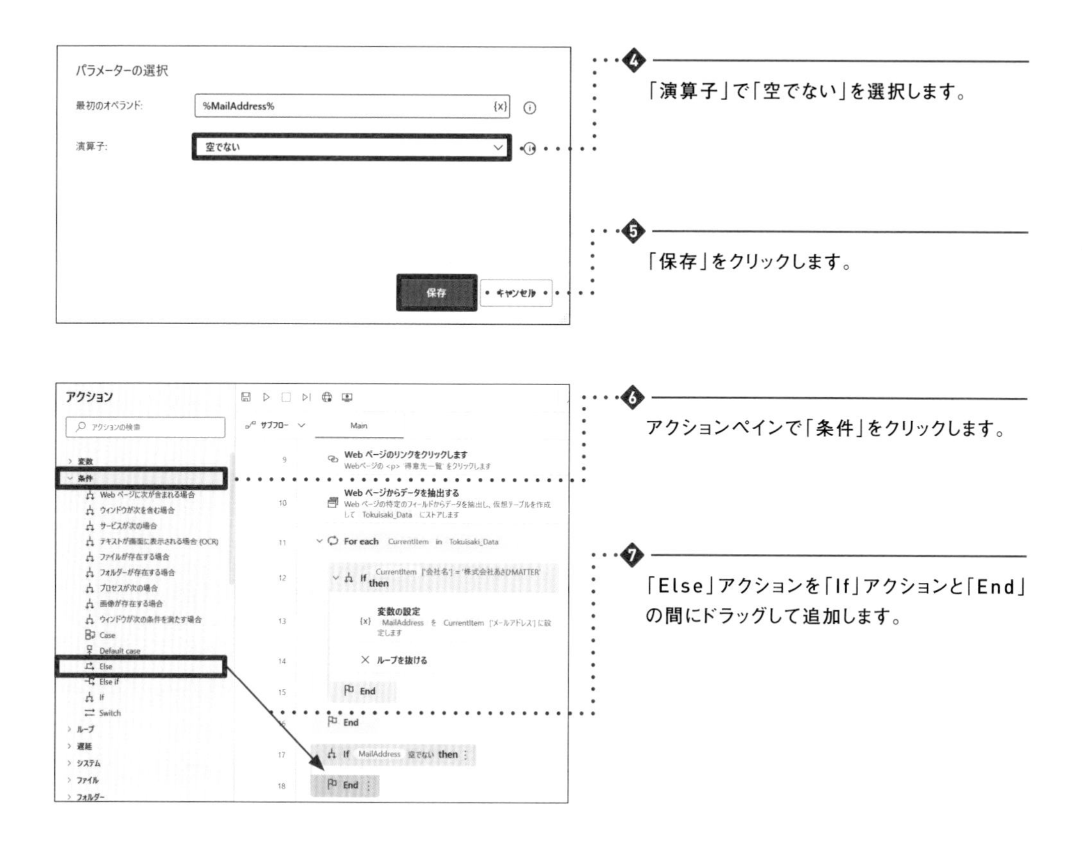

「Else」アクションはパラメーターの設定が不要なため、アクションを配置した際にダイアログボックスは表示されません。

「If」アクションと「Else」アクションを追加後のフローは左のようになります。

メッセージを表示するには、P.59でも紹介した「メッセージを表示」アクションを使用します。まずはデータが抽出できた場合のメッセージを表示するため、「If」アクションの下に、「メッセージを表示」アクションを追加しましょう。

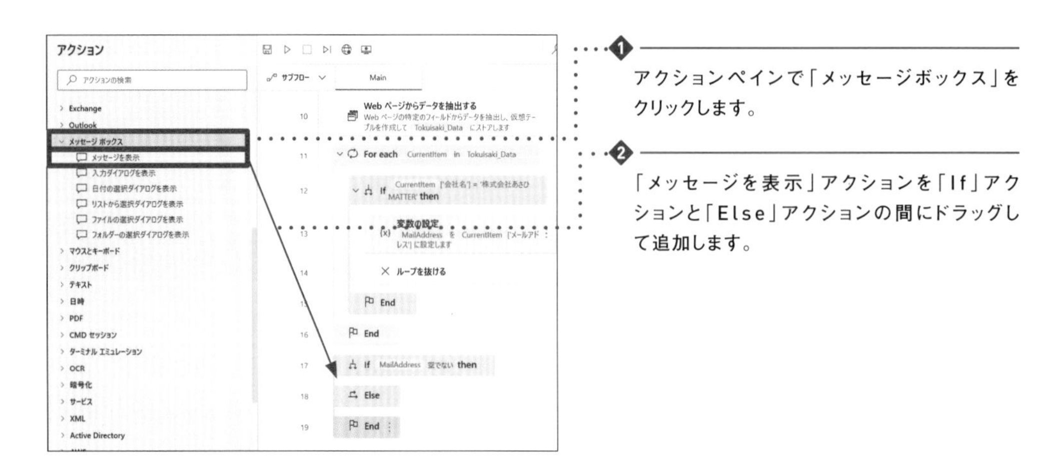

「メッセージボックスのタイトル」に、表示されるメッセージ ボックスのタイトルを入力します。ここでは「検索結果」と入力します。
「表示するメッセージ」に、メッセージ ボックスに表示されるメッセージ内容を入力します。ここでは「メールアドレスを取得できました！」と入力します。

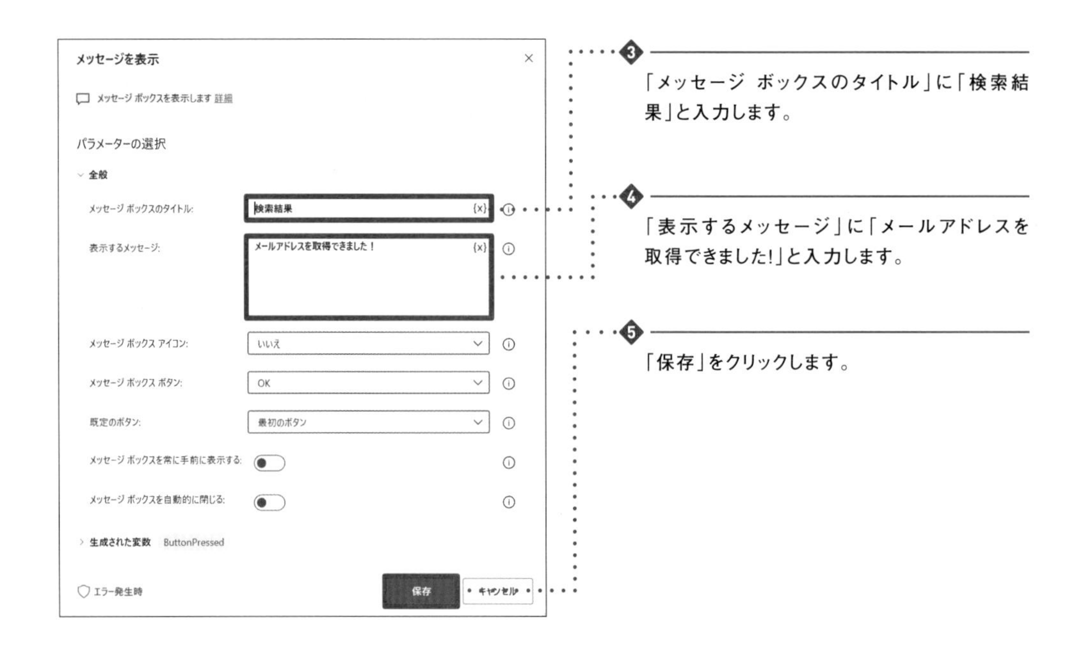

さらに、データが抽出できなかった場合のメッセージを表示するため、別の「メッセージを表示」アクションを「Else」アクションの下に追加しましょう。

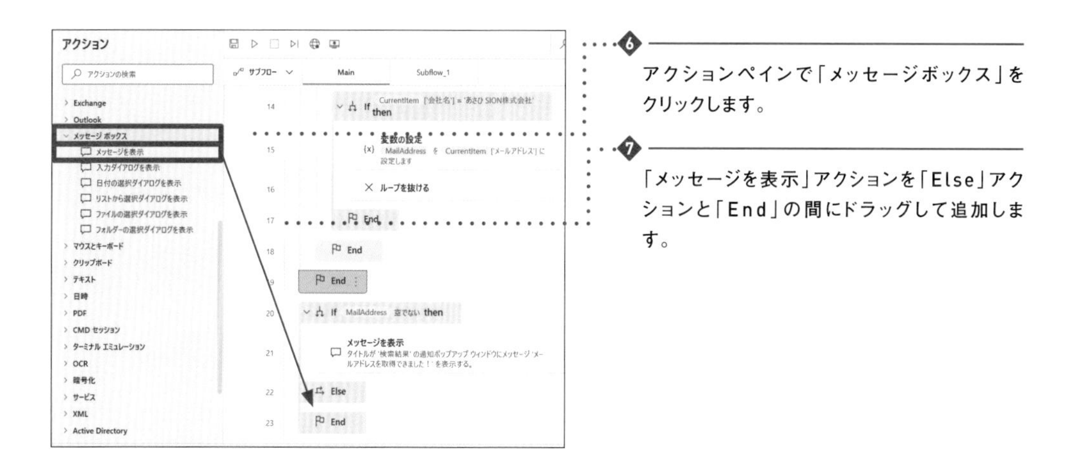

「メッセージボックスのタイトル」には、「検索結果」と入力しましょう。
「表示するメッセージ」には、「メールアドレスを取得できませんでした。」と入力しましょう。

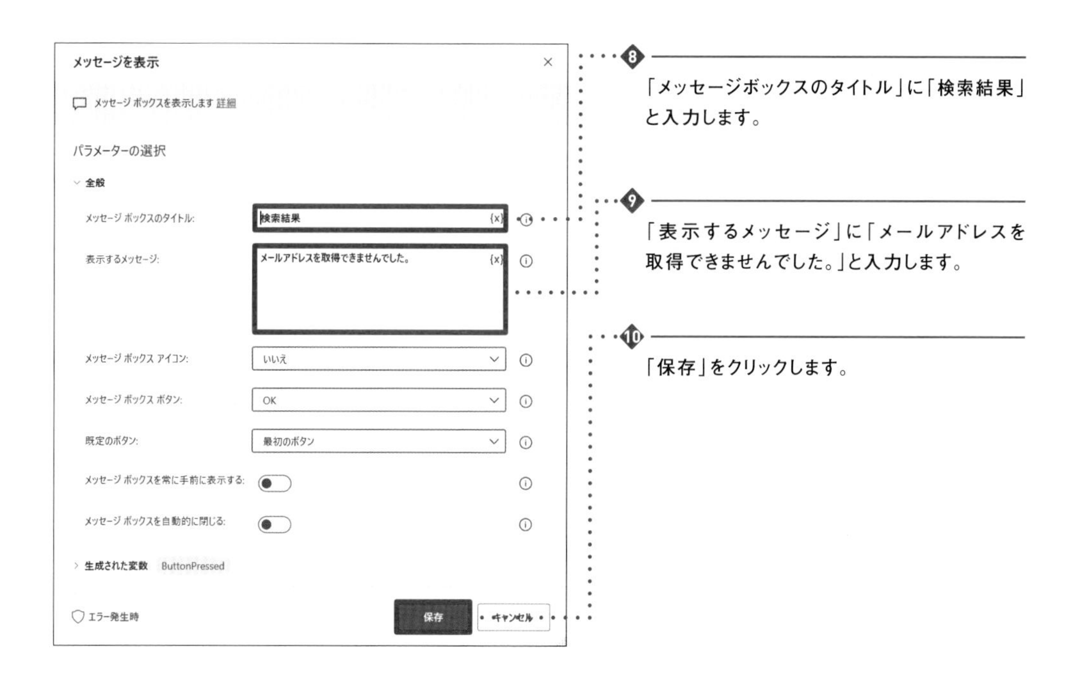

サブフロー
Main
1 新しい Microsoft Edge を起動する
Microsoft Edge を起動して、'https://support.asahi-robo.jp/learn/' に移動し、インスタンスを Browser に保存します
2 Web ページ内のテキスト フィールドに入力する
エミュレート入力を使ってテキスト フィールド <input:text> 'userid' に 'asahi' を入力します
3 Web ページ内のテキスト フィールドに入力する
エミュレート入力を使ってテキスト フィールド <input:password> 'password' に 'asahi' を入力します
4 Web ページのチェック ボックスの状態を設定します
チェック ボックス <input:checkbox> 'agree' の状態を オン に設定する
5 Web ページのボタンを押します
Web ページのボタン <input:submit> 'submit' を押します
6 Web ページのコンテンツを待機します
Web ページに UI 要素 が表示されるまで待機します
7 Web ページ上の要素の詳細を取得します
Web ページ上の UI 要素 <td> '株式会社ASAHI SIGNAL' の属性 'Own Text' を取得します
8 Web ページからデータを抽出する
Web ページの特定のフィールドからデータを抽出し、仮想テーブルを作成して DataFromWebPage にストアします
9 Web ページのリンクをクリックします
Webページの <p> '得意先一覧' をクリックします
10 Web ページからデータを抽出する
Web ページの特定のフィールドからデータを抽出し、仮想テーブルを作成して Tokuisaki_Data にストアします
11 For each CurrentItem in Tokuisaki_Data
12 If CurrentItem ['会社名'] = '株式会社あさひ MATTER' then
13 変数の設定
MailAddress を CurrentItem ['メールアドレス'] に設定します
14 ループを抜ける
15 End
16 End
17 If MailAddress 空でない then
18 メッセージを表示
タイトルが '検索結果' の通知ポップアップ ウィンドウにメッセージ 'メールアドレスを取得できました！' を表示する。
19 Else
20 メッセージを表示
タイトルが '検索結果' の通知ポップアップ ウィンドウにメッセージ 'メールアドレスを取得できませんでした。' を表示する。
21 End

これで目的のデータを絞り込んで抽出し、抽出結果を表示するフローが完成しました。フローの最終的な全体像は左のようになります。

実際にフローを実行して、想定どおりの処理ができているか確認してみましょう。また、12行目の「If」アクション内で、対象の会社名を変更して抽出するデータを変更し、試してみましょう。また、データの抽出に成功すると左下のメッセージが表示され、データの抽出に失敗すると右下のメッセージが表示されることも確認してください。

この章の実行内容はサンプルを配布しています。サンプルファイルの内容とあわせてご確認ください。

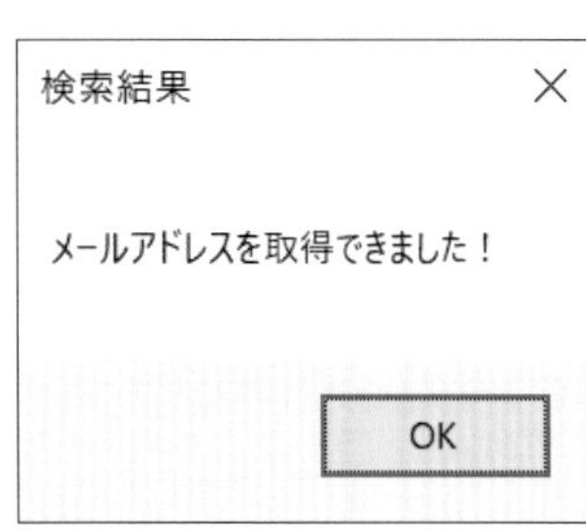
検索結果
メールアドレスを取得できました！
OK

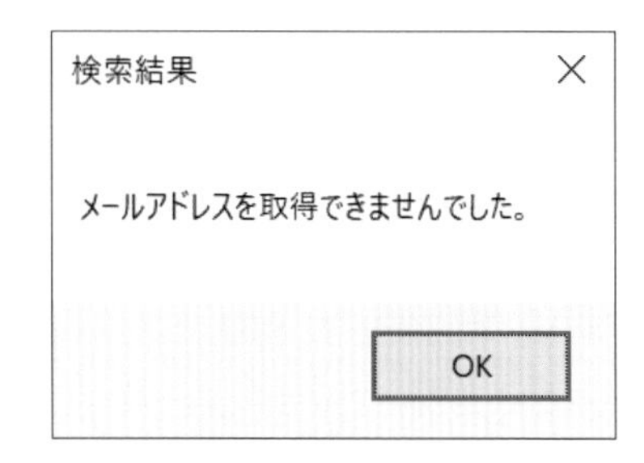
検索結果
メールアドレスを取得できませんでした。
OK

第 5 章

Excelの操作

5-1 Power Automate Desktop によるExcel操作

この章では、Power Automate Desktopを使い、Excelの操作を自動化する方法を解説します。Excelの自動化はオフィスワークではもっとも需要があります。請求書などの帳票の作成や、個別の日報・成績をまとめたレポートの作成、Excelデータのシステムへの転記など、自動化したい作業が非常に多いものです。まずは概要から確認していきます。

◆ Excel VBAとPower Automate Desktop

Excelの操作を自動化するという点では、Power Automate DesktopはVBAと共通していますが、プログラミング言語であるVBAを習得するのは困難です。Power Automate Desktopなら、よりかんたんに日々の業務を自動化できます。

また、VBAで操作できるのは基本的にはExcelをはじめとするOffice製品のみですが、**Power Automate Desktopならより多くのソフトウェアで高度な自動化が実現できます。** 前章で学習したようにPower Automate Desktopでは、Webページ上から取得したデータのExcelへの転記や、Excelデータの基幹システムへの入力など、さまざまなアプリケーションとの連携がより柔軟にできます。

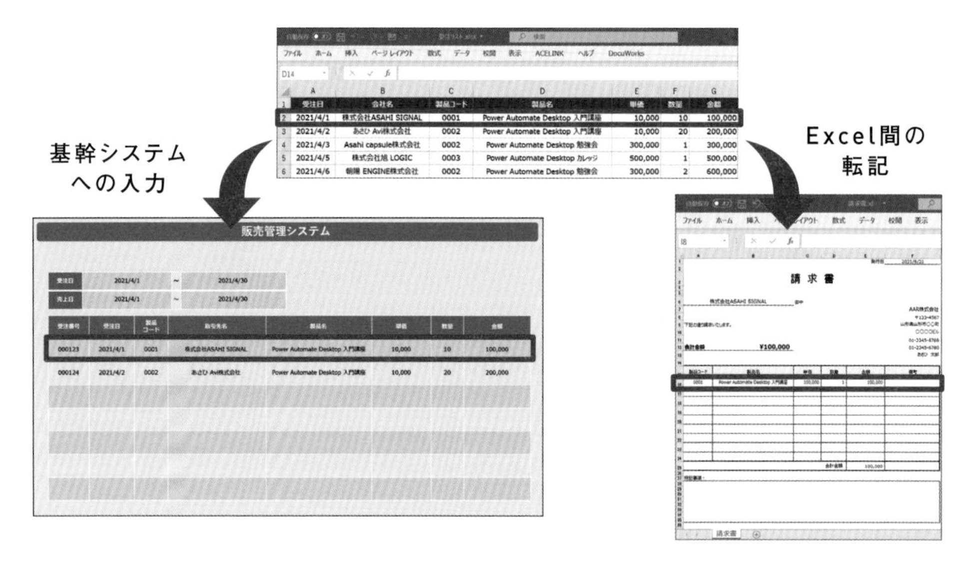

Power Automate Desktopでは、Excel操作のためのアクションが豊富に用意されています。アクションペインから「Excel」アクショングループを選択すると、一覧が表示されます。Excel関連のアクションはすべてこのアクショングループに含まれています。

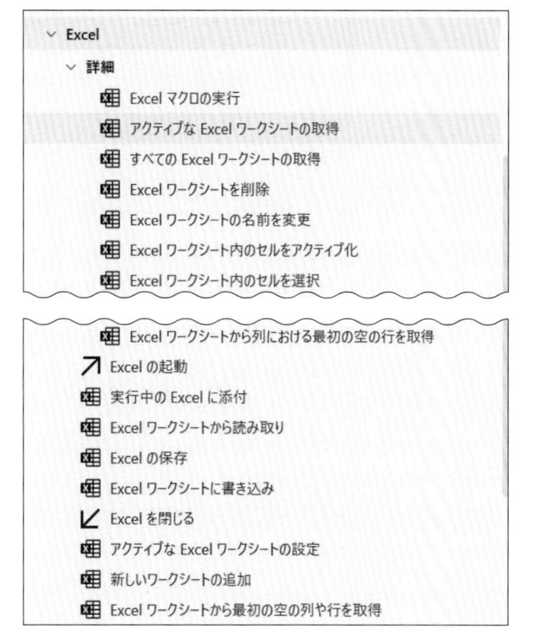

◆ 在庫管理業務を自動化する

この章では、Excelを使った在庫管理業務を自動化していきます。

学習に使うサンプルファイル「在庫リスト.xlsx」「発注書.xlsx」は「https://gihyo.jp/book/2021/978-4-297-12311-6/」からダウンロードし、デスクトップ上に保存します。

ファイル「在庫リスト.xlsx」は、商品の在庫数を管理するためのリストです。商品の「数量」が「再発注の数量」以下になったとき、商品を注文し、在庫を補充することになっています。

該当する商品の「品番」、「品名」、「単価」をファイル「発注書.xlsx」に転記します。発注数量は後から担当者が入力するため、ここでは入力しません。注文した日がわかるように、ファイル名に当日の日付を入れて保存します。

この作業を自動化するため、以下の手順に沿ってフローを作成していきます。

①「在庫リスト.xlsx」からデータを読み取る。
②「在庫リスト.xlsx」の「数量」が「再発注の数量」以下の商品があれば、該当する商品の「品番」、「品名」、「単価」を「発注書.xlsx」に転記する。
③「発注書.xlsx」のファイル名に、当日の日付を入れて保存する。

5-2 Excelの起動とワークシートの選択

Power Automate DesktopでExcelファイルを起動するところから始めましょう。ファイルの操作に必要なパスの概念についてもあわせて確認します。また、Excelファイル内のワークシートを選択するところまで解説します。

◆ Excelファイルを起動する

まずは、Power Automate Desktopから、以下のサンプルファイル「在庫リスト.xlsx」を起動できるようにします。

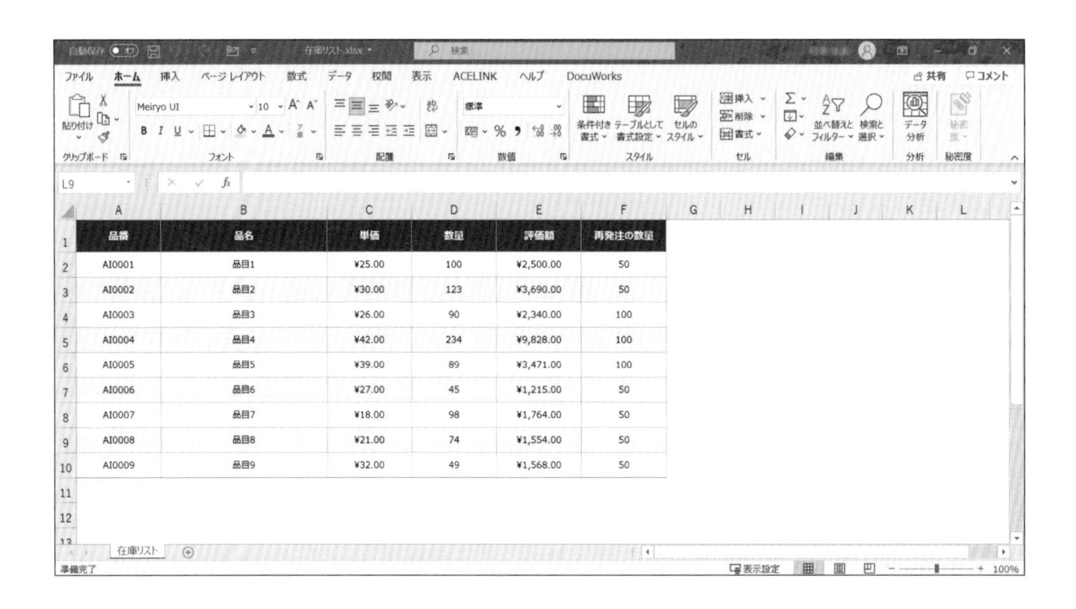

品番	品名	単価	数量	評価額	再発注の数量
AI0001	品目1	¥25.00	100	¥2,500.00	50
AI0002	品目2	¥30.00	123	¥3,690.00	50
AI0003	品目3	¥26.00	90	¥2,340.00	100
AI0004	品目4	¥42.00	234	¥9,828.00	100
AI0005	品目5	¥39.00	89	¥3,471.00	100
AI0006	品目6	¥27.00	45	¥1,215.00	50
AI0007	品目7	¥18.00	98	¥1,764.00	50
AI0008	品目8	¥21.00	74	¥1,554.00	50
AI0009	品目9	¥32.00	49	¥1,568.00	50

通常、アプリケーションを起動する場合には「アプリケーションの実行」というアクションを使用しますが、日常業務で使用頻度の高いExcelの起動には専用のアクションが用意されています。
「Excel」アクショングループから「Excelの起動」アクションをワークスペースにドラッグして追加します。

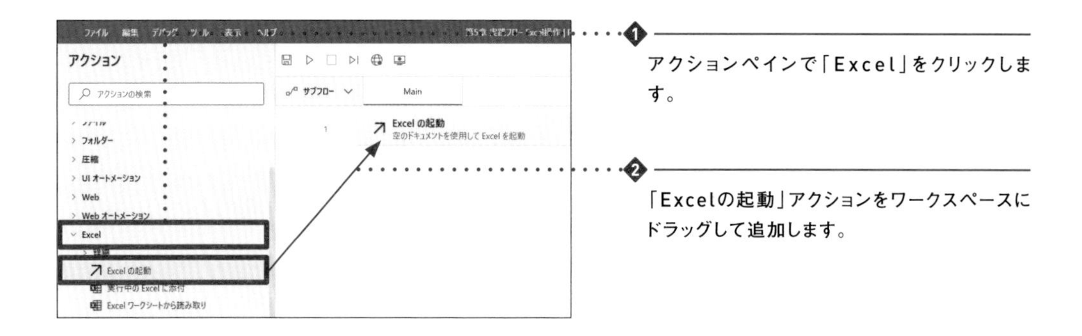

「Excelの起動」アクションの、各項目を設定していきます。「Excelの起動」では、空白のドキュメントを開くか、既存のドキュメントを開くかを指定します。今回は既存のドキュメントを使用するため、「次のドキュメントを開く」を選択します。

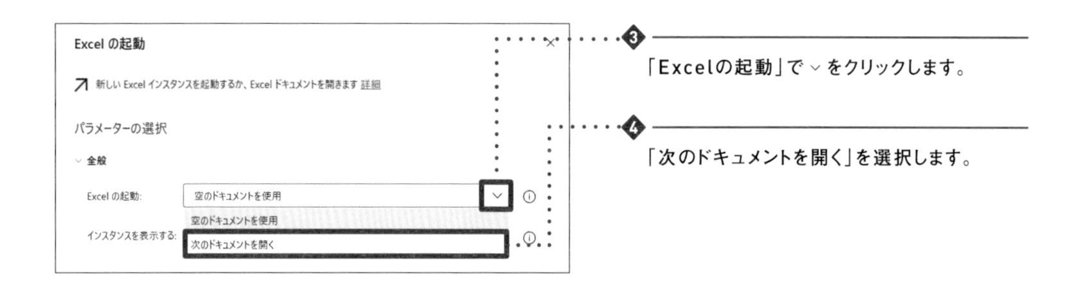

「ドキュメントパス」に、起動するドキュメントのパス（絶対パス）を入力します。ファイルをクリックで選択して入力できます。🗋をクリックして、デスクトップ上に保存したファイル「在庫リスト.xlsx」を選択します。

COLUMN

パスとは、ファイルの保存位置を表現する文字列のことです。「C:\Users\Taro\Documents\成績.xlsx」などのようにファイルが保存されているドライブ、フォルダーとファイル自体を指定します。上のアクション内で入力した絶対パスとは、システムの最上位階層を起点として目的のファイルの位置を記述する方法です。なお、「\」は日本語キーボードでは「¥」で入力します。「\」は使っているフォントなどによって「\」で表示されたり「¥」で表示されたりします。

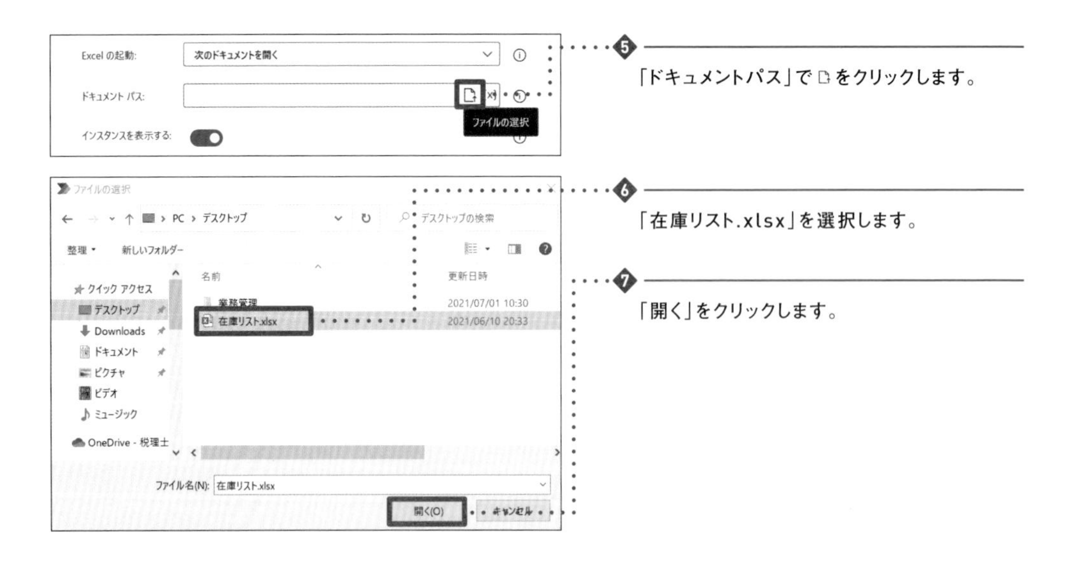

「生成された変数」の「ExcelInstance」は、起動中のExcelインスタンスを表す変数です。今後のExcel関連のアクションで、操作対象のExcelインスタンスを指定する場合に使用するため、覚えておきましょう。

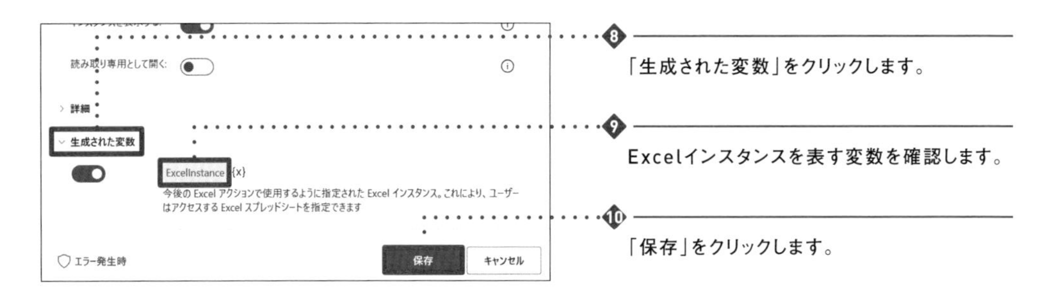

◆ Excelワークシートを選択する

ドキュメントを開いた後、操作するExcelワークシートを選択します。操作するExcelワークシートを指定しない場合、その後のアクションは現在選択されているワークシートに対して実行されます。そのため、ドキュメント内に複数のワークシートが存在する場合は、想定とは異なるワークシートを操作してしまう恐れがあります。**このアクションで忘れずに操作対象のワークシートを選択しておく必要があります。**

「アクティブなExcelワークシートの設定」アクションをワークスペースに追加して設定します。

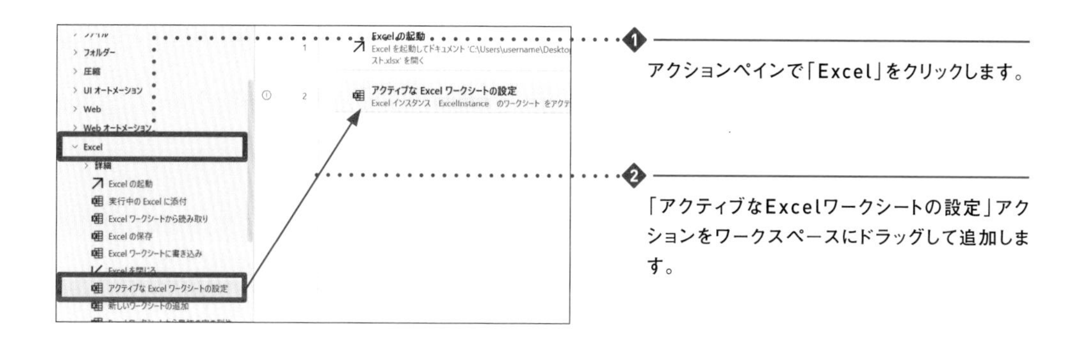

「Excelインスタンス」では、操作するExcelインスタンスを指定します。ここでは「Excelの起動」アクションで生成された変数「%ExcelInstance%」を選択します。

「次と共にワークシートをアクティブ化」では、対象のワークシートをインデックス番号で検索するか、名前で検索するかを指定します。今回は「名前」を選択します。また、シートの番号で指定する「インデックス」で検索する場合は、新しいワークシートを追加したり、ワークシートの順番を入れ替えたりすると、インデックス番号が変わる可能性があるので注意が必要です。

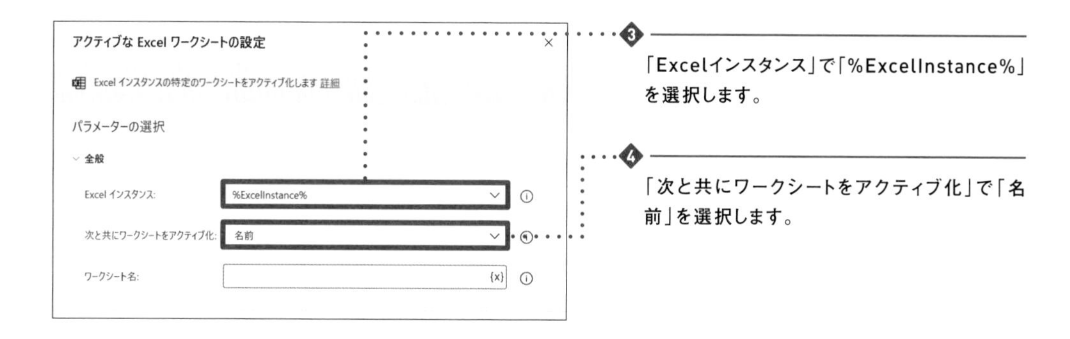

「ワークシート名」で、アクティブ化するワークシートの名前を入力します。今回はすでにあるワークシート名「在庫リスト」と入力します。

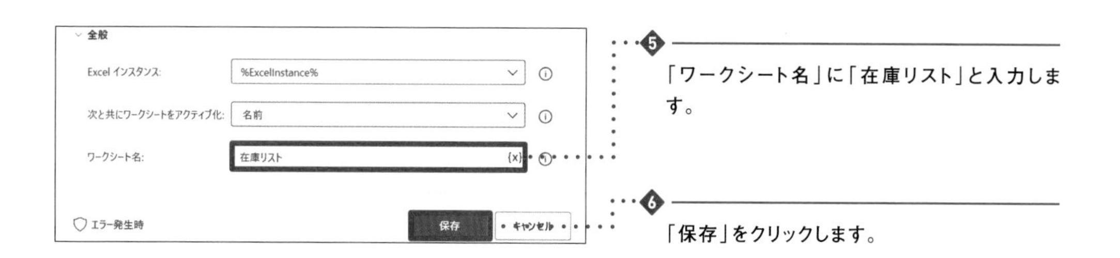

5-3 対象データの抽出

選択したExcelのワークシートから値を読み取ります。Excelワークシート上で読み取り対象となるデータの範囲を指定する際に、ワークシートのどの範囲に値が入っているかを特定する方法についても説明していきます。

◆ ワークシートから最初の空白列と空白行を取得する

今回の「在庫リスト.xlsx」では、ワークシートのセルA1からセルF10の範囲に値が入っています。

ワークシートから値を読み取るには、範囲を指定する必要があります。このセル範囲は直接指定することもできます。しかし、実際の業務においてはどの範囲に値が入っているか事前にわからないこともあります。このような場合、**最初の空白列と空白行を取得することで、値が入っている範囲を特定できます。** このように、Power Automate DesktopではExcelの内容が更新された場合にも正確にデータを読み取ることができます。

最初の空白列

	A	B	C	D	E	F	G	H
1	品番	品名	単価	数量	評価額	再発注の数量		
2	AI0001	品目1	¥25.00	100	¥2,500.00	50		
3	AI0002	品目2	¥30.00	123	¥3,690.00	50		
4	AI0003	品目3	[illegible]	90	¥2,340.00	100		
5	AI0004	品目4	[illegible]	[illegible]	¥9,828.00	100		
6	AI0005	品目5	[illegible]	[illegible]	¥3,471.00	100		
7	AI0006	品目6	[illegible]	[illegible]	¥1,215.00	50		
8	AI0007	品目7	¥18.00	98	¥1,764.00	50		
9	AI0008	品目8	¥21.00	74	¥1,554.00	50		
10	AI0009	品目9	¥32.00	49	¥1,568.00	50		
11								
12								

データ範囲

最初の空白行

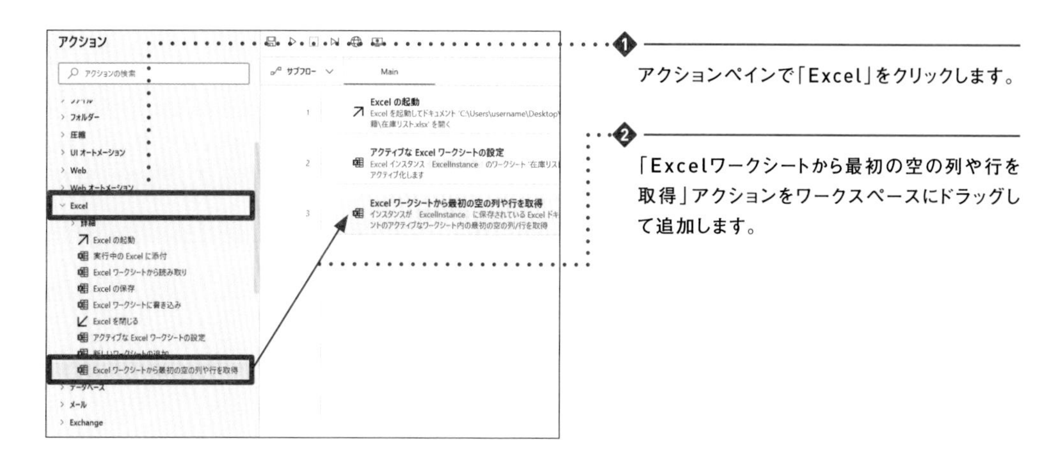

❶
アクションペインで「Excel」をクリックします。
❷
「Excelワークシートから最初の空の列や行を取得」アクションをワークスペースにドラッグして追加します。

「Excelインスタンス」では、操作するExcelインスタンスを指定します。ここでは「%ExcelInstance%」を選択します。

「生成された変数」の変数「FirstFreeColumn」には、最初の空白列の番号が格納されます。たとえば、最初の空白列がGの場合、「7」が格納されます。変数「FirstFreeRow」には、最初の空白行の番号が格納されます。

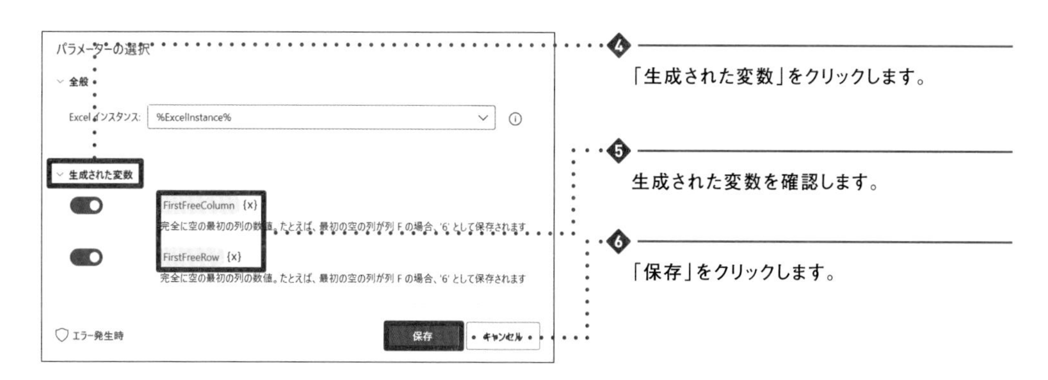

◆ ワークシートからデータを読み取る

「Excelワークシートから最初の空の列や行を取得」アクションを使って、取得した情報からセル範囲を特定し、ワークシートからデータを取り出してPower Automate Desktopで利用できるようにします。

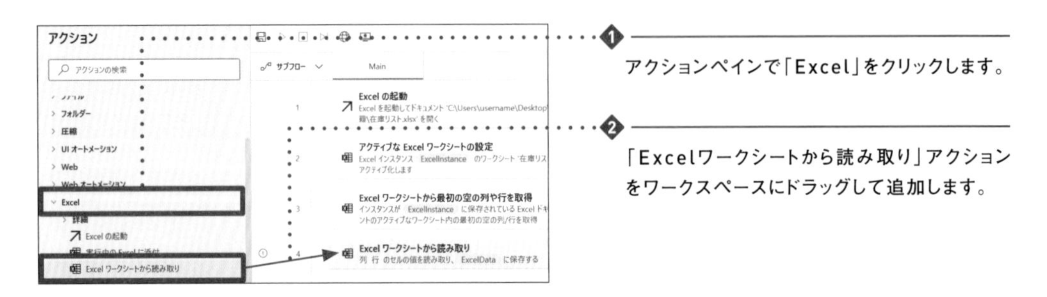

「Excelインスタンス」で、操作するExcelインスタンスを指定します。ここでは「%ExcelInstance%」を選択します。

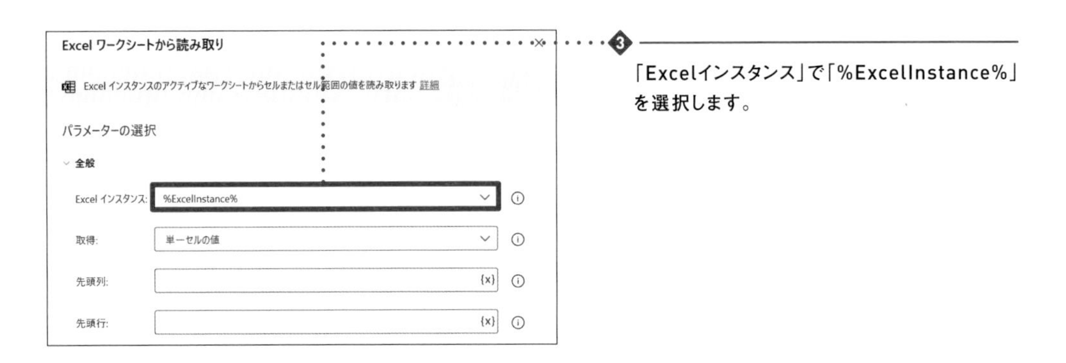

「取得」では、「単一セルの値」、「セル範囲の値」、「選択範囲の値」のいずれを取得するかを指定します。今回は「セル範囲の値」を選択します。

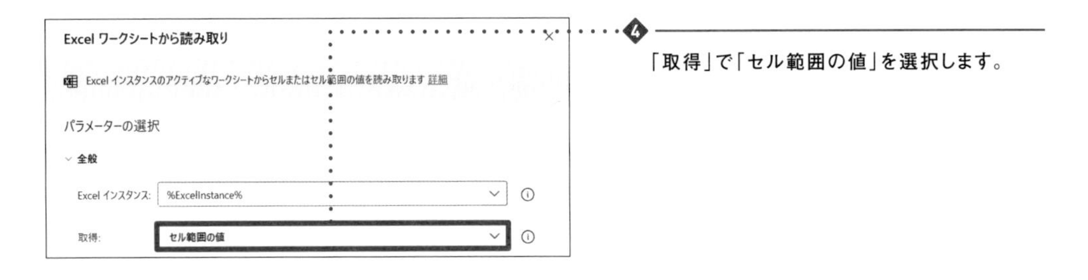

「先頭列」には、範囲の先頭列のアルファベットもしくは列番号を入力します。今回は「A」（もしくは「1」）と入力します。
「先頭行」には、範囲の先頭行の行番号を入力します。今回は「1」と入力します。

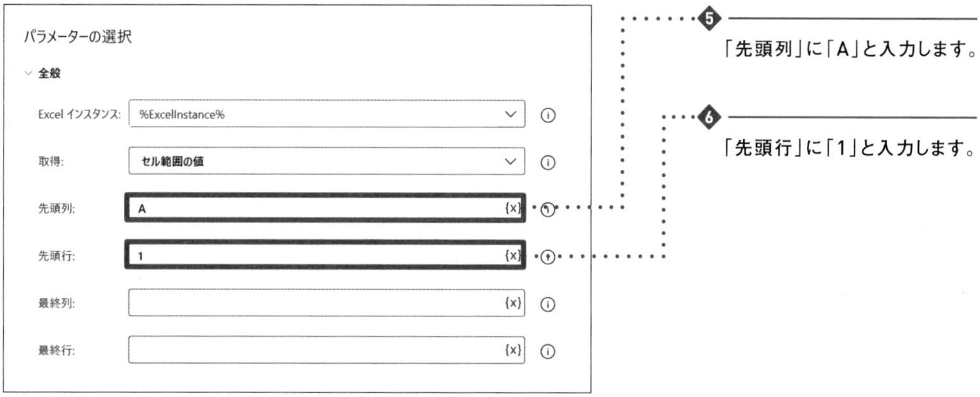

パラメーターの選択
全般
Excel インスタンス: %ExcelInstance%
取得: セル範囲の値
先頭列: A
先頭行: 1
最終列:
最終行:

❺「先頭列」に「A」と入力します。

❻「先頭行」に「1」と入力します。

「最終列」には、範囲の最終列のアルファベットもしくは列番号を入力します。ここで、前のアクションで生成された変数%FirstFreeColumn%を使用します。この変数には最初の空白列番号「7」が格納されています。ワークシート上で実際に値が入っているのは、最初の空白列の1列前までとなるため、1列分減算する必要があります。「%FirstFreeColumn-1%」と入力することで、1列前の列番号「6」を指定します。
「最終行」には、範囲の最終行番号を入力します。最終列と同様、前のアクションで生成された変数%FirstFreeRow%を使用します。最初の空白行の1行前を指定するので、「%FirstFreeRow-1%」と入力します。

パラメーターの選択
全般
Excel インスタンス: %ExcelInstance%
取得: セル範囲の値
先頭列: A
先頭行: 1
最終列: %FirstFreeColumn-1%
最終行: %FirstFreeRow-1%

❼「最終列」に「%FirstFreeColumn-1%」と入力します。

❽「最終行」に「%FirstFreeRow-1%」と入力します。

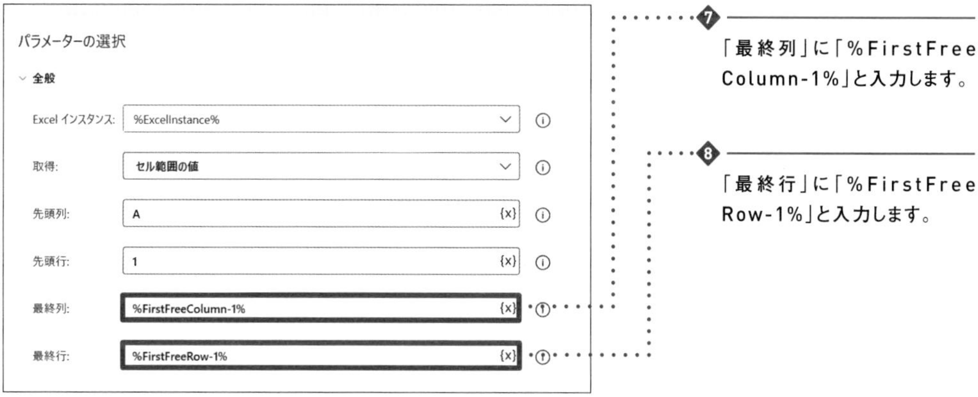

「詳細」の「範囲の最初の行に列名が含まれています」では、読み取った最初の行を列名と見なすかどうかを指定します。これをオンにした場合、最初の行は列名として読み取られ、テーブル内のデータを検索する際も列名で指定することができます。オフにした場合は最初の行もデータとして扱われます。

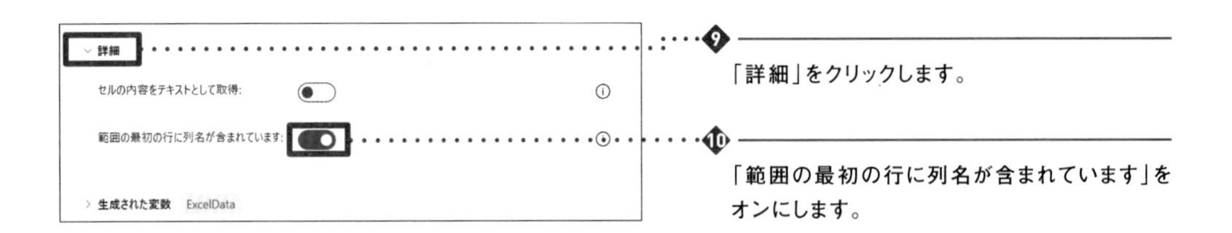

「生成された変数」の変数「ExcelData」に、読み取ったデータが保存されます。このように、行と列で構成されたデータ型を「データテーブル型」といいます（P.81参照）。

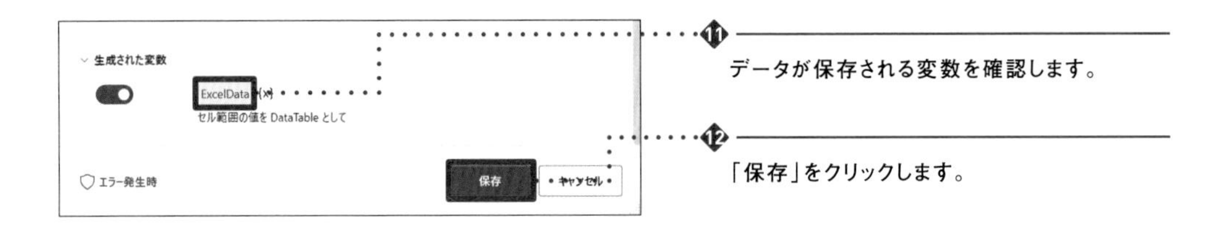

◆ 保存せずにExcelを閉じる

Excelから読み取ったデータは変数%ExcelData%に格納され、Excelが終了していてもいつでも使用できます。データを読み取った後のExcelドキュメントは閉じておきましょう。ここではExcelを保存せずに閉じる方法を解説します。

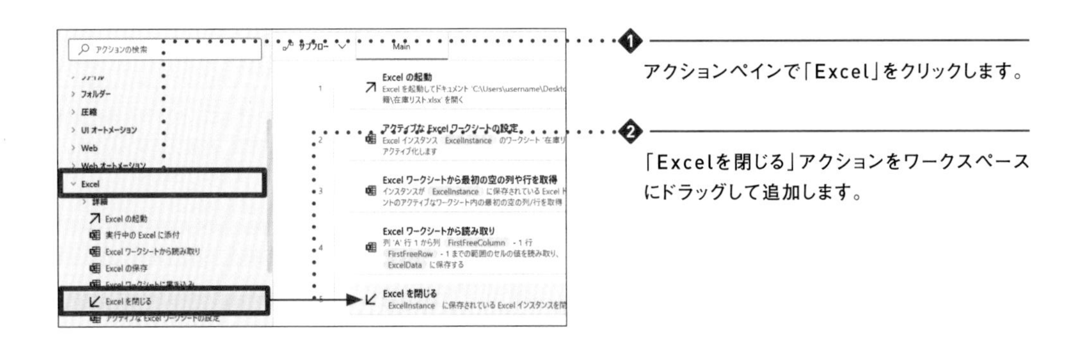

「Excelインスタンス」では、操作するExcelインスタンスを指定します。ここでは、「%ExcelInstance%」を選択します。

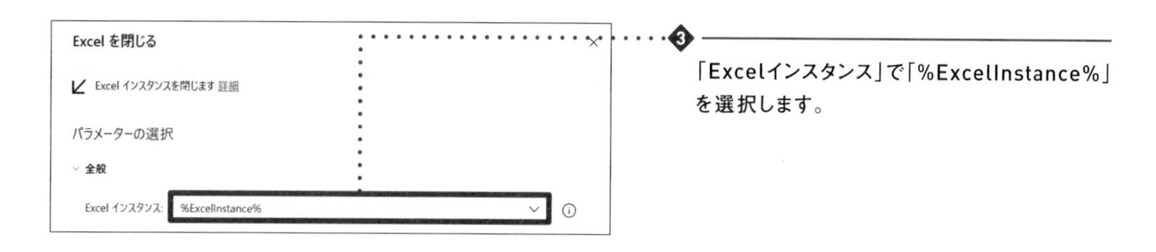

「Excelを閉じる前」で、Excel を閉じる際に、「ドキュメントを保存しない」、「ドキュメントを保存」、「名前を付けてドキュメントを保存」のいずれかを指定します。今回は「ドキュメントを保存しない」を選択します。

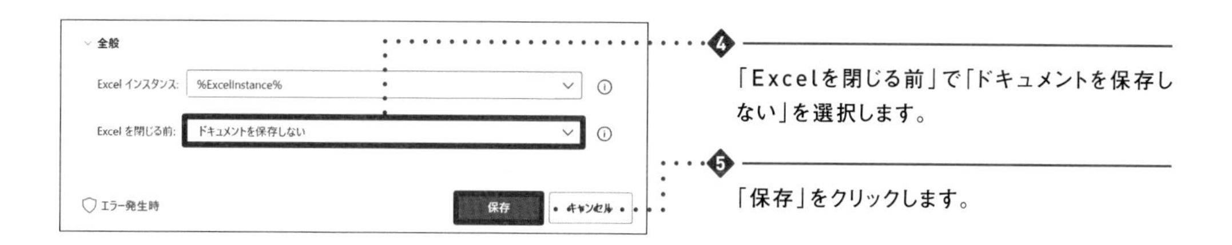

◆ フローを実行し読み取ったデータを確認する

ここまでのフローが完成したら、フローを実行し、データが正しく読み取られるかを確認します。

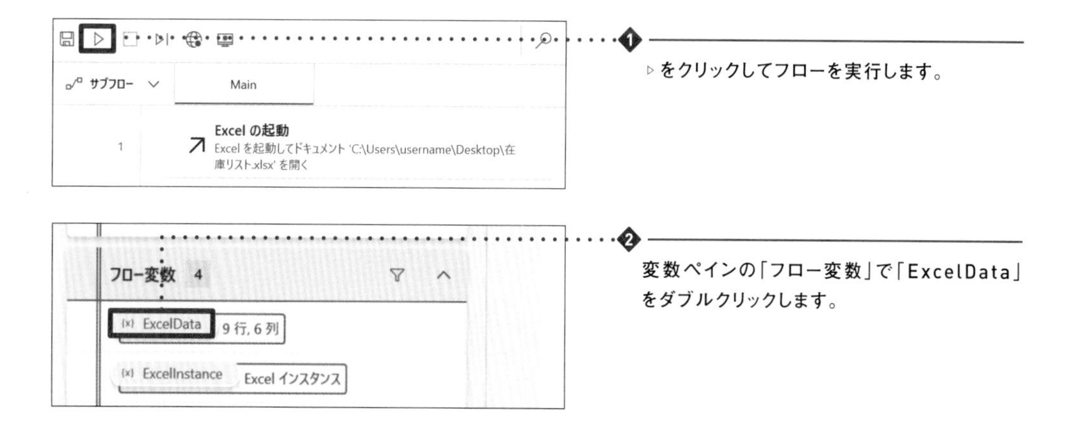

変数に格納されているデータテーブルが表示されたら、在庫リストのデータが正しく読み取られていることを確認します。

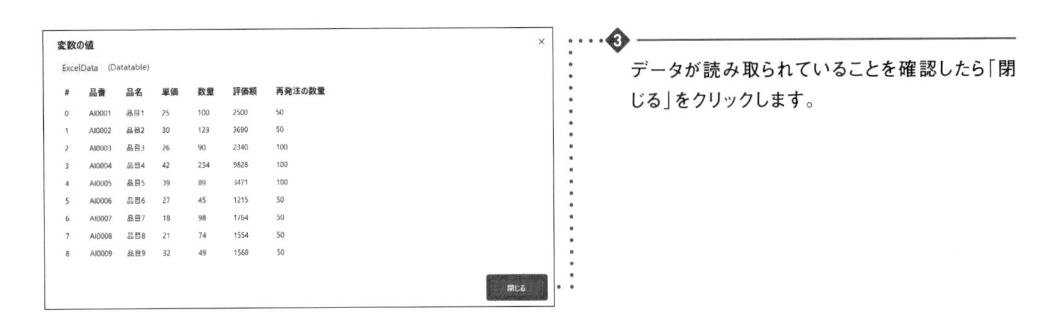

#	品番	品名	単価	数量	評価額	再発注の数量
0	AI0001	品目1	25	100	2500	50
1	AI0002	品目2	30	123	3690	50
2	AI0003	品目3	26	90	2340	100
3	AI0004	品目4	42	234	9828	100
4	AI0005	品目5	39	89	3471	100
5	AI0006	品目6	27	45	1215	50
6	AI0007	品目7	18	98	1764	50
7	AI0008	品目8	21	74	1554	50
8	AI0009	品目9	32	49	1568	50

◆ アクション1つでデータを読み取る

ここまでは、Excelファイル「在庫リスト.xlsx」からデータを読み取る方法について紹介しました。Excel以外にも業務で使う帳票ファイルはいくつかあります。たとえば在庫管理システムなどから出力したCSVファイルです。CSVファイルはファイルを開いたり閉じたりする操作や、データ範囲を指定する操作をしなくても、アクション1つでデータを読み取ることができます。CSVファイルを読み取る例を示します。

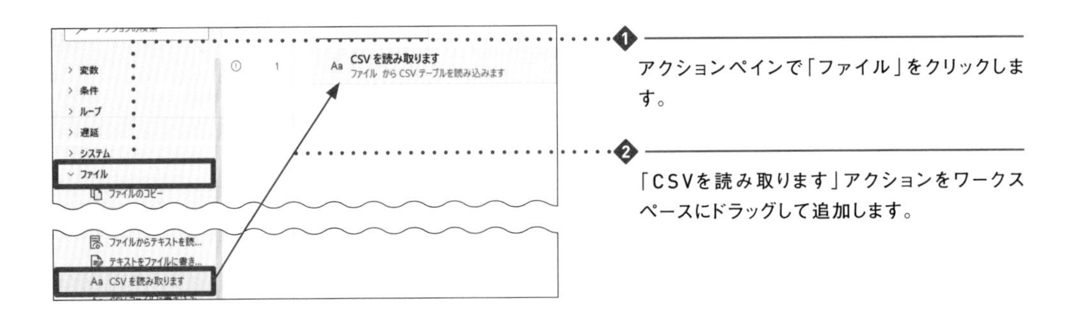

「ファイルパス」で、読み取るCSVファイルのパスを指定します。

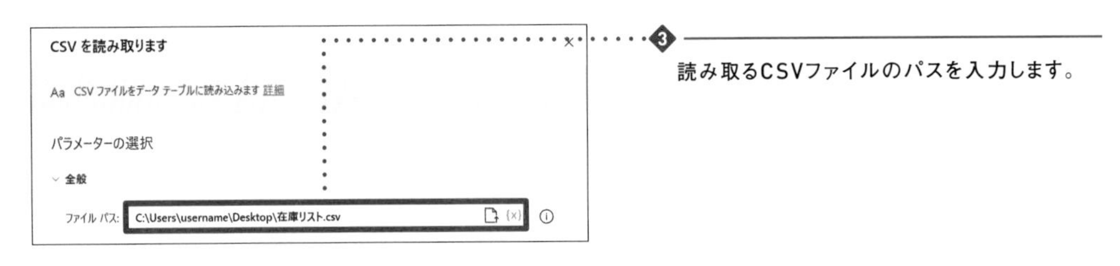

「エンコード」で、指定されたCSVファイルを読み取るためのエンコードを選択します。コンピューター上で文字を表現するために文字に数字を割り当てる処理をエンコード（符号化）と呼びます。エンコードにはいくつかの種類があり、ここではそれを選択します。「システムの既定値」を選択するとWindows上の既定のエンコードを使用します。うまく表示できない場合は変更してみてください。

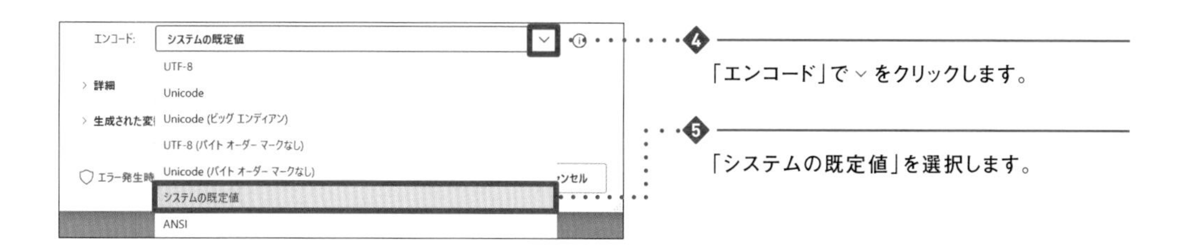

「詳細」の「最初の行に列名が含まれています」をオンにすると、最初の行を列名として読み取ることができます。

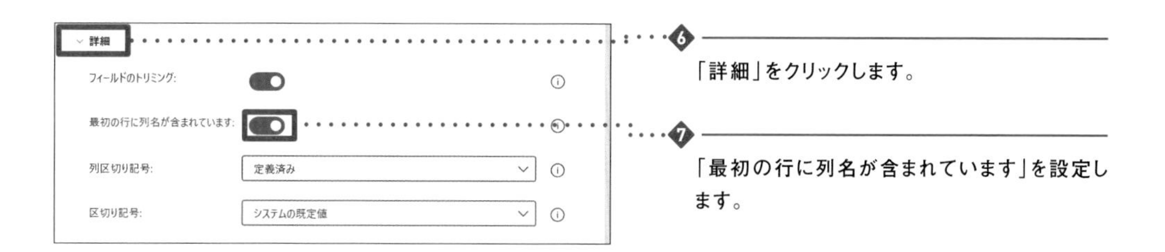

「生成された変数」の変数「CSVTable」に、CSVから読み取ったデータが格納されます。

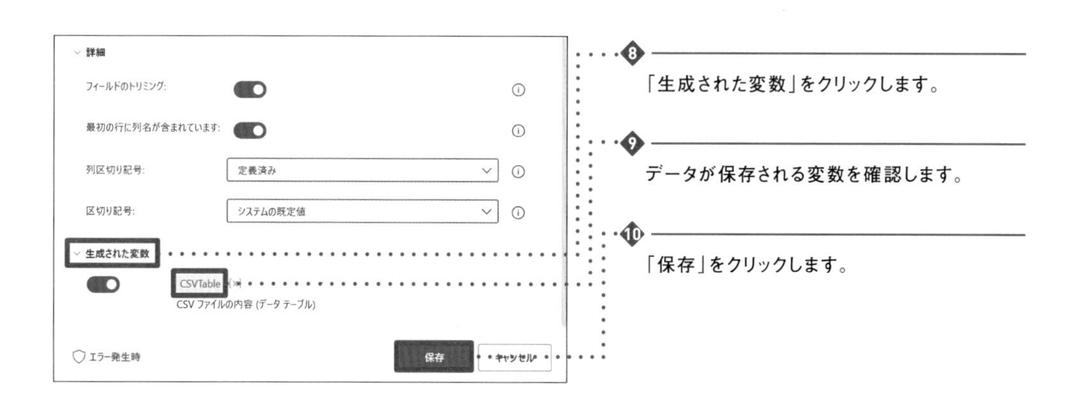

設定が終わったらアクションを実行します。

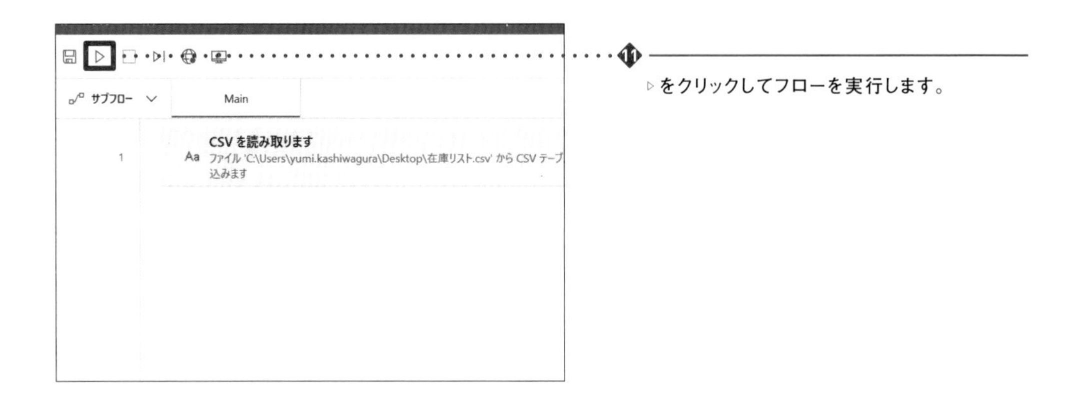

変数ペインの「フロー変数」で「CSVTable」をダブルクリックし、格納されたデータを確認します。

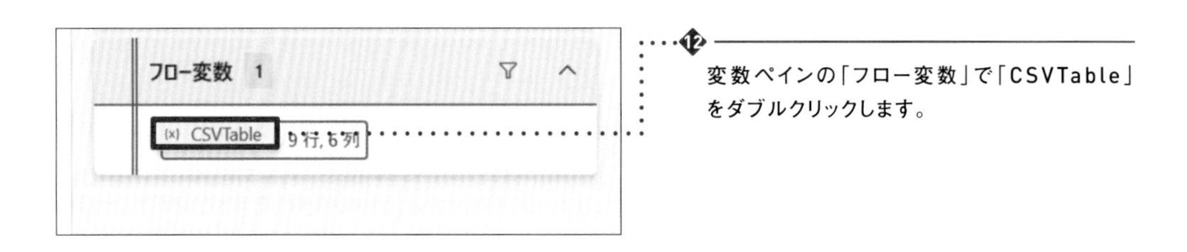

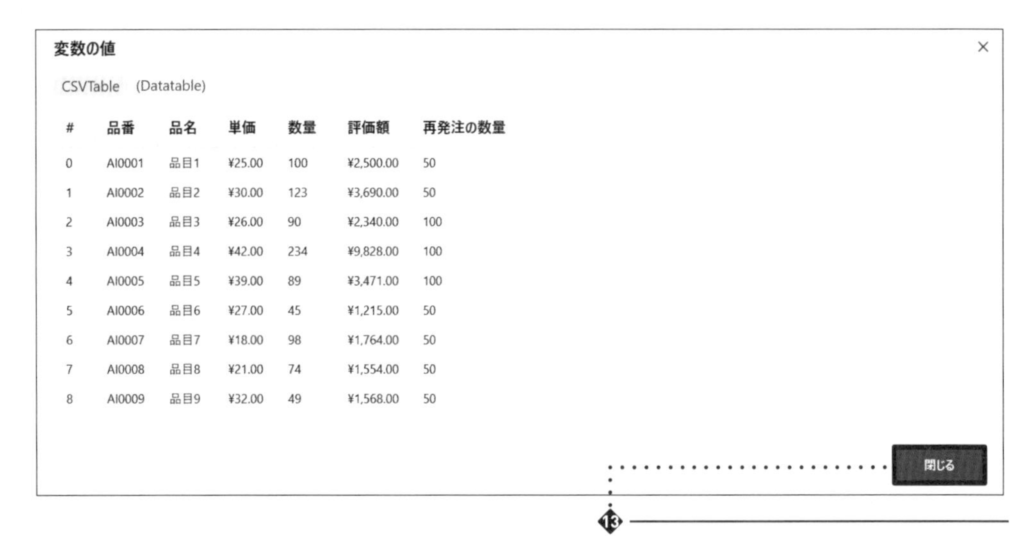

変数の値

CSVTable (Datatable)

#	品番	品名	単価	数量	評価額	再発注の数量
0	AI0001	品目1	¥25.00	100	¥2,500.00	50
1	AI0002	品目2	¥30.00	123	¥3,690.00	50
2	AI0003	品目3	¥26.00	90	¥2,340.00	100
3	AI0004	品目4	¥42.00	234	¥9,828.00	100
4	AI0005	品目5	¥39.00	89	¥3,471.00	100
5	AI0006	品目6	¥27.00	45	¥1,215.00	50
6	AI0007	品目7	¥18.00	98	¥1,764.00	50
7	AI0008	品目8	¥21.00	74	¥1,554.00	50
8	AI0009	品目9	¥32.00	49	¥1,568.00	50

閉じる

5-4 Excel間の転記

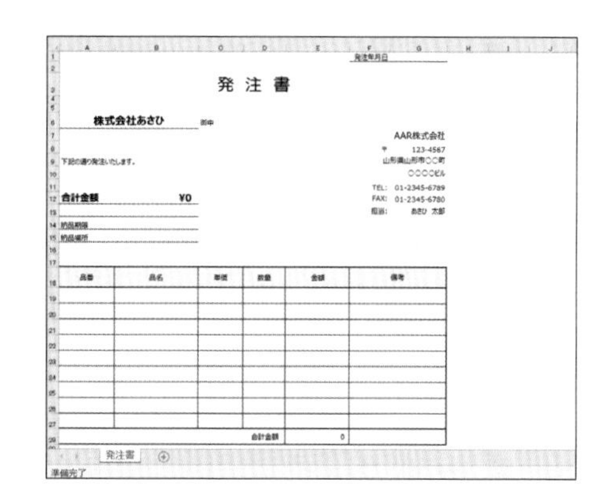

ここまでの操作で、Excelの情報をPower Automate Desktopに取り込むことができました。今度は、この情報をもとにPower Automate DesktopでExcelファイルに書き込みます。右のサンプルファイル「発注書.xlsx」を起動し、これまでの「在庫リスト.xlsx」から「数量」が「再発注の数量」以下の条件に合致したものを転記します。

人がExcel間の転記を行うときは、転記元のファイルを起動したまま作業を行う必要がありますが、**Power Automate Desktopでは一度データの取り込みができれば、後続の処理で使用する際、Excelファイルを開くことなくいつでもデータを取り出すことができます。**

◆ データテーブルの行数分ループ処理を行う

データテーブルの各行の「数量」と「再発注の数量」を比較し、条件に合致しているかを行数分くり返し確認できるようループ処理を配置します。第4章でも使用した「For each」アクションを使います。

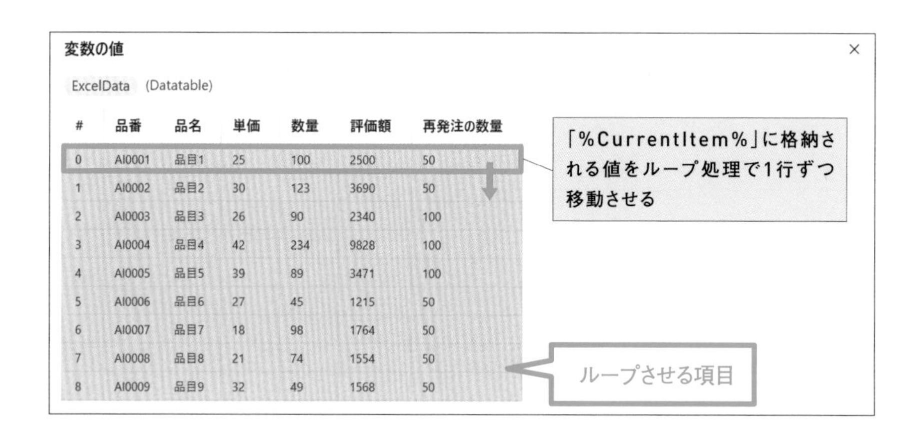

#	品番	品名	単価	数量	評価額	再発注の数量
0	AI0001	品目1	25	100	2500	50
1	AI0002	品目2	30	123	3690	50
2	AI0003	品目3	26	90	2340	100
3	AI0004	品目4	42	234	9828	100
4	AI0005	品目5	39	89	3471	100
5	AI0006	品目6	27	45	1215	50
6	AI0007	品目7	18	98	1764	50
7	AI0008	品目8	21	74	1554	50
8	AI0009	品目9	32	49	1568	50

❶ アクションペインで「ループ」をクリックします。
❷ 「For each」アクションをワークスペースにドラッグして追加します。

「反復処理を行う値」を設定します。変数%ExcelData%に格納されたデータテーブルの項目分ループ処理を行うため、「ExcelData」を選択します。

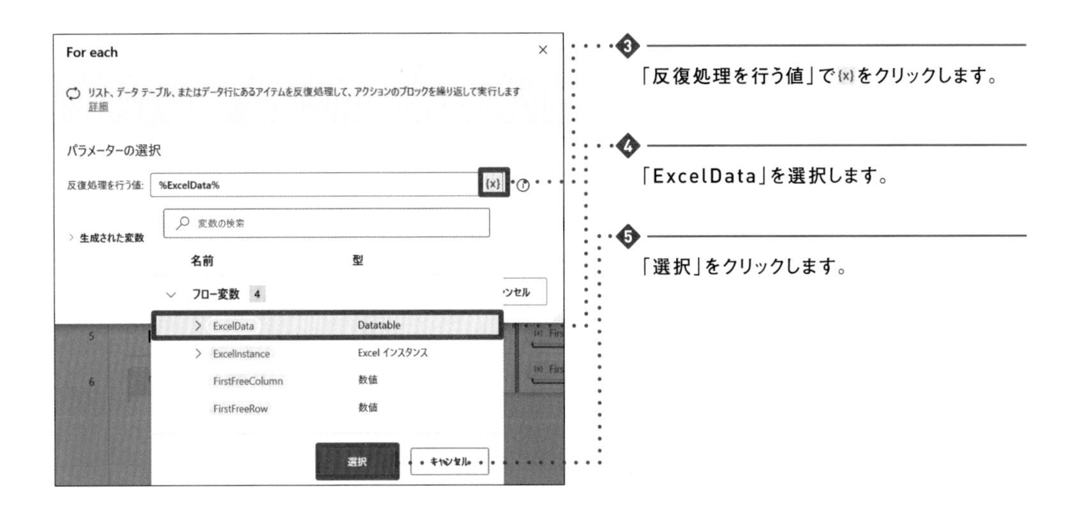

「生成された変数」の変数「CurrentItem」には、ループ処理の中で現在選択中の項目が格納されます。

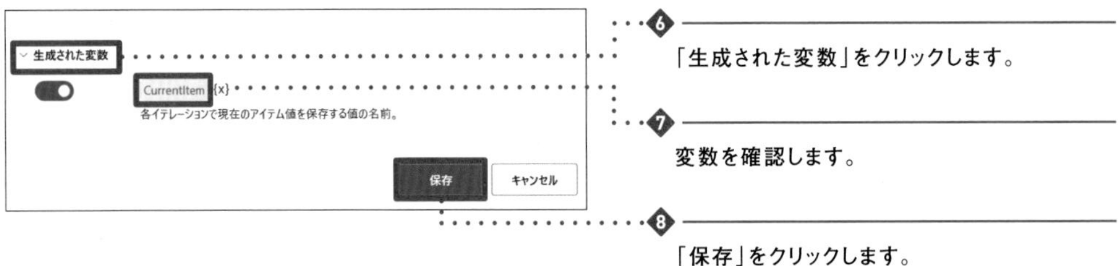

◆ 条件に合致するデータを抽出する

Excelから読み取ったデータテーブルを1行ずつループする処理ができました。ここからループ処理で行ごとの「数量」と「再発注の数量」を比較し、「数量」が少ない品目を抽出していきます。

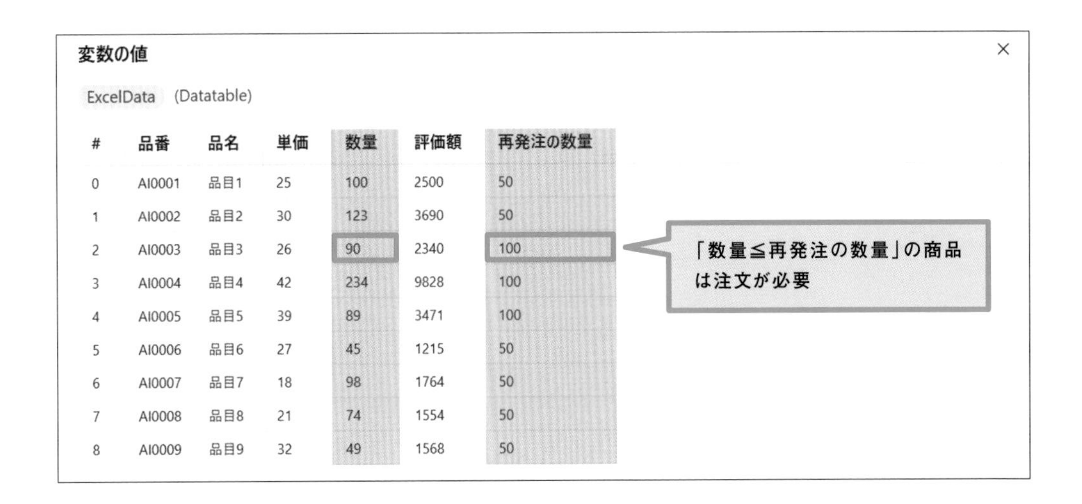
変数の値

ExcelData (Datatable)

#	品番	品名	単価	数量	評価額	再発注の数量
0	AI0001	品目1	25	100	2500	50
1	AI0002	品目2	30	123	3690	50
2	AI0003	品目3	26	90	2340	100
3	AI0004	品目4	42	234	9828	100
4	AI0005	品目5	39	89	3471	100
5	AI0006	品目6	27	45	1215	50
6	AI0007	品目7	18	98	1764	50
7	AI0008	品目8	21	74	1554	50
8	AI0009	品目9	32	49	1568	50

変数%CurrentItem%に格納されている行データから特定の列の要素を取り出すには、%CurrentItem['列名']%と表記します。

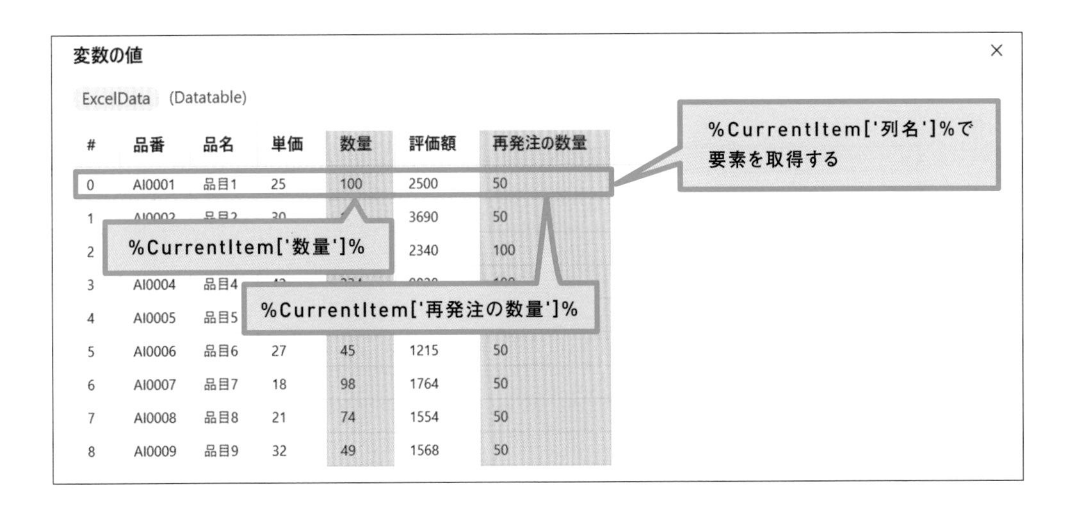

取り出した「数量」と「再発注の数量」を数値として比較します。比較する値のデータ型が異なる場合、正しい結果が得られません。そのため、それぞれの値を数値型に変換する処理を行います。

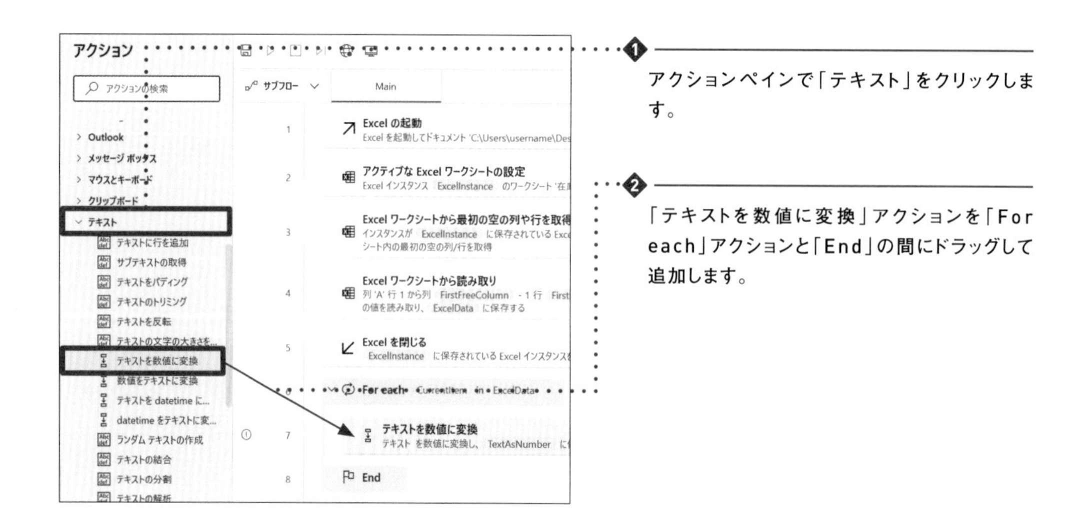

「変換するテキスト」に、数値型に変換するテキストもしくは変数を入力します。数字以外のテキストを含む値は数値に変換することができません。今回は「%CurrentItem['数量']%」と入力し、「数値」行のデータを利用します。

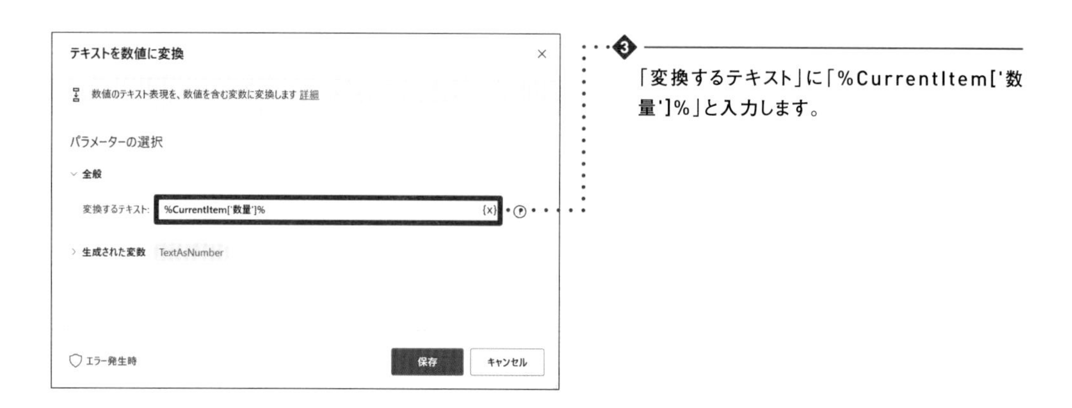

「生成された変数」の変数「TextAsNumber」には数値に変換された値が格納されます。変数に格納される値が「数量」であることがわかるように、変数名を「Quantity」に変更します。

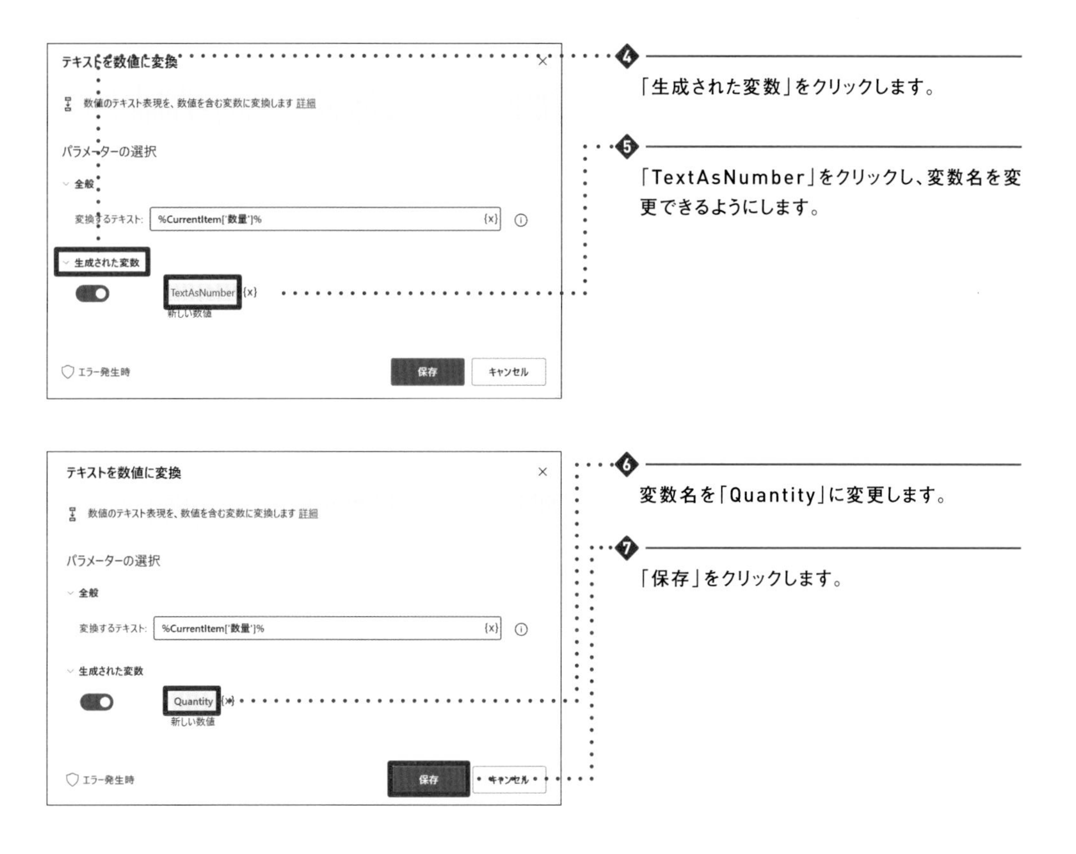
テキストを数値に変換
数値のテキスト表現を、数値を含む変数に変換します 詳細
パラメーターの選択
全般
変換するテキスト: %CurrentItem['数量']%
生成された変数
TextAsNumber
新しい数値
エラー発生時
保存
キャンセル
❹
「生成された変数」をクリックします。
❺
「TextAsNumber」をクリックし、変数名を変更できるようにします。
テキストを数値に変換
数値のテキスト表現を、数値を含む変数に変換します 詳細
パラメーターの選択
全般
変換するテキスト: %CurrentItem['数量']%
生成された変数
Quantity
新しい数値
エラー発生時
保存
キャンセル
❻
変数名を「Quantity」に変更します。
❼
「保存」をクリックします。

同様に「再発注の数量」を数値に変換します。「テキストを数値に変換」アクションをコピーして、パラメーターを修正します。

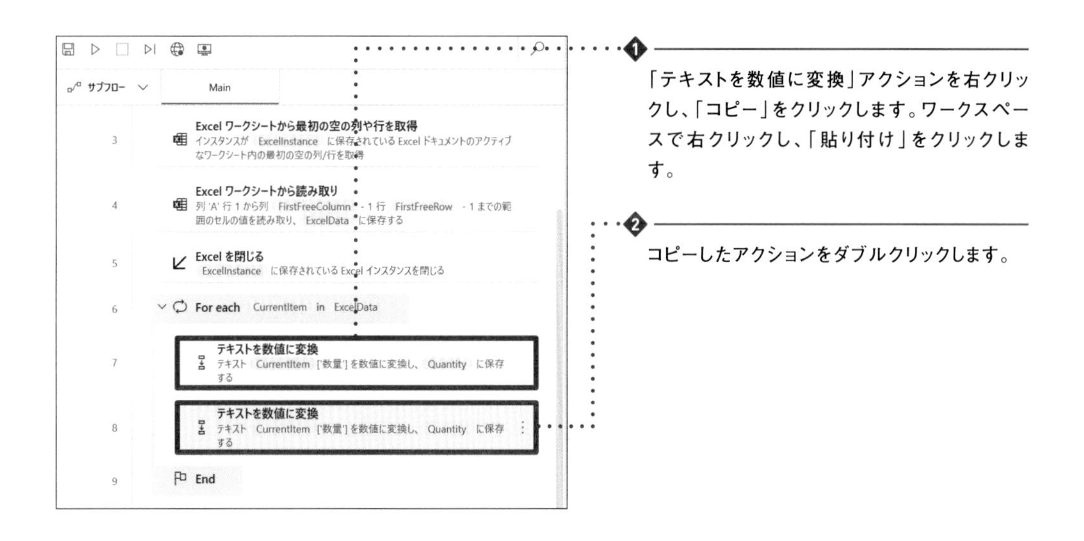
サブフロー
Main
Excel ワークシートから最初の空の列や行を取得
Excel ワークシートから読み取り
Excel を閉じる
For each CurrentItem in ExcelData
テキストを数値に変換
テキスト CurrentItem ['数量'] を数値に変換し、Quantity に保存する
テキストを数値に変換
テキスト CurrentItem ['数量'] を数値に変換し、Quantity に保存する
End
❶
「テキストを数値に変換」アクションを右クリックし、「コピー」をクリックします。ワークスペースで右クリックし、「貼り付け」をクリックします。
❷
コピーしたアクションをダブルクリックします。

「変換するテキスト」を「%CurrentItem['再発注の数量']%」に変更し、「生成された変数」の変数名を「Quautity2」に変更します。

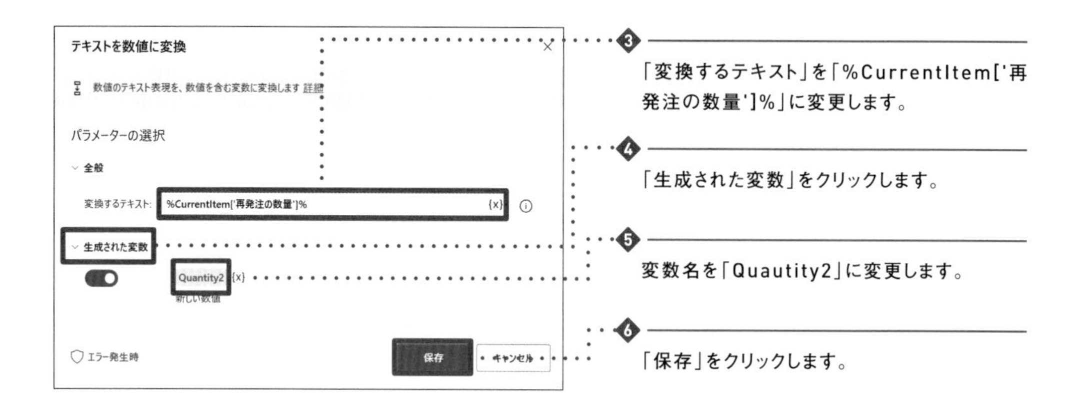

続いて、数値に変換した「数量」と「再発注の数量」を比較できるようにします。

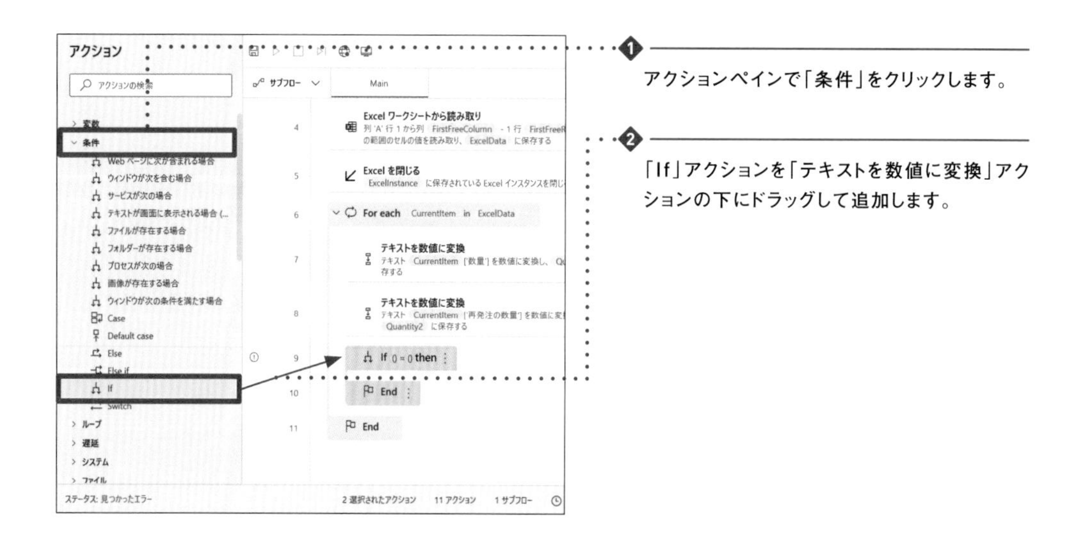

「最初のオペランド」には、比較対象となる1つ目の値（テキスト、数値、または式）を入力します。変数の選択ボタンをクリックし、「数量」を格納する変数「Quantity」を選択します。

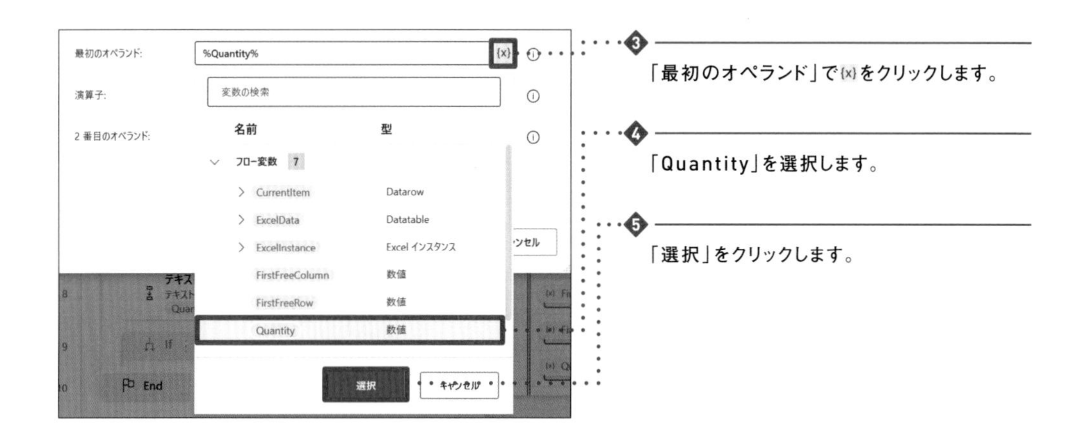

「演算子」で、2番目のオペランドに対する最初のオペランドの関係を選択します。
今回は「以下である（<=）」を選択します。

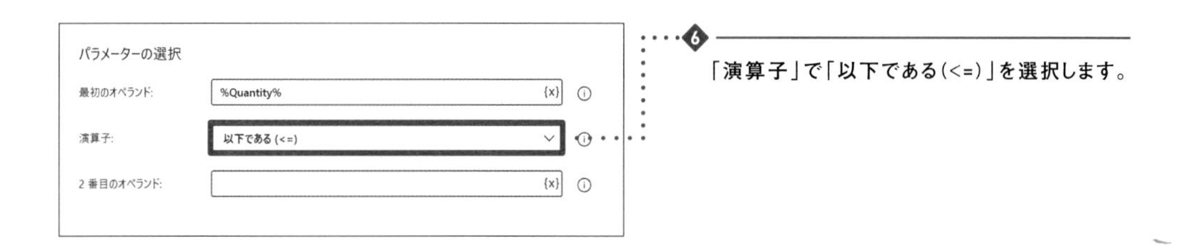

「2番目のオペランド」に、最初のオペランドと比較する2つ目の値（テキスト、数値、または式）を入力します。変数の選択ボタンをクリックし、「再発注の数量」を格納する変数「Quantity2」を選択します。

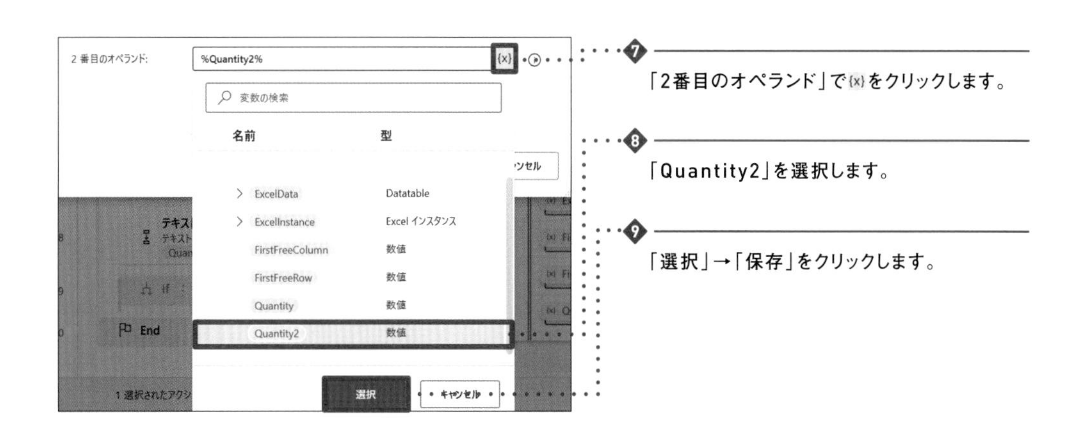

◆ 転記先のExcelを起動する

転記先のExcelファイルを起動します。ファイルは一度起動すればよいので、くり返し処理には含めません。そのため、「Excelの起動」アクションは「For each」アクションの上に配置します。

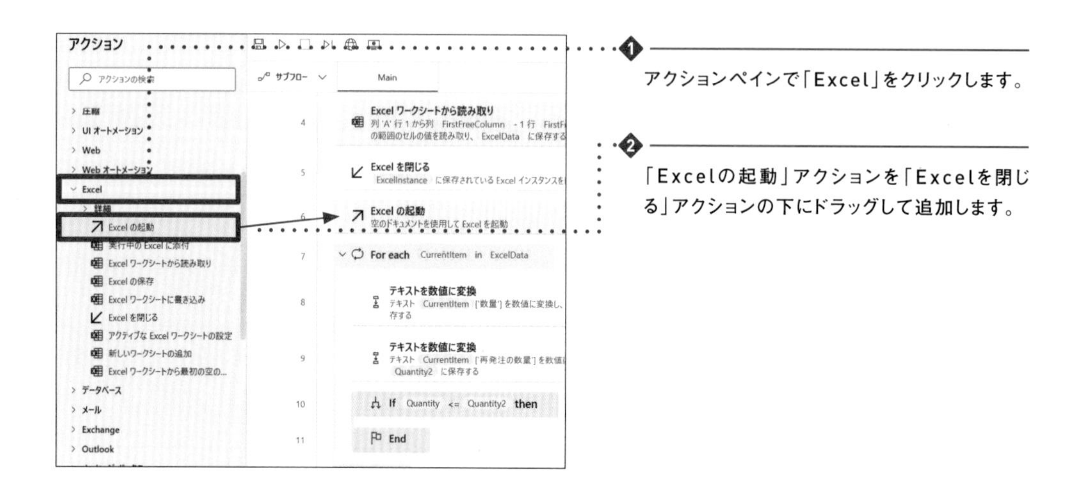

「Excelの起動」で「次のドキュメントを開く」を選択します。

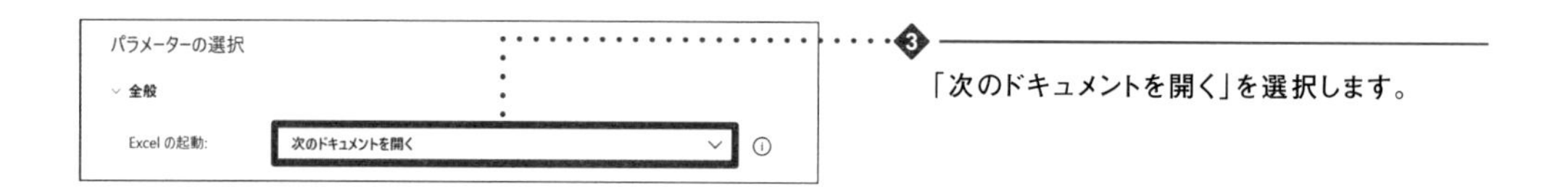

「ドキュメントパス」に、デスクトップ上に保存したExcelファイル「発注書.xlsx」のパス（絶対パス）を入力するか、ファイルの選択ダイアログから対象のファイルを選択します。

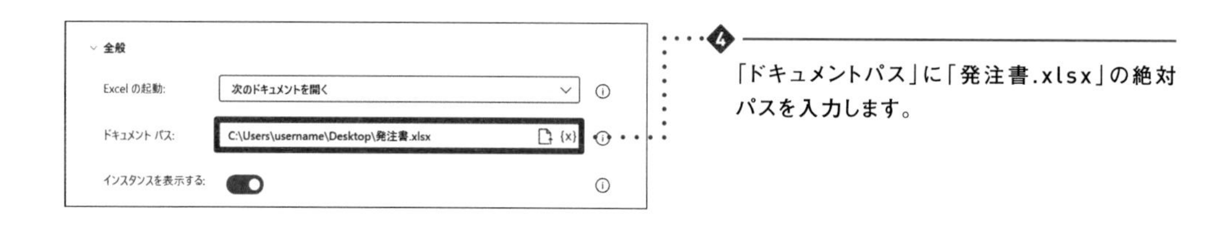

「生成された変数」に変数「ExcelInstance2」が自動的に生成されます。ここでは操作対象となる起動中のExcelは1つだけなので「在庫リスト.xlsx」のインスタンスと同じ変数名%ExcelInstance%を使用してかまいません。ただし、**複数のExcelを同時に起動して操作する場合は、それぞれのインスタンスを区別できるよう異なる変数名を使用する必要があります。**

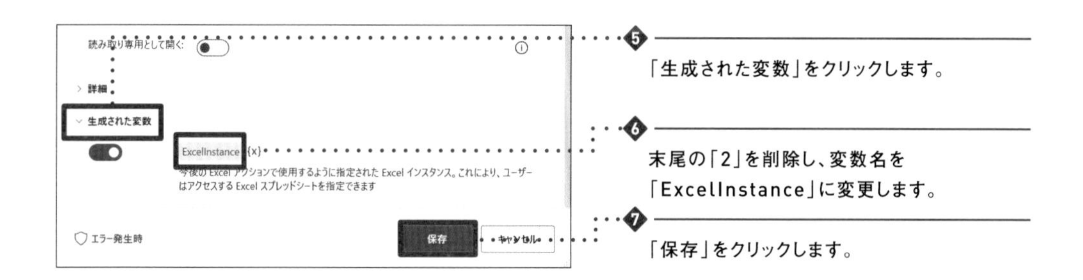

COLUMN

新規ファイルを起動する場合は、「Excelの起動」アクションの「Excelの起動」で「空のドキュメントを使用」を選択します。
空のドキュメントに値を書き込んだ場合は、必ずファイルに名前を付けて保存します。この処理を忘れると、書き込んだデータが保存されずに消えてしまったり、ファイルをどこに保存したかわからなくなったりする可能性があります。Excelを保存するには「Excelの保存」アクションで「名前を付けてドキュメントを保存」を選択します。

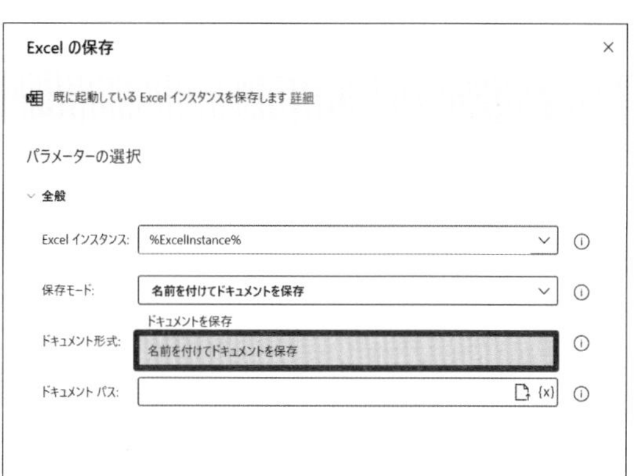

◆ 指定したセルに値を書き込む

条件に合致した値を発注書に書き込みます。書き込む値は「品番」「品名」「単価」です。

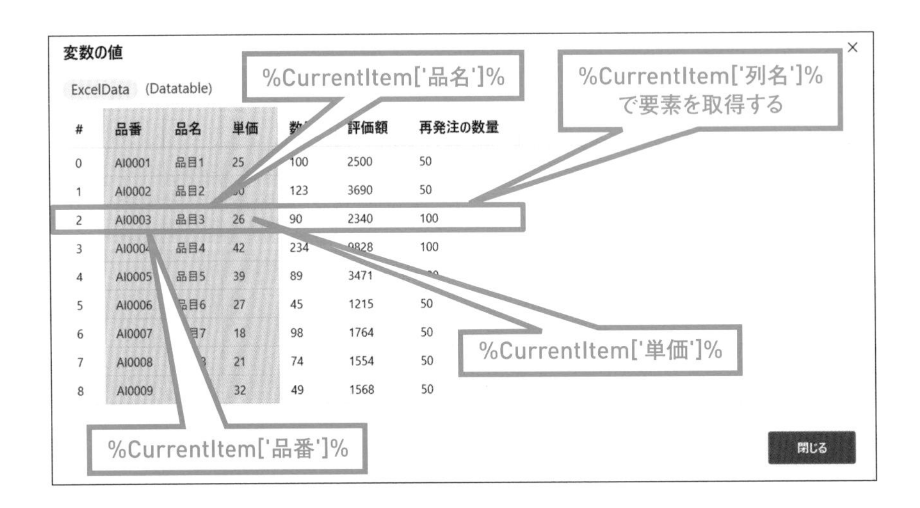

発注書を見ると、書き込む列は項目ごとに決まっていますが、行は19行目から27行目まで存在します。

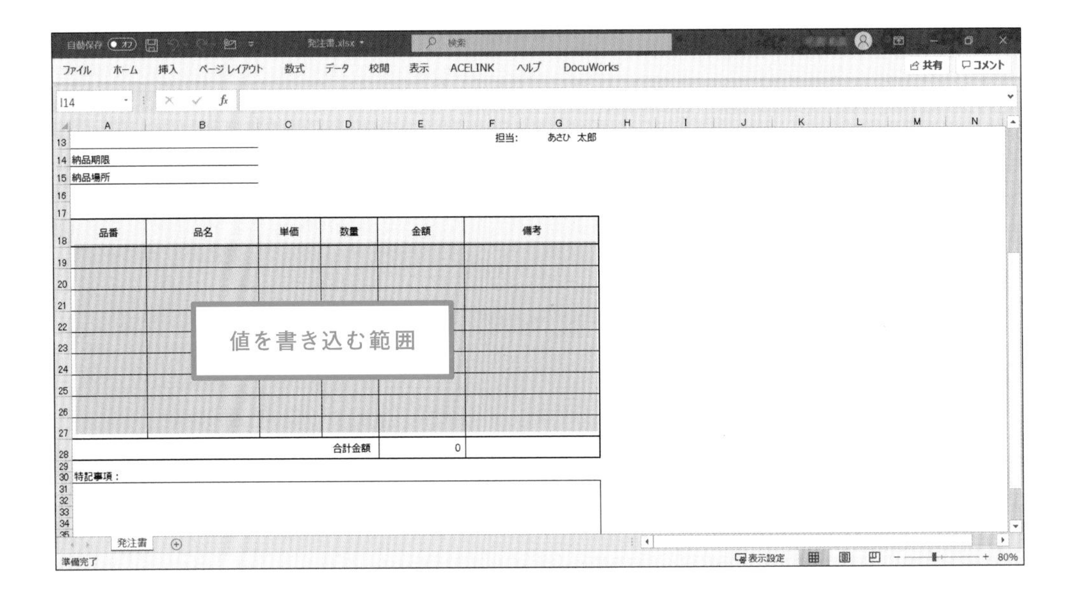

最初に条件に合致した値を19行目に書き込むフローを作成していきます。

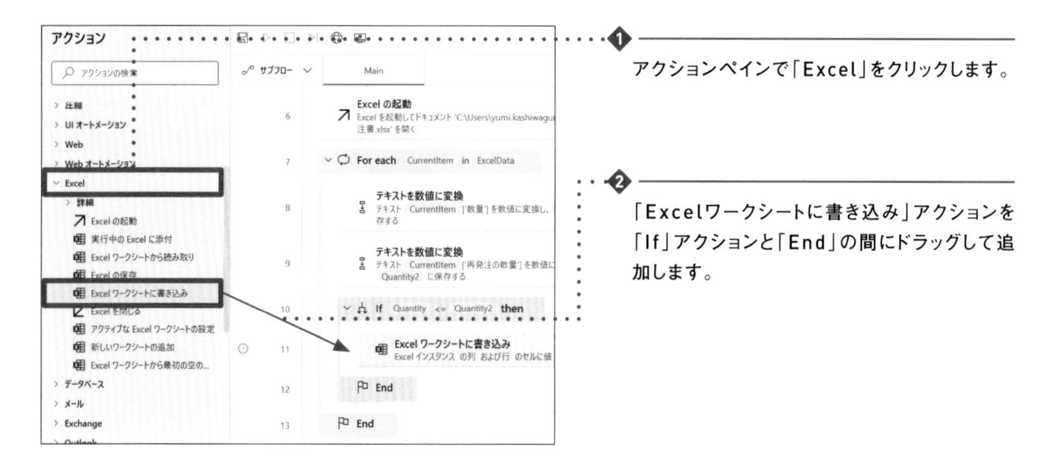

❶ アクションペインで「Excel」をクリックします。
❷ 「Excelワークシートに書き込み」アクションを「If」アクションと「End」の間にドラッグして追加します。

「Excelインスタンス」で、操作するExcelインスタンスを指定します。ここでは、「%ExcelInstance%」を選択します。

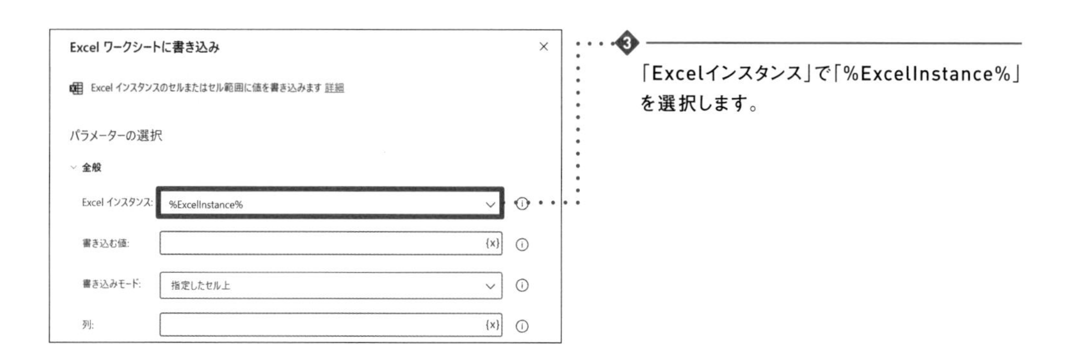

「書き込む値」に、Excelワークシートに書き込む値もしくは変数を入力します。「%CurrentItem['品番']%」と入力します。

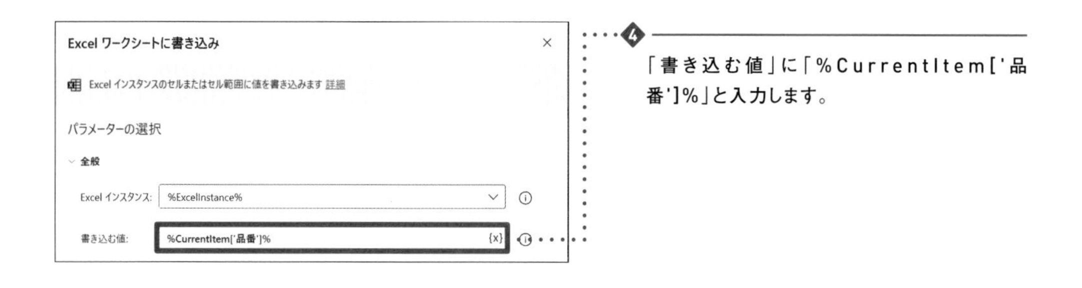

「書き込みモード」で、「指定したセル上」に値を書き込むか、「現在のアクティブなセル上」に書き込むかを指定します。今回は「指定したセル上」を選択します。

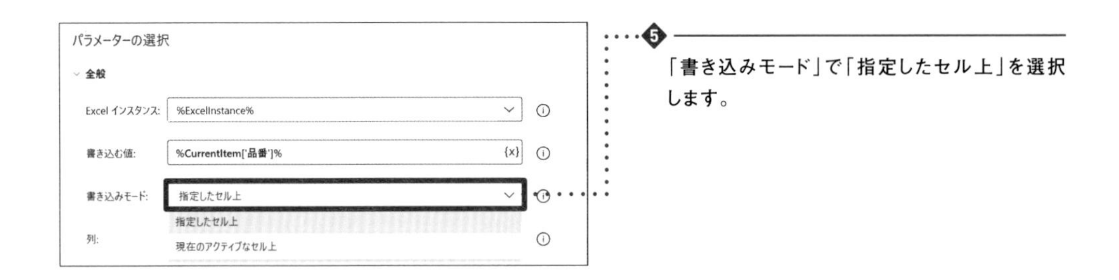

「列」で、値を書き込む列を指定します。今回は「A」（もしくは「1」）と入力します。「行」では、値を書き込む行を指定します。今回は「19」と入力します。

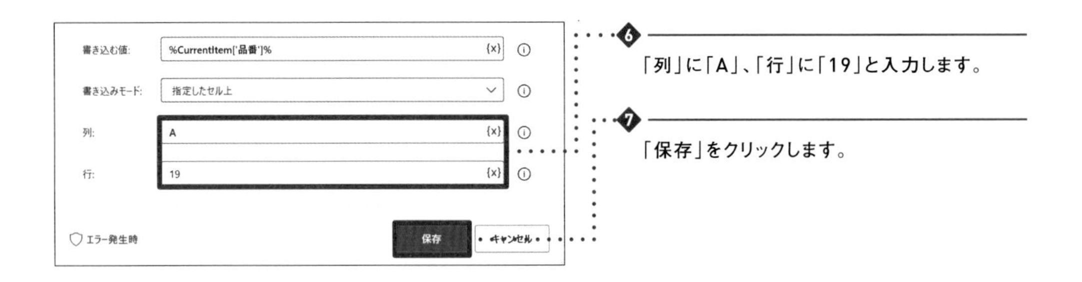

続いて、「品名」と「単価」を書き込むアクションを追加します。同じような設定のアクションが連続する場合は、アクションペインから新たにアクションを追加するよりも、コピーして貼り付けたほうがかんたんです。

まずは「品名」から進めます。

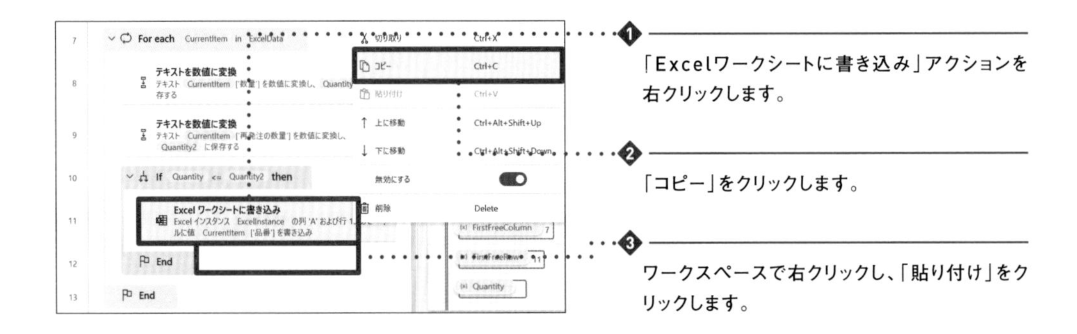

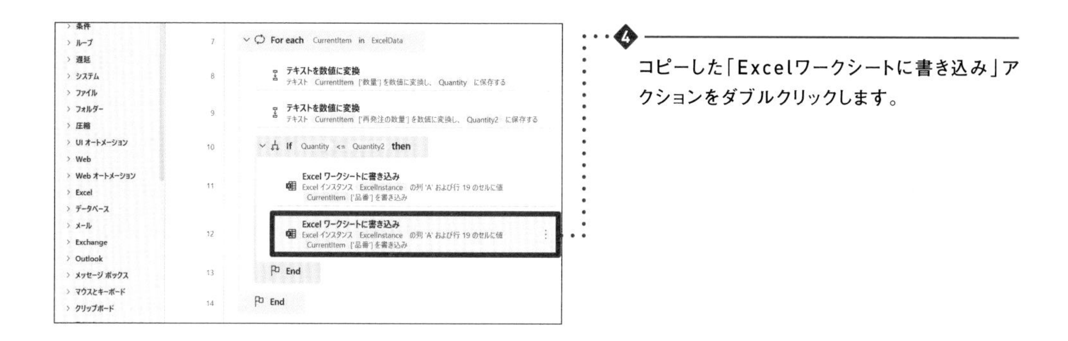

「Excelインスタンス」では「%ExcelInstance%」が選択されているので、変更の必要はありません。「書き込む値」には、「%CurrentItem['品名']%」と入力します。

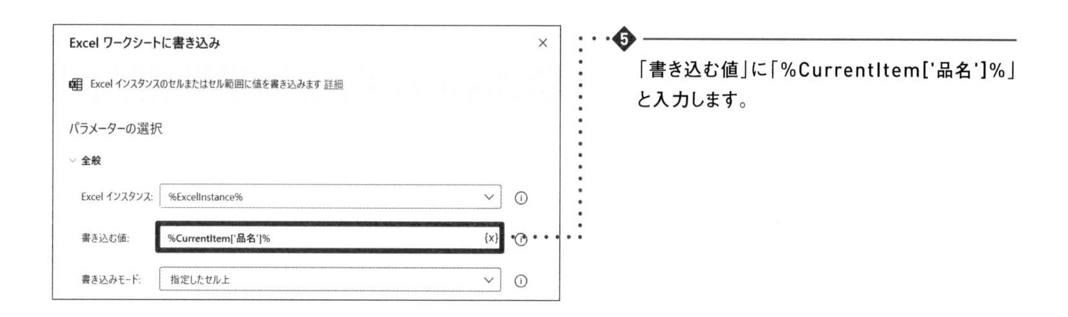

「書き込みモード」では「指定したセル上」が選択されているので、変更の必要はありません。
「列」には、「B」（もしくは「2」）と入力します。「行」には「19」と入力されているので、変更の必要はありません。

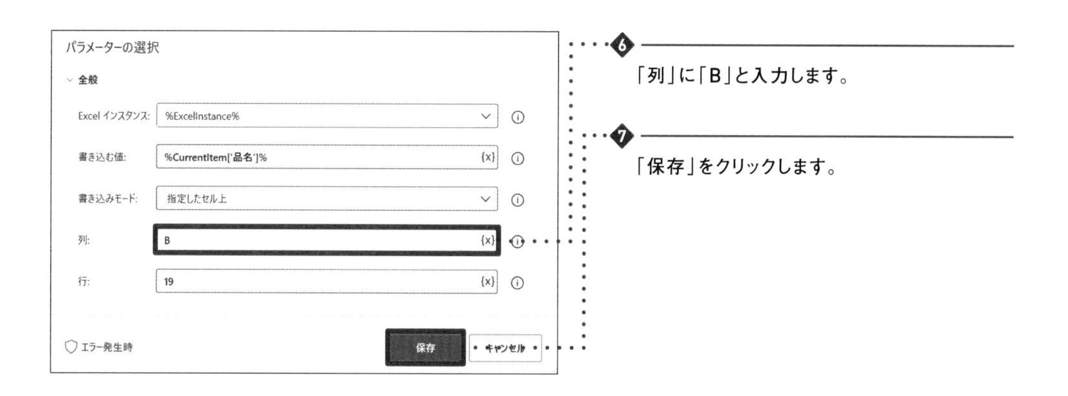

同様に、「単価」を書き込むアクションを追加します。

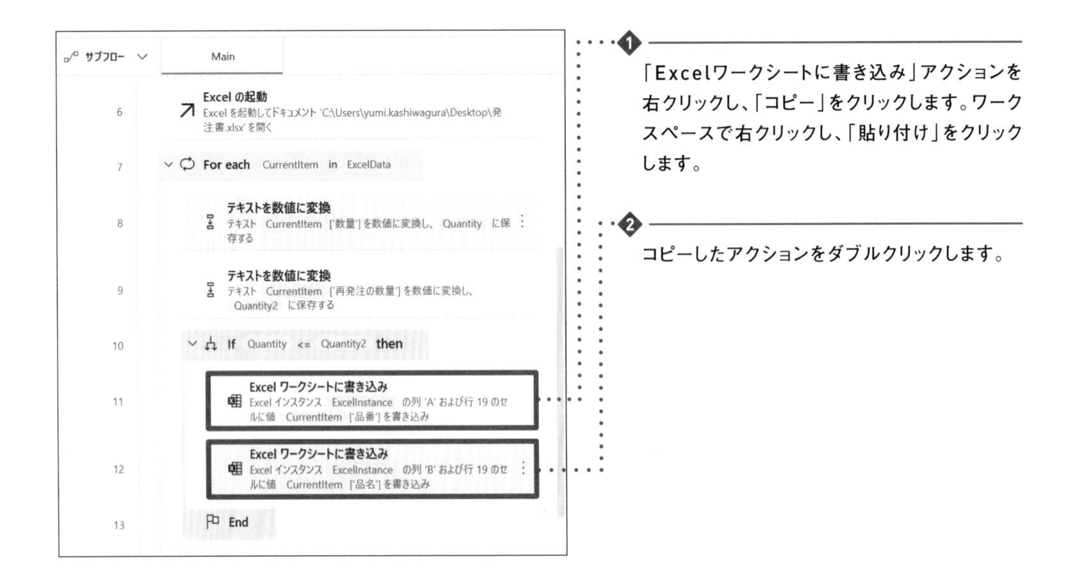

❶ 「Excelワークシートに書き込み」アクションを右クリックし、「コピー」をクリックします。ワークスペースで右クリックし、「貼り付け」をクリックします。

❷ コピーしたアクションをダブルクリックします。

「Excelインスタンス」では「%ExcelInstance%」が選択されているので、変更の必要はありません。「書き込む値」には、「%CurrentItem['単価']%」と入力します。

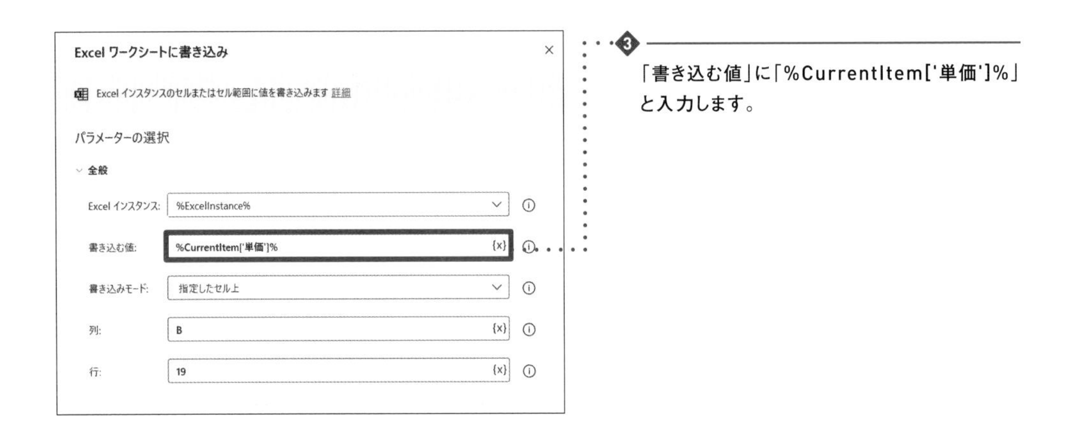

❸ 「書き込む値」に「%CurrentItem['単価']%」と入力します。

「書き込みモード」では「指定したセル上」が選択されているので、変更の必要はありません。

「列」には、「C」（もしくは「3」）と入力します。「行」には「19」と入力されているので、変更の必要はありません。

Excel インスタンス: %ExcelInstance%

書き込む値: %CurrentItem['単価']%

書き込みモード: 指定したセル上

列: C

行: 19

エラー発生時　保存　キャンセル

❹「列」に「C」と入力します。

❺「保存」をクリックします。

これで19行目に値を書き込むアクションができました。

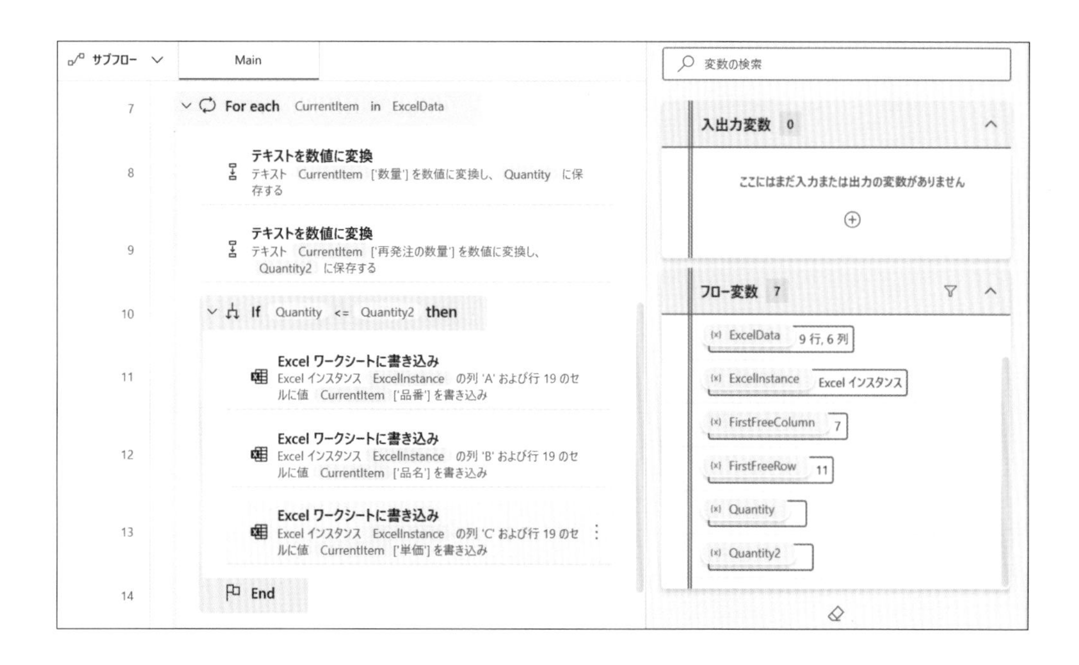

「数量」が「再発注の数量」以下の品目が複数存在する場合、2品目は次の20行目に書き込む必要があります。3品目は21行目、4品目は22行目というように、書き込み対象となる行番号は1ずつ増えていきます。

先ほど、「数量」が「再発注の数量」以下の品目を19行目に書き込むようフローを作成しました。しかし実際は、行番号には毎回異なる数字が入ることになります。そのため、行番号を変数に置き換えます。

行番号を変数に置き換えたうえで、条件に合致する値があるごとに、行番号を1ずつ増やしていきます。

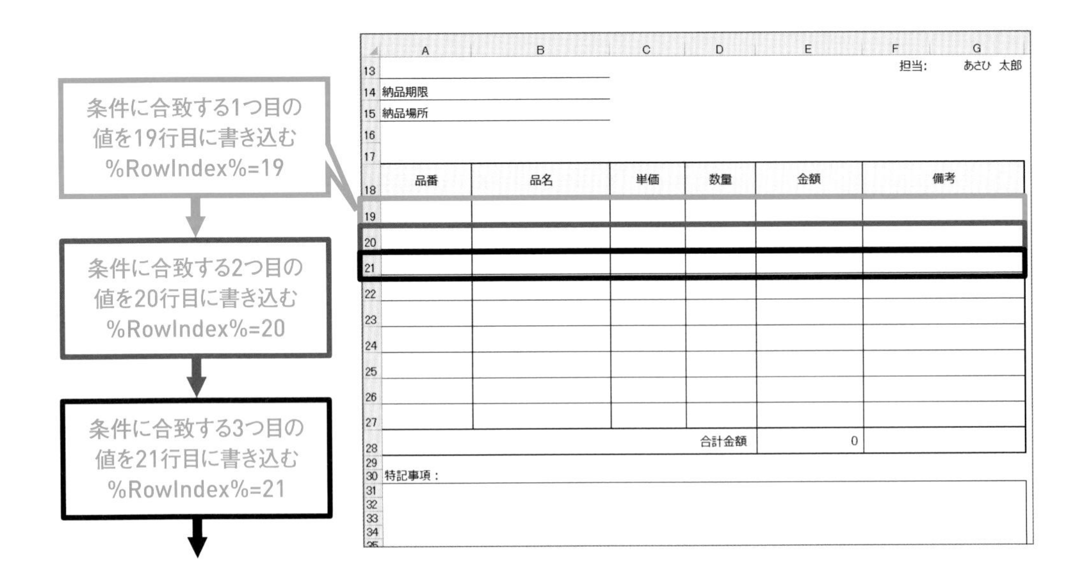

行番号となる変数を設定します。「変数」アクショングループの「変数の設定」アクションをメインフローに追加します。このアクションは「For each」ブロックには含めず、「For each」アクションの上に配置します。

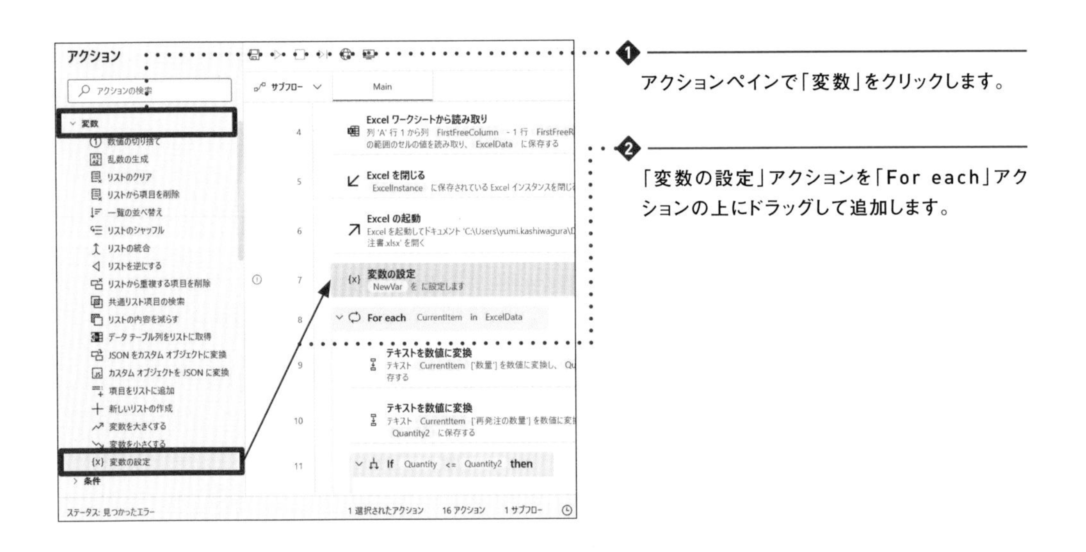

❶ アクションペインで「変数」をクリックします。
❷ 「変数の設定」アクションを「For each」アクションの上にドラッグして追加します。

「設定」に変数「NewVar」が自動的に生成されます。ここでは、変数に保存される値が行番号であることを明確にするため、変数名を「RowIndex」に変更します。

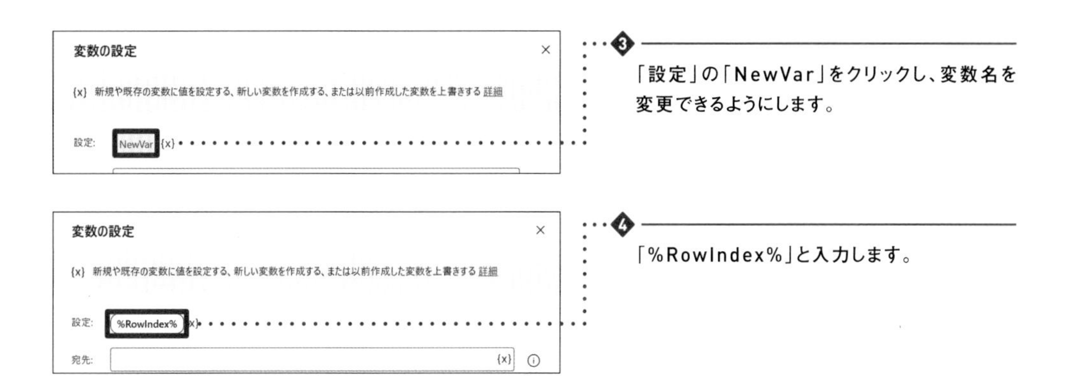

「宛先」で、変数に保存する値を設定します。ここには行番号の初期値を設定します。書き込む行は19行目から始まるため、「19」と入力します。

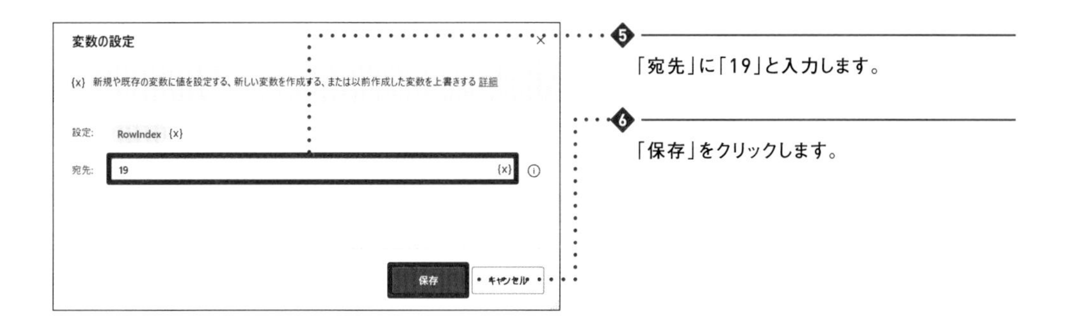

これで行番号を格納する変数%RowIndex%ができました。

次に、先ほど作成した「Excelワークシートに書き込み」アクションの「行」に設定した19という値を、%RowIndex%に置き換えます。まずは「品番」のアクションから設定します。

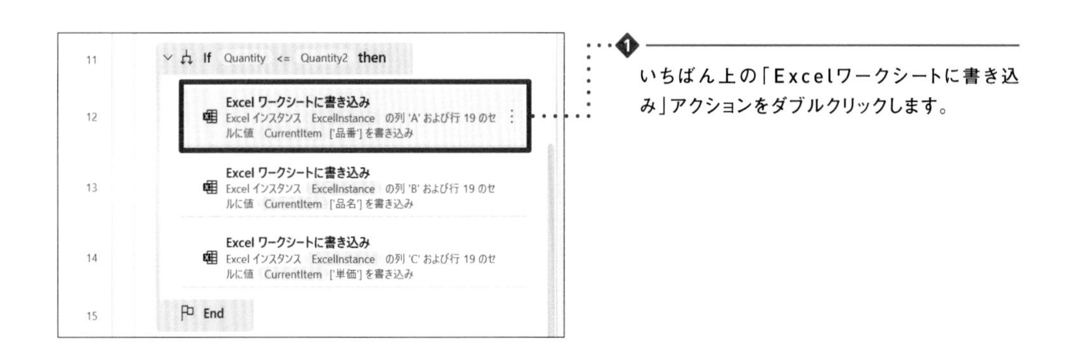

「行」に、先ほど作成した変数「%RowIndex%」を設定します。

Excel ワークシートに書き込み

Excel インスタンスのセルまたはセル範囲に値を書き込みます 詳細

パラメーターの選択

全般

Excel インスタンス: %ExcelInstance%

書き込む値: %CurrentItem['品番']%

書き込みモード: 指定したセル上

列: A

行: %RowIndex%

エラー発生時

保存　キャンセル

❷「行」に「%RowIndex%」と入力します。

❸「保存」をクリックします。

「品名」と「単価」についても、同じようにアクションの「行」の値を修正します。

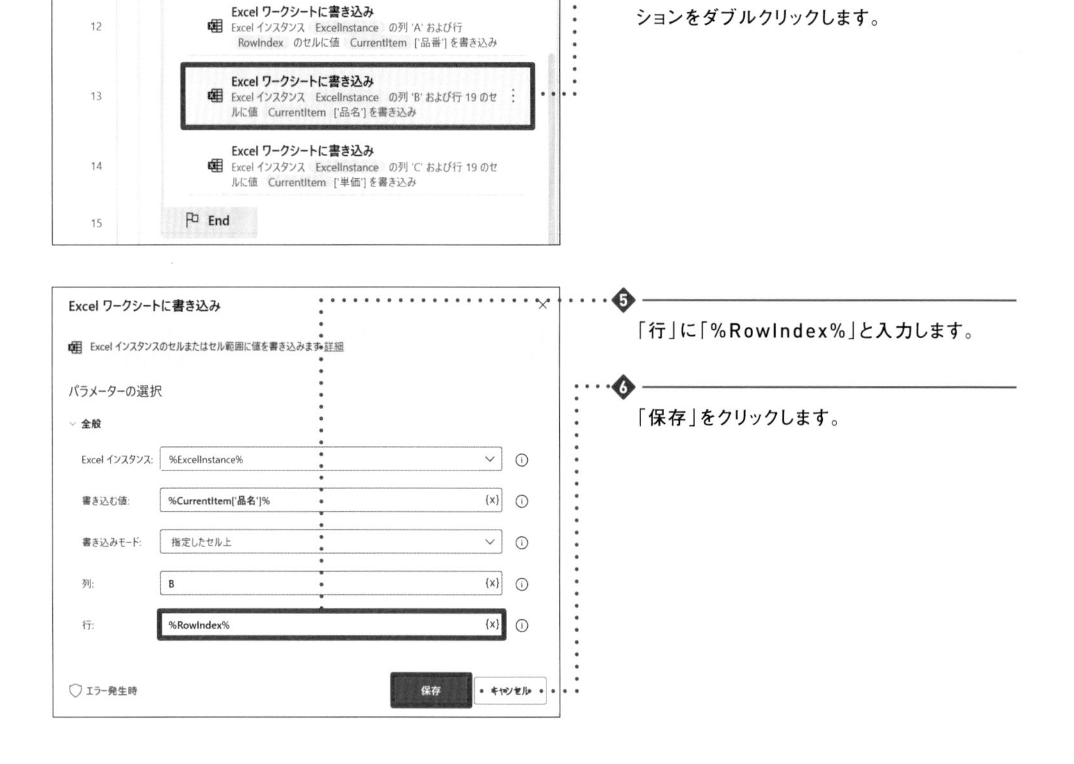

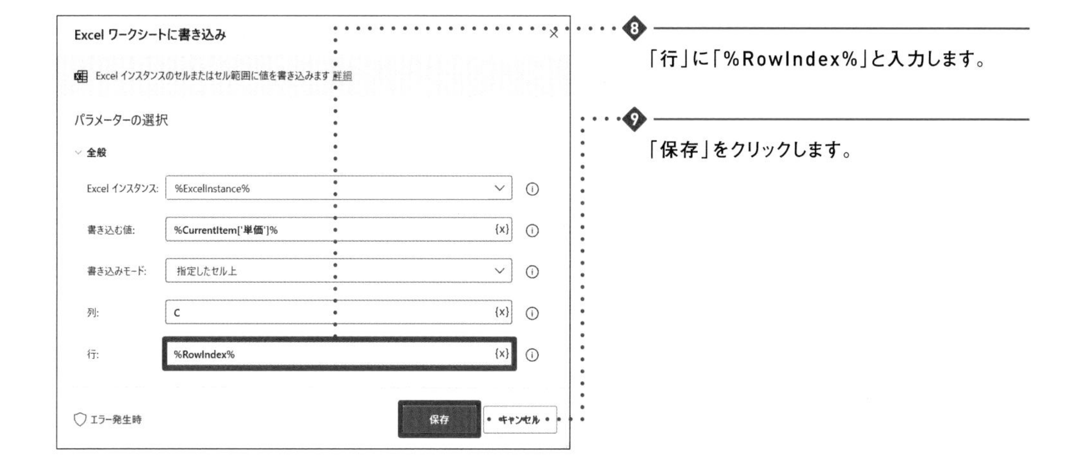

これで以下のように%RowIndex%に置き換わります。

◆ 行番号を増加させる

Excelに書き込むときの行番号をすべて変数に置き換えました。変数%RowIndex%には現在「19」が格納されています。そのため、条件に合致した値の1つ目は19行目に書き込まれます。

条件に合致した2つ目の値を20行目に書き込むようにするには、行番号を1増加させる必要があります。そのために、「変数を大きくする」アクションを使用します。

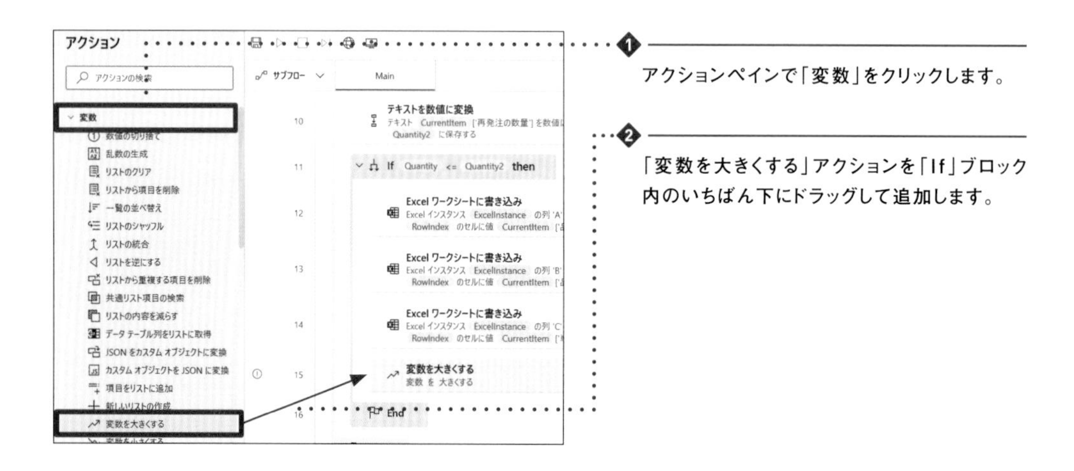

❶ アクションペインで「変数」をクリックします。
❷ 「変数を大きくする」アクションを「If」ブロック内のいちばん下にドラッグして追加します。

「変数名」で、大きくする変数を設定します。今回は、行番号を増加させるため、行番号を格納する変数「%RowIndex%」を選択します。

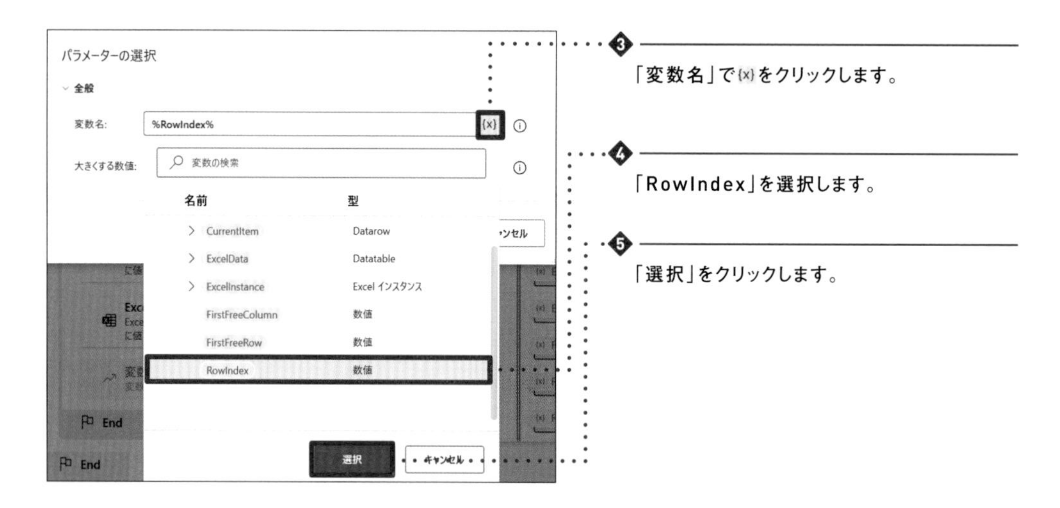

「大きくする数値」では、「変数名」で設定した値をいくつずつ増加させるかを指定します。今回は1行ずつ増やしていくので、「1」と入力します。

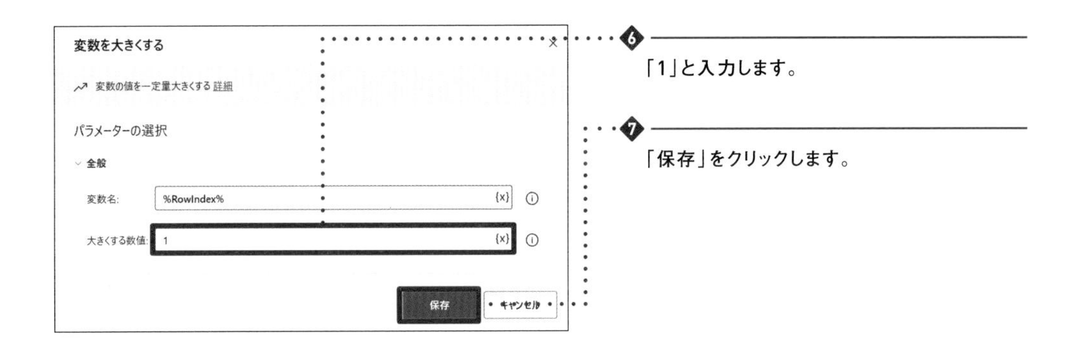

ここまでのフローを保存したうえで実行し、どのようにExcelに値が書き込まれるか確認してみます。

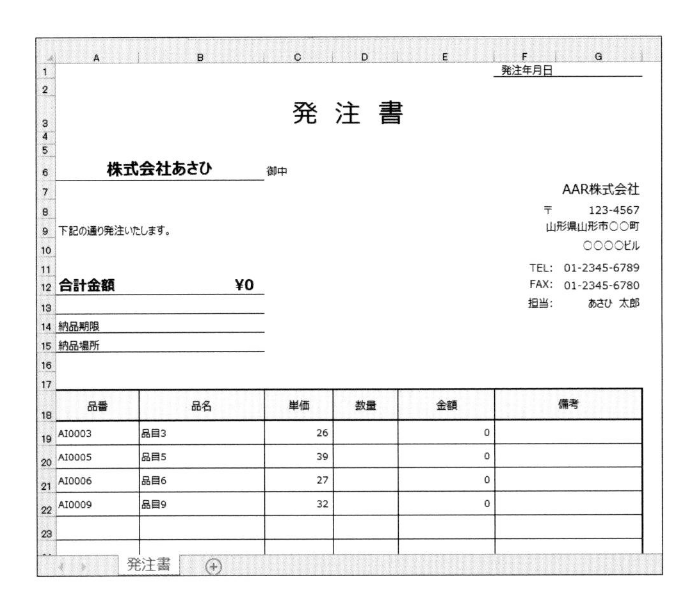

品番	品名	単価	数量	金額	備考
AI0003	品目3	26		0	
AI0005	品目5	39		0	
AI0006	品目6	27		0	
AI0009	品目9	32		0	

上のように、品目3、品目5、品目6、品目9の「品番」「品名」「単価」が19行目から22行目までに書き込まれていれば成功です。もし同じように値が書き込まれなかった場合には、「変数の設定」アクションから「For each」のブロックの終わりまでの各アクションの設定が正しいかを再度確認してください。

確認が終わったら、このExcelファイルは保存せずに閉じておきます。

5-5 Excelを保存して閉じる

これまでに、「For each」ブロックの中に、条件に合致するデータテーブルの要素をExcelワークシートに書き込むまでの処理を追加しました。データテーブルのすべての項目分ループ処理を行った後は、ワークシートに書き込まれた内容を保存し、ファイルを閉じておきます。また、保存するときのファイル名には、発行日がわかるよう現在の日付を入れておきます。

◆ 現在日時を取得する

まずは、「日時」アクショングループから「現在の日時を取得します」アクションを選択し、メインフローに追加します。保存はすべての書き込みが終わってから、1回のみ行います。そのため、このアクションは「For each」ブロックの外に配置します。

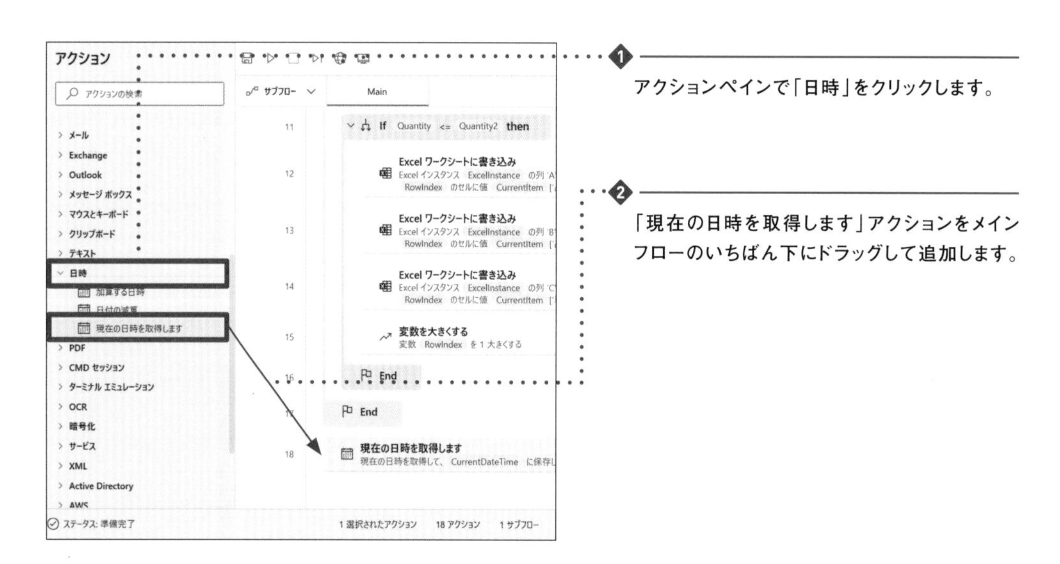

「取得」では、「現在の日時」を取得するか、「現在の日付のみ」取得するかを選択できます。今回は「現在の日付のみ」を選択します。

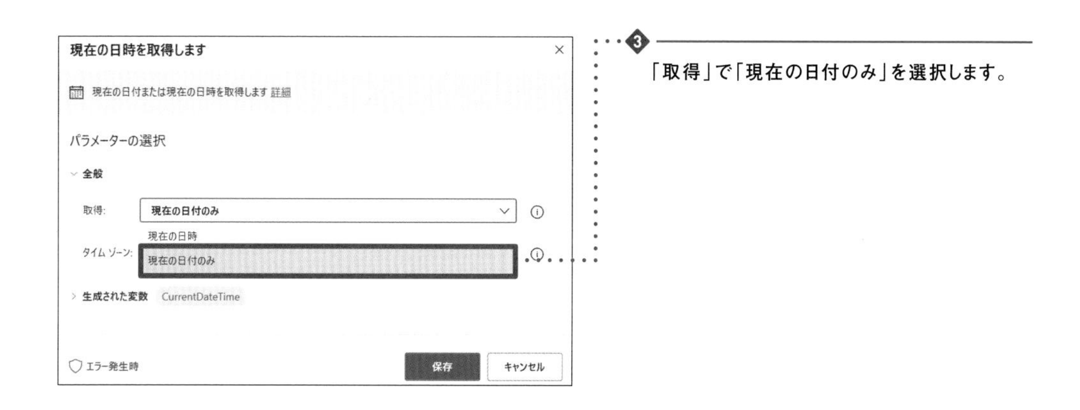

「タイムゾーン」では、「システムタイムゾーン」と「特定のタイムゾーン」を選択することができます。ここでは「システムタイムゾーン」を選択します。

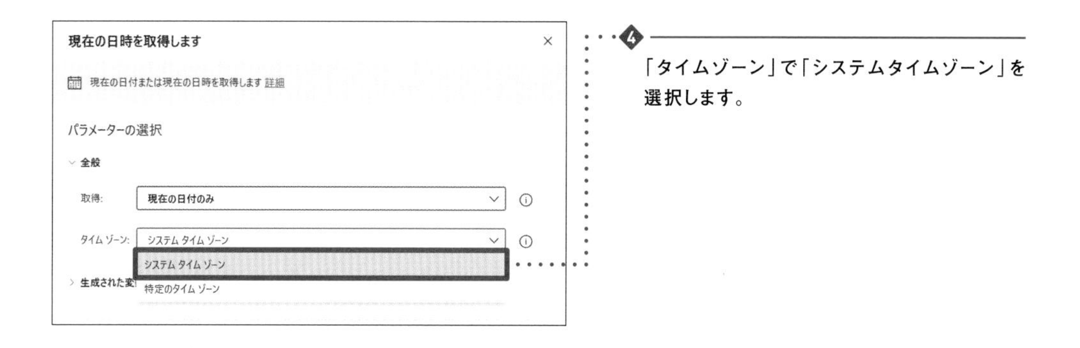

「生成された変数」の「CurrentDateTime」は、取得した日時を表す変数です。この変数には「4/1/2021 00:00:00 PM」のように現在日時が格納されます。

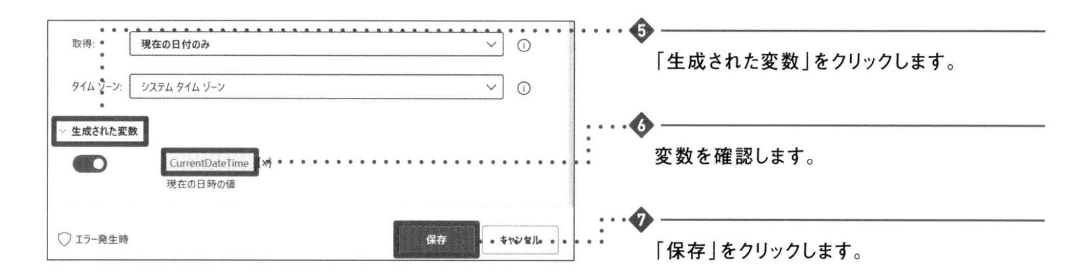

この値には「/」や「：」など、ファイル名に使用できない記号がいくつか含まれているため、このまま使用することはできません。**ファイル名に使用できるよう、この変数をファイル名に利用できるテキストに変換する必要があります。**

◆ Datetimeをテキストに変換する

変数%CurrentDateTime%をファイル名に使用できるよう、テキスト型に変換します。そのためには、「datetimeをテキストに変換」アクションを使用します。

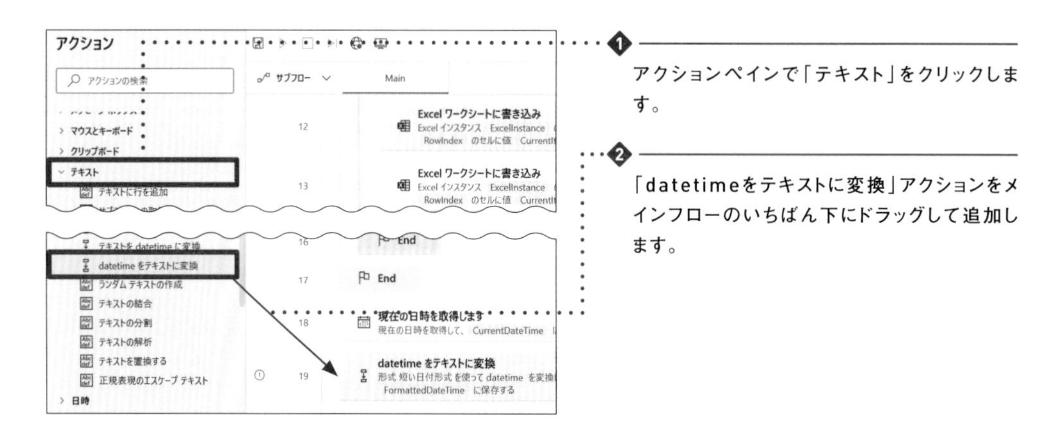

「変換するdatetime」に、テキストに変換するDatetime値を入力します。ここでは、「CurrentDateTime」を選択します。

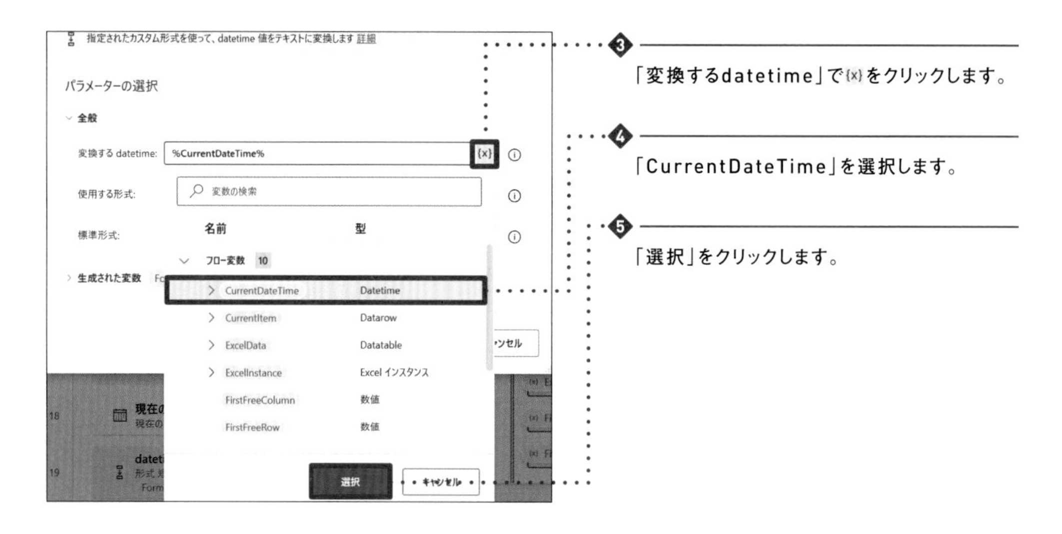

「使用する形式」では「標準」を選択します。「標準」を選択すると右COLUMNに記載の形式が選択できます。これ以外の形式に変換する場合は「カスタム」を選択します。今回は「標準形式」を選択します。

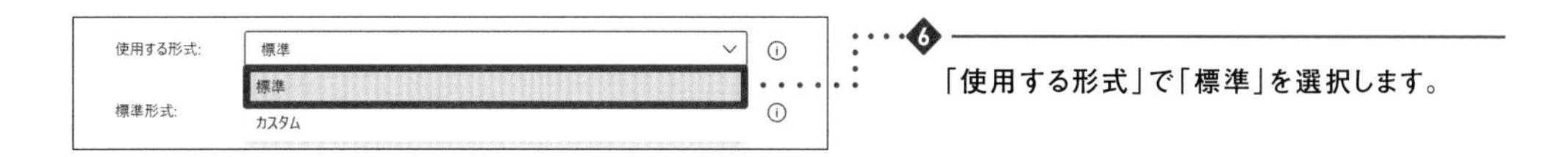

今回は「標準形式」で「長い日付形式」を選択します。「長い日付形式」とは「20XX年X月X日」のような表示形式のことです。

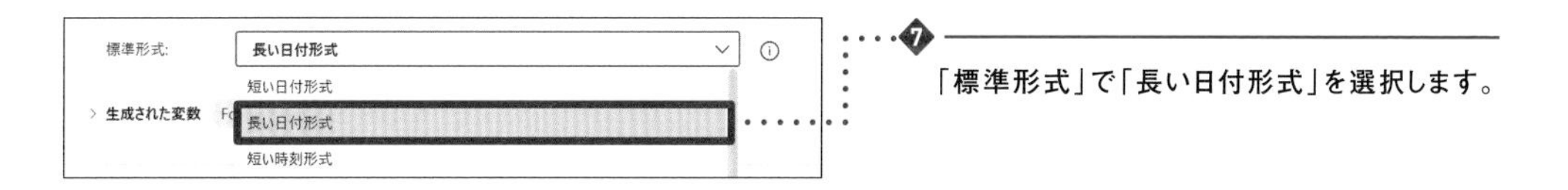

「生成された変数」の変数「FormattedDateTime」に、テキストに変換されたDatetimeが格納されます。

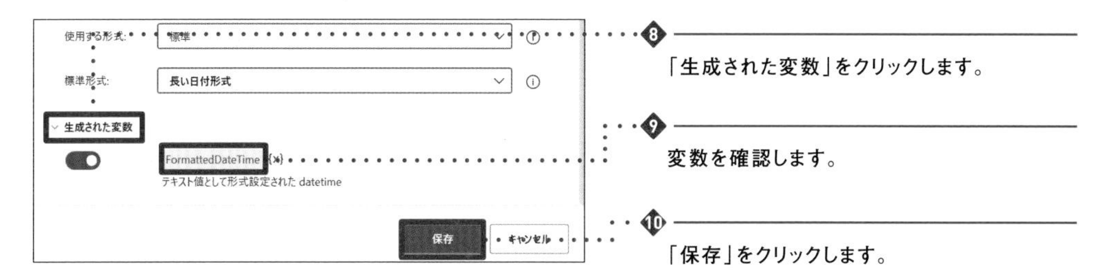

COLUMN

「datetimeをテキストに変換」アクションの「使用する形式」では、下記の形式が使用できます。この例は、4/1/2021 12:00:00 PMに対するものです。

形式	例
短い日付形式	2021/04/01
長い日付形式	2021年4月1日
短い時刻形式	12:00
長い時刻形式	12:00:00
完全なdatetime（短い時刻形式）	2021年4月1日 12:00
完全なdatetime（長い時刻形式）	2021年4月1日 12:00:00
一般的なdatetime（短い時刻形式）	2021/04/01 12:00
一般的なdatetime（長い時刻形式）	2021/04/01 12:00:00
並べ替え可能なdatetime	2021-04-01T12:00:00

◆ ファイル名に日付を入れて保存する

ファイル名に付加する本日の日付が取得できました。これからファイルに「20XX年X月X日発注書」という名前を付けて保存します。最後にExcelを閉じるため「Excelを閉じる」アクションの中でファイルを保存します。

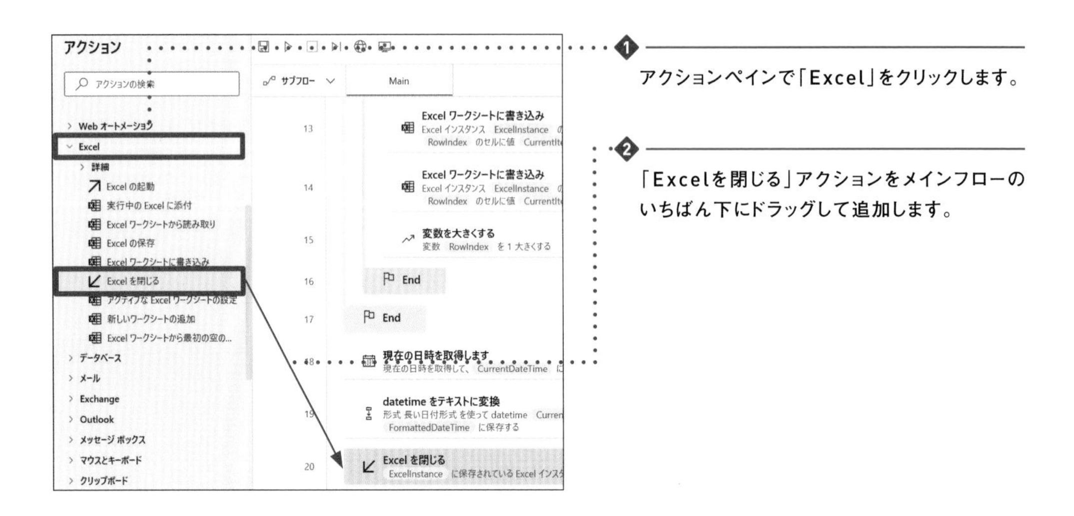

「Excelインスタンス」で、操作するExcelインスタンスを指定します。ここでは、「%ExcelInstance%」を選択します。

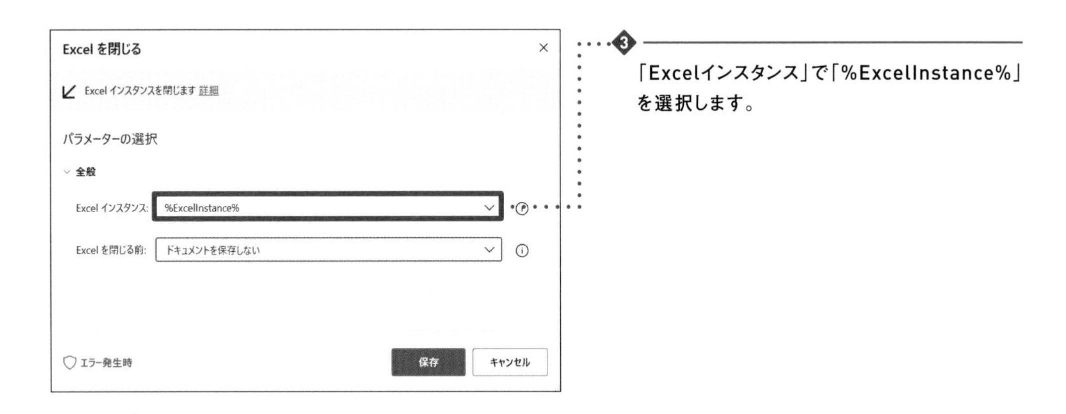

「Excelを閉じる前」で、Excelを閉じる前に、ドキュメントを保存するかどうかを指定します。今回は「名前を付けてドキュメントを保存」を選択します。

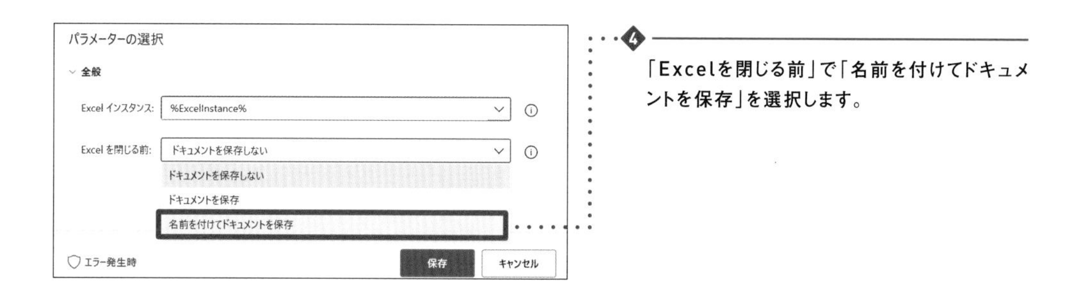

「ドキュメント形式」で、ドキュメントを保存する形式を指定します。現在のファイル形式（.xlsx）と同じであれば、「既定（拡張機能から）」を選択します。

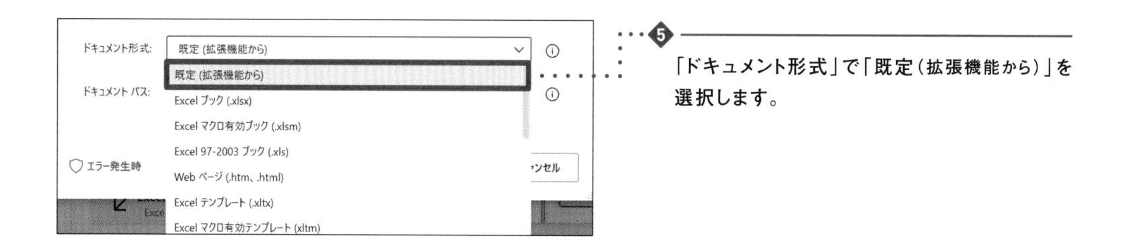

「ドキュメントパス」に、保存するドキュメントのパスを入力します。ファイルはデスクトップ上に保存します。ファイル名は、前のアクションで文字列に変換した%FormattedDateTime%を使用して「20XX年X月X日発注書」とします。そのため、「C:\Users\ユーザー名\Desktop\%FormattedDateTime%発注書.xlsx」と入力します。

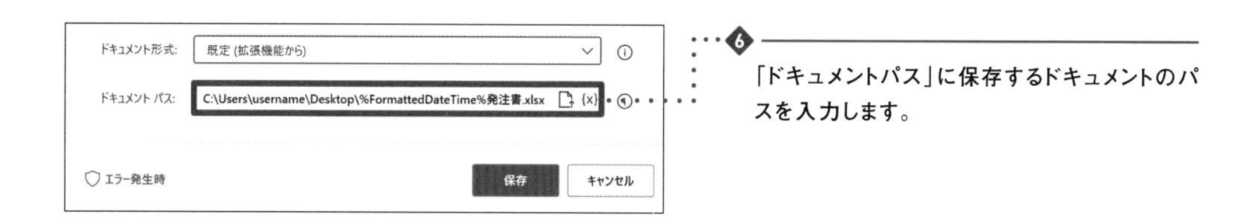

以上でフローが完成しました。ここで一度、作成したフローを保存しておきます。

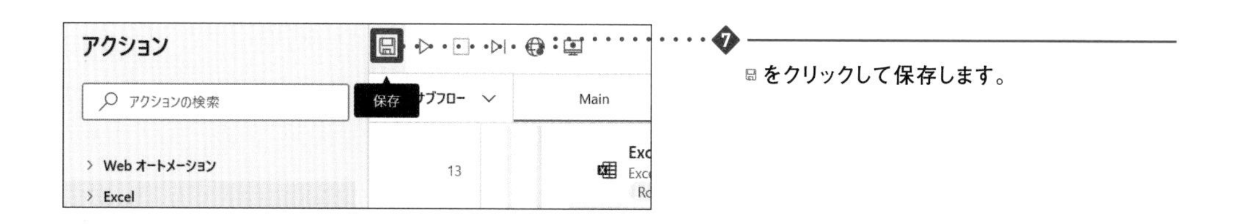

フローを保存したら、フローを実行してみます。

フロー実行後、デスクトップ上に「20XX年X月X日発注書.xlsx」というファイルが保存されていることを確認します。ファイルを開き、値が正しく入力されていればフローの完成です。

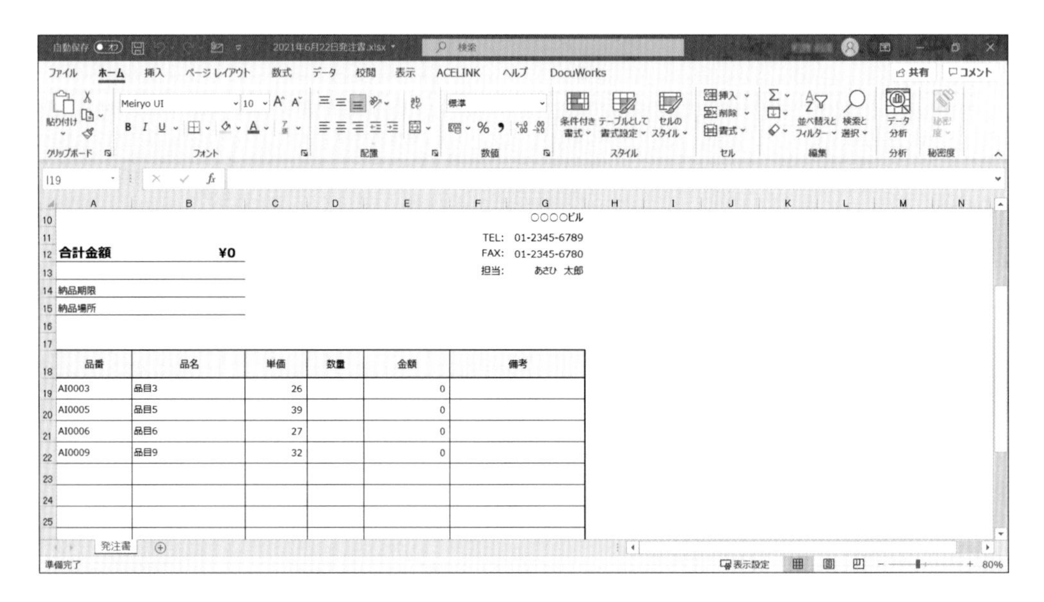

COLUMN

この章ではExcel間の転記を行いましたが、Excel操作はほかのアプリケーションの操作やWebの操作と組み合わせることで、さまざまな業務の自動化に応用できます。Excelから読み取ったデータを使用して、販売管理システムや会計システムなどへの入力作業を行ったり、顧客一覧の宛先に一斉メールを送信したりするといった、すぐにでも業務に活用できる事例が数多くあります。第6章の最後に、Web操作、Excel操作、UIアプリケーションを組み合わせた課題を用意しているので、実際の業務での活用をイメージしながら取り組んでみてください。

第 6 章

UIアプリケーションの操作

6-1 UI操作の概要

この章ではPower Automate Desktopを使い、デスクトップアプリケーションの操作を自動化する方法を解説します。デスクトップアプリケーションにはメニュー選択や入力条件指定などが必要な場合が多く、複雑なフロー制作になるのではと思われがちですが、一つ一つの操作を確認してみるとかんたんに自動化できる内容だったということがあります。たとえば、顧客情報の登録や当月売上データを検索して印刷するといった業務の場合､操作手順は毎回決まっており､入力内容だけを変えてくり返し行われていたりします。

Power Automate Desktopでは､Excelなどの一部のアプリケーションには専用のアクションが用意されていますが、それ以外のデスクトップアプリケーションには専用のアクションは用意されていません｡使用するアクションがExcelのように準備されていないため､難しそうに感じられるデスクトップアプリケーションの自動化ですが､「UIオートメーション」アクショングループのアクションを使うことで実現することができます｡**操作したいUI要素（ボタンやテキストフィールド）に対して､処理させたい内容のアクションを配置することで操作が可能**です。

◆ 学習を進めるための準備

今回、学習のために使用するデスクトップアプリケーションは「ロボ研ラーニングApp」です｡以降､本書では説明の際に使用していきます｡以下のURLよりダウンロードしてください。

https://gihyo.jp/book/2021/978-4-297-12311-6/

ダウンロード完了後、「Asahi.Learning.App.zip」を解凍し、解凍後のフォルダー「Asahi.Learning.App」を任意のフォルダーに格納してください。説明上、本書では次のフォルダー構成で説明を進めます。ほかのフォルダーに格納した場合は読み替えて進めてください。

Asahi.Learning.App
ファイル　ホーム　共有　表示
PC > Windows (C:) > app > Asahi.Learning.App

名前	更新日時	種類	サイズ
Resources	2021/06/08 16:43	ファイル フォルダー	
Asahi.Learning.exe	2021/04/19 16:21	アプリケーション	490 KB
Asahi.Learning.exe.config	2021/03/29 16:19	CONFIG ファイル	1 KB

C:\app\Asahi.Learning.App（※\は¥と同等）のフォルダー構成

Resources	フォルダー
Asahi.Learning.exe	実行ファイル
Asahi.Learning.exe.config	設定ファイル

◆ UIの操作について

Power Automate Desktopでのデスクトップアプリケーションの操作では、主に「UIオートメーション」グループのアクションを使用します。使用するアクションは第4章で学習したWeb操作時に使用したアクションと違いますが、**アクションの配置の方法や登録したUI要素をクリックするという考え方は同じ**です。

操作するアクションとして、「UIオートメーション」アクショングループに、「ウィンドウのUI要素をクリックする」「ウィンドウ内のテキストフィールドに入力する」「ウィンドウにあるUI要素の詳細を取得する」「ウィンドウからデータを抽出する」があります。これらのアクションでボタンをクリックしたり、テキストフィールドに入力したり、ウィンドウ内にあるUIからデータを抽出したりすることができます。

それでは、以下の業務の流れをイメージしながら、デスクトップアプリケーションを操作するフローを、6-2〜6-4で作成します。

①デスクトップアプリケーションを起動し、ログインする。
②入力画面を開き、受注情報を入力する。
③一覧画面から「印刷」ボタンをクリックして、PDFとして出力し、デスクトップに保存する。

6-2 アプリケーションの起動とログイン

ここでは、アクションを利用して、デスクトップアプリケーションを起動したうえで、ユーザーIDの入力、パスワードの入力、「ログイン」ボタンのクリックを行います。

◆ 作成するフローの確認

今回用いる「ロボ研ラーニングApp」では起動時にログイン画面が表示され、ユーザーIDとパスワードを入力する必要があります。

起動からログインまでの操作手順は以下のとおりです。

①「ロボ研ラーニングApp」を起動する。
②ユーザーIDのテキストフィールドに「asahi」と入力する。
③パスワードのテキストフィールドに「asahi」と入力する。
④「ログイン」ボタンをクリックする。

この手順を自動化するフローを作成していきます。

◆ 「ロボ研ラーニングApp」を起動する

アプリケーションを起動するには、「アプリケーションの実行」アクションをワークスペースに追加します。

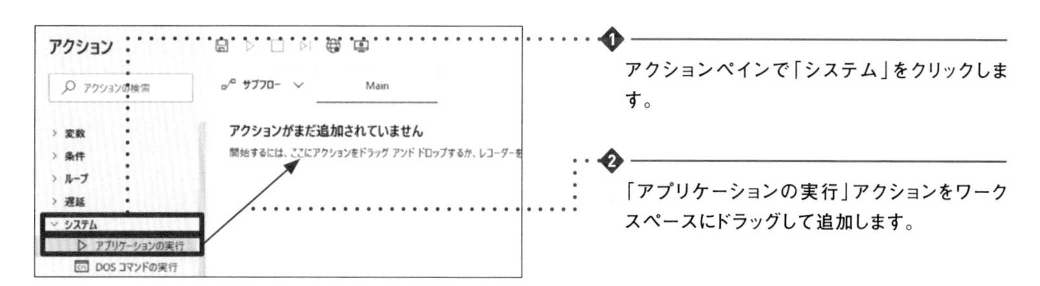

「アプリケーションパス」で、起動したいアプリケーションの実行ファイルの絶対パスを設定します。今回は起動するAsahi.Learning.exeのファイルパス（ここでは「C:\app\Asahi.Learning.App\Asahi.Learning.exe」）を指定します。

「アプリケーション起動後」では、次のアクションが実行されるタイミングを選択します。「すぐ続行」は、「アプリケーションの実行」アクションの実行後、次のアクションを実行します。「アプリケーションの読み込みを待機」は、アプリケーションの起動後、実行します。「アプリケーションの完了を待機」は、アプリケーションの終了後、実行します。今回はアプリケーションの起動後、次のアクションを実行するため、「アプリケーションの読み込みを待機」を選択します。

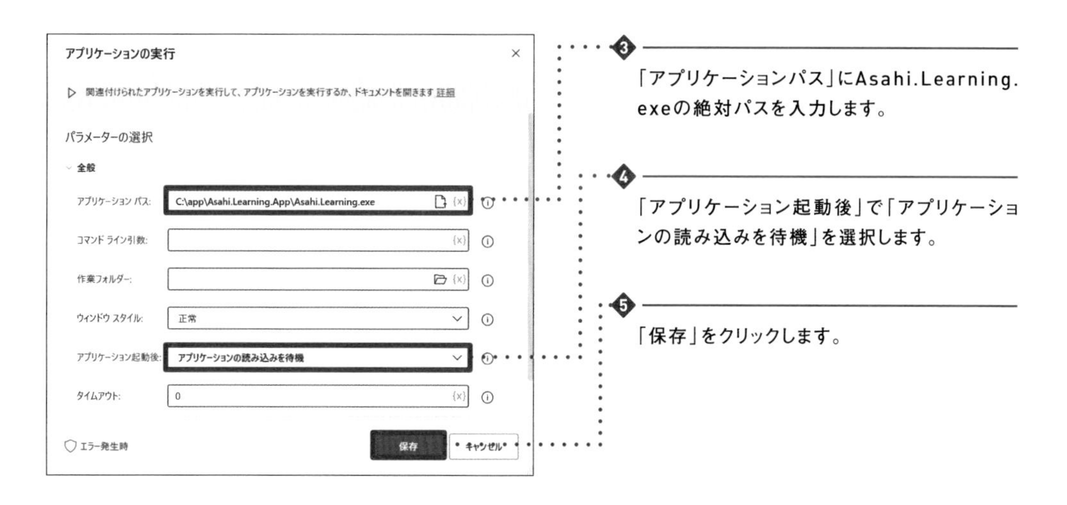

COLUMN

アプリケーションの起動を待たずに次のアクションへ移動してしまうと、アプリケーションの準備ができていないために想定の操作が正しくできずにエラーとなってしまうケースがあります。クリックしたいボタンが表示されていないというエラーなどです。アプリケーションの起動を待つには、「アプリケーション起動後」で「アプリケーションの読み込みを待機」を選択します。この設定を行うと起動に時間がかかるアプリケーションにも対応することができ、次のアクションを実行できます。

◆ ユーザーIDのテキストフィールドに入力する

「ウィンドウ内のテキストフィールドに入力する」アクションをワークスペースに追加します。

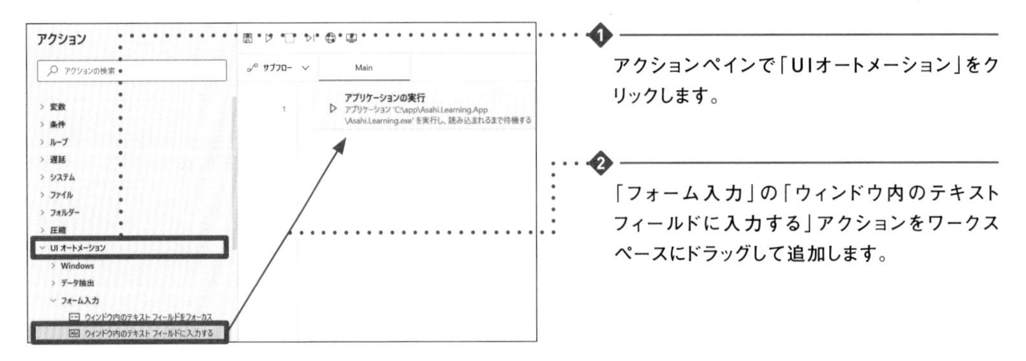

「テキストボックス」で、入力するテキストフィールドのUI要素を指定します。テキストボックスのドロップダウンから「UI要素の追加」をクリックし、ユーザーIDを入力するテキストフィールドのUI要素を取得します。

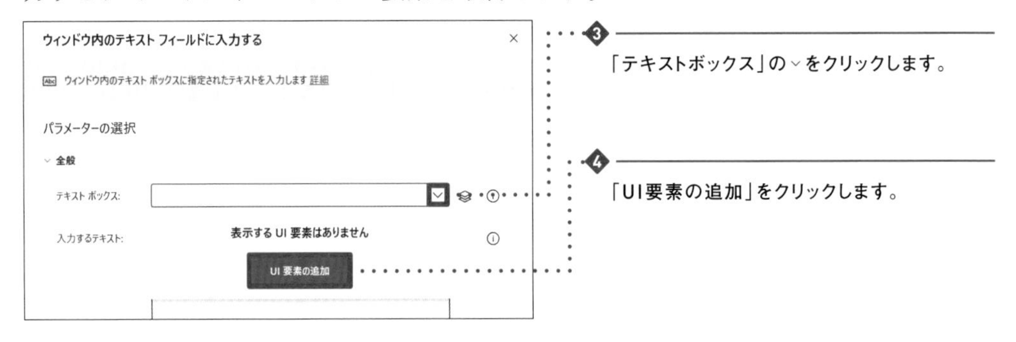

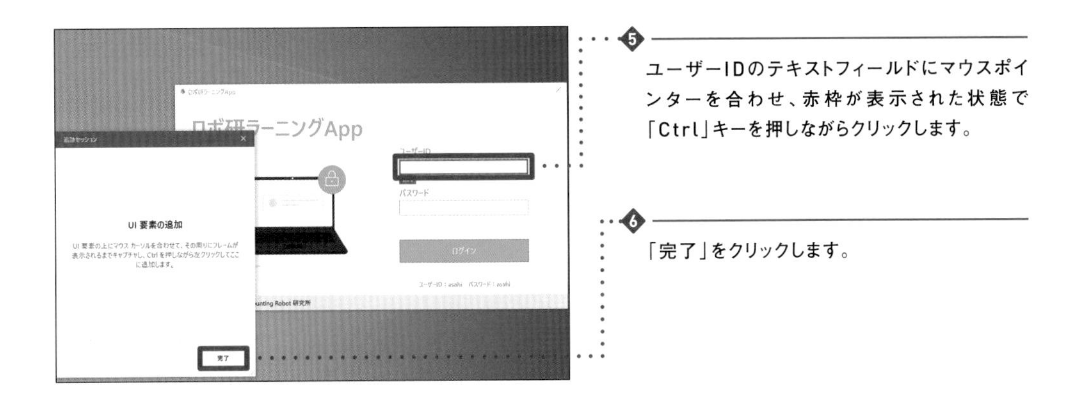

ロボ研ラーニングApp
UI 要素の追加
ユーザーID
パスワード
ログイン
完了
5
ユーザーIDのテキストフィールドにマウスポインターを合わせ、赤枠が表示された状態で「Ctrl」キーを押しながらクリックします。
6
「完了」をクリックします。

「入力するテキスト」で、入力方法を選択したうえで、入力するテキストを指定します。今回は「テキスト、変数、または式として入力します」を選択し、「asahi」と入力します。

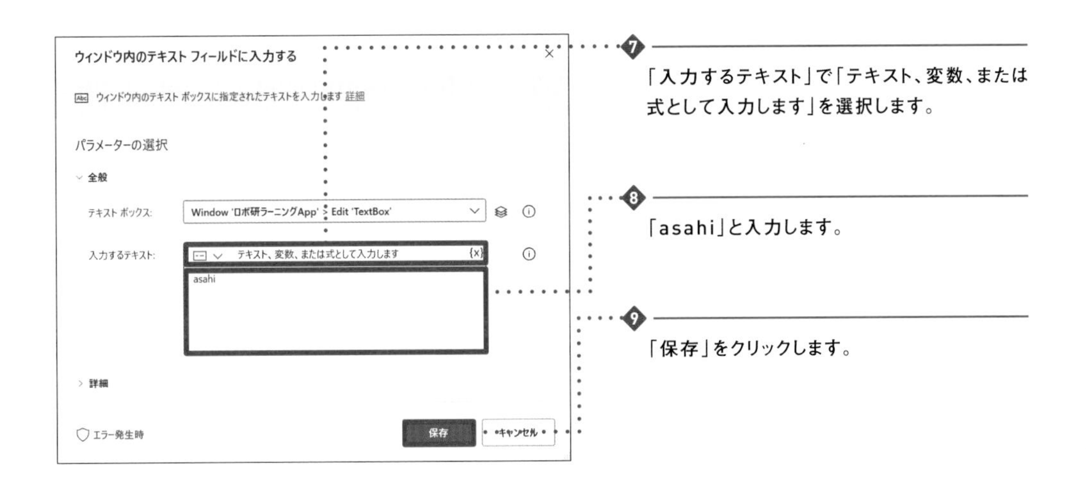

COLUMN

「入力するテキスト」のドロップダウンで「テキスト、変数、または式として入力します」を選択した場合、設定した文字列は閲覧できる状態で表示されますが、「ダイレクト機密テキストの入力」を選択した場合、設定した文字列は他者に入力した内容が閲覧できないように隠されます。パスワードやフォルダパスなど第三者に見られたくない文字列の場合は、「ダイレクト機密テキストの入力」を選択して隠すとよいでしょう。

◆ パスワードのテキストフィールドに入力する

「ウィンドウ内のテキストフィールドに入力する」アクションをワークスペースに追加します。

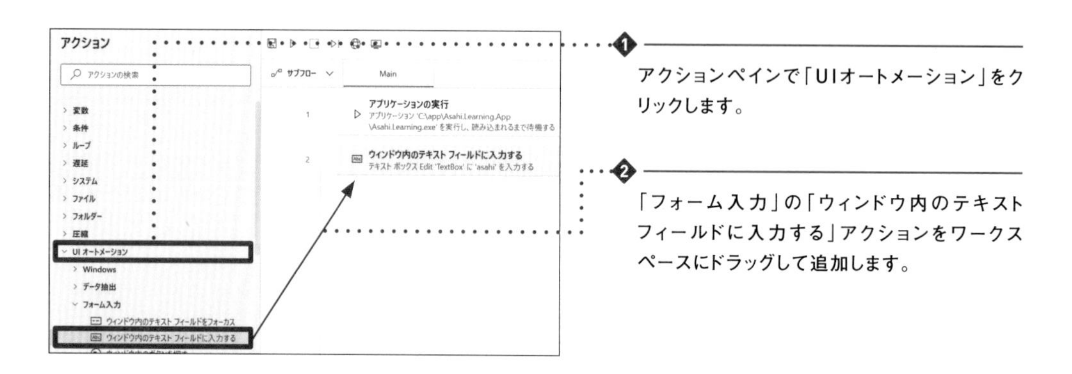

❶ アクションペインで「UIオートメーション」をクリックします。
❷ 「フォーム入力」の「ウィンドウ内のテキストフィールドに入力する」アクションをワークスペースにドラッグして追加します。

「テキストボックス」で、ドロップダウンから「UI要素の追加」をクリックし、パスワードを入力するテキストフィールドのUI要素を取得します。

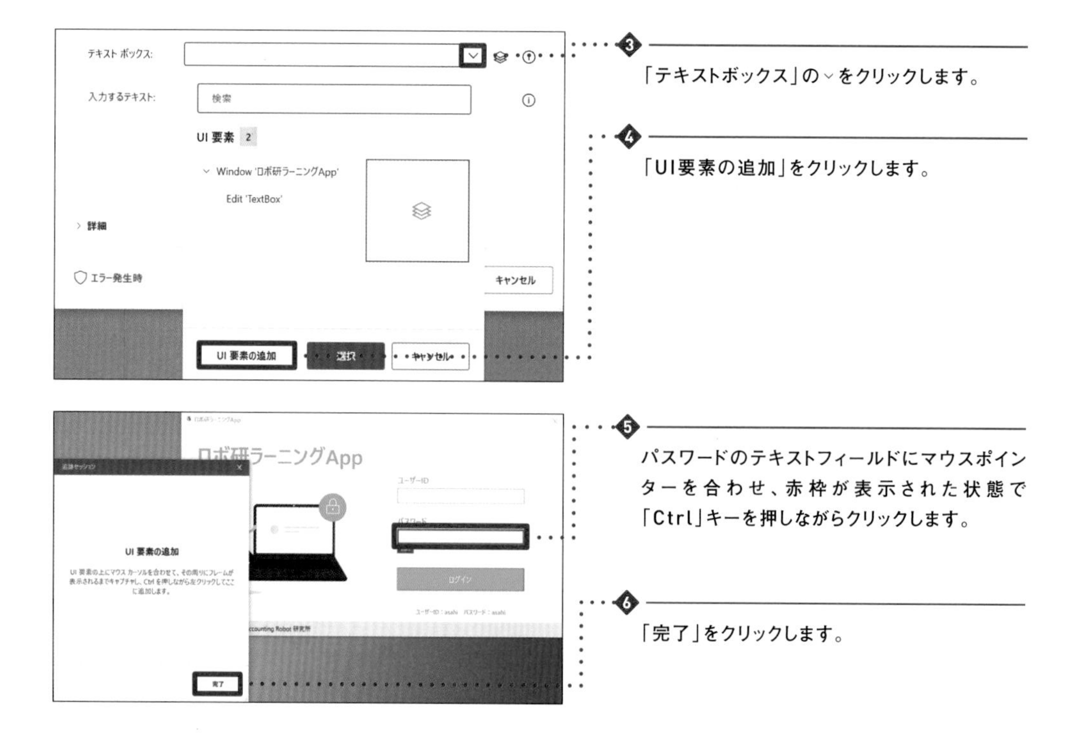

「入力するテキスト」で、入力方法を選択したうえで、入力するテキストを指定します。今回はパスワードを入力するので他者に入力した内容が閲覧できないように「ダイレクト機密テキストの入力」を選択し、「asahi」と入力します。入力した内容は「•」で伏字になります。

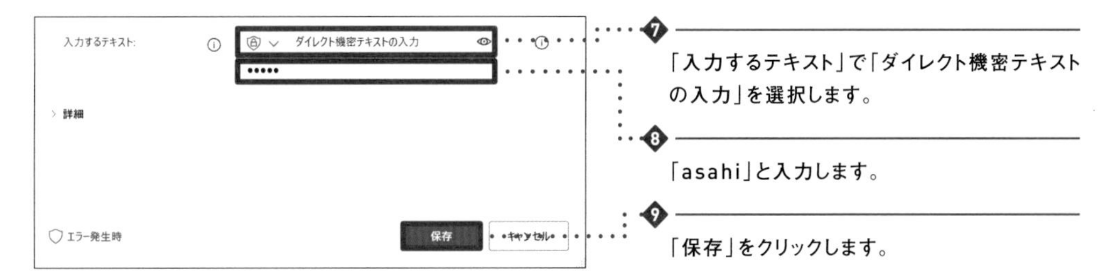

◆ 「ログイン」ボタンのUI要素をクリックする

「ウィンドウのUI要素をクリックする」アクションをワークスペースに追加します。

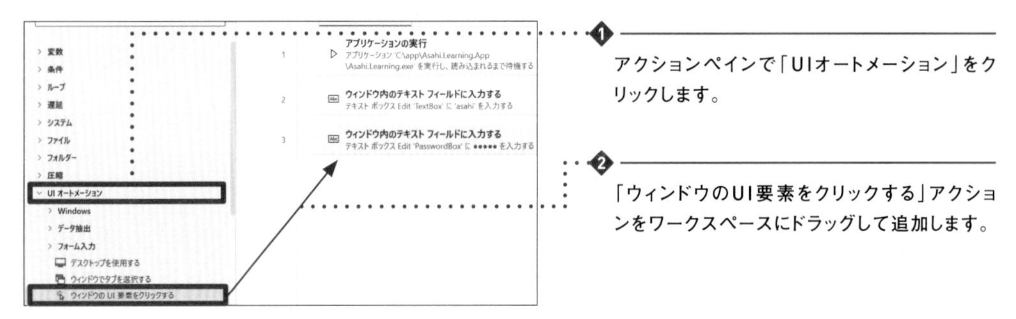

「UI要素」で、UI要素を指定します。UI要素のドロップダウンから「UI要素の追加」をクリックし、「ログイン」ボタンのUI要素を取得します。

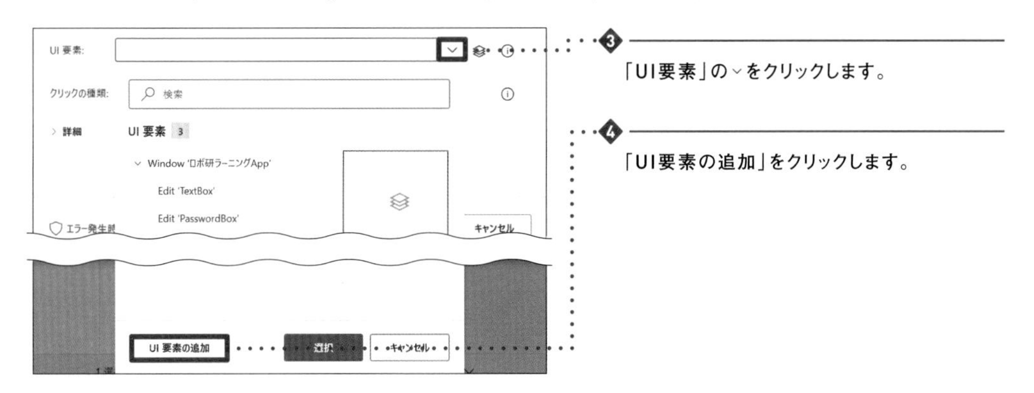

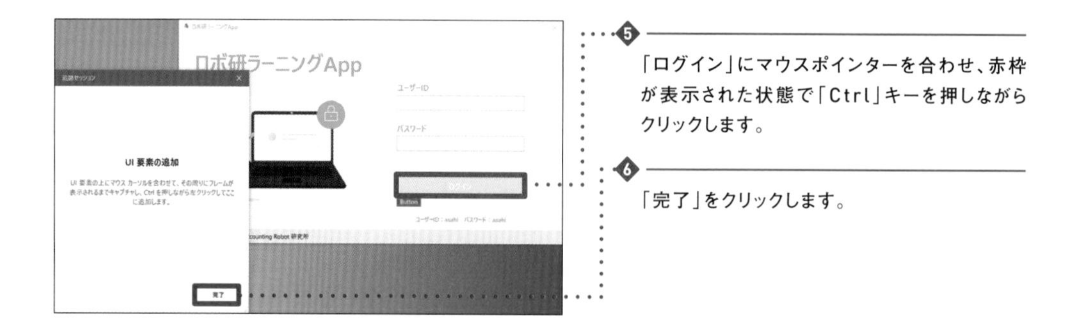

ロボ研ラーニングApp
UI 要素の追加
ユーザーID
パスワード
完了
5
「ログイン」にマウスポインターを合わせ、赤枠が表示された状態で「Ctrl」キーを押しながらクリックします。
6
「完了」をクリックします。

「クリックの種類」で、クリックの種類を選択します（今回は「左クリック」)。

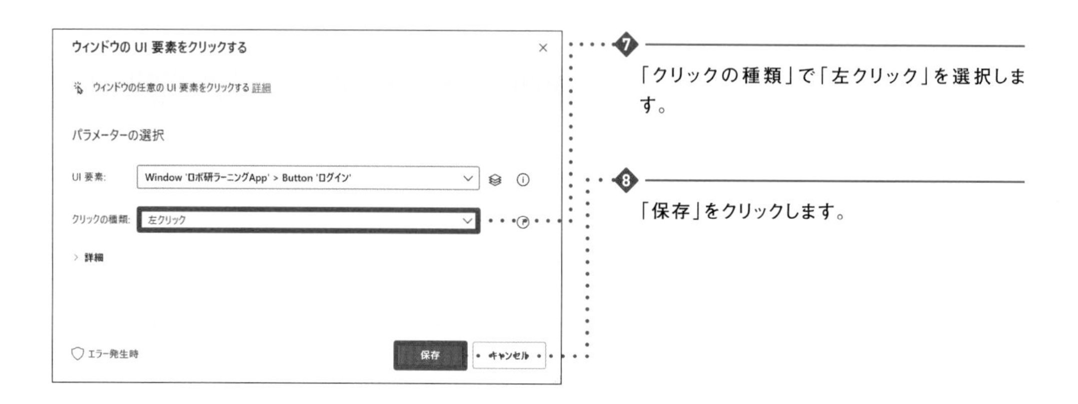

「ウィンドウのUI要素をクリックする」アクションを追加したら、実行してログインできるか確認してみましょう。

COLUMN

クリックの種類は、「左クリック」「右クリック」「ダブルクリック」に加えて、「左ボタンを押す」「左ボタンを離す」「右ボタンを押す」「右ボタンを離す」から選択できます。「ウィンドウのUI要素をクリックする」アクションと「マウスの移動」アクションを組み合わせることで、ドラッグを用いた範囲指定を行うことができます。「ウィンドウのUI要素をクリックする」アクションで「左ボタンを押す」を選択し、「マウスの移動」アクションで任意の箇所までマウスを移動、「ウィンドウのUI要素をクリックする」アクションで「左ボタンを離す」を選択します。

6-3　明細情報入力

業務の中で発生した受注情報をデスクトップアプリケーションへ入力、登録するイメージをして、製品コード、受注日、数量を入力します。

◆　作成するフローの確認

「ロボ研ラーニングApp」の場合、製品名は製品コード、単価は数量を入力すると自動表示されます。つまり、すべての項目を操作する必要はないということです。このように、デスクトップアプリケーション側に有効な機能がある場合は無理に自動化せず、すでに備わっている機能を活用し、フロー作成を進めるのも1つです。ここでは、以下の動作について作成します。

①「メニュー」画面の「入力画面」ボタンをクリックする。
②「受注入力」画面の「製品コード」に「0001」と入力する。
③「受注入力」画面の「受注日」に「2021/07/14」と入力する。
④「受注入力」画面の「数量」に「5」と入力する。
⑤「登録」ボタンをクリックする。

この手順を自動化するフローを作成していきます。

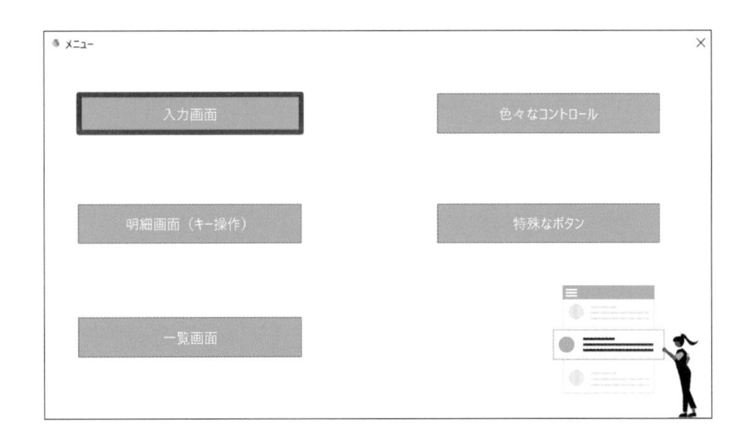

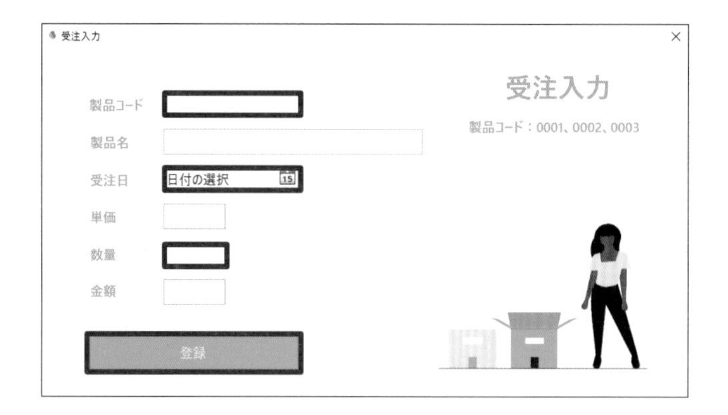

◆ 「入力画面」ボタンのUI要素をクリックする

「ウィンドウのUI要素をクリックする」アクションをワークスペースに追加します。

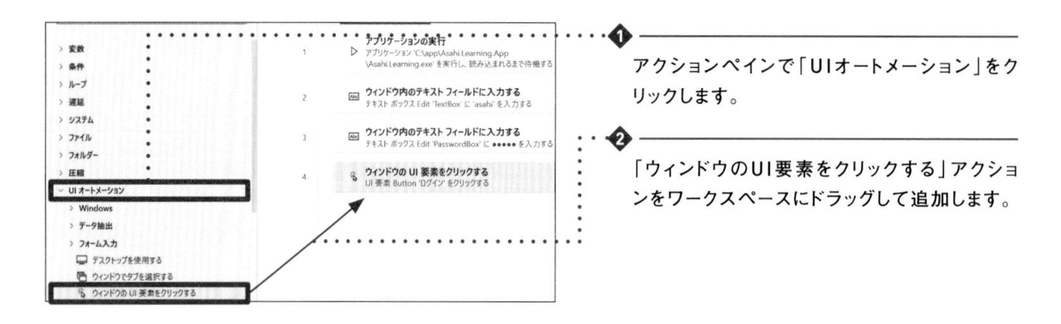

「UI要素」で、UI要素を取得します。UI要素のドロップダウンから「UI要素の追加」をクリックし、「入力画面」ボタンのUI要素を取得します。

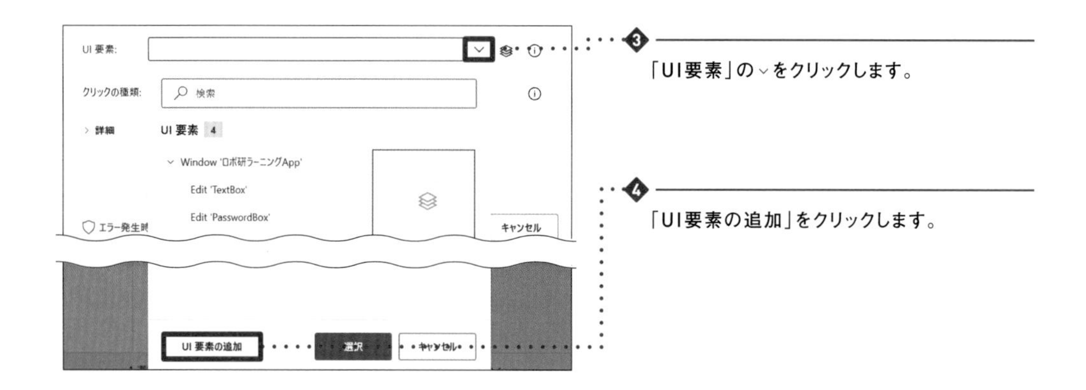

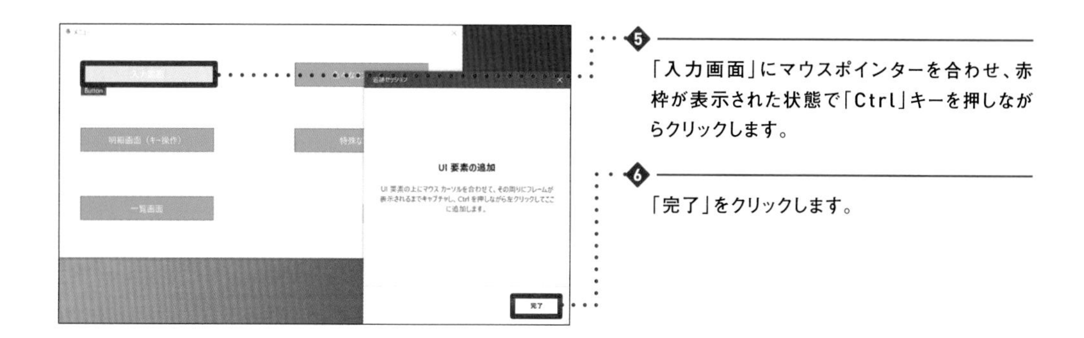

UI 要素の追加
完了
❺
「入力画面」にマウスポインターを合わせ、赤枠が表示された状態で「Ctrl」キーを押しながらクリックします。
❻
「完了」をクリックします。

「クリックの種類」で、クリックの種類を選択します。今回は「左クリック」を選択します。

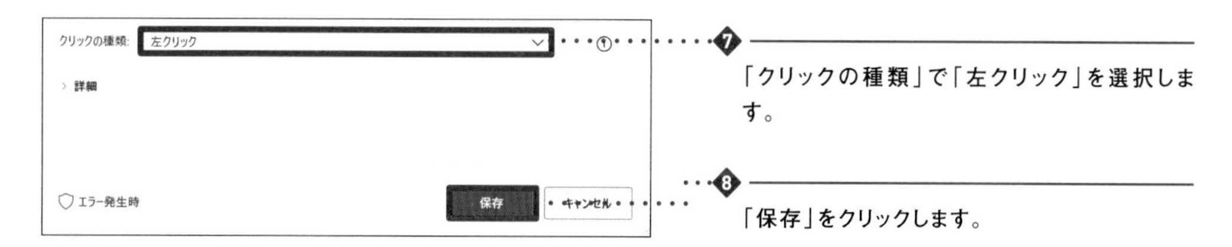

◆「製品コード」のテキストフィールドに入力する

「ロボ研ラーニングApp」の「入力画面」をクリックし、受注入力ウィンドウを開いた後、「ウィンドウ内のテキストフィールドに入力する」アクションをワークスペースに追加します。

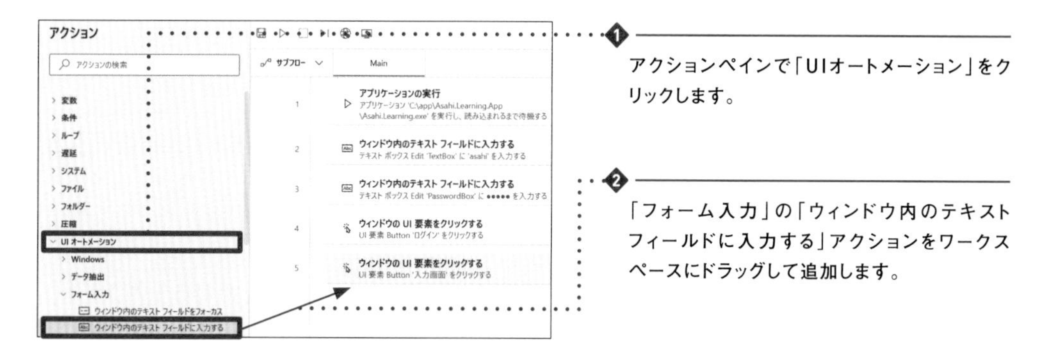

「テキストボックス」で、入力するテキストフィールドのUI要素を指定します。テキストボックスのドロップダウンから「UI要素の追加」をクリックし、「製品コード」のテキストフィールドのUI要素を取得します。

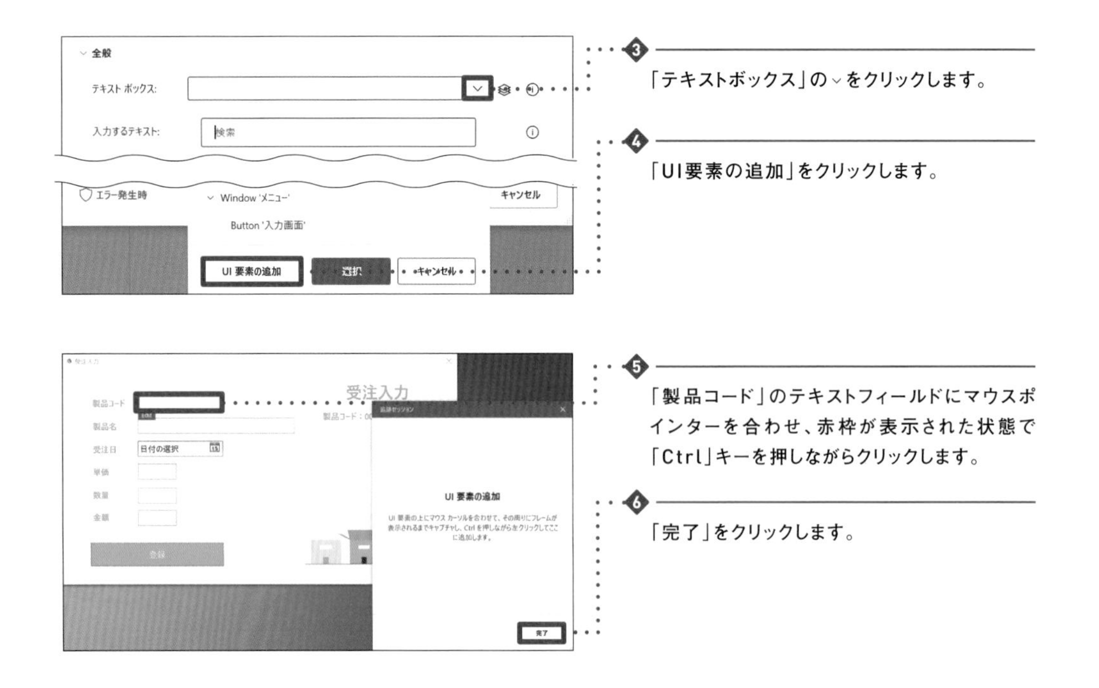
全般
テキスト ボックス:
入力するテキスト:
エラー発生時
Window 'メニュー'
Button '入力画面'
UI 要素の追加
選択
キャンセル
3 「テキストボックス」の⌄をクリックします。
4 「UI要素の追加」をクリックします。
受注入力
製品コード
UI 要素の追加
完了
5 「製品コード」のテキストフィールドにマウスポインターを合わせ、赤枠が表示された状態で「Ctrl」キーを押しながらクリックします。
6 「完了」をクリックします。

「入力するテキスト」で、入力方法を選択したうえで、入力するテキストを指定します。今回は「テキスト、変数、または式として入力します」を選択し、「%'0001'%」と入力します。

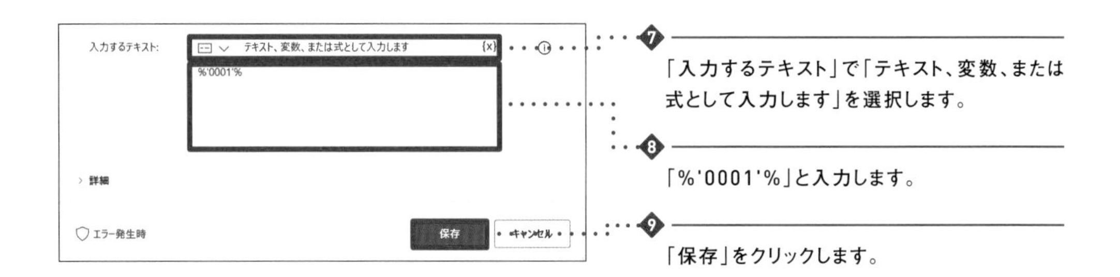
入力するテキスト:
テキスト、変数、または式として入力します
%'0001'%
詳細
エラー発生時
保存
キャンセル
7 「入力するテキスト」で「テキスト、変数、または式として入力します」を選択します。
8 「%'0001'%」と入力します。
9 「保存」をクリックします。

COLUMN

「0001」のようなゼロ埋めされた数値を入力したい場合、そのまま「入力するテキスト」に設定すると、アクションの保存後に「1」と自動的に先頭の0を詰めて変換されてしまいます。文字列ではなく数字として扱われてしまうためです。「入力するテキスト」に「%'0001'%」と設定することで、文字列として入力できます。

◆「受注日」のテキストフィールドに入力する

「ウィンドウ内のテキストフィールドに入力する」アクションをワークスペースに追加します。

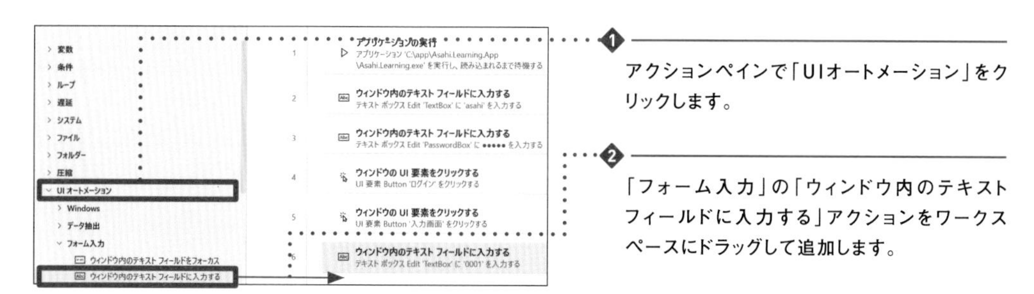

1
アクションペインで「UIオートメーション」をクリックします。
2
「フォーム入力」の「ウィンドウ内のテキストフィールドに入力する」アクションをワークスペースにドラッグして追加します。

「テキストボックス」で、入力するテキストフィールドのUI要素を指定します。テキストボックスのドロップダウン⌄から「UI要素の追加」をクリックし、「受注日」のテキストフィールドのUI要素を取得します。UI要素にマウスポインターを合わせたとき、「UI Custom」ではなく、テキスト入力ができる「Edit」と表示されるようにします。

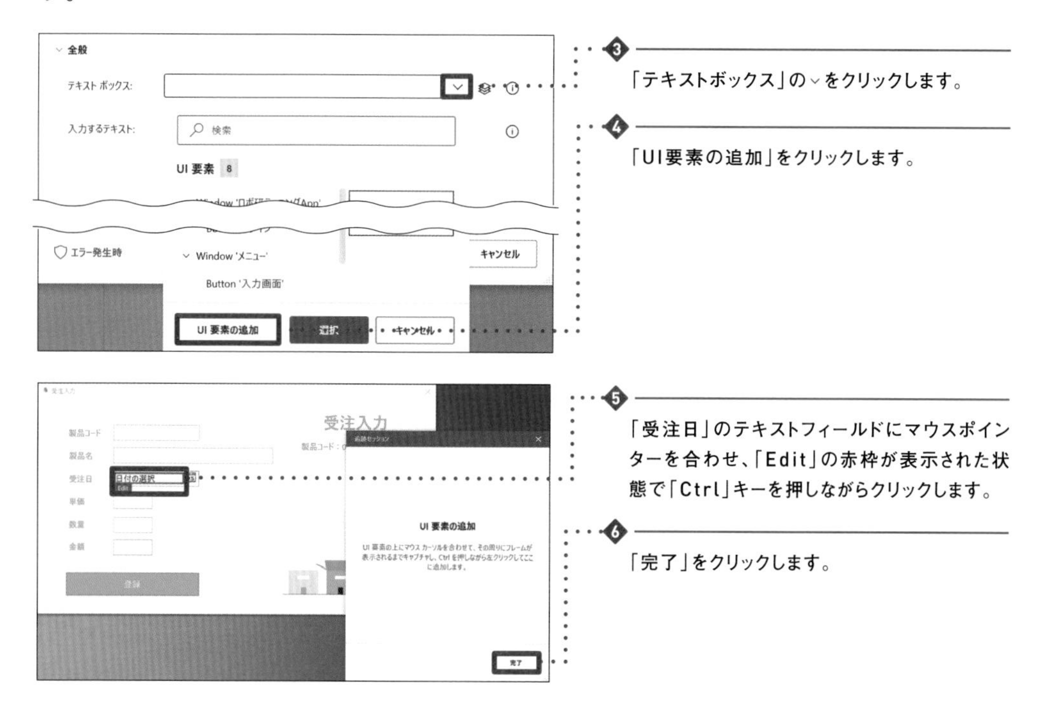

「入力するテキスト」で、入力方法を選択したうえで、入力するテキストを指定します。今回は「テキスト、変数、または式として入力します」を選択し、「2021/07/14」と入力します。

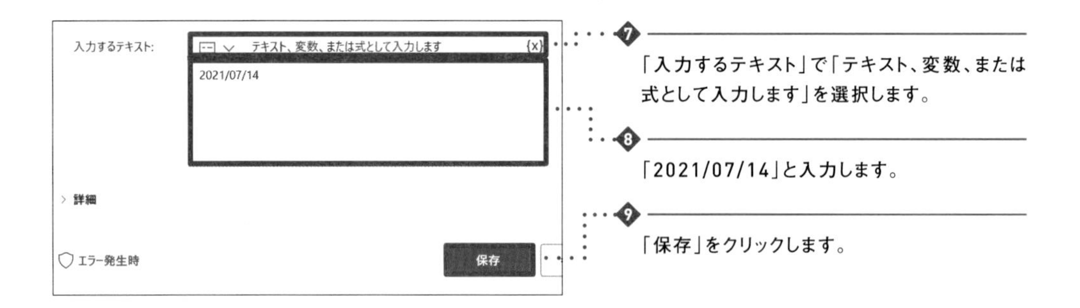

COLUMN

「受注日」の選択はカレンダーピッカーより可能ですが、カレンダーから日付を判断し、該当の日付を選択するフローを作成するのは難易度が高くなります。かわりにキーボードから直接日付が設定できるか確認し、可能な場合は「ウィンドウ内のテキストフィールドに入力する」アクションで入力すると、アクションの数を減らすことが可能です。ここでは日付を「2021/07/14」の形式で入力可能なため、「入力するテキスト」に設定しています。

◆ 「数量」のテキストフィールドに入力する

「ウィンドウ内のテキストフィールドに入力する」アクションをワークスペースに追加します。

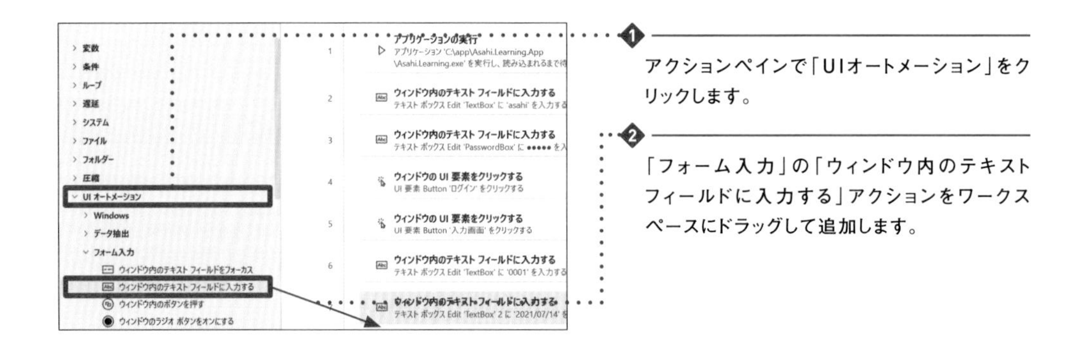

「テキストボックス」で、入力するテキストフィールドのUI要素を指定します。テキストボックスのドロップダウンから「UI要素の追加」をクリックし、「数量」のテキストフィールドのUI要素を取得します。

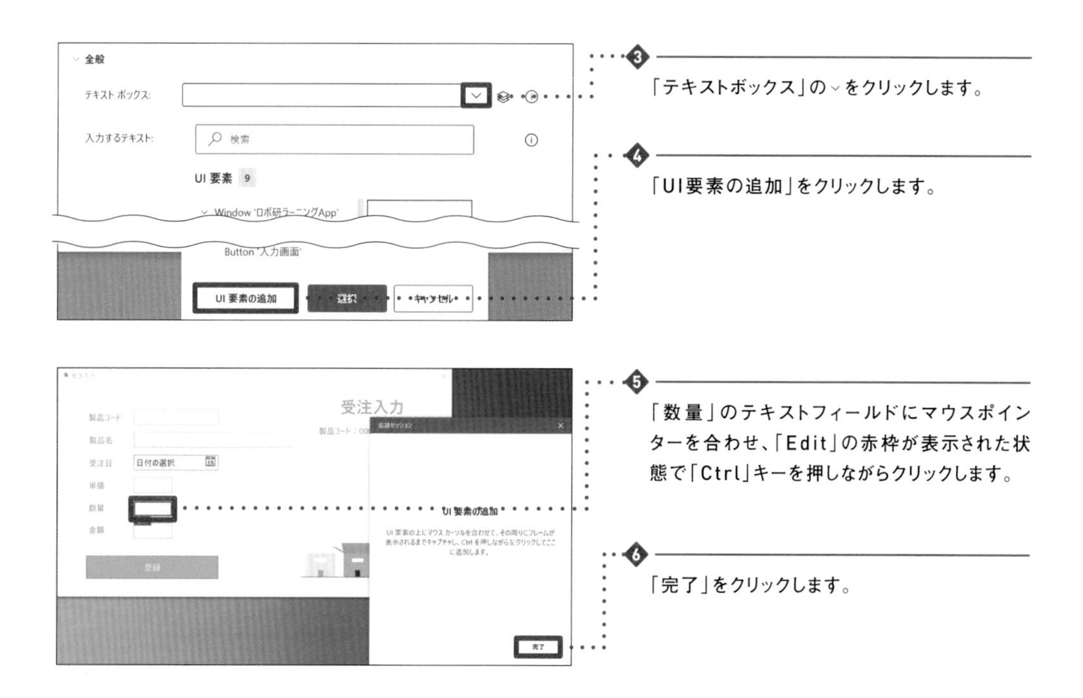

「入力するテキスト」で、入力方法を選択したうえで、入力するテキストを指定します。今回は「テキスト、変数、または式として入力します」を選択し、「5」と入力します。

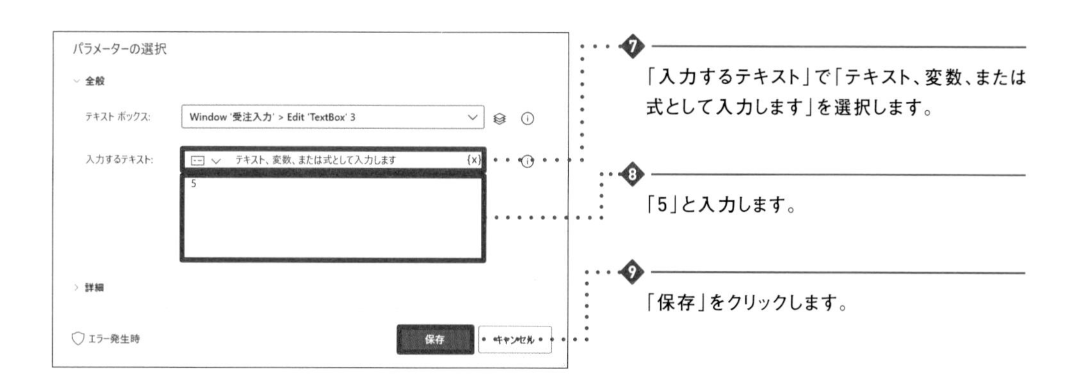

◆ 「登録」ボタンのUI要素をクリックする

「ウィンドウの UI 要素をクリックする」アクションをワークスペースに追加します。

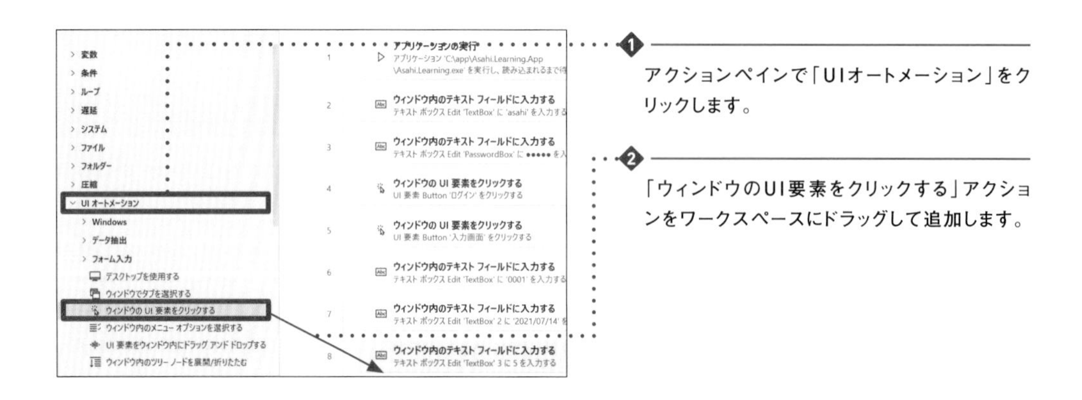

❶
アクションペインで「UIオートメーション」をクリックします。
❷
「ウィンドウのUI要素をクリックする」アクションをワークスペースにドラッグして追加します。
UI オートメーション
ウィンドウの UI 要素をクリックする

「UI要素」で、UI要素を取得します。UI要素のドロップダウンから「UI要素の追加」をクリックし、「登録」ボタンのUI要素を取得します。

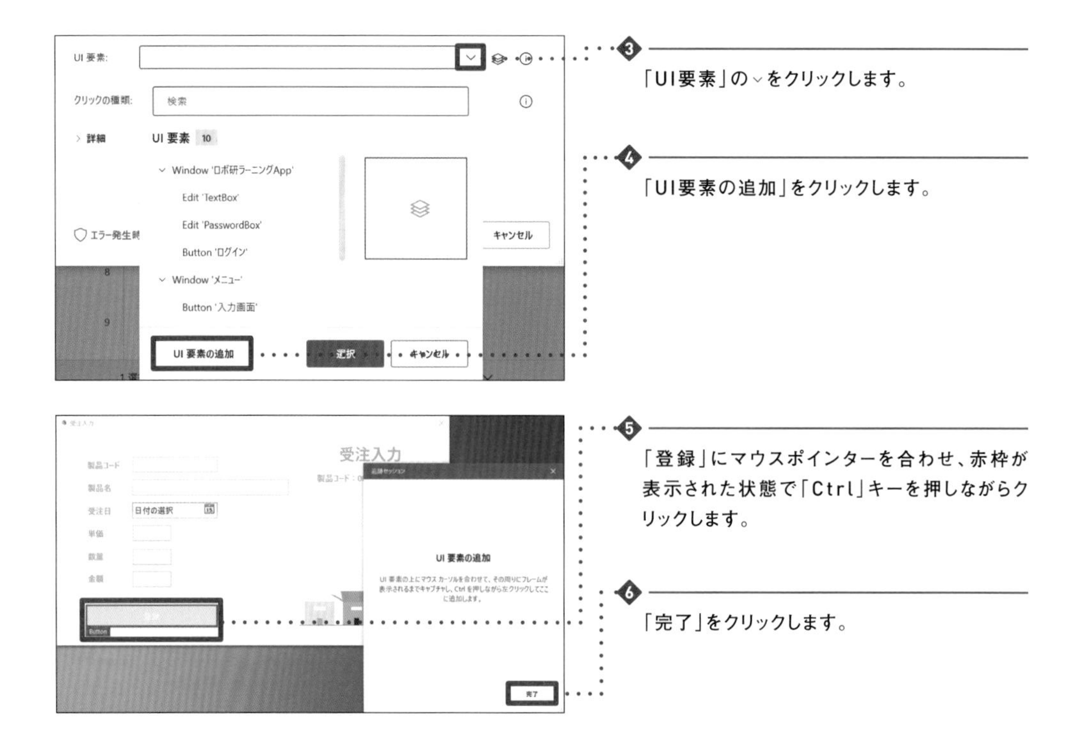

「クリックの種類」で、クリックの種類を選択します。今回は「左クリック」を選択します。

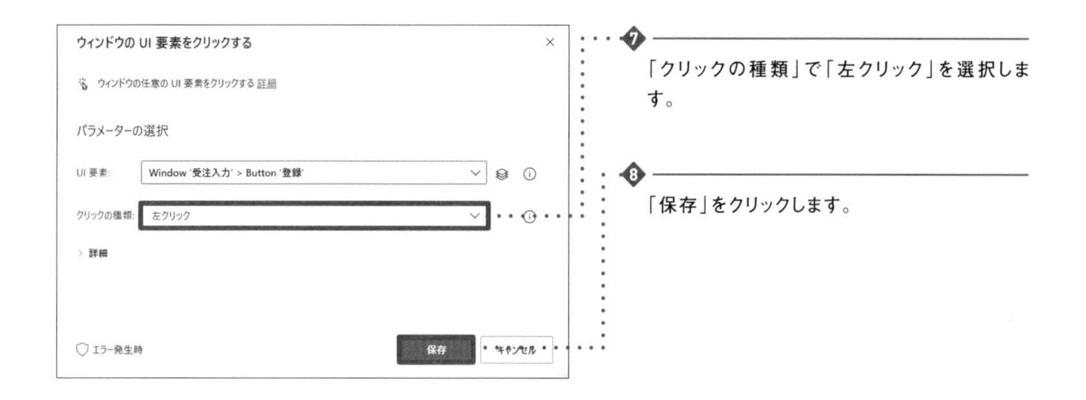

COLUMN

「ウィンドウの UI 要素をクリックする」アクションでは設定項目の「詳細」にある「UI 要素に対するマウスの相対位置」でUI 要素をクリックする位置を調整することが可能です。

「UI 要素に対するマウスの相対位置」は、チェックを付けた箇所を起点とし、「オフセット X」、「オフセットY」の値だけ移動した箇所をクリックさせます。

入力する値は「オフセット X」は右側がプラス値、左側がマイナス値、「オフセット Y」は上側がマイナス値、下側がプラス値となります。

例として❼にチェックをいれた場合、左下を起点として、オフセットX、オフセットYの値が加算され、移動した場所がクリックされます。

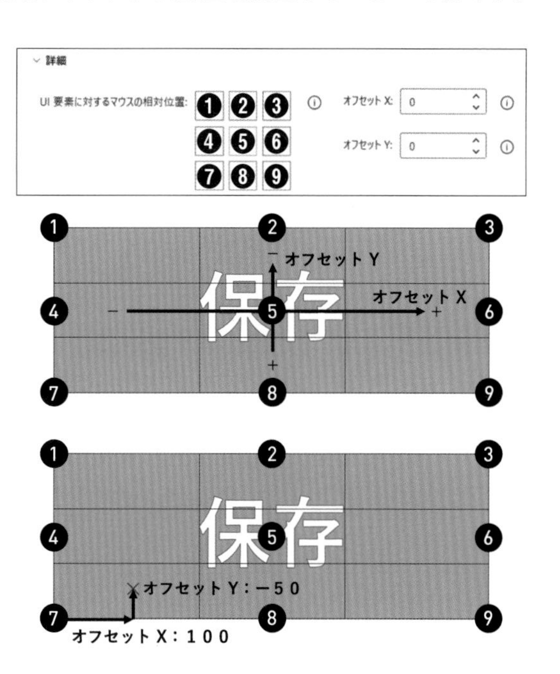

◆ ウィンドウを閉じる

「ウィンドウを閉じる」アクションをワークスペースに追加します。

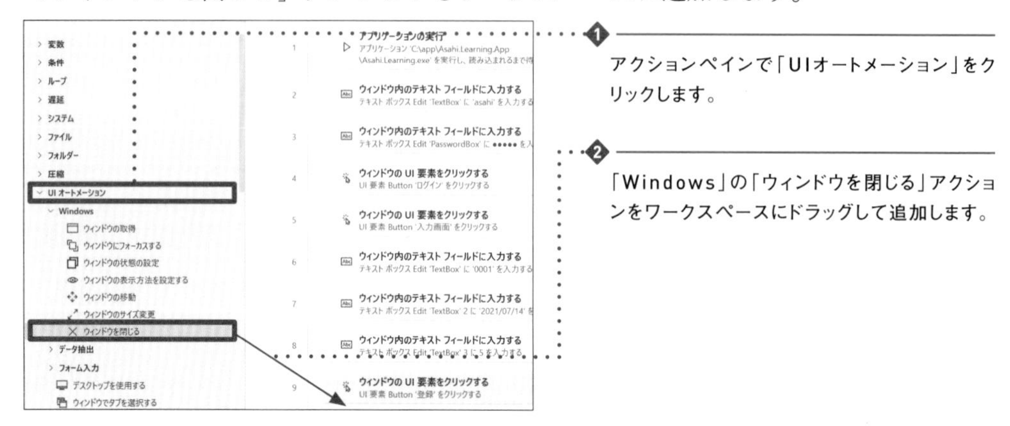

「ウィンドウの検索モード」で、ウィンドウの検索モードを選択します。今回は「ウィンドウのUI要素ごと」を選択します。

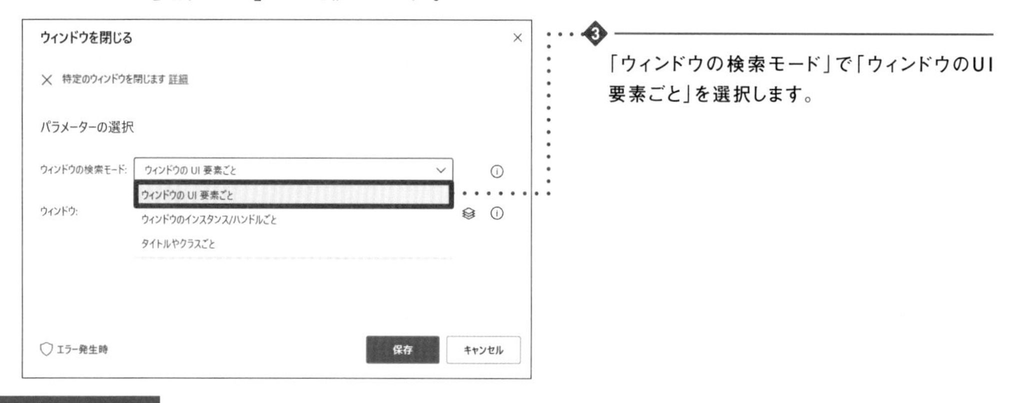

COLUMN

「ウィンドウの検索モード」の「ウィンドウのUI要素ごと」は、閉じるウィンドウをUI要素で指定します。「ウィンドウのインスタンス／ハンドルごと」は、閉じるウィンドウをインスタンスまたはハンドルで指定します。「タイトルやクラスごと」は、閉じるウィンドウをタイトルやクラスで指定します。今回の例では「ウィンドウのUI要素ごと」を使用しましたが、UI要素が取得できない場合は、「タイトルやクラスごと」を選択し、ウィンドウのタイトルなどで指定する方法も可能です。

「ウィンドウ」で、受注入力のウィンドウを設定します。ウィンドウのドロップダウンから、「Window'受注入力'」を選択します。

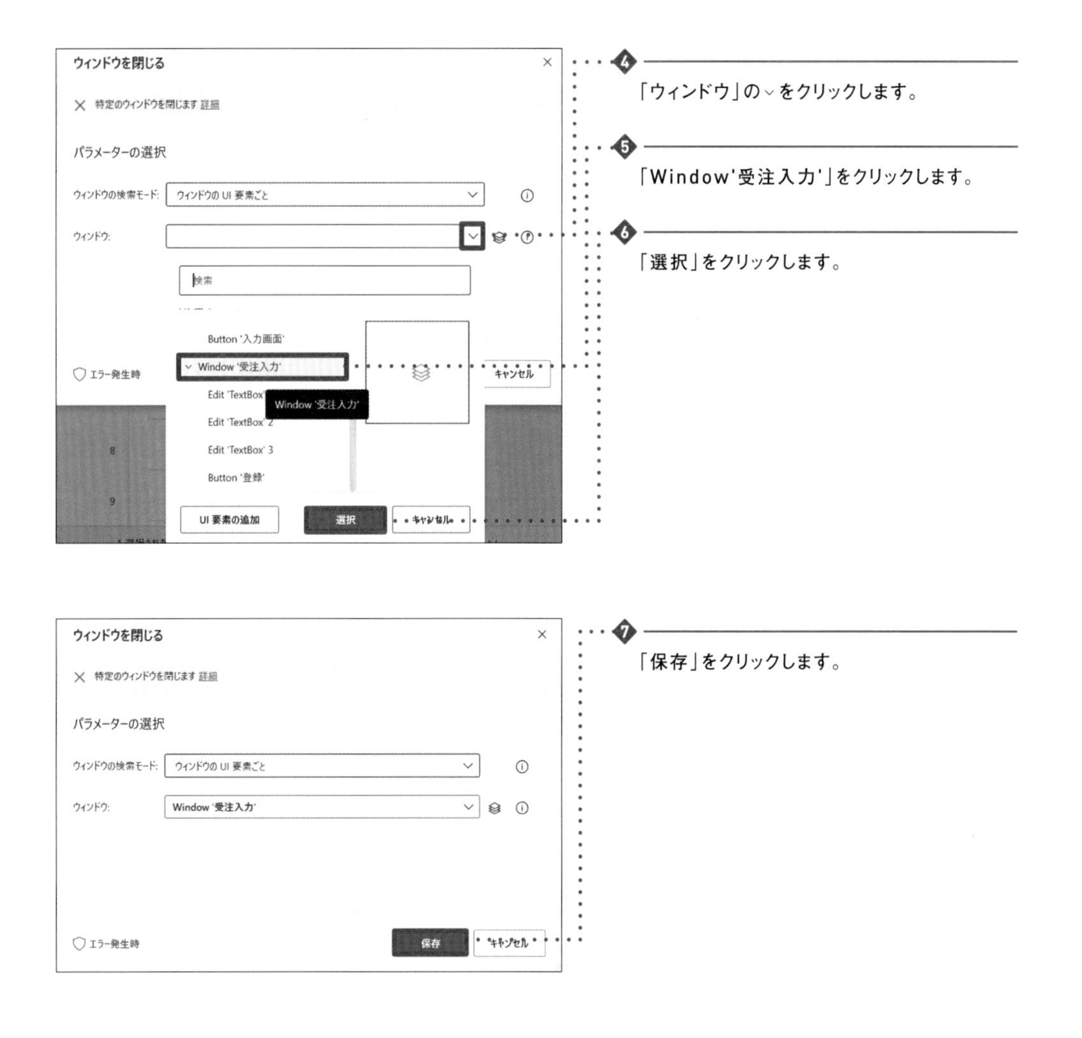

COLUMN

操作するアプリケーションによっては「ウィンドウを閉じる」アクションで操作できないものがあります。その場合は、ウィンドウ右上の「×」ボタンや、画面上にある「閉じる」ボタン、「終了」ボタンを、「ウィンドウのUI要素をクリックする」でクリックするという方法で終了することができます。

6-4 PDFの出力

デスクトップアプリケーション内に登録されているデータをPDFとして出力します。PDFの印刷にはWindows 10の仮想プリンター「Microsoft Print to PDF」を用います。今回は出力先をPDFとしますが、プリンターの設定を実際に設置している複合機やプリンターを出力先とすることで、実際に紙に印刷することも可能です。

◆ 作成するフローの確認

以下の手順を自動化するフローを作成していきます。

①「メニュー」画面の「一覧画面」ボタンをクリックする。
②「受注一覧」画面の「印刷」ボタンをクリックする。
③「印刷プレビュー」画面の「印刷（プリンター）」アイコンをクリックする。
④「印刷」画面の「印刷」ボタンをクリックする。
⑤「印刷結果を名前を付けて保存」画面でファイル名を入力し、「保存」ボタンをクリックする。
⑥「印刷プレビュー」画面を閉じる。
⑦「受注一覧」画面を閉じる。

◆ 既定のプリンターを設定する

「既定のプリンターを設定」アクションをワークスペースに追加します。

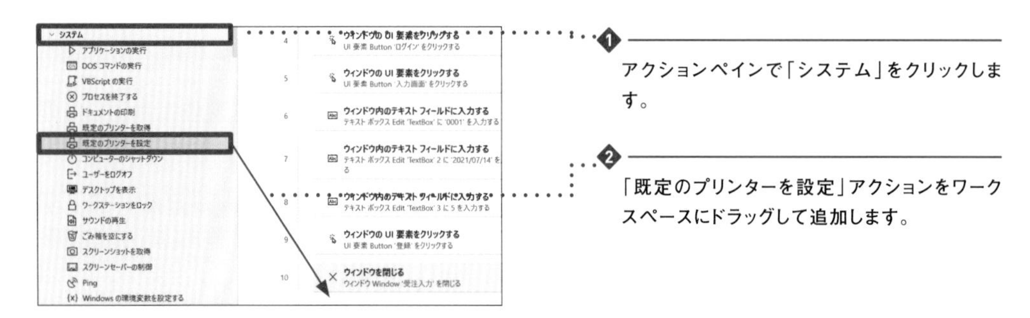

「プリンター名」に、使用するプリンターの名前を入力します。今回はPDFに出力するため「Microsoft Print to PDF」と入力します。

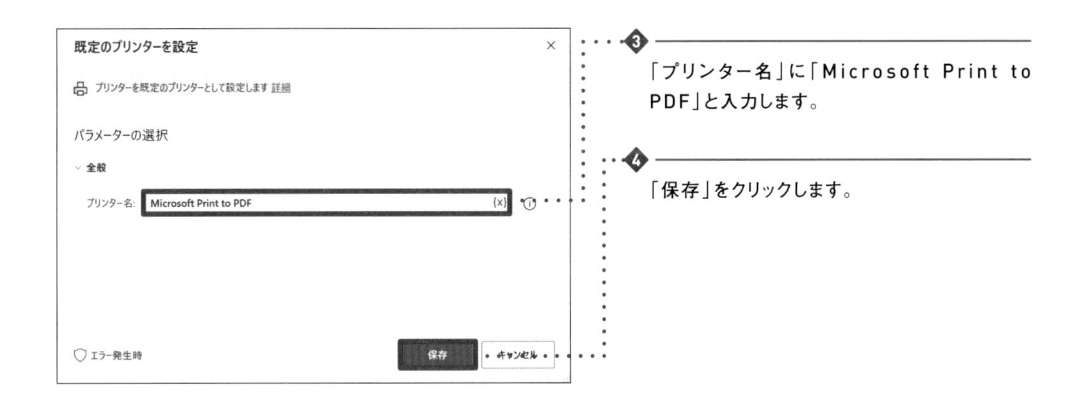

COLUMN

「既定のプリンターを設定」アクションを使用すると、印刷に用いるプリンターを変更可能です。ただし、一時的な変更ではないため、ほかのフローで印刷をする場合は注意が必要です。「既定のプリンターを設定」アクションの前に「既定のプリンターを取得」アクションで変更前のプリンターを取得しておき、フローの最後に「既定のプリンターを設定」アクションを配置すれば、既定のプリンターを変更前のプリンターに戻すことができます。

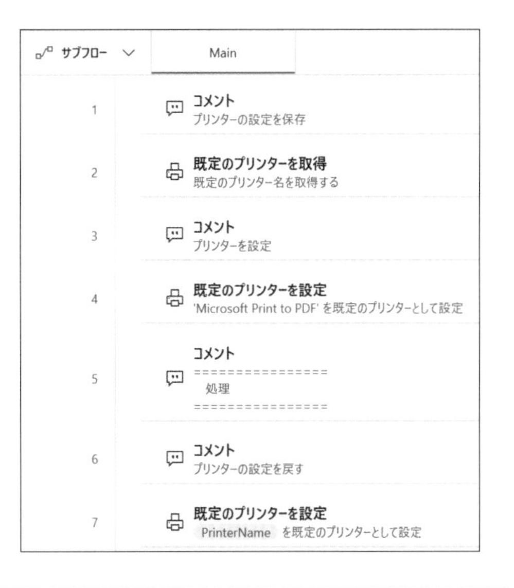

◆「一覧画面」ボタンのUI要素をクリックする

「ウィンドウのUI要素をクリックする」アクションをワークスペースに追加します。

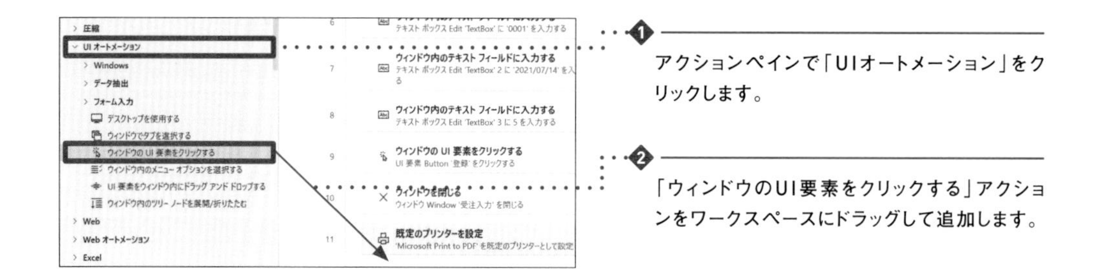

「UI要素」で、UI要素を取得します。ドロップダウンから「UI要素の追加」をクリックし、「一覧画面」ボタンのUI要素を取得します。

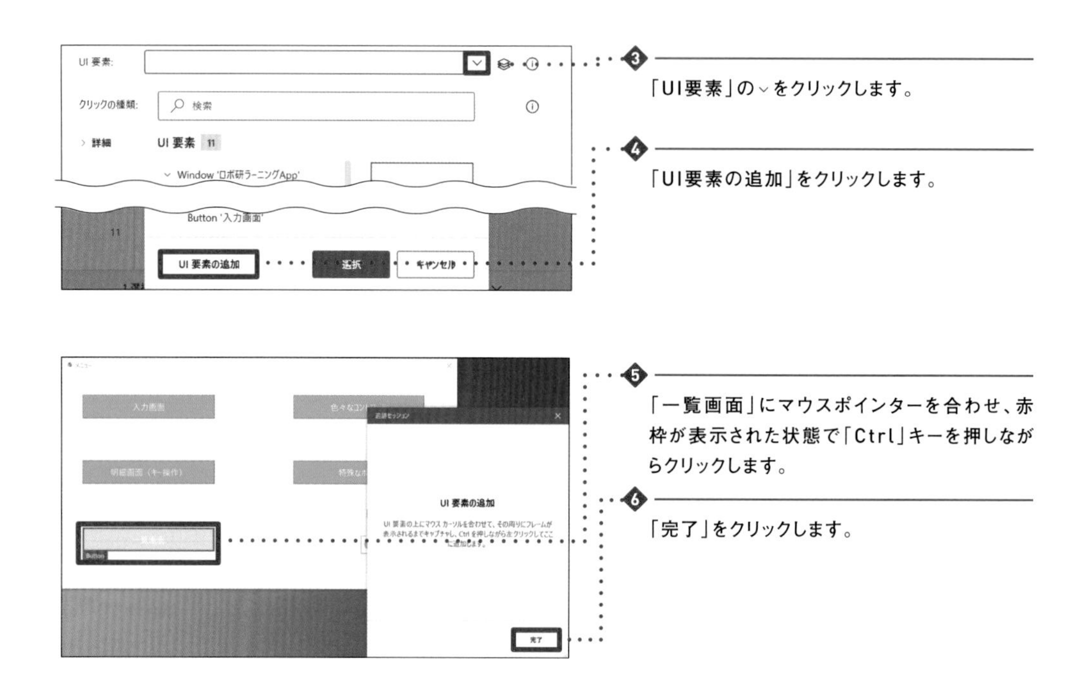

❸
「UI要素」の⌵をクリックします。
❹
「UI要素の追加」をクリックします。
❺
「一覧画面」にマウスポインターを合わせ、赤枠が表示された状態で「Ctrl」キーを押しながらクリックします。
❻
「完了」をクリックします。

「クリックの種類」で、クリックの種類を選択します。今回は「左クリック」を選択します。

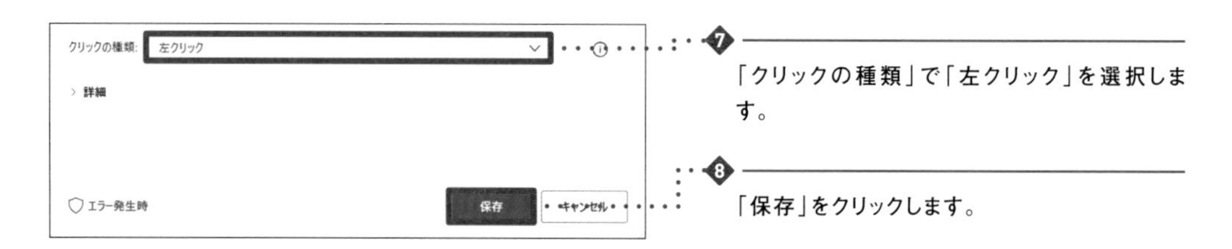

❼
「クリックの種類」で「左クリック」を選択します。
❽
「保存」をクリックします。

◆ 「印刷」ボタンのUI要素をクリックする

「ウィンドウのUI要素をクリックする」アクションをワークスペースに追加します。

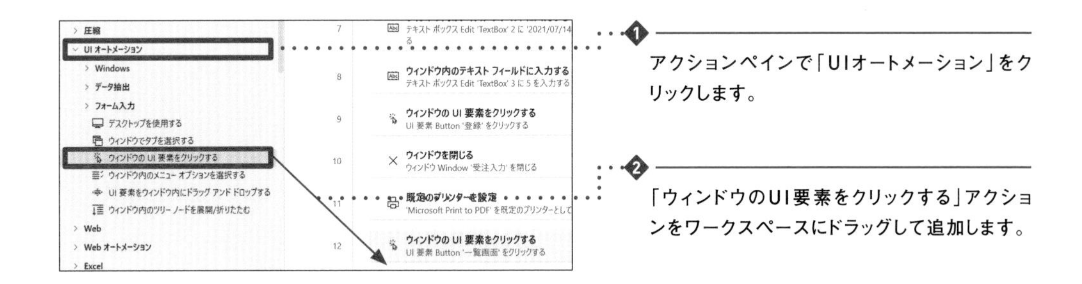

❶
アクションペインで「UIオートメーション」をクリックします。
❷
「ウィンドウのUI要素をクリックする」アクションをワークスペースにドラッグして追加します。

「UI要素」で、UI要素を取得します。ドロップダウンから「UI要素の追加」をクリックし、「印刷」ボタンのUI要素を取得します。

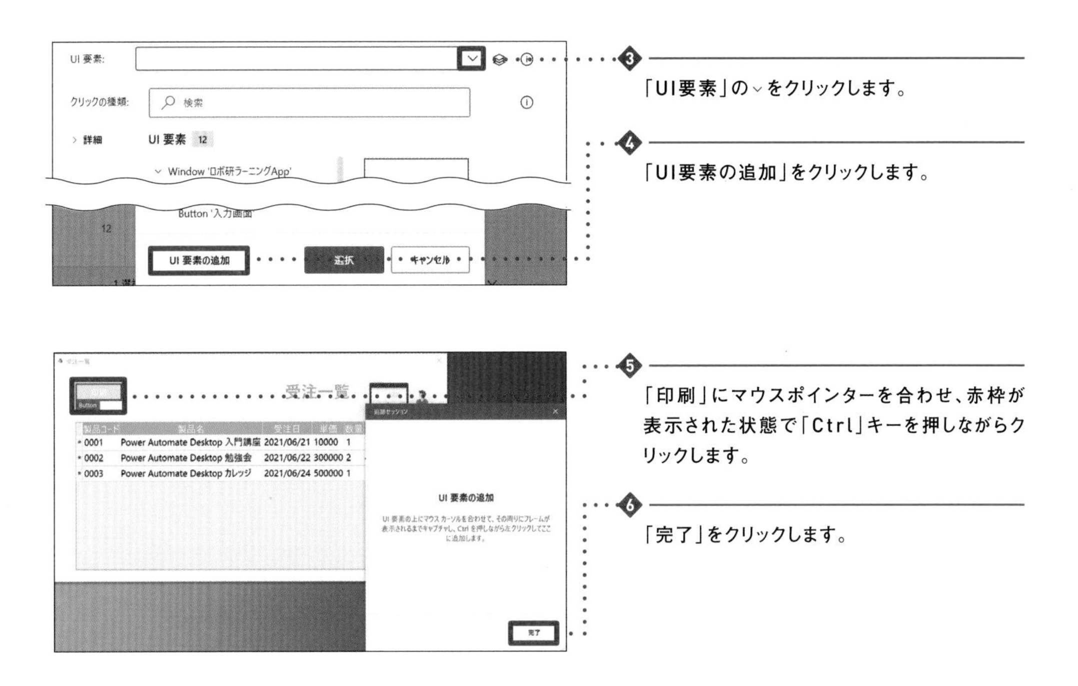

❸
「UI要素」の⌄をクリックします。
❹
「UI要素の追加」をクリックします。
❺
「印刷」にマウスポインターを合わせ、赤枠が表示された状態で「Ctrl」キーを押しながらクリックします。
❻
「完了」をクリックします。

「クリックの種類」で、クリックの種類を選択します。今回は「左クリック」を選択します。

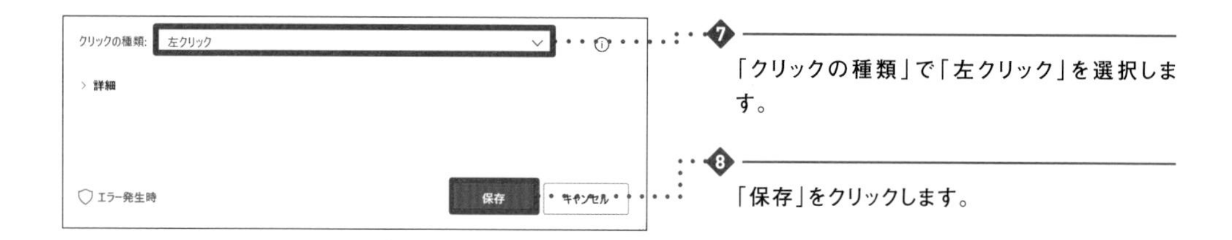

❼
「クリックの種類」で「左クリック」を選択します。
❽
「保存」をクリックします。

◆ 印刷アイコンのUI要素をクリックする

「ウィンドウのUI要素をクリックする」アクションをワークスペースに追加します。

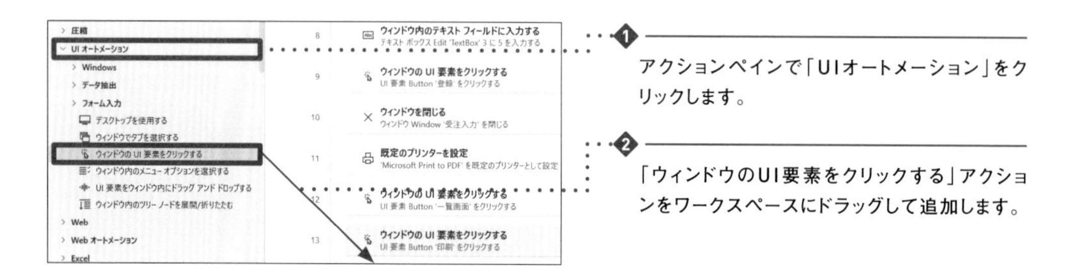

「UI要素」で、UI要素を取得します。ドロップダウンから「UI要素の追加」をクリックし、印刷アイコンのUI要素を取得します。

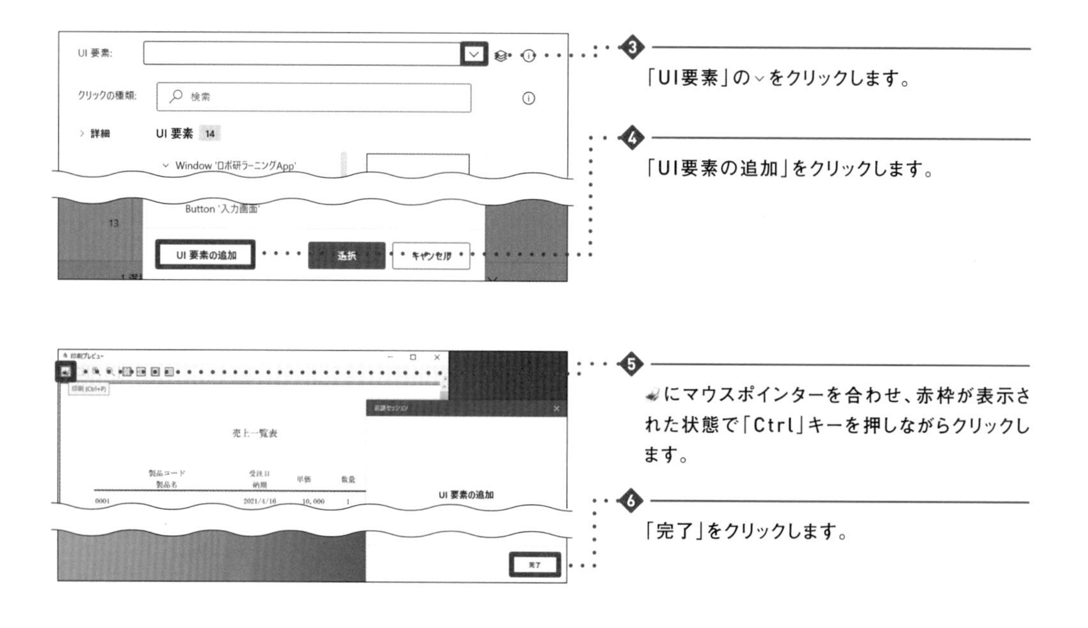

「クリックの種類」で、クリックの種類を選択します。今回は「左クリック」を選択します。

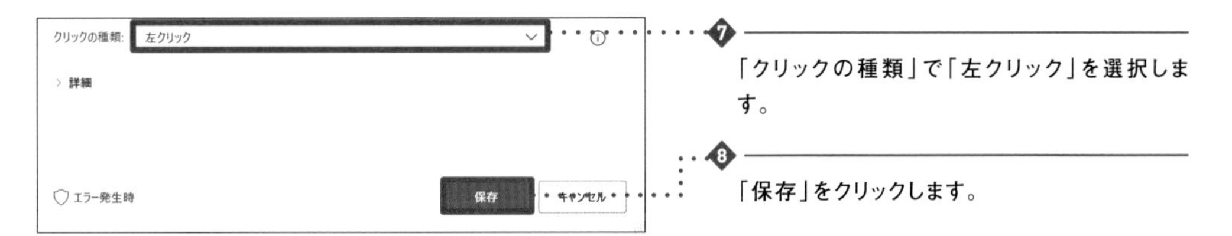

◆ 「印刷」画面の「印刷」ボタンのUI要素をクリックする

「ウィンドウのUI要素をクリックする」アクションをワークスペースに追加します。

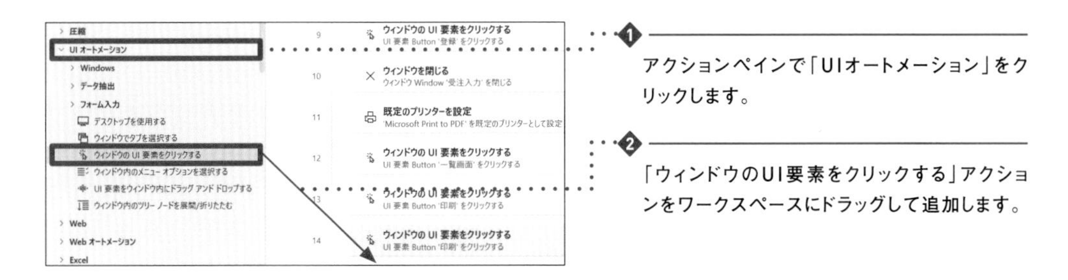

「UI要素」で、UI要素を取得します。ドロップダウンから「UI要素の追加」をクリックし、「印刷」ボタンのUI要素を取得します。

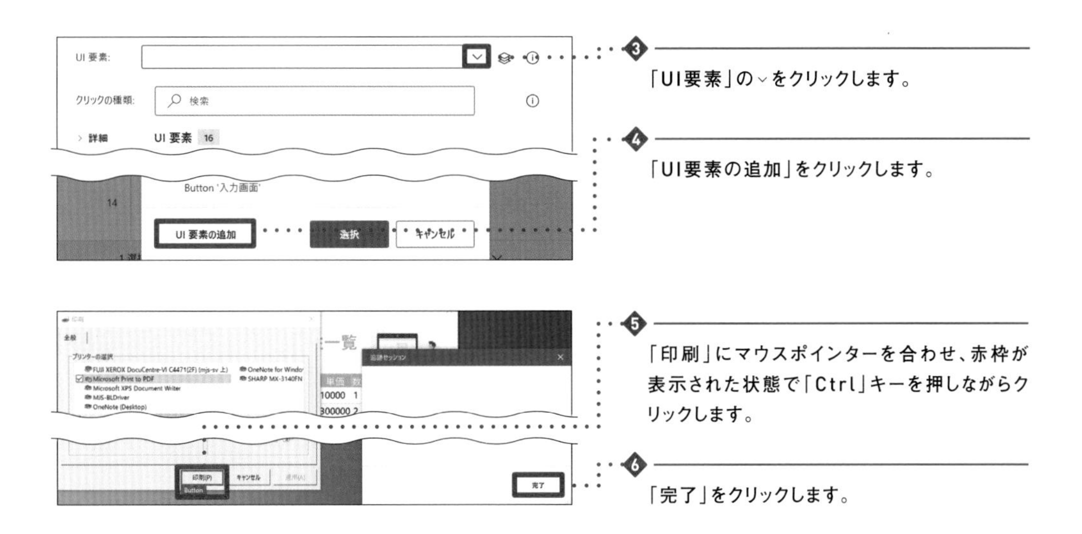

「クリックの種類」で、クリックの種類を選択します。今回は「左クリック」を選択し、「保存」をクリックします。

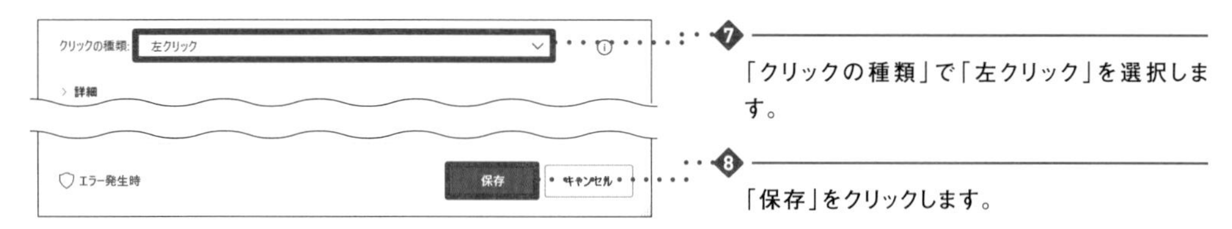

COLUMN

ボタンやアイコンにショートカットキーが割り当てられている場合、「キーの送信」アクションを用いてアプリケーションを操作できます。「印刷」ボタンには「Alt+P」キーが割り当てられており、「印刷」画面で「Alt+P」を入力することでボタンを選択することが可能です。使用する場合は「キーの送信」アクションを配置し、「送信するテキスト」に「{Alt}(P)」と入力します。

◆ 「ファイル名」のテキストフィールドに入力する

「ウィンドウ内のテキストフィールドに入力する」アクションをワークスペースに追加します。

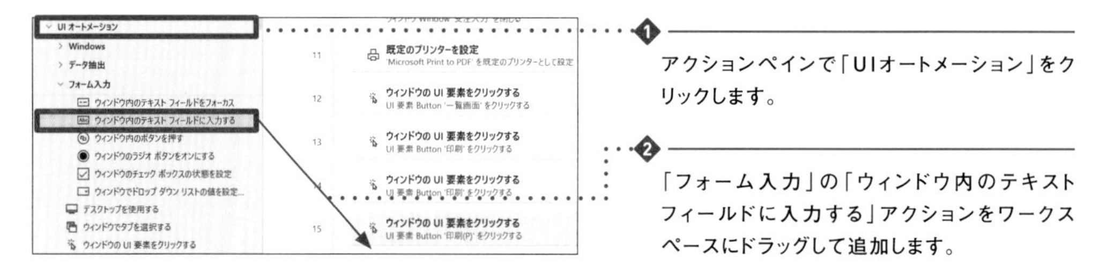

「テキストボックス」で、テキストフィールドのUI要素を取得します。ドロップダウンから「UI要素の追加」をクリックし、「ファイル名」のテキストフィールドのUI要素を取得します。

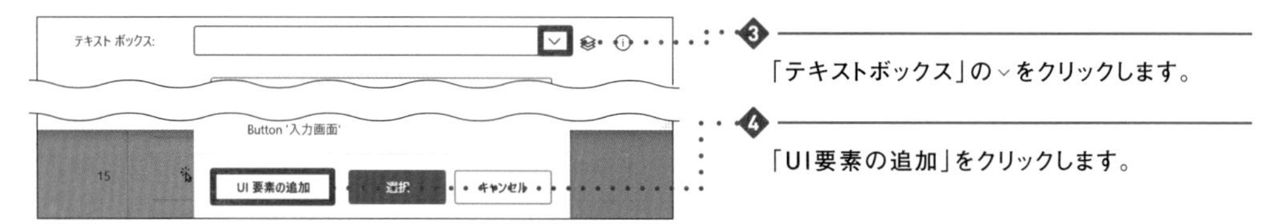

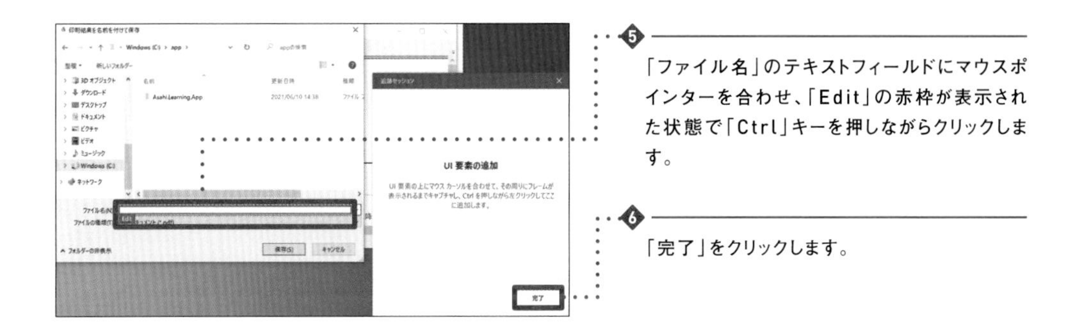

5
「ファイル名」のテキストフィールドにマウスポインターを合わせ、「Edit」の赤枠が表示された状態で「Ctrl」キーを押しながらクリックします。
6
「完了」をクリックします。
UI 要素の追加
完了

「入力するテキスト」で、入力方法を選択したうえで、入力するテキストを指定します。今回は「テキスト、変数、または式として入力します」を選択し、「%%UserProfile%%\Desktop\テスト印刷.pdf」と入力します。%UserProfile%についてはCOLUMNを参照してください。

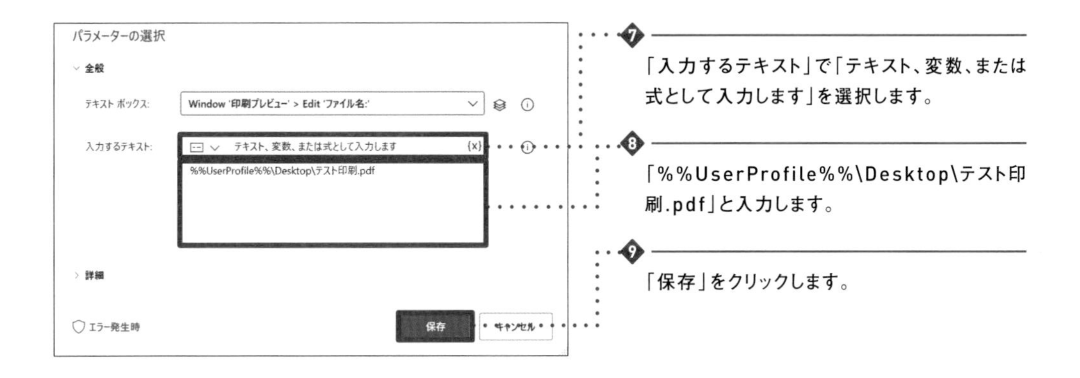

COLUMN

「%%UserProfile%%」はWindowsの「環境変数」という機能を利用した記法です。環境変数「%UserProfile%」にはユーザーフォルダーのパスが格納されており、「C:\Users\<ユーザー名>」が取得できます。環境変数は使う際に「%」を「%」の前に置いて、変数と区別して記します。また、デスクトップのパスはP.277で解説する「特別なフォルダーを取得」アクションでも取得できます。

◆ 「保存」ボタンのUI要素をクリックする

「ウィンドウのUI要素をクリックする」アクションをワークスペースに追加します。

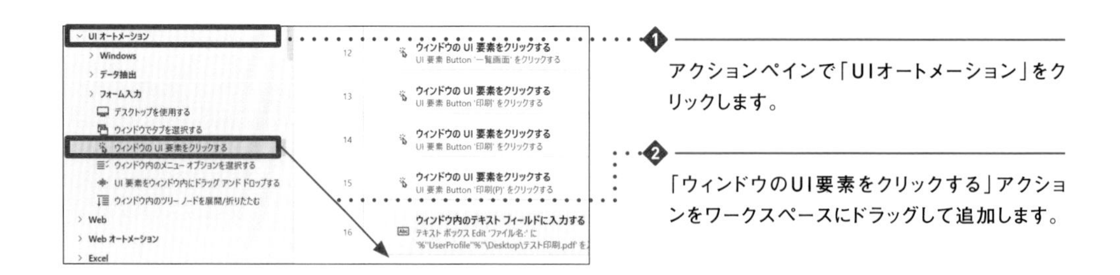

「UI要素」で、UI要素を取得します。ドロップダウンから「UI要素の追加」をクリックし、「保存」ボタンのUI要素を取得します。

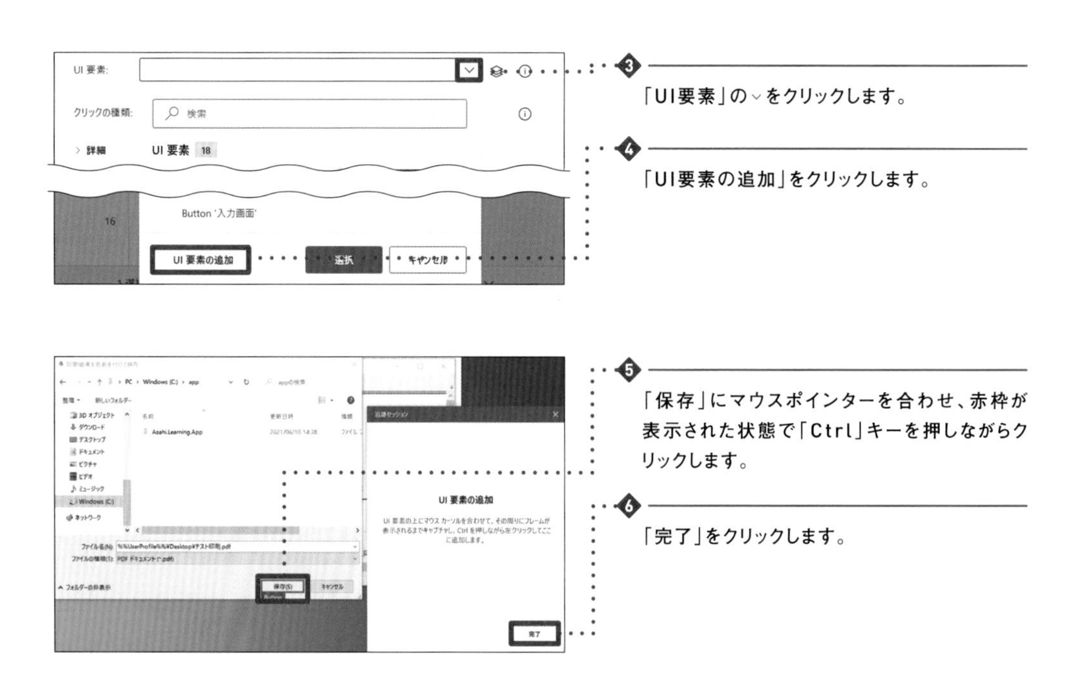

「クリックの種類」で、クリックの種類を選択します。今回は「左クリック」を選択します。

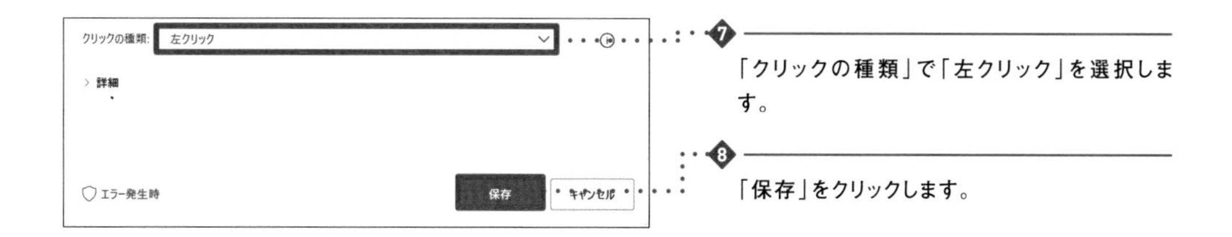

◆「印刷プレビュー」画面を閉じる

「ウィンドウを閉じる」アクションをワークスペースに追加します。

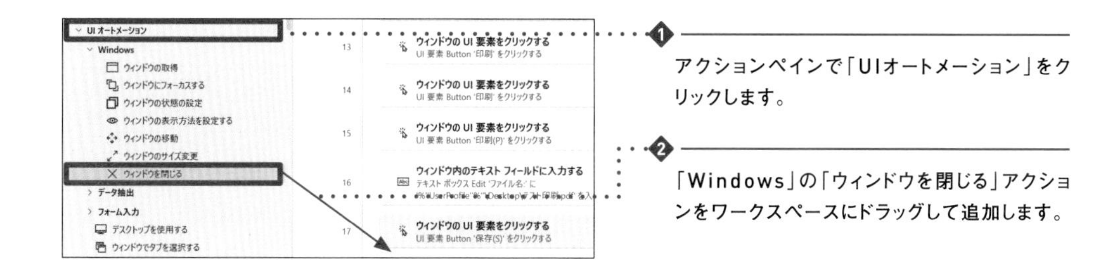

「ウィンドウの検索モード」で、ウィンドウの検索モードを選択します。今回は「ウィンドウのUI要素ごと」を選択します。

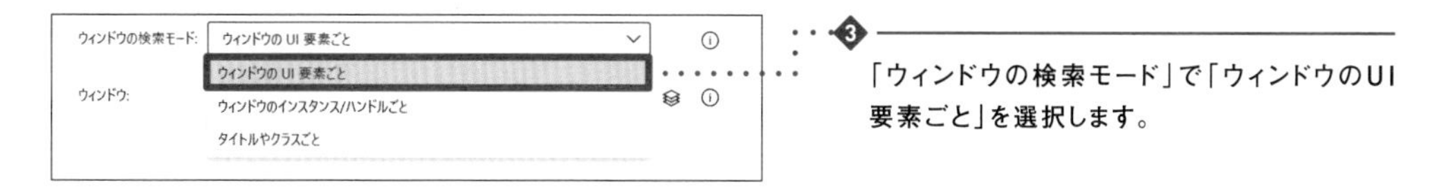

「ウィンドウ」で、閉じるウィンドウを設定します。今回は、「Window'印刷プレビュー'」を選択します。

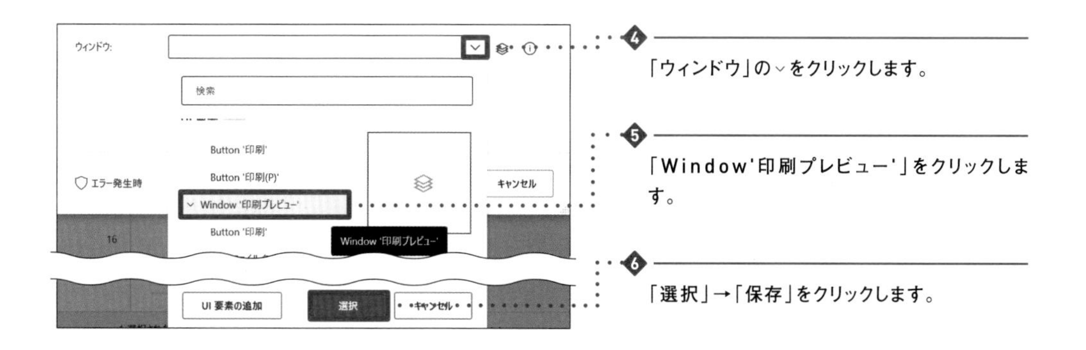

◆「受注一覧」画面を閉じる

「ウィンドウを閉じる」アクションをワークスペースに追加します。

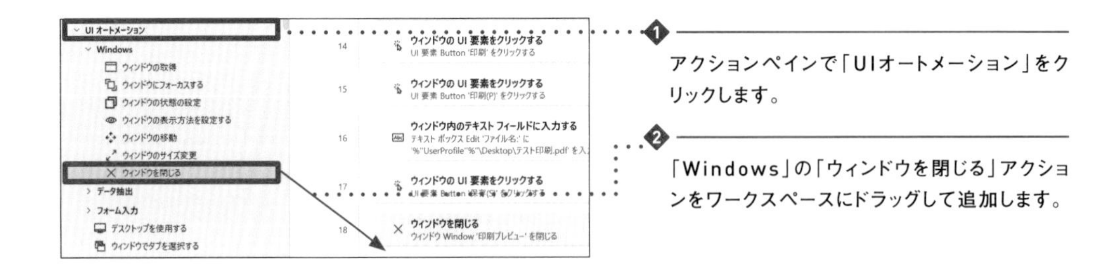
❶
アクションペインで「UIオートメーション」をクリックします。
❷
「Windows」の「ウィンドウを閉じる」アクションをワークスペースにドラッグして追加します。

「ウィンドウの検索モード」で、ウィンドウの検索モードを選択します。今回は「ウィンドウのUI要素ごと」を選択します。

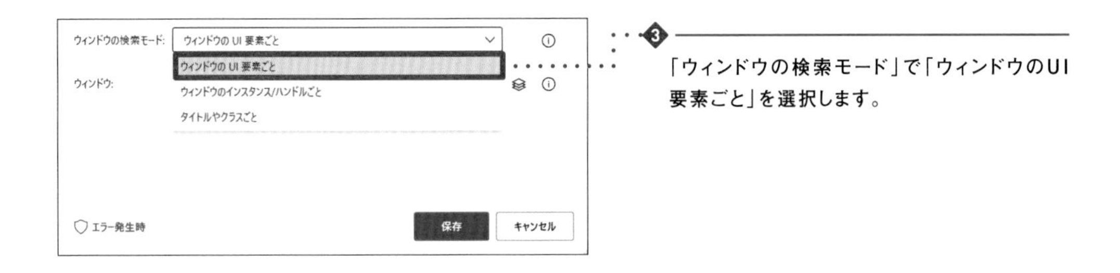
ウィンドウの検索モード:
ウィンドウの UI 要素ごと
ウィンドウ:
ウィンドウのインスタンス/ハンドルごと
タイトルやクラスごと
エラー発生時
保存
キャンセル
❸
「ウィンドウの検索モード」で「ウィンドウのUI要素ごと」を選択します。

「ウィンドウ」で、閉じるウィンドウを設定します。今回は、「Window'受注一覧'」を選択します。

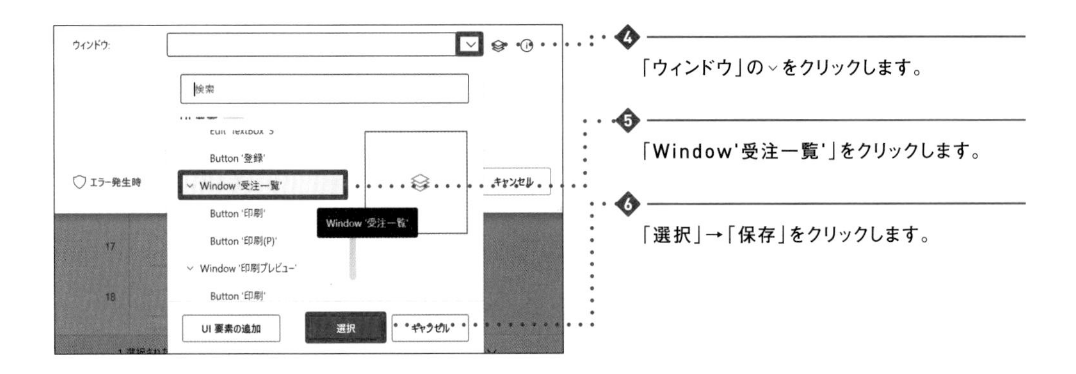
❹
「ウィンドウ」の⌄をクリックします。
❺
「Window'受注一覧'」をクリックします。
❻
「選択」→「保存」をクリックします。

これでフローは完成です。フローの全体像は以下のとおりです。

1	**アプリケーションの実行** アプリケーション 'C:\app\Asahi.Learning.App\Asahi.Learning.exe' を実行し、読み込まれるまで待機する
2	**ウィンドウ内のテキスト フィールドに入力する** テキスト ボックス Edit 'TextBox' に 'asahi' を入力する
3	**ウィンドウ内のテキスト フィールドに入力する** テキスト ボックス Edit 'PasswordBox' に ●●●●● を入力する
4	**ウィンドウの UI 要素をクリックする** UI 要素 Button 'ログイン' をクリックする
5	**ウィンドウの UI 要素をクリックする** UI 要素 Button '入力画面' をクリックする
6	**ウィンドウ内のテキスト フィールドに入力する** テキスト ボックス Edit 'TextBox' に '0001' を入力する
7	**ウィンドウ内のテキスト フィールドに入力する** テキスト ボックス Edit 'TextBox' 2 に '2021/07/14' を入力する
8	**ウィンドウ内のテキスト フィールドに入力する** テキスト ボックス Edit 'TextBox' 3 に 5 を入力する
9	**ウィンドウの UI 要素をクリックする** UI 要素 Button '登録' をクリックする
10	**ウィンドウを閉じる** ウィンドウ Window '受注入力' を閉じる
11	**既定のプリンターを設定** 'Microsoft Print to PDF' を既定のプリンターとして設定
12	**ウィンドウの UI 要素をクリックする** UI 要素 Button '一覧画面' をクリックする
13	**ウィンドウの UI 要素をクリックする** UI 要素 Button '印刷' をクリックする
14	**ウィンドウの UI 要素をクリックする** UI 要素 Button '印刷' をクリックする
15	**ウィンドウの UI 要素をクリックする** UI 要素 Button '印刷(P)' をクリックする
16	**ウィンドウ内のテキスト フィールドに入力する** テキスト ボックス Edit 'ファイル名:' に '%''UserProfile''%''\Desktop\テスト印刷.pdf' を入力する
17	**ウィンドウの UI 要素をクリックする** UI 要素 Button '保存(S)' をクリックする
18	**ウィンドウを閉じる** ウィンドウ Window '印刷プレビュー' を閉じる
19	**ウィンドウを閉じる** ウィンドウ Window '受注一覧' を閉じる

6-5 アプリケーション操作におけるテクニック

業務上のデスクトップアプリケーションの操作をイメージして、デスクトップアプリケーションの起動、ログイン処理、受注情報の入力、デスクトップアプリケーションの情報をPDFとして出力する流れを作成しました。一連の操作で体験いただいたように「ウィンドウのUI要素をクリックする」アクションを用いることで、アプリケーションの多くの操作は実現可能です。デスクトップアプリケーションの操作は実にシンプルです。

Power Automate DesktopにはUIオートメーションとしてコントロール別のアクションも用意されています。活用することで有効なフローを作成することが可能となります。今回は代表的なアクションの使い方を解説します。

◆ ウィンドウにあるUI要素の詳細を取得する

作業中の画面上に取得したい情報（文字列や説明文、表など）がある場合、Webブラウザーであれば、キーボードやマウス操作からコピーなどで取得できますが、デスクトップアプリケーションの場合、画面からテキストをコピーできず、情報を取得できないことが多いでしょう。「UIオートメーション」アクショングループの「データ抽出」の「ウィンドウにあるUI要素の詳細を取得する」アクションでは、画面上のテキストや、表内の値を抽出することができます。

たとえば、「受注入力」画面の製品コードはUI要素が取得可能です。

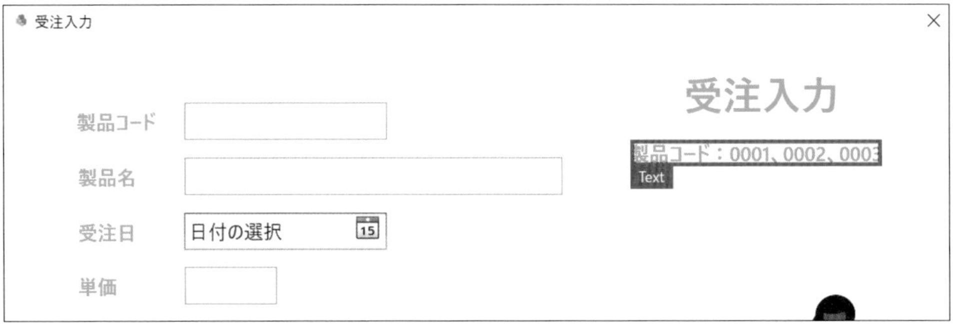

この場合、「ウィンドウにあるUI要素の詳細を取得する」アクションの「UI要素」で「受注入力」画面の製品コードのUI要素を設定し、「詳細」メニューの「属性名」に取得したい属性を設定します。今回のようにテキストを取得する際は「Own Text」を選択します。

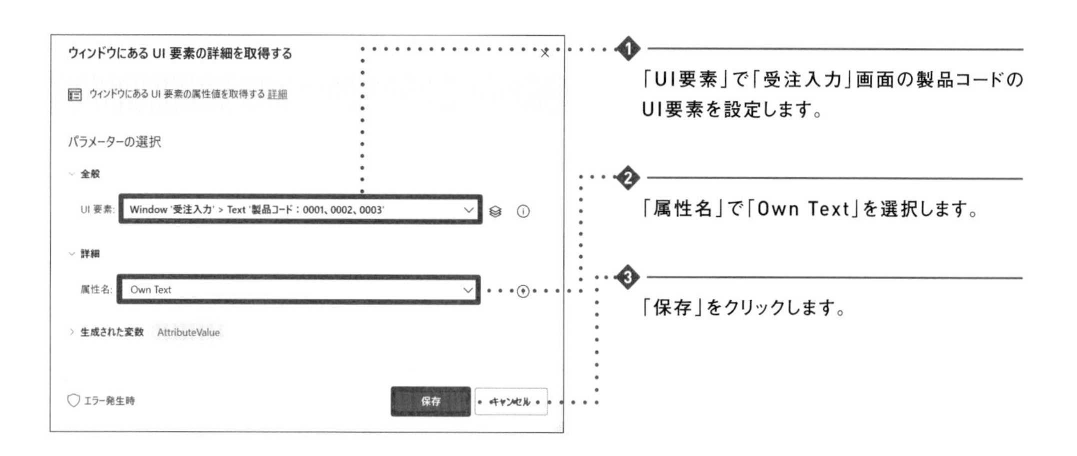

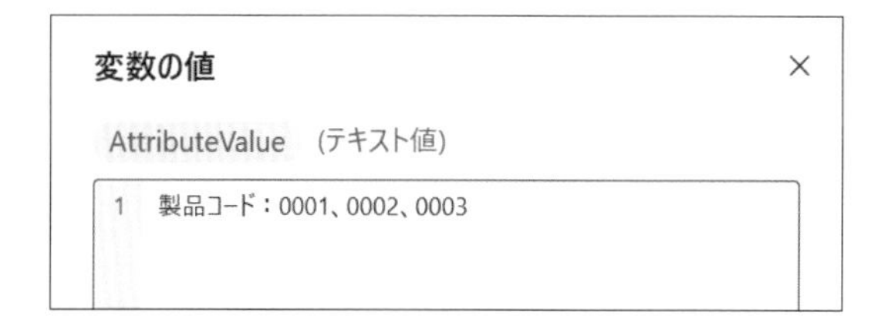

アクション実行時に取得された値は変数%AttributeValue%に格納されます。

COLUMN

取得できる属性は以下の通りです。「属性名」のドロップダウンに表示されていないものは直接入力することで取得可能です。

Own Text	controltype	isoffscreen
Exists	localizedcontroltype	class
Location and Size	name	id
Enabled	processid	parentwindowhandle
windowtitle	processname	bulktext
Iskeyboardfocusable	ispassword	Accesskey
helptext	iscontrolelement	Acceleratorkey
haskeyboardfocus	iscontentelement	

◆ ウィンドウからデータを抽出する

「UIオートメーション」アクショングループの「データ抽出」の「ウィンドウからデータを抽出する」アクションでは、画面上の表からデータテーブルとして値を取得できます。たとえば「受注一覧」画面の表はデータテーブルとして抽出が可能です。

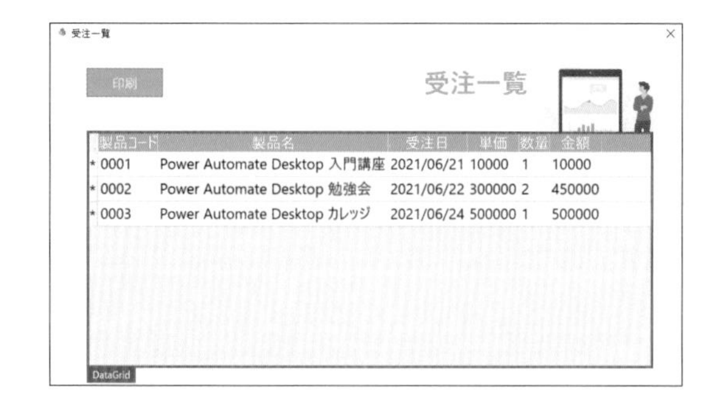

「ウィンドウからデータを抽出する」アクションの「ウィンドウ」で「受注一覧」画面の表を設定し、「抽出したデータの保存場所」で取得した値の格納先を選択します。格納先として「Excelスプレッドシート」、「変数」が選択できます。「Excelスプレッドシート」は新しいBookを起動し、シートに結果を出力します。「変数」は「生成された変数」に取得結果を出力します。ここでは、「変数」を選択します。

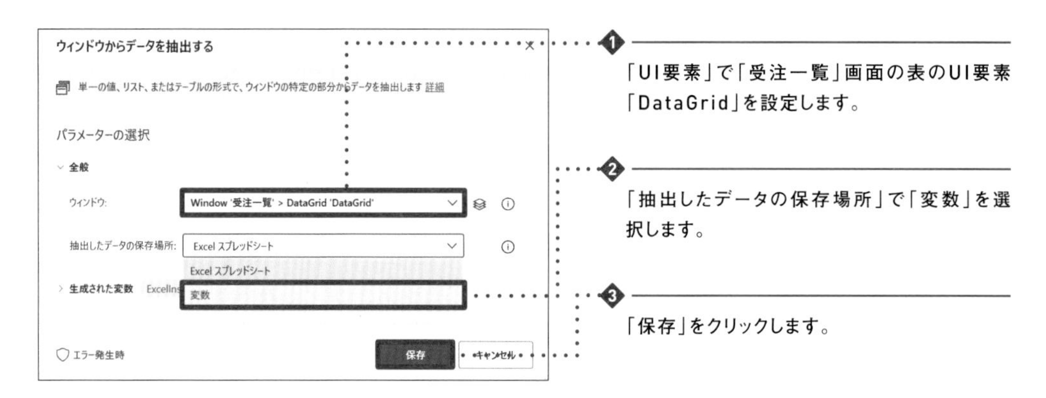

変数を選ぶと、データテーブルとして変数%DataFormWindow%に格納されます。

変数の値

DataFromWindow (Datatable)

#	製品コード	製品名	受注日	単価	数量	金額	Column1	Column2
0	*	0001	Power Automate Desktop 入門講座	2021/06/21	10000	1	10000	
1	*	0002	Power Automate Desktop 勉強会	2021/06/22	300000	2	450000	
2	*	0003	Power Automate Desktop カレッジ	2021/06/24	500000	1	500000	

◆ ウィンドウでドロップダウンリストの値を設定する

ログイン画面におけるユーザーの選択や、期間設定の年／月の選択などの場面で、ドロップダウンが見受けられます。「ロボ研ラーニングApp」では「色々なコントロール」メニューの中にあります。

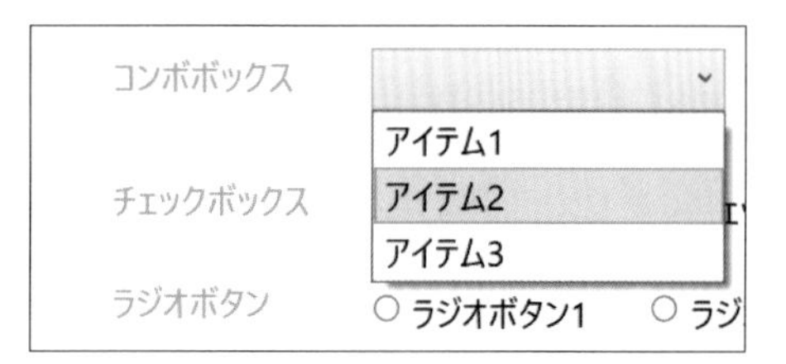

「UIオートメーション」アクショングループの「フォーム入力」の「ウィンドウでドロップダウンリストの値を設定する」アクションで、ドロップダウンの内容を選択することが可能です。

「ドロップダウンリスト」でドロップダウンのUI要素を設定します。

「操作」で操作内容を選択します。「選択したオプションをクリア」を選択すると、項目のクリアが可能です。「名前によりオプションを選択する」を選択した場合、「オプション名」で選択したい項目を設定します。「インデックスによりオプションを選択する」を選択した場合、「オプションインデックス」に選択する項目の番号を入力します。

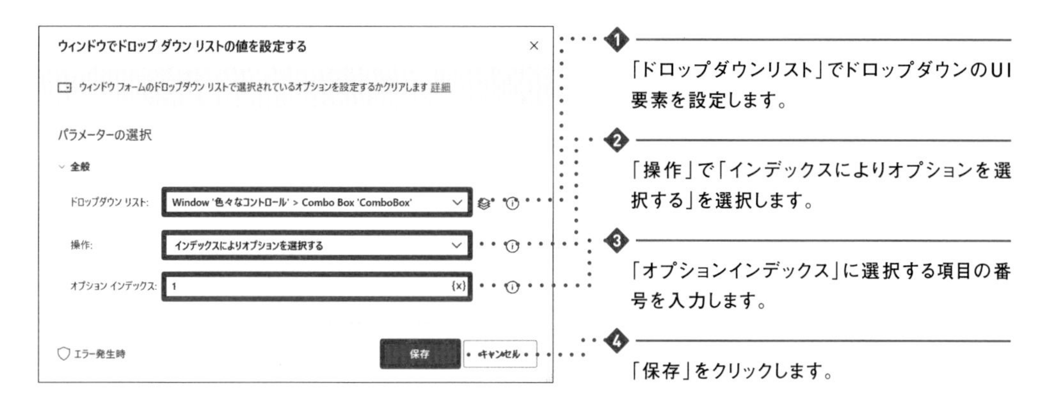

◆ ウィンドウのラジオボタンをオンにする

検索画面の条件など複数項目から1つだけ選択する必要があるケースで、ラジオボタンが見受けられます。

チェックボックス　☑ チェックボックス1　☐ チェックボックス2
ラジオボタン　○ ラジオボタン1　◉ ラジオボタン2

「UIオートメーション」アクショングループの「フォーム入力」の「ウィンドウのラジオボタンをオンにする」アクションを用いることで、ラジオボタンの操作が可能です。
「ラジオボタン」に選択状態としたいラジオボタンのUI要素を設定することで操作が可能となります。

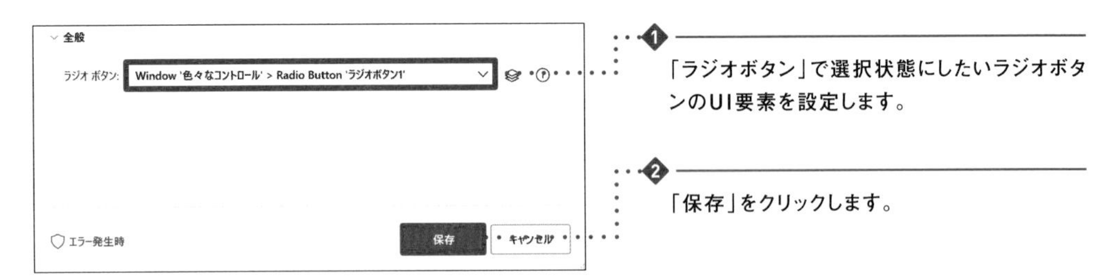

◆ ウィンドウのチェックボックスの状態を設定する

検索画面の条件で複数の項目を選択するケースや、1つのチェックボックスで設定をオン／オフにしたいケースで、チェックボックスが見受けられます。

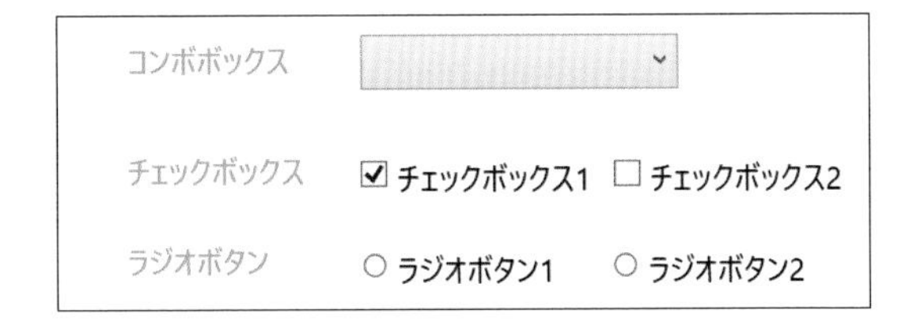

「UI オートメーション」アクショングループの「フォーム入力」の「ウィンドウのチェックボックスの状態を設定」アクションを用いることで、チェックボックスをオンまたはオフにすることが可能です。
「チェックボックス」で、操作したいチェックボックスのUI要素を設定します。
「チェックボックスの状態を以下に設定する」で、チェックを付けたい場合は「オン」、チェックを外したい場合は「オフ」を選択することで、それぞれ操作が可能です。

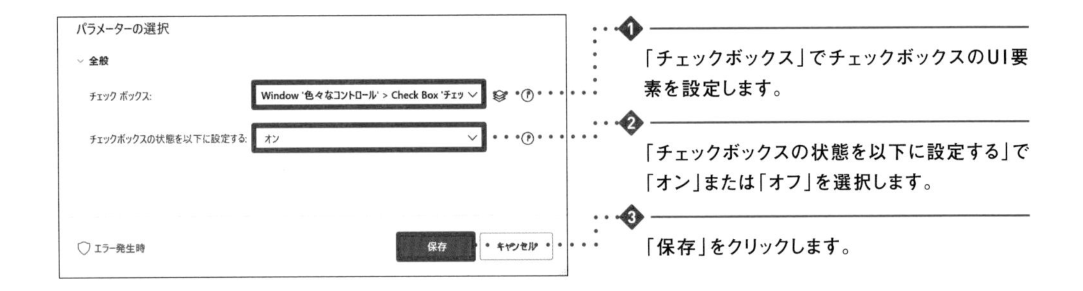

6-6 画像認識でのUI操作

アプリケーションによってはUI要素が取得できないボタンやテキストフィールドを使用しているものがあります。たとえば「ロボ研ラーニングApp」の場合、ログイン画面から「メニュー」画面に遷移し、「特殊なボタン」画面に進むと、画面上には4つのボタンが表示されます。実践フローで操作してきたボタンと見た目に違いはないように見えます。しかし、「特殊なボタン」画面にあるボタンを取得しようとすると、ボタンに赤枠が表示されずに画面全体に赤枠が表示されます。この場合、ボタンのUI要素を取得することはできません。

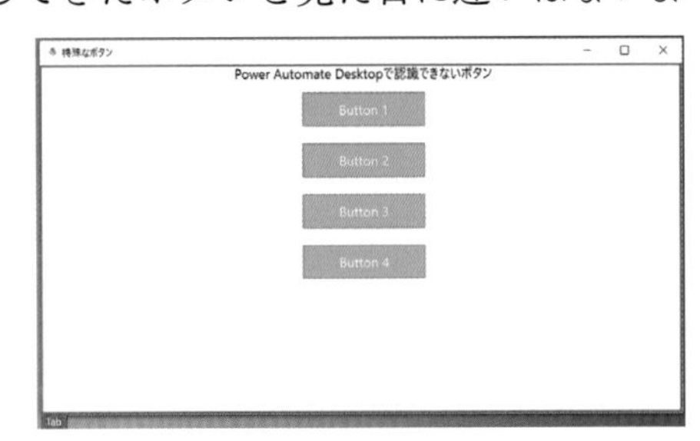

Power Automate Desktopは画像認識を用いることで、UI要素が取得できないアプリケーションも操作することができます。UI要素が取得できない場合に有効です。利用例を紹介します。

◆ マウスポインターを画像に移動させる

「マウスとキーボード」アクショングループの「マウスを画像に移動します」アクションは、登録した画像データにマウスポインターを移動させるアクションです。

アクションを追加したら、「画像を選択してください」をクリックし、マウスポインターを移動させたい画像の一部を指定します。

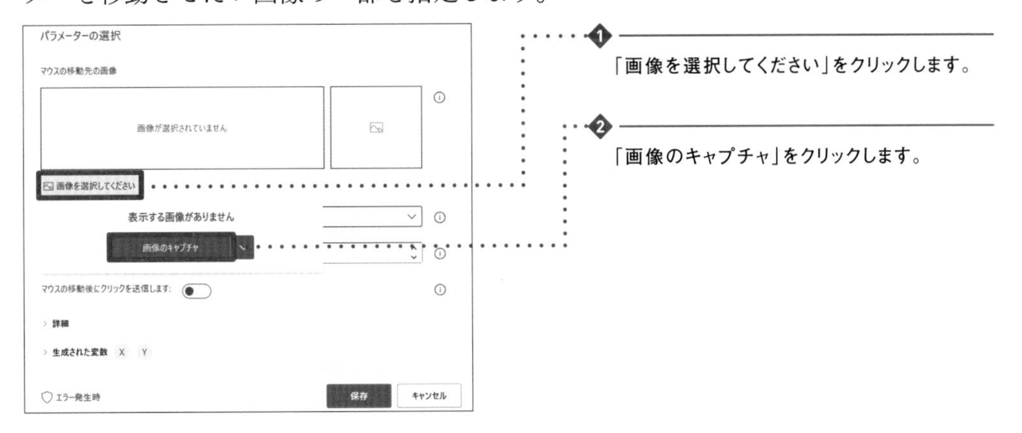

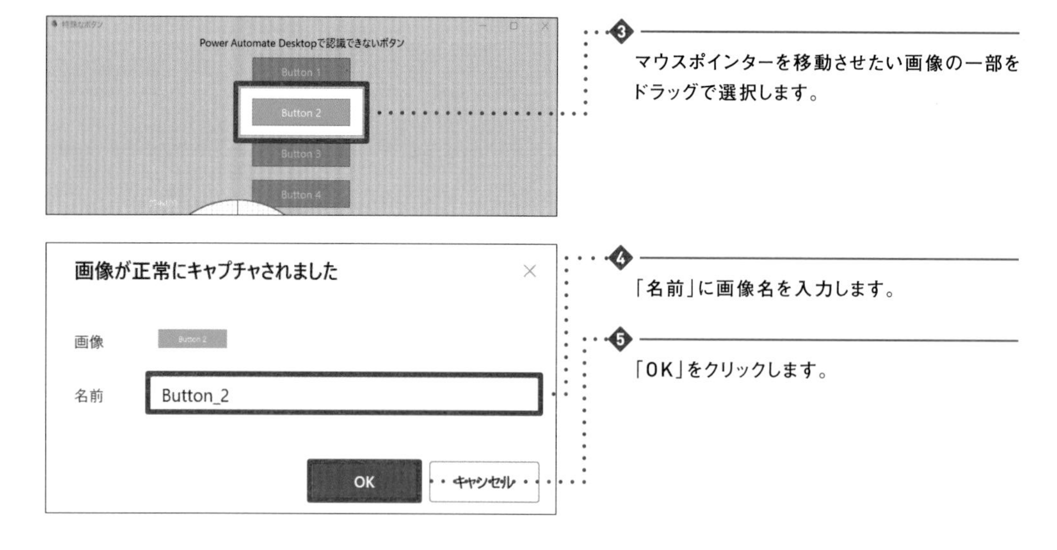

❸ マウスポインターを移動させたい画像の一部をドラッグで選択します。

❹ 「名前」に画像名を入力します。

❺ 「OK」をクリックします。

「マウスの移動先の画像」に取得した画像データが登録されます。これで、アクション実行時に登録した画像を検索し、そこにマウスポインターを移動できます。

「マウスの移動後にクリックを送信します」をオンにすると、マウスポインターが登録した画像に移動した後にクリックします。

「クリックの種類」で、クリックの種類を選択します。

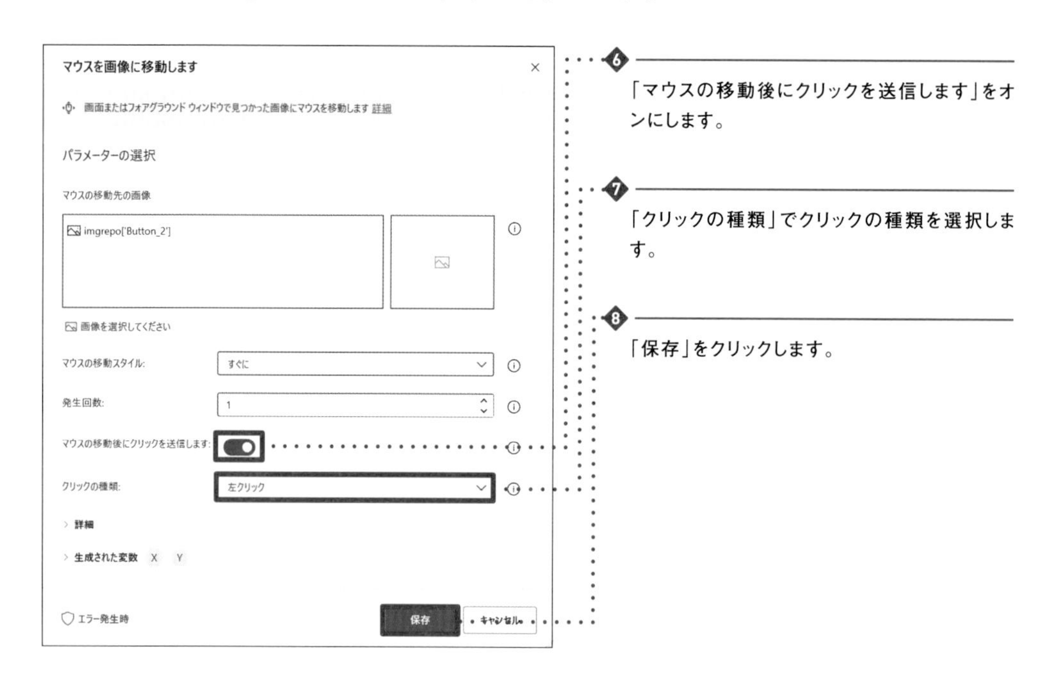

❻ 「マウスの移動後にクリックを送信します」をオンにします。

❼ 「クリックの種類」でクリックの種類を選択します。

❽ 「保存」をクリックします。

COLUMN

画像認識で操作する場合は操作対象が画面上に表示されている必要があります。たとえば「Button 2」ボタンをクリックしたい場合、以下のように操作対象のボタンがほかのウィンドウに隠れていると、Power Automate Desktopの画像認識機能ではボタンを認識できず、クリックできません。

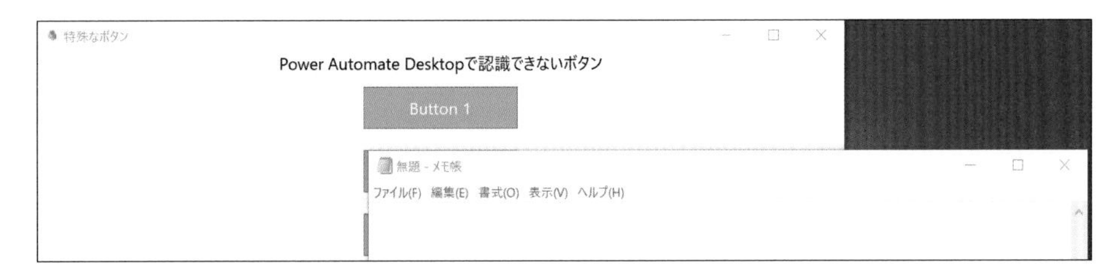

そのため、画像認識で操作する場合は、必ず右のように操作対象が画面上に表示されている必要があります。
フロー実行時にクリックしたいウィンドウが背後に行く可能性がある場合は、「UIオートメーション」アクショングループの「Windows」の「ウィンドウにフォーカスする」アクションを使用します。このアクションはウィンドウにフォーカスし、前面に表示させることができます。
画像認識を使うアクションの前に「ウィンドウにフォーカスする」アクションを配置することで、ほかのウィンドウに隠れることを防ぐことができます。

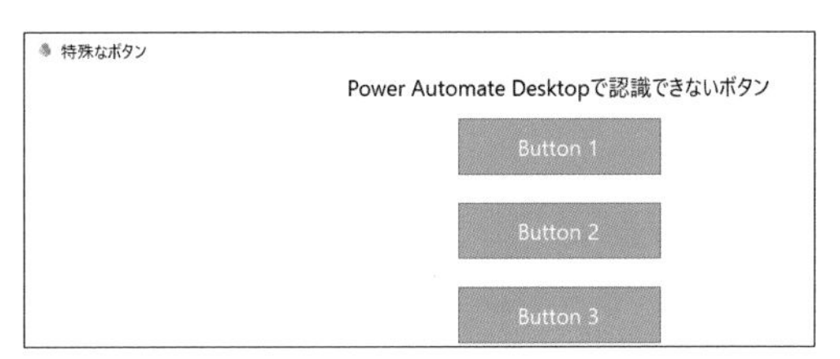

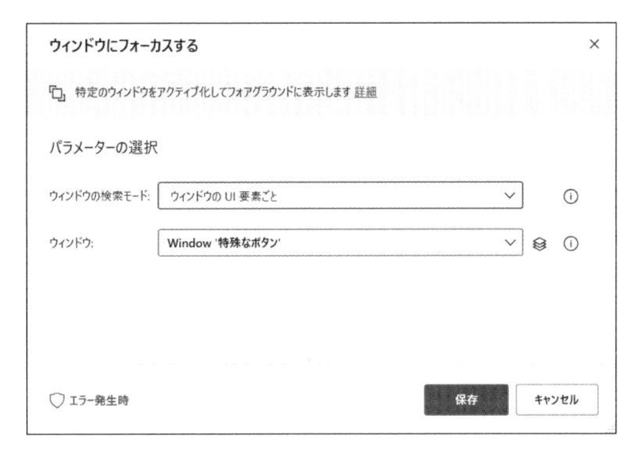

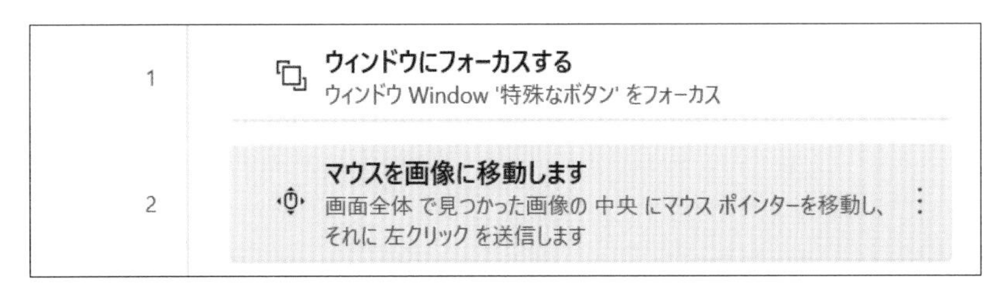

6-7 デスクトップレコーダーを使ったUIの自動化

レコーダー機能には、Webページの操作が記録できる「Webレコーダー」と、デスクトップアプリケーションの操作が記録できる「デスクトップレコーダー」があります。デスクトップレコーダーを活用すれば、人が行うデスクトップ上の操作をかんたんにアクションに置き換えられます。この機能により、直感的なフロー作成が可能です。ただし、人が行った操作をそのままアクションに置き換えるため、余計なマウス操作やキーボードからの入力もアクションに置き換えられてしまいます。そこでおすすめしたいのは、**大まかな操作を「デスクトップレコーダー」で記録し、アクションに変換する方法**です。その後、アクションごとに細かな調整をしていくのがよいでしょう。

ここでは、「ロボ研ラーニングApp」のログイン操作を例にデスクトップレコーダーの使用方法を解説します。解説内容はWebレコーダーの操作の参考にもなります。

◆ デスクトップレコーダーを利用する

デスクトップレコーダーを使用する際は、フローデザイナーの🖥をクリックします。この際、事前に操作するアプリケーションを起動しておいてください。人によってはアプリケーションの起動をデスクトップ上のアイコンから行う場合もあると思います。デスクトップ上のアイコンから起動する方法もレコーダーで記録できますが、**そのまま記録してしまうとアイコンが移動したり削除されたりした場合に起動できなくなります**。そのため、アプリケーションの起動は「アプリケーションの実行」アクションで行うのがおすすめです。

まずはP.215を参考に、「アプリケーションの実行」アクションを追加し、項目を設定します。アプリケーションを起動してから、🖥をクリックしてデスクトップレコーダーを開始します。

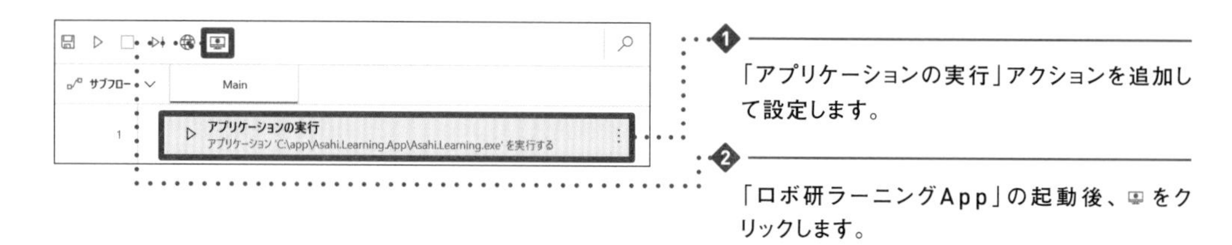

❶ 「アプリケーションの実行」アクションを追加して設定します。

❷ 「ロボ研ラーニングApp」の起動後、🖥をクリックします。

「デスクトップレコーダー」ウィンドウが表示されます。「レコード」をクリックすると、「レコード」が「一時停止」に変わり、操作の記録が開始されます。

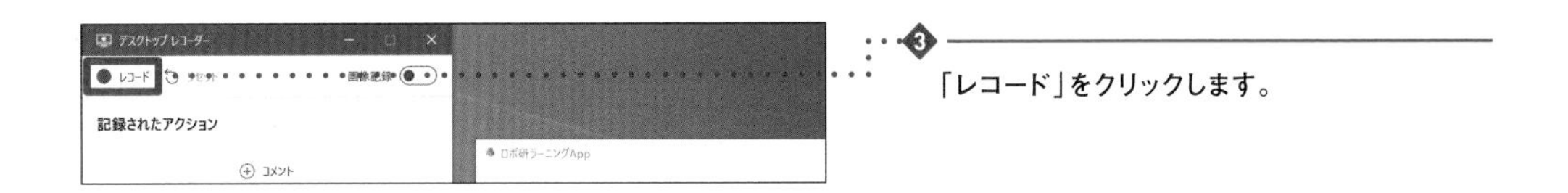

操作すると、クリックやキーボード入力のタイミングでアクションが追加されていきます。「ロボ研ラーニングApp」の「ユーザーID」のテキストフィールドに「asahi」と入力すると、「ウィンドウ内のテキストフィールドに入力する」アクションとして記録され、入力文字として「asahi」が設定されます。

アクションは操作手順ごとに個別に記録されます。パスワードに「asahi」と入力すると、「ウィンドウ内のテキストフィールドに入力する」アクションとして記録され、「機密テキスト」として入力されます。続いて「ログイン」をクリックします。

なお、文字が入力しにくい、ボタンがクリックしにくい、といったことでウィンドウを移動させた場合、ウィンドウの移動も記録されるので、事前にウィンドウの位置は確認しておきましょう。万が一間違った操作をした場合は、アクションの右端にある🗑をクリックすることでアクションの削除ができます。

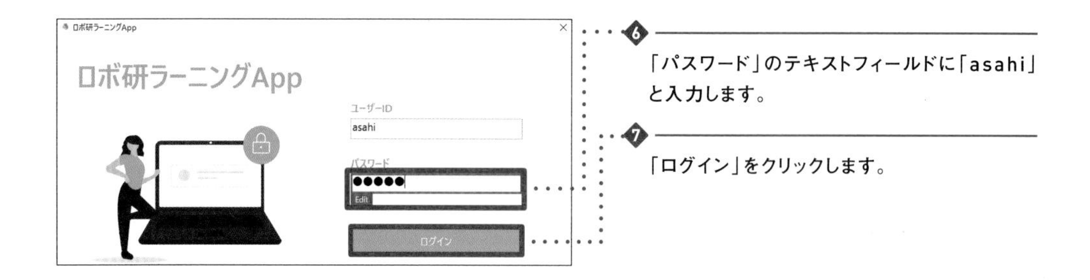

❻「パスワード」のテキストフィールドに「asahi」と入力します。

❼「ログイン」をクリックします。

操作の途中で「デスクトップレコーダー」ウィンドウの「コメント」をクリックすると、コメントの入力ができます。画面の遷移のタイミングなどでコメントを入れておくのもよいでしょう。操作が完了したら、「終了」をクリックします。

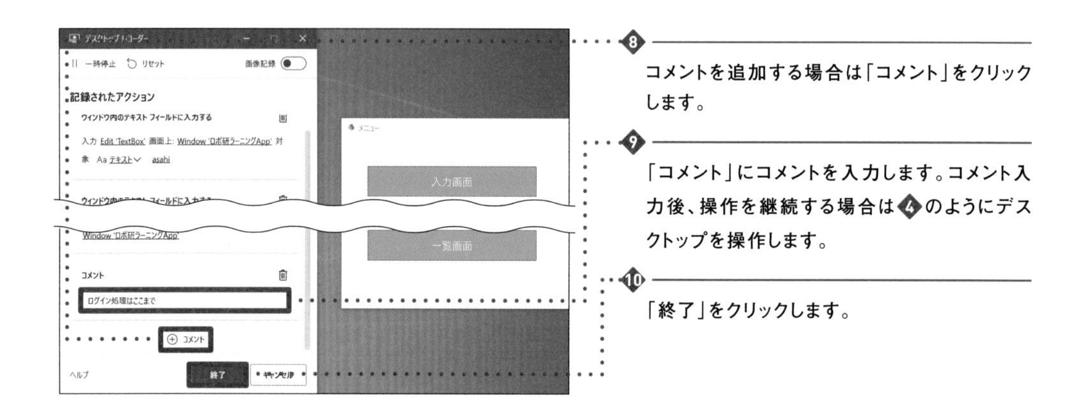

❽コメントを追加する場合は「コメント」をクリックします。

❾「コメント」にコメントを入力します。コメント入力後、操作を継続する場合は❹のようにデスクトップを操作します。

❿「終了」をクリックします。

登録した操作はアクションとして、フローデザイナーのワークスペースに登録されます。デスクトップレコーダーで記録した操作はコメントとコメントの間に登録されます。コメントが不要の場合は削除してください。

⓫アクションが追加されます。デスクトップレコーダーで記録した部分の先頭と末尾には、そのことを示すコメントが追加されます。

◆ 画像認識でデスクトップレコーダーを利用する

デスクトップレコーダーには画像認識を利用した、画像ベースの記録をすることができます。デスクトップレコーダーを起動すると、右上のボタンで「画像記録」のオン／オフが設定できます。操作の記録時にオンにすることで、UIを利用した操作ではなく、画像を利用した操作として記録します。適切な技術要件を満たしていないアプリケーションの場合、デスクトップレコーダーでアクションを正しく記録できない場合があります。その場合は画像認識での記録を選択します。

それでは、「ロボ研ラーニングApp」のログイン操作で画像記録を用いたデスクトップレコーダーの使用方法を解説します。フローデザイナーの「デスクトップレコーダー」を開始して「デスクトップレコーダー」ウィンドウが表示されたら、右上の「画像記録」をオンにします。「レコード」をクリックすると、操作の記録が開始されます。

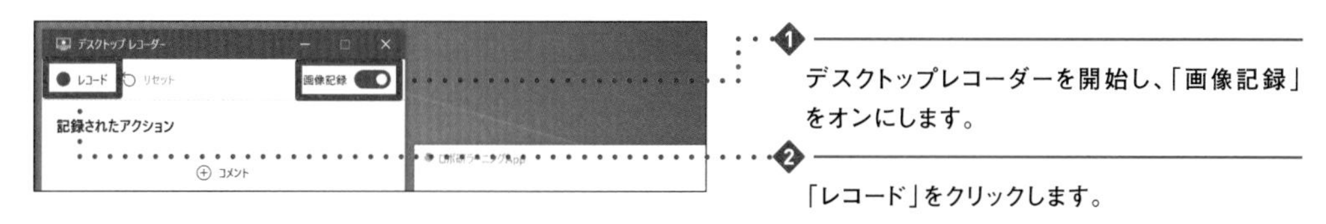

「ユーザーID」のテキストフィールドをクリックし、「asahi」と入力すると、クリックが「マウスを画像に移動します」アクションに置き換えられ、入力が「ウィンドウでキーを送信」アクションに置き換えられます。

画像記録ではクリックしたUI要素が自動的にキャプチャされ記録されます。UI要素を用いた操作の場合、「ウィンドウ内のテキストフィールドに入力する」アクションでUI要素へのクリックと入力が可能でしたが、画像を利用した操作の場合、「画像への移動」と「入力」に、アクションが分かれることに注意してください。

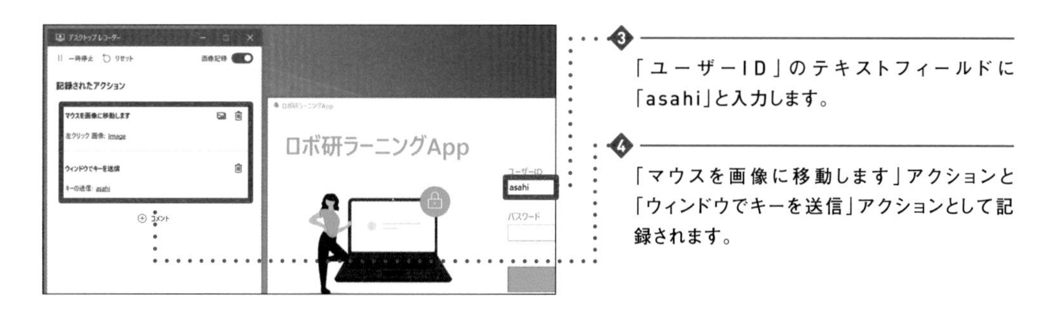

パスワードの入力を行います。「パスワード」のテキストフィールドをクリックし、「asahi」と入力すると、「ユーザID」の場合と同様に2つのアクションが追加されます。なお、UI要素を利用した場合、パスワードが**「機密テキスト」として記録されましたが、画像記録では閲覧可能な状態で記録されることに注意が必要です。**

最後に「ログイン」をクリックし、「終了」をクリックします。

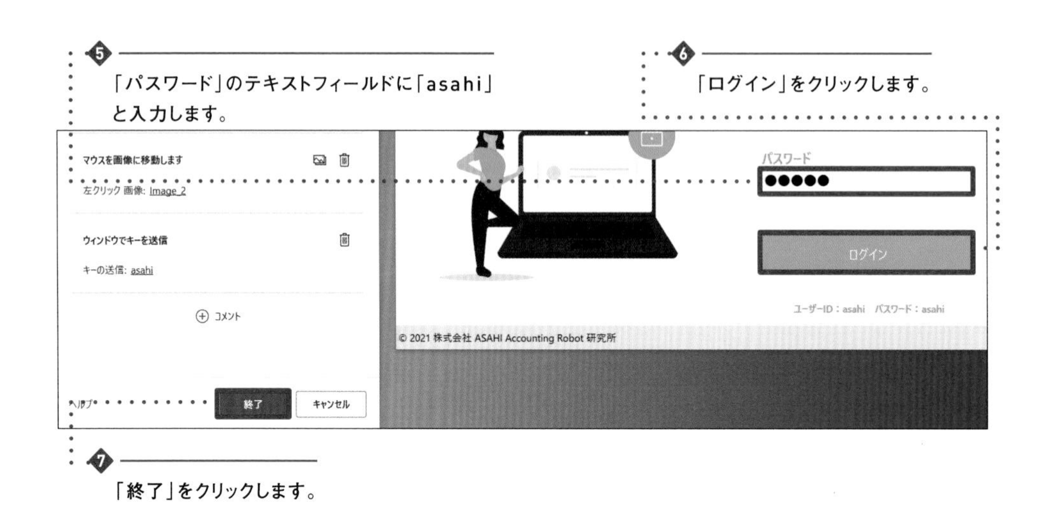

記録した操作がアクションに置き換わります。記録時に操作を止めると、止めた時間が「Wait」アクションとして記録されます。不要な場合はアクションを削除してください。「画像ペイン」には画像記録で記録した画像が登録されます。

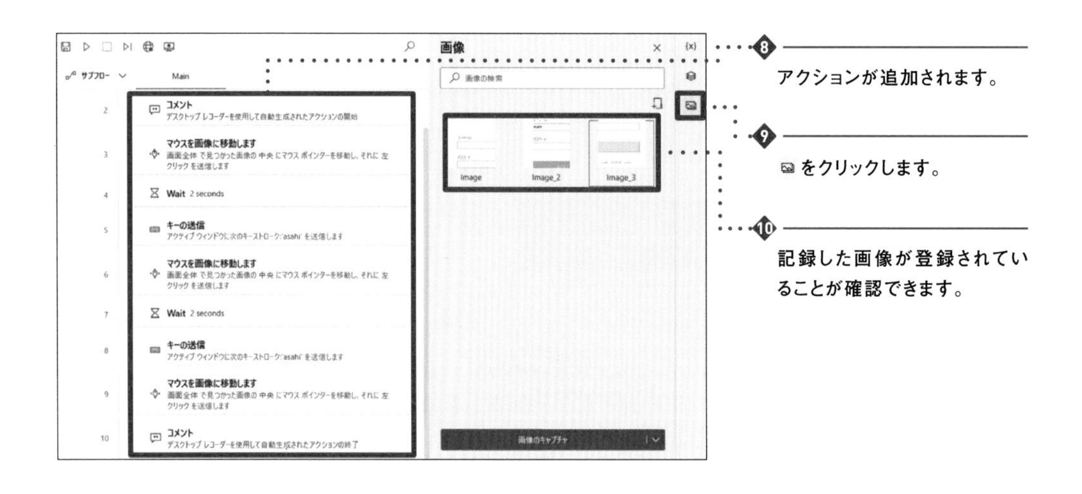

6-8 実践フロー演習問題

第4章から第6章までの実践フローの作成を通じ、Power Automate Desktopによるアプリケーションや Web操作の基本について学習してきました。実際のビジネスシーンでは、これらの基本操作を組み合わせることで業務を自動化していきます。ここでは、実際の業務における活用イメージを掴むため、それぞれのアプリケーションをどのように連携させていくのかを、演習問題を通じて学んでいきます。

問題で使用するExcelファイルは、以下のURLからダウンロードして、デスクトップ上に保存してください。

https://gihyo.jp/book/2021/978-4-297-12311-6/

Webサイトとデスクトップアプリケーションは、第4章、第6章と同じものを使用します。

- Power Automate Desktop練習サイト（https://support.asahi-robo.jp/learn/）
  - WebブラウザーはMicrosoft Edgeを使用します。
- ロボ研ラーニングApp
  - アプリケーションを任意のフォルダーに保存します。ここでは第6章と同じく、「C:\app\Asahi.Learning.App」に保存するものとして解説します。

◆ 問題

次の業務を自動化するフローを作成してみましょう。

Excelファイル「受注一覧.xlsx」には、月ごとの勉強会の受注内容が記載されています。「ステータス」が「受注」かつ「受注入力」が「未入力」の場合、デスクトップアプリケーション「ロボ研ラーニングApp」の受注入力画面でデータを登録します。「ステータス」が「売上」かつ「売上入力」が「未入力」の場合は、Webサイト「Power Automate Desktop練習サイト」の売上入力画面でデータを登録します。今回は「2021年4月」のデータを登録します。

入力対象となるデータは以下のとおりです。

受注入力（デスクトップアプリケーション「ロボ研ラーニングApp」に入力）

ステータス	受注日	納品日	売上日	会社名	製品コード	製品名	単価	数量	金額	受注入力	売上入力
売上	2021/4/1	2021/4/3	2021/4/3	株式会社ASAHI SIGNAL	0001	Power Automate Desktop 入門講座	10,000	10	100,000	入力済	入力済
売上	2021/4/1	2021/4/3	2021/4/3	あさひ Avi株式会社	0001	Power Automate Desktop 入門講座	10,000	3	30,000	入力済	入力済
受注	2021/4/1			旭 OPEN株式会社	0002	Power Automate Desktop 勉強会	300,000	2	600,000	入力済	未入力
売上	2021/4/2	2021/4/4	2021/4/4	あさひ ATLAS株式会社	0003	Power Automate Desktop カレッジ	500,000	1	500,000	入力済	未入力
売上	2021/4/2	2021/4/3	2021/4/3	朝陽 ENGINE株式会社	0002	Power Automate Desktop 勉強会	300,000	2	600,000	入力済	入力済
受注	2021/4/2			株式会社ASAHI Auto	0001	Power Automate Desktop 入門講座	10,000	4	40,000	未入力	未入力
売上	2021/4/3	2021/4/4	2021/4/4	株式会社旭 LOGIC	0003	Power Automate Desktop カレッジ	500,000	1	500,000	入力済	未入力
受注	2021/4/3			株式会社Asahi VERGE	0001	Power Automate Desktop 入門講座	10,000	3	30,000	入力済	未入力
受注	2021/4/3			朝陽 SILVER株式会社	0003	Power Automate Desktop カレッジ	500,000	1	500,000	未入力	未入力
売上	2021/4/4	2021/4/5	2021/4/5	Asahi capsule株式会社	0002	Power Automate Desktop 勉強会	300,000	1	300,000	入力済	未入力
売上	2021/4/4	2021/4/6	2021/4/6	旭日 SENSE株式会社	0001	Power Automate Desktop 入門講座	10,000	5	50,000	入力済	未入力
受注	2021/4/5			ASAHI ACTIVE株式会社	0003	Power Automate Desktop カレッジ	500,000	1	500,000	未入力	未入力
売上	2021/4/6	2021/4/7	2021/4/7	株式会社あさひ Solid	0002	Power Automate Desktop 勉強会	300,000	2	600,000	入力済	未入力
受注	2021/4/6			Asahi Echo株式会社	0003	Power Automate Desktop カレッジ	500,000	1	500,000	未入力	未入力
受注	2021/4/7			朝比 INTER株式会社	0001	Power Automate Desktop 入門講座	10,000	8	80,000	未入力	未入力

売上入力（Webサイト「Power Automate Desktop練習サイト」に入力）

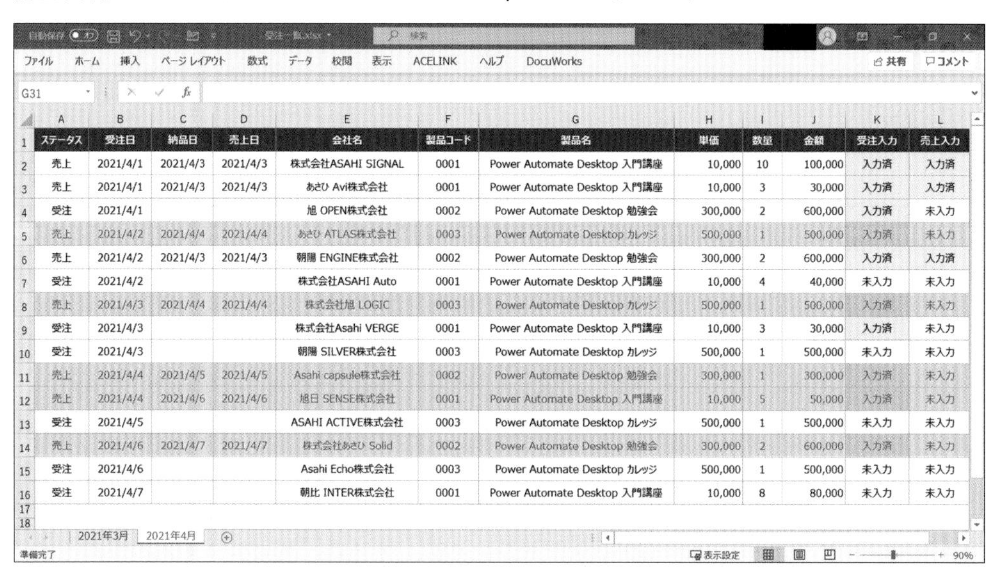

ステータス	受注日	納品日	売上日	会社名	製品コード	製品名	単価	数量	金額	受注入力	売上入力
売上	2021/4/1	2021/4/3	2021/4/3	株式会社ASAHI SIGNAL	0001	Power Automate Desktop 入門講座	10,000	10	100,000	入力済	入力済
売上	2021/4/1	2021/4/3	2021/4/3	あさひ Avi株式会社	0001	Power Automate Desktop 入門講座	10,000	3	30,000	入力済	入力済
受注	2021/4/1			旭 OPEN株式会社	0002	Power Automate Desktop 勉強会	300,000	2	600,000	入力済	未入力
売上	2021/4/2	2021/4/4	2021/4/4	あさひ ATLAS株式会社	0003	Power Automate Desktop カレッジ	500,000	1	500,000	入力済	未入力
売上	2021/4/2	2021/4/3	2021/4/3	朝陽 ENGINE株式会社	0002	Power Automate Desktop 勉強会	300,000	2	600,000	入力済	入力済
受注	2021/4/2			株式会社ASAHI Auto	0001	Power Automate Desktop 入門講座	10,000	4	40,000	未入力	未入力
売上	2021/4/3	2021/4/4	2021/4/4	株式会社旭 LOGIC	0003	Power Automate Desktop カレッジ	500,000	1	500,000	入力済	未入力
受注	2021/4/3			株式会社Asahi VERGE	0001	Power Automate Desktop 入門講座	10,000	3	30,000	入力済	未入力
受注	2021/4/3			朝陽 SILVER株式会社	0003	Power Automate Desktop カレッジ	500,000	1	500,000	未入力	未入力
売上	2021/4/4	2021/4/5	2021/4/5	Asahi capsule株式会社	0002	Power Automate Desktop 勉強会	300,000	1	300,000	入力済	未入力
売上	2021/4/4	2021/4/6	2021/4/6	旭日 SENSE株式会社	0001	Power Automate Desktop 入門講座	10,000	5	50,000	入力済	未入力
受注	2021/4/5			ASAHI ACTIVE株式会社	0003	Power Automate Desktop カレッジ	500,000	1	500,000	未入力	未入力
売上	2021/4/6	2021/4/7	2021/4/7	株式会社あさひ Solid	0002	Power Automate Desktop 勉強会	300,000	2	600,000	入力済	未入力
受注	2021/4/6			Asahi Echo株式会社	0003	Power Automate Desktop カレッジ	500,000	1	500,000	未入力	未入力
受注	2021/4/7			朝比 INTER株式会社	0001	Power Automate Desktop 入門講座	10,000	8	80,000	未入力	未入力

ヒント

- 「受注一覧.xlsx」から読み取ったデータテーブルをもとに「For each」アクションでループ処理を行います。
- データテーブルの「ステータス」が「受注」の場合と「売上」の場合で、条件分岐を設定します。
- 日付は「受注」の場合は「受注日」、「売上」の場合は「売上日」を入力します。
- 「売上日」は変数のプロパティを使用し、それぞれ「年」「月」「日」を取得します。
- デスクトップレコーダーやWebレコーダーを使用しても構いません。「解答例」では、アクションペインからアクションを1つずつ選択する方法で解説しています。

◆ 解答例

以下の手順に従ってフローを作成します。説明は簡略化しています。サンプルファイルや、第4章～第6章の解説を参考に操作をお試しください。

Excelファイル「受注一覧.xlsx」のワークシート「2021年4月」からデータを読み取る

❶「Excel の起動」アクションをワークスペースに追加します。「ドキュメントパス」には、デスクトップに保存したExcelファイル「受注一覧.xlsx」のパスを入力します。

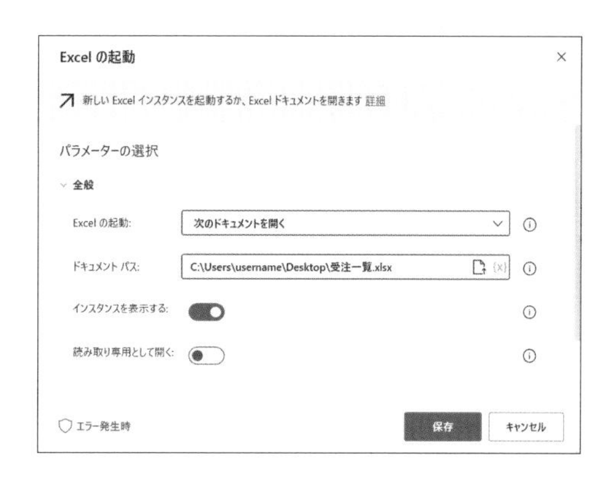

❷「アクティブな Excelワークシートの設定」アクションをワークスペースに追加します。「次と共にワークシートをアクティブ化」で「名前」を選択し、「ワークシート名」に「2021年4月」と入力します。

❸「Excel ワークシートから最初の空の列や行を取得」アクションをワークスペース

に追加します。Excelワークシートから取得した最初の空の列番号が%FirstFreeColumn%に、最初の空の行番号が%FirstFreeRow%に、それぞれ格納されます。

❹「Excel ワークシートから読み取り」アクションをワークスペースに追加します。「取得」を「セル範囲の値」とします。ワークシート上で値が入っているのは最初の空白列の1列前までとなるため、「最終列」には「%FirstFreeColumn-1%」と入力します。同様に「最終行」についても最初の空白行の1行前を指定するため、「%FirstFreeRow-1%」と入力します。「詳細」の「範囲の最初の行に列名が含まれています」をオンにして、最初の行を列名として扱います（5-3参照）。

ここで使用したアクションは「Excel」アクショングループに属します。Excelの操作については第5章を参考にしてください。手順ごとに以下のように、その段階でのフローを掲載します。全体のフローはサンプルファイルも参照してください。

1 **Excel の起動**
Excel を起動してドキュメント 'C:\Users\username\Desktop\受注一覧.xlsx' を開く

2 **アクティブな Excel ワークシートの設定**
Excel インスタンス ExcelInstance のワークシート '2021年4月' をアクティブ化します

3 **Excel ワークシートから最初の空の列や行を取得**
インスタンスが ExcelInstance に保存されている Excel ドキュメントのアクティブなワークシート内の最初の空の列/行を取得

4 **Excel ワークシートから読み取り**
列 'A' 行 1 から列 FirstFreeColumn - 1 行 FirstFreeRow - 1 までの範囲のセルの値を読み取り、ExcelData に保存する

「ロボ研ラーニングApp」を起動し、メニューから「入力画面」ボタンをクリックする

❶「アプリケーションの実行」アクションをワークスペースに追加します。「アプリケーションパス」に「C:\app\Asahi.Learning.App\Asahi.Learning.exe」と入力します。「アプリケーション起動後」で「アプリケーションの読み込みを待機」を選択します。

❷「ウィンドウ内のテキストフィールドに入力する」アクションをワークスペースに追加します。「ユーザーID」のテキストフィールドをUI要素として取得します。「入力するテキスト」に「asahi」と入力します。

❸「ウィンドウ内のテキストフィールドに入力する」アクションをワークスペースに追加します。「パスワード」のテキストフィールドをUI要素として取得します。「入力するテキスト」で「ダイレクト機密テキストの入力」を選択し、「asahi」と入力します。

❹「ウィンドウのUI要素をクリックする」アクションをワークスペースに追加します。「ログイン」ボタンをUI要素として取得します。

❺「ウィンドウのUI要素をクリックする」アクションをワークスペースに追加します。ログイン後に表示される「メニュー」画面で、「入力画面」ボタンをUI要素として取得します。

ここで使用した「アプリケーションの実行」アクションは「システム」アクショングループ、その他のアクションは、「UIオートメーション」アクショングループに属します。操作については6-2を参考にしてください。

5 アプリケーションの実行
アプリケーション 'C:\app\Asahi.Learning.App\Asahi.Learning.exe' を実行する

6 ウィンドウ内のテキスト フィールドに入力する
テキスト ボックス Edit 'TextBox' に 'asahi' を入力する

7 ウィンドウ内のテキスト フィールドに入力する
テキスト ボックス Edit 'PasswordBox' に ●●●●● を入力する

8 ウィンドウの UI 要素をクリックする
UI 要素 Button 'ログイン' をクリックする

9 ウィンドウの UI 要素をクリックする
UI 要素 Button '入力画面' をクリックする

Webブラウザーを起動し、「Power Automate Desktop練習サイト」のメニューから「売上入力」ページを表示する

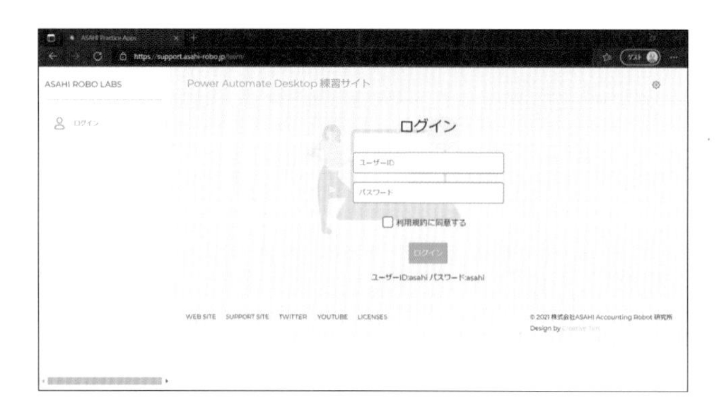

❶「新しいMicrosoft Edgeを起動する」アクションをワークスペースに追加します。「初期URL」に「https://support.asahi-robo.jp/learn/」と入力します。

❷「Webページ内のテキストフィールドに入力する」アクションをワークスペースに追加します。ログインページの「ユーザーID」のテキストフィールドをUI要素として取得します。「テキスト」に「asahi」と入力します。

❸「Webページ内のテキストフィールドに入力する」アクションをワークスペースに追加します。ログインページの「パスワード」のテキストフィールドをUI要素として取得します。「テキスト」で「ダイレクト機密テキストの入力」を選択し、「asahi」と入力します。

❹「Webページのチェックボックスの状態を設定します」アクションをワークスペースに追加します。「利用規約に同意する」のチェックボックスをUI要素として取得します。

❺「Webページのボタンを押します」アクションをワークスペースに追加します。「ログイン」ボタンをUI要素として取得します。

❻「Webページのリンクをクリックします」アクションをワークスペースに追加しま

す。メニューから「売上入力」ページのリンクをUI要素として取得します。

ここで使用したアクションは、「Webオートメーション」アクショングループに属します。操作については4-5を参考にしてください。

10
新しい Microsoft Edge を起動する
Microsoft Edge を起動して、'https://support.asahi-robo.jp/learn/' に移動し、インスタンスを Browser に保存します
11
Web ページ内のテキスト フィールドに入力する
エミュレート入力を使ってテキスト フィールド <input:text> 'userid' に 'asahi' を入力します
12
Web ページ内のテキスト フィールドに入力する
エミュレート入力を使ってテキスト フィールド <input:password> 'password' に ●●●●● を入力します
13
Web ページのチェック ボックスの状態を設定します
チェック ボックス <input:checkbox> 'agree' の状態を オン に設定する
14
Web ページのボタンを押します
Web ページのボタン <input:submit> 'submit' を押します
15
Web ページのリンクをクリックします
Webページの <p> '売上入力' をクリックします

「受注一覧.xlsx」から読み取ったデータテーブルでループ処理を行い、「ステータス」が「受注」もしくは「売上」の条件に合致するデータを検索する

❶「For each」アクションをワークスペースに追加します。「反復処理を行う値」に「%ExcelData%」と入力し、データテーブルの行数分ループ処理を行います。

❷「If」アクションをワークスペースに追加します。データテーブルの「ステータス」が「受注」の場合の条件を設定します。「If」アクションは「For each」アクションのブロック内に配置します。

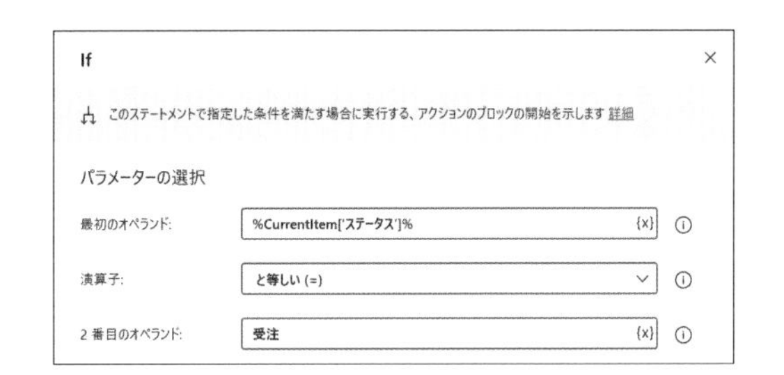
If
このステートメントで指定した条件を満たす場合に実行する、アクションのブロックの開始を示します 詳細
パラメーターの選択
最初のオペランド:
%CurrentItem['ステータス']%
演算子:
と等しい (=)
2 番目のオペランド:
受注

❸「Else If」アクションをワークスペースに追加します。データテーブルの「ステータス」が「売上」の場合の条件を設定します。

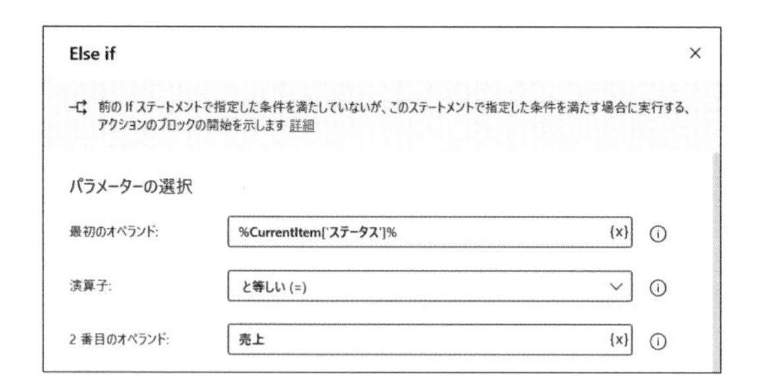

「If」ブロックの中に「受注入力」が「未入力」、「Else If」ブロックの中に「売上入力」が「未入力」の条件を設定する

❶「If」アクションをワークスペースに追加します。「If」ブロックの中に、データテーブルの「受注入力」の値が「未入力」の場合の条件を設定します。

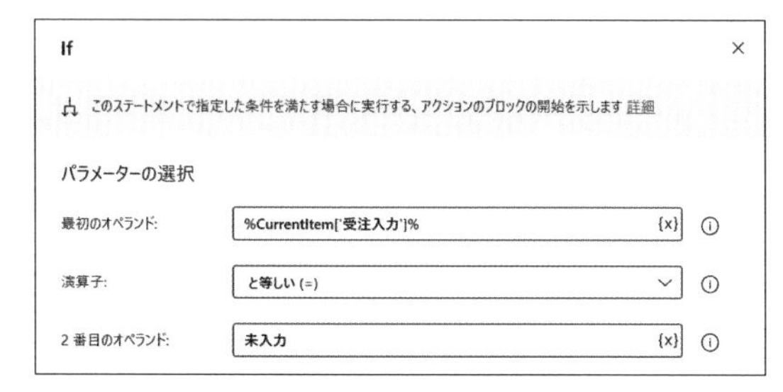

❷「If」アクションをワークスペースに追加します。「Else If」ブロックの中に、データテーブルの「売上入力」の値が「未入力」の場合の条件を設定します。

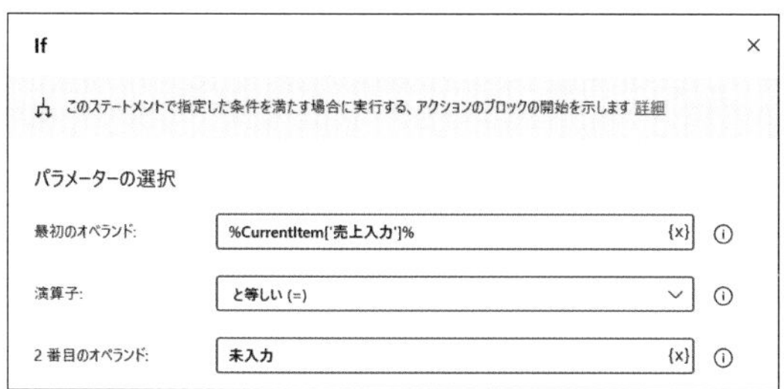

ここで使用した「For Each」アクションは「ループ」アクショングループ、「If」アクション、「Else If」アクションは「条件」アクショングループに属します。操作については4-8、5-4などを参考にしてください。

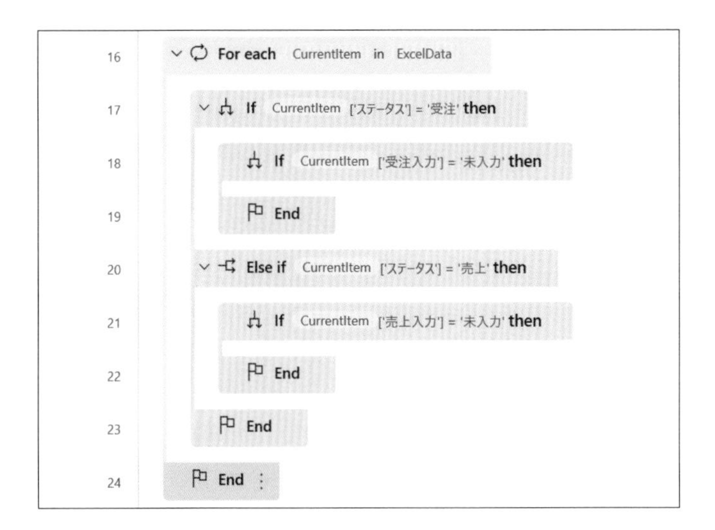

「ステータス」が「受注」、かつ「受注入力」が「未入力」の場合、デスクトップアプリケーションにデータを登録する処理を「If」ブロックの中に追加する

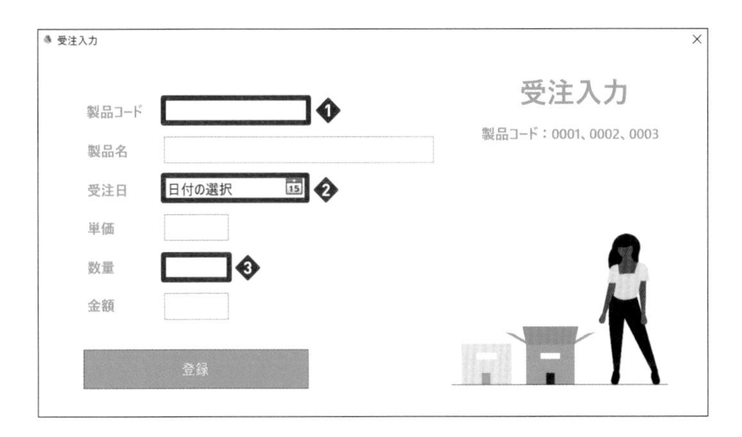

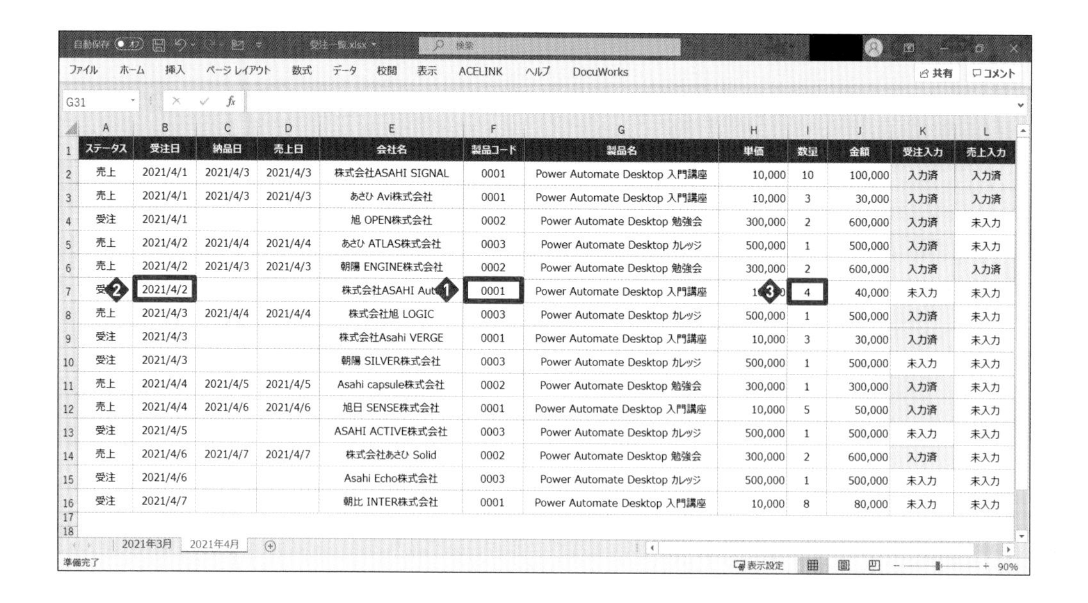

	A	B	C	D	E	F	G	H	I	J	K	L
1	ステータス	受注日	納品日	売上日	会社名	製品コード	製品名	単価	数量	金額	受注入力	売上入力
2	売上	2021/4/1	2021/4/3	2021/4/3	株式会社ASAHI SIGNAL	0001	Power Automate Desktop 入門講座	10,000	10	100,000	入力済	入力済
3	売上	2021/4/1	2021/4/3	2021/4/3	あさひ Avi株式会社	0001	Power Automate Desktop 入門講座	10,000	3	30,000	入力済	入力済
4	受注	2021/4/1			旭 OPEN株式会社	0002	Power Automate Desktop 勉強会	300,000	2	600,000	入力済	未入力
5	売上	2021/4/2	2021/4/4	2021/4/4	あさひ ATLAS株式会社	0003	Power Automate Desktop カレッジ	500,000	1	500,000	入力済	未入力
6	売上	2021/4/2	2021/4/3	2021/4/3	朝陽 ENGINE株式会社	0002	Power Automate Desktop 勉強会	300,000	2	600,000	入力済	入力済
7	受❷	2021/4/2			株式会社ASAHI Aut❶	0001	Power Automate Desktop 入門講座	1❸0	4	40,000	未入力	未入力
8	売上	2021/4/3	2021/4/4	2021/4/4	株式会社旭 LOGIC	0003	Power Automate Desktop カレッジ	500,000	1	500,000	入力済	未入力
9	受注	2021/4/3			株式会社Asahi VERGE	0001	Power Automate Desktop 入門講座	10,000	3	30,000	入力済	未入力
10	受注	2021/4/3			朝陽 SILVER株式会社	0003	Power Automate Desktop カレッジ	500,000	1	500,000	未入力	未入力
11	売上	2021/4/4	2021/4/5	2021/4/5	Asahi capsule株式会社	0002	Power Automate Desktop 勉強会	300,000	1	300,000	入力済	未入力
12	売上	2021/4/4	2021/4/6	2021/4/6	旭日 SENSE株式会社	0001	Power Automate Desktop 入門講座	10,000	5	50,000	入力済	未入力
13	受注	2021/4/5			ASAHI ACTIVE株式会社	0003	Power Automate Desktop カレッジ	500,000	1	500,000	未入力	未入力
14	売上	2021/4/6	2021/4/7	2021/4/7	株式会社あさひ Solid	0002	Power Automate Desktop 勉強会	300,000	2	600,000	入力済	未入力
15	受注	2021/4/6			Asahi Echo株式会社	0003	Power Automate Desktop カレッジ	500,000	1	500,000	未入力	未入力
16	受注	2021/4/7			朝比 INTER株式会社	0001	Power Automate Desktop 入門講座	10,000	8	80,000	未入力	未入力
17												
18												

❶「ウィンドウ内のテキストフィールドに入力する」アクションをワークスペースに追加します。＜製品コード＞のテキストフィールドをUI要素として追加します。「入力するテキスト」に「%CurrentItem['製品コード']%」と入力します。

❷「ウィンドウ内のテキストフィールドに入力する」アクションをワークスペースに追加します。＜受注日＞のテキストフィールドをUI要素として取得します。「入力するテキスト」に「%CurrentItem['受注日']%」と入力します。

❸「ウィンドウ内のテキストフィールドに入力する」アクションをワークスペースに追加します。＜数量＞のテキストフィールドをUI要素として取得します。「入力するテキスト」に「%CurrentItem['数量']%」と入力します。

❹「ウィンドウのUI要素をクリックする」アクションをワークスペースに追加します。＜登録＞ボタンをUI要素として取得します。

ここで使用したアクションは「UIオートメーション」アクショングループに属します。操作については6-3を参考にしてください。

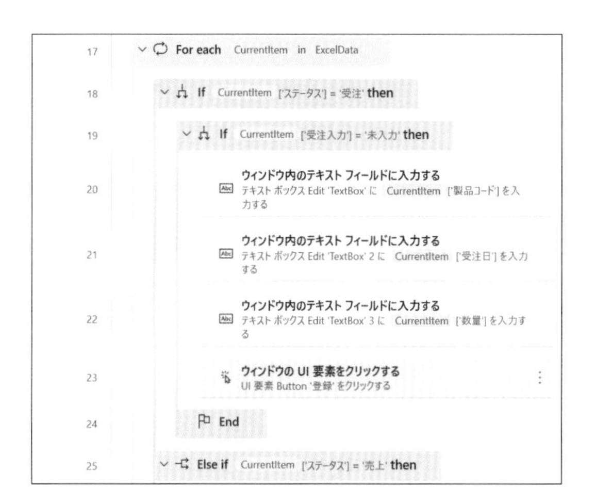
17 For each CurrentItem in ExcelData
18 If CurrentItem ['ステータス'] = '受注' then
19 If CurrentItem ['受注入力'] = '未入力' then
20 ウィンドウ内のテキスト フィールドに入力する
テキスト ボックス Edit 'TextBox' に CurrentItem ['製品コード'] を入力する
21 ウィンドウ内のテキスト フィールドに入力する
テキスト ボックス Edit 'TextBox' 2 に CurrentItem ['受注日'] を入力する
22 ウィンドウ内のテキスト フィールドに入力する
テキスト ボックス Edit 'TextBox' 3 に CurrentItem ['数量'] を入力する
23 ウィンドウの UI 要素をクリックする
UI 要素 Button '登録' をクリックする
24 End
25 Else if CurrentItem ['ステータス'] = '売上' then

条件に合致したデータをアプリケーションに入力した後、ワークシートの「受注入力」列に「入力済」と書き込む

❶「変数の設定」アクションをワークスペースに追加します。書き込み対象となるセルの行番号を設定します。Excelワークシートに記載されている受注一覧の1行目は列タイトルのため、2行目から値を書き込みます。そのため、「宛先」に初期値として「2」を設定します。

変数に格納される値が行番号であることがわかるように、「設定」で変数名を「%RowIndex%」に変更します。

❷「変数の設定」アクションはループ処理の前に実行するため、「For each」ブロックの上に配置します。

15 Web ページのリンクをクリックします
Webページの <p> '売上入力' をクリックします
16 変数の設定
RowIndex を 2 に設定します
17 For each CurrentItem in ExcelData

❸「Excel ワークシートに書き込み」アクションをワークスペースに追加します。「書き込む値」を「入力済」とします。「書き込みモード」を「指定したセル上」とし、「列」にはExcelワークシート上の列＜受注入力＞の列番号「11」（もしくはアルファベット「K」）を入力します。「行」には「%RowIndex%」と入力します。

❹「Excel ワークシートに書き込み」アクションは「ウィンドウのUI要素をクリックする」アクションの下に配置します。

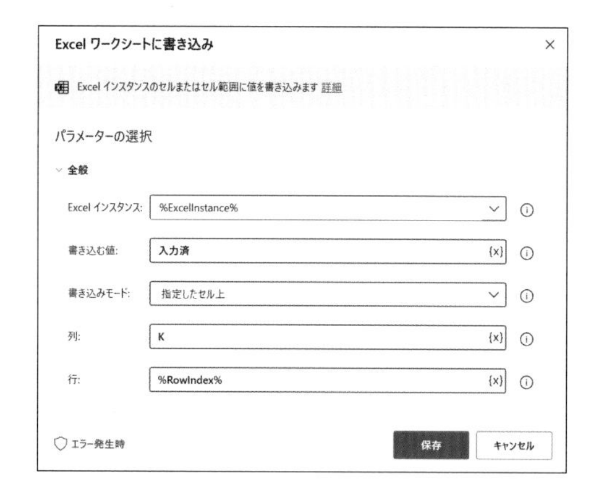

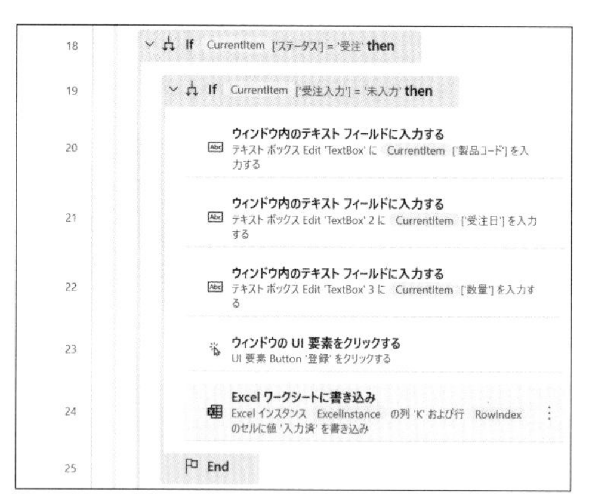

「変数の設定」アクションは「変数」アクショングループに属します。
操作については5-4を参考にしてください。

「ステータス」が「売上」、かつ「売上入力」が「未入力」の場合、Webサイトにデータを入力する処理を「Else If」ブロックの中に追加する

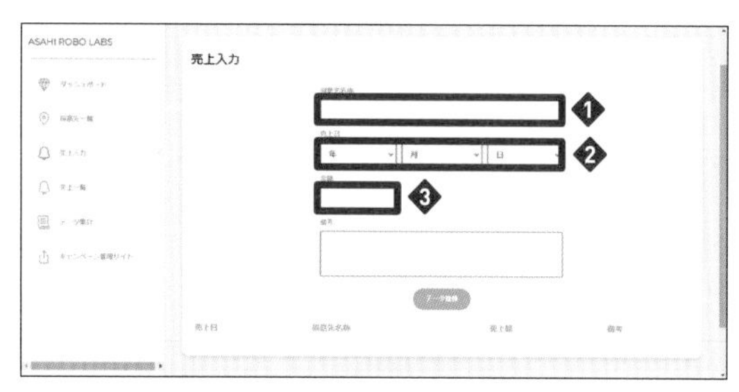

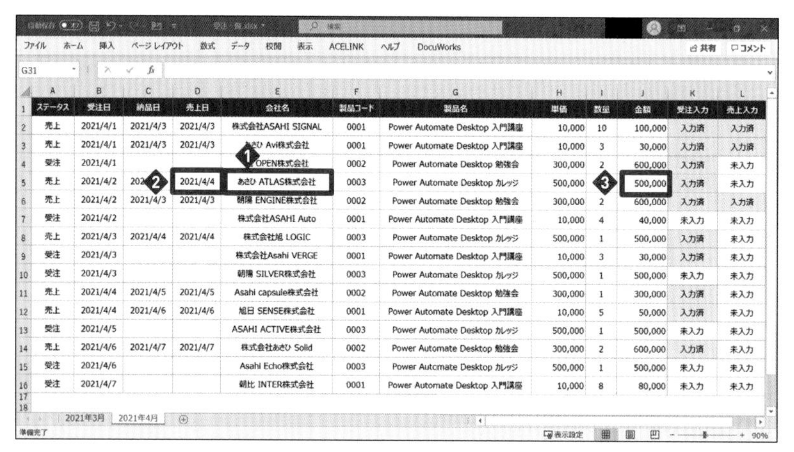

	A	B	C	D	E	F	G	H	I	J	K	L
1	ステータス	受注日	納品日	売上日	会社名	製品コード	製品名	単価	数量	金額	受注入力	売上入力
2	売上	2021/4/1	2021/4/3	2021/4/3	株式会社ASAHI SIGNAL	0001	Power Automate Desktop 入門講座	10,000	10	100,000	入力済	入力済
3	売上	2021/4/1	2021/4/3	2021/4/3	さひ Avi株式会社	0001	Power Automate Desktop 入門講座	10,000	3	30,000	入力済	入力済
4	受注	2021/4/1			OPEN株式会社	0002	Power Automate Desktop 勉強会	300,000	2	600,000	入力済	未入力
5	売上	2021/4/2	202	2021/4/4	あさひ ATLAS株式会社	0003	Power Automate Desktop カレッジ	500,000		500,000	入力済	未入力
6	売上	2021/4/2	2021/4/3	2021/4/3	朝陽 ENGINE株式会社	0002	Power Automate Desktop 勉強会	300,000	2	600,000	入力済	入力済
7	受注	2021/4/2			株式会社ASAHI Auto	0001	Power Automate Desktop 入門講座	10,000	4	40,000	未入力	未入力
8	売上	2021/4/3	2021/4/4	2021/4/4	株式会社旭 LOGIC	0003	Power Automate Desktop カレッジ	500,000	1	500,000	入力済	未入力
9	受注	2021/4/3			株式会社Asahi VERGE	0001	Power Automate Desktop 入門講座	10,000	3	30,000	入力済	未入力
10	受注	2021/4/3			朝陽 SILVER株式会社	0003	Power Automate Desktop カレッジ	500,000	1	500,000	未入力	未入力
11	売上	2021/4/4	2021/4/5	2021/4/5	Asahi capsule株式会社	0002	Power Automate Desktop 勉強会	300,000	1	300,000	入力済	未入力
12	売上	2021/4/4	2021/4/6	2021/4/6	旭日 SENSE株式会社	0001	Power Automate Desktop 入門講座	10,000	5	50,000	入力済	未入力
13	受注	2021/4/5			ASAHI ACTIVE株式会社	0003	Power Automate Desktop カレッジ	500,000	1	500,000	未入力	未入力
14	売上	2021/4/6	2021/4/7	2021/4/7	株式会社あさひ Solid	0002	Power Automate Desktop 勉強会	300,000	2	600,000	入力済	未入力
15	受注	2021/4/6			Asahi Echo株式会社	0003	Power Autcmate Desktop カレッジ	500,000	1	500,000	未入力	未入力
16	受注	2021/4/7			朝比 INTER株式会社	0001	Power Automate Desktop 入門講座	10,000	8	80,000	未入力	未入力

❶「Webページ内のテキストフィールドに入力する」アクションをワークスペースに追加します。＜得意先名称＞のテキストフィールドをUI要素として取得します。「テキスト」に「%CurrentItem['会社名']%」と入力します。

❷「テキストをdatetimeに変換」アクションをワークスペースに追加します。＜売上日＞のテキストフィールドが＜年＞＜月＞＜日＞に分かれているため、＜受注日＞の＜年＞＜月＞＜日＞を変数のプロパティを使用して取得します。変数のプロパティを使用するには､値をテキスト型から日付型に変換するこのアクションが必要です。
「変換するテキスト」に「%CurrentItem['売上日']%」と入力します。テキストに変換された値は変数「%TextAsDateTime%」に格納されます。

❸「Webページでドロップダウンリストの値を設定します」アクションをワークスペースに追加します。
　UI要素として＜売上日＞の＜年＞のドロップダウンを追加します。
「操作」は「名前を使ってオプションを選択します」を選択します。
「オプション名」に、「%TextAsDateTime.Year%」と入力します。
「変数の選択」をクリックすると､変数の一覧が表示されます。さらに､「TextAsDateTime」の変数名の左側にある矢印をクリックすると、変数「%TextAsDateTime%」で使用可能なプロパティの一覧が表示されます。一覧より「.Year」を選択します。これで＜売上日＞の＜年＞をオプション名として指定できます。

❹「Webページでドロップダウンリストの値を設定します」アクションをワークスペースに追加します。
「売上日」の「月」のドロップダウンをUI要素として追加します。
「オプション名」に、「%TextAsDateTime.Month%」と入力します（手順❸参照)。

❺「Webページでドロップダウンリストの値を設定します」アクションをワークスペースに追加します。
　UI要素として「売上日」の「日」のドロップダウンを追加します。
「オプション名」に、「%TextAsDateTime.Day%」と入力します（手順❸参照)。

❻「Webページ内のテキストフィールドに入力する」アクションをワークスペースに

追加します。
「金額」のテキストフィールドをUI要素として追加します。
「テキスト」に「%CurrentItem['金額']%」と入力します。

❼「Webページのボタンを押します」アクションをワークスペースに追加します。
「データ登録」ボタンをUI要素として追加します。

ここで使用した「テキストをdatetimeに変換」アクションは「テキスト」アクショングループ、その他のアクションは「Web オートメーション」アクショングループに属します。操作については4-5を参考にしてください。

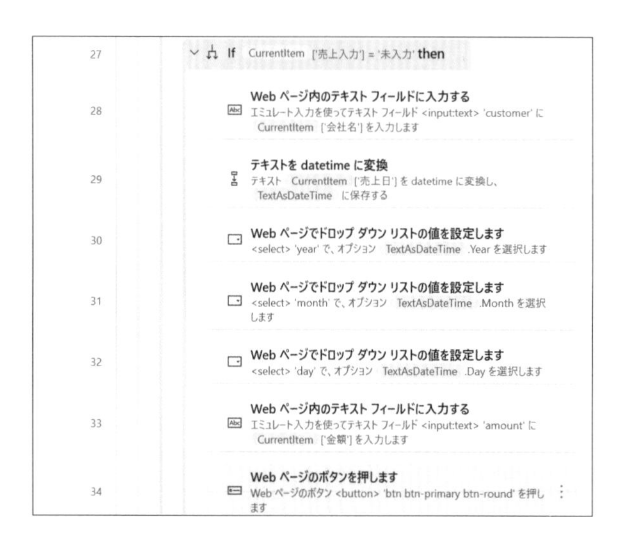

Webサイトへのデータの入力を行った後、ワークシートの「売上入力」列に「入力済」と書き込む

❶「Excel ワークシートに書き込み」アクションをワークスペースに追加します。
「書き込む値」に「入力済」と入力します。「列」にはExcelワークシート上の列「売上入力」の列番号「12」もしくはアルファベット「L」を入力します。
「行」には変数%RowIndex%を設定します。

❷「Excel ワークシートに書き込み」アクションを「Webページのボタンを押します」

アクションの下に配置します。

書き込み対象となるワークシートの行を、上から順に処理するため、行番号が格納される変数%RowIndex%を1増加させる

❶「変数を大きくする」アクションをワークスペースに追加します。「変数名」に「%RowIndex%」と入力します。「大きくする数値」に「1」と入力します。「変数を大きくする」アクションは「If」ブロックの外に配置します。

このアクションは、「変数」アクショングループに属します。

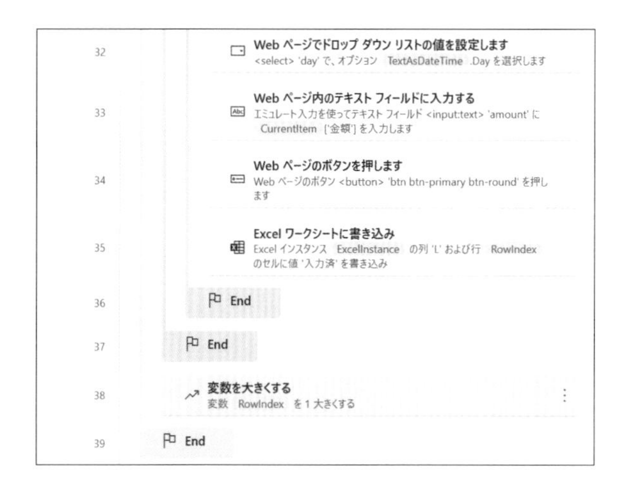

Excelファイル「受注入力.xlsx」を上書き保存して閉じる

❶「Excel を閉じる」アクションをワークスペースに追加します。今回はファイル名を変更せずに上書き保存します。「Excelを閉じる前」で「ドキュメントを保存」を選択します。

このアクションは、「Excel」アクショングループに属します。

デスクトップアプリケーションを終了する

❶「ウィンドウを閉じる」アクションをワークスペースに追加します。「ウィンドウの検索モード」で「ウィンドウのUI要素ごと」を選択します。「ウィンドウ」のドロップダウンからUI要素「Window'受注入力'」を選択します。

❷「ウィンドウを閉じる」アクションをワークスペースに追加します。「ウィンドウの検索モード」で「ウィンドウのUI要素ごと」を選択します。「ウィンドウ」のドロップダウンからUI要素「Window'メニュー'」を選択します。

このアクションは、「UI オートメーション」アクショングループに属します。

Webブラウザーを閉じる

❶「Web ブラウザーを閉じる」アクションをワークスペースに追加します。

このアクションは、「Webオートメーション」アクショングループに属します。ここまでのフローと完成したファイルを掲載します。全体像はサンプルファイルも参考にしてください。

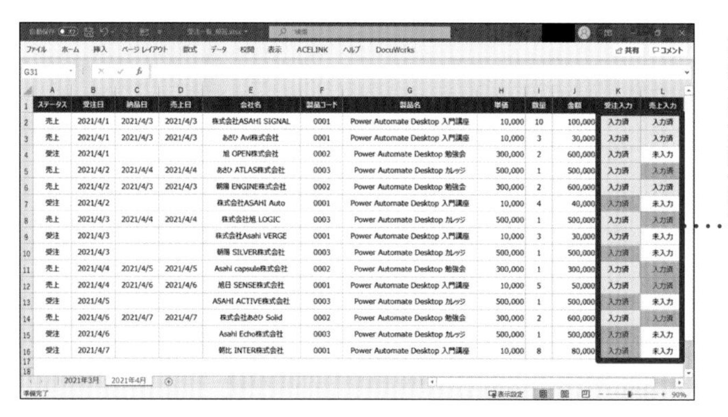

ステータス	受注日	納品日	売上日	会社名	製品コード	製品名	単価	数量	金額	受注入力	売上入力
売上	2021/4/1	2021/4/3	2021/4/3	株式会社ASAHI SIGNAL	0001	Power Automate Desktop 入門講座	10,000	10	100,000	入力済	入力済
売上	2021/4/1	2021/4/3	2021/4/3	あさひ Avi株式会社	0001	Power Automate Desktop 入門講座	10,000	3	30,000	入力済	入力済
受注	2021/4/1			旭 OPEN株式会社	0002	Power Automate Desktop 勉強会	300,000	2	600,000	入力済	未入力
売上	2021/4/2	2021/4/4	2021/4/4	あさひ ATLAS株式会社	0003	Power Automate Desktop カレッジ	500,000	1	500,000	入力済	入力済
売上	2021/4/2	2021/4/3	2021/4/3	朝陽 ENGINE株式会社	0002	Power Automate Desktop 勉強会	300,000	2	600,000	入力済	入力済
受注	2021/4/2			株式会社ASAHI Auto	0001	Power Automate Desktop 入門講座	10,000	4	40,000	入力済	未入力
売上	2021/4/3	2021/4/4	2021/4/4	株式会社旭 LOGIC	0003	Power Automate Desktop カレッジ	500,000	1	500,000	入力済	入力済
受注	2021/4/3			株式会社Asahi VERGE	0001	Power Automate Desktop 入門講座	10,000	3	30,000	入力済	未入力
受注	2021/4/3			朝陽 SILVER株式会社	0003	Power Automate Desktop カレッジ	500,000	1	500,000	入力済	未入力
売上	2021/4/4	2021/4/5	2021/4/5	Asahi capsule株式会社	0002	Power Automate Desktop 勉強会	300,000	1	300,000	入力済	入力済
売上	2021/4/4	2021/4/6	2021/4/6	旭日 SENSE株式会社	0001	Power Automate Desktop 入門講座	10,000	5	50,000	入力済	入力済
受注	2021/4/5			ASAHI ACTIVE株式会社	0003	Power Automate Desktop カレッジ	500,000	1	500,000	入力済	未入力
売上	2021/4/6	2021/4/7	2021/4/7	株式会社あさひ Solid	0002	Power Automate Desktop 勉強会	300,000	2	600,000	入力済	入力済
受注	2021/4/6			Asahi Echo株式会社	0003	Power Automate Desktop カレッジ	500,000	1	500,000	入力済	未入力
受注	2021/4/7			朝比 INTER株式会社	0001	Power Automate Desktop 入門講座	10,000	8	80,000	入力済	未入力

赤色部分がフローにより書き換えらえる

第 7 章

よく使われる便利な操作

7-1 日付の操作

この章では、実践フローで触れなかったよく使われる便利なアクションや、アクションの組み合わせを使用した操作について紹介します。まずは取得した日付の表示形式変更などを行う、日付の操作から解説します。

◆ 年月日や時刻を任意の形式で取得する

「現在の日時を取得します」アクションで生成される日付型の変数%CurrentDateTime%を任意の形式で表示するには、「datetimeをテキストに変換」アクションを使用します。パラメーターの設定で「使用する形式」を「カスタム」にすると、年月日や時刻、曜日を、テキスト形式で取得することができます。

「datetimeをテキストに変換」アクションを追加します。「変換するdatetime」では、「現在の日時を取得します」アクションで生成した変数「%CurrentDateTime%」を選択し、「使用する形式」では、「カスタム」を選択します。

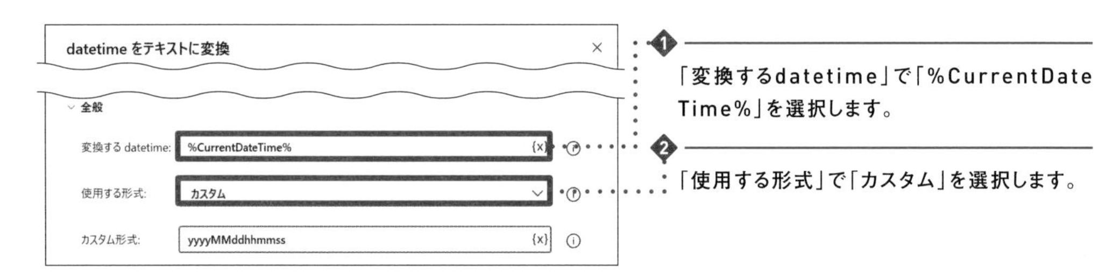

「カスタム形式」で任意の値を取得できます（下表参照）。

yyyy	年の値が取得できます。例：2021
MM	月の値が取得できます。例：06
dd	日の値が取得できます。例：20
hh	12時制の時刻の値が取得できます。例：11
HH	24時制の時刻の値が取得できます。例：23
mm	分の値が取得できます。例：30
ss	秒の値が取得できます。例：45
dddd	曜日の値が取得できます。例：月曜日

ここでは、「カスタム形式」に「yyyyMMddHHmmss」と入力します。生成される変数%FormattedDateTime%を「メッセージを表示」アクションで指定すると、年月日と時分秒の値が取得できます。

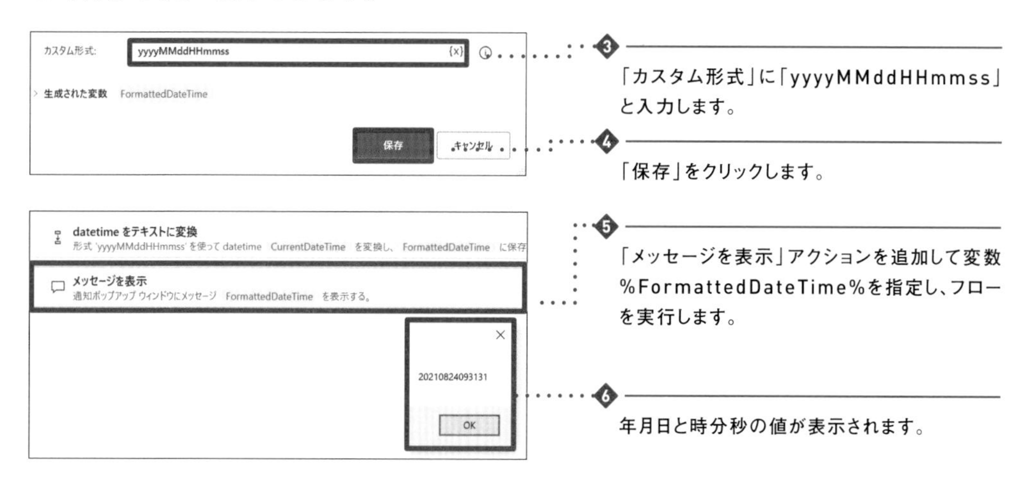

◆ 月初や月末の日付を取得する

日付はある日から何日後、何日前のように計算して求められます。取得した現在日時に対し、「加算する日時」アクションを使用すれば、月初や月末の日付を取得できます。

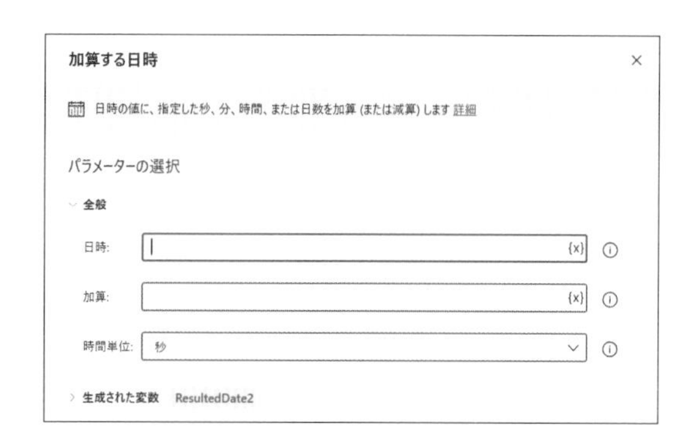

「日時」では、加算／減算の対象となる日時を格納した変数を選択します。「加算」には、加算／減算する日数を入力します。日付を減算する場合は、「-1」のように入力します。
「時間単位」では、加算・減算する単位を選択します。「秒」「分」「時間」「日」「月」「年」から選択できます。

当月月初の値の取得

「加算する日時」アクションの「日時」を「現在の日時を取得します」アクションで生成した変数「%CurrentDateTime%」とします。

「%CurrentDateTime%」の選択時にプロパティを選択できます。ここで「.Day」を選択することで、現在日を取得できます。この現在日を使用し、「加算」に「%(CurrentDateTime.Day -1) * -1%」と入力します。

7/16/2021 12:00:01 PM

プロパティ
.Month = 7
.Day = 16
.Year = 2021
.Hour = 12
.Minute = 0
.Second = 1

たとえば、実行日が7月16日の場合、%CurrentDateTime.Day(16日) -1 % = 15 となります。さらに-1をかけることで減算となるため、当月月初（1日）の値が取得できます。以下は、当月月初の値を取得するフローです。

この方法以外に、「datetimeをテキストに変換」アクションを「カスタム形式」で使用し、「yyyy/MM/01」と設定することでも当月月初の値を取得できます。

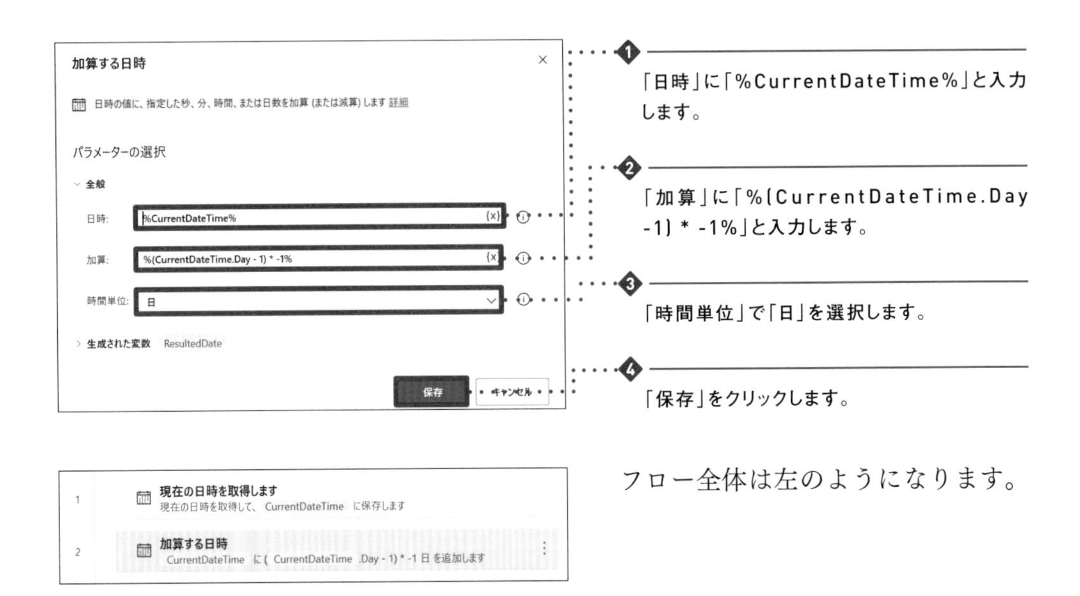

フロー全体は左のようになります。

当月月末の値の取得

先ほど求めた当月月初の値に、1カ月を加算することで翌月月初の値を取得できます。たとえば7月1日の場合、8月1日が取得されます。さらに翌月月初の値から1日引くことで当月月末の値を取得できます。当月月末の値を取得するフローは右のとおりです。

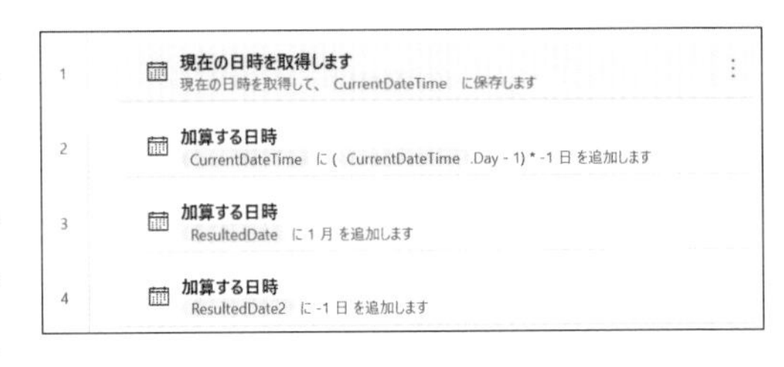

7-2 ファイルやフォルダーの操作

特定のフォルダーに格納したファイルやサブフォルダーに対して処理を行う場合、格納先のパスなどの情報を取得する必要があります。「フォルダー内のファイルを取得」アクション、「フォルダー内のサブフォルダーを取得」アクションを使用することで、ファイルやサブフォルダーの一覧を取得できます。

◆ 特別なフォルダーを取得する

「特別なフォルダーを取得」アクションは、「デスクトップ」や「プログラム」といったWindowsの特別なフォルダーのパスを取得できます。「デスクトップ」や「プログラム」などのフォルダーのパスは、「C:\Users\ログインユーザー名\Desktop」のようにパソコンにログインしているユーザー名が含まれているため、**ほかのユーザーにフローを共有してそのまま実行すると、パスのユーザー名が異なりエラーとなってしまいます。**そのため、共有したフローはパスの情報を変更する必要がありますが、「特別なフォルダーを取得」アクションを使用することで適切なパスの情報を取得できるため、フローを共有した際にそのまま使用できるようになります。

「特別なフォルダーの名前」では、パスを取得するフォルダーを、「お気に入り」「スタートメニュー」「デスクトップ」などから選択できます。「特別なフォルダーのパス」には、選択したフォルダーのパスが表示されます。

◆ フォルダー内のファイル一覧を取得する

「フォルダー内のファイルを取得」アクションを使用することで、フォルダー内のファイル一覧を取得できます。

ここでは例として、左のフォルダー内のファイルを取得してみます。

「フォルダー」では、対象となるフォルダーの絶対パスか、絶対パスが格納された変数を設定します。

「ファイルフィルター」では、取得するファイルの条件を設定できます。また、ワイルドカードを使用することで、ファイル名に特定の文字列、拡張子が含まれるファイルのみを取得することができます。ここでは.xlsxの拡張子を持つすべてのファイルを対象とするため、「*.xlsx」と入力しています。

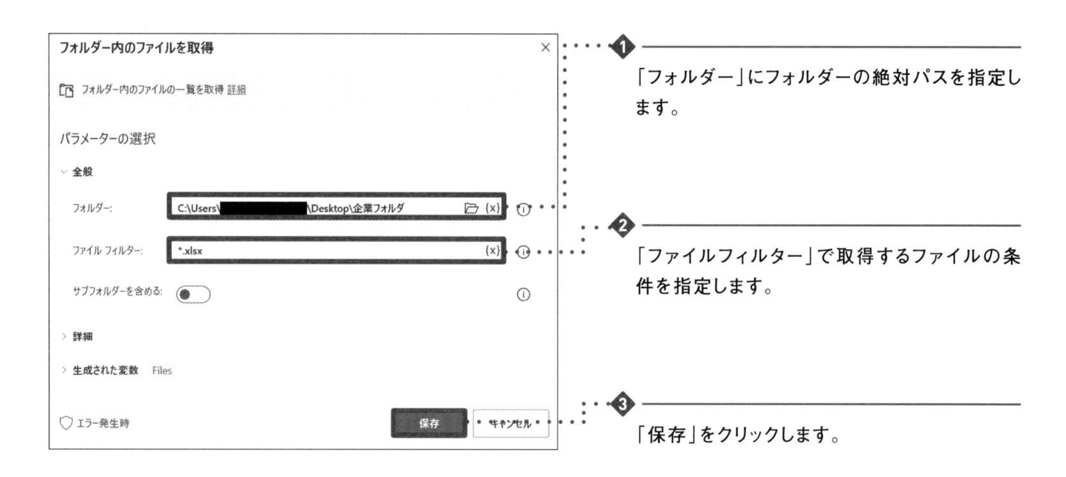

アクションを追加したら実行し、アクションで生成された変数%Files%にファイルの情報が格納されているか確認します。

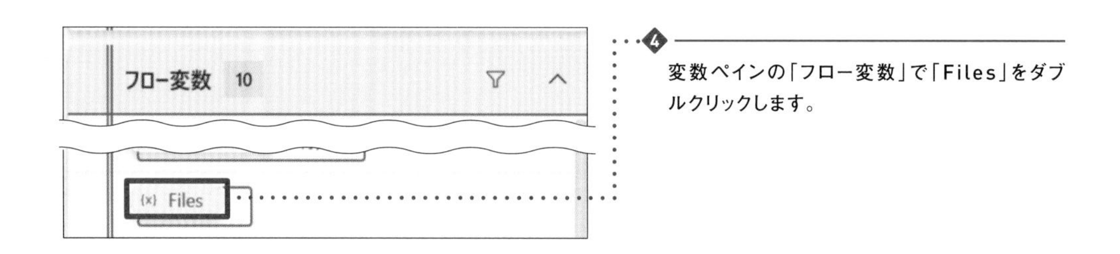

フロー変数 10
{x} Files
❹ 変数ペインの「フロー変数」で「Files」をダブルクリックします。

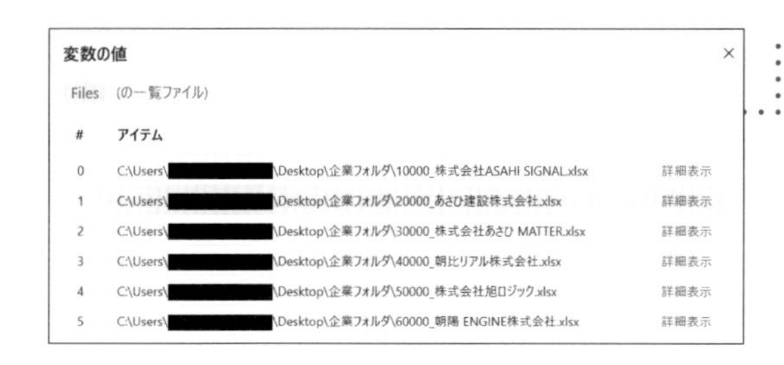

❺ ファイルの情報が取得されていることを確認します。

COLUMN

ファイル名に「あさひ」という文字列や「.xlsx」や「.pdf」といった拡張子を含むファイルのみを対象にしたい場合、「ワイルドカード」を活用することで容易に取得が可能です。ワイルドカードとは、任意の文字列を示す特殊文字で、その部分に何かしらの文字列が入る、ということを表します。ワイルドカードには「?」と「*」の2種類があり、「?」は任意の1文字を、「*」は任意の1文字以上の文字列を示します。ファイルフィルターにワイルドカードを使用した際の、各取得対象は以下になります。なお、「ファイルフィルター」に「*」のみを入力すると、すべてのファイルを対象にできます。

■ファイルフィルターに「10000_株式会社ASAHI SIGNAL.xlsx」と入力した場合

10000_株式会社ASAHI SIGNAL.xlsx　→取得対象
20000_あさひ建設株式会社.xlsx　→取得対象外
30000_株式会社あさひ MATTER.pdf　→取得対象外

■ファイルフィルターに「*.xlsx」と入力した場合

10000_株式会社ASAHI SIGNAL.xlsx　→取得対象
20000_あさひ建設株式会社.xlsx　→取得対象
30000_株式会社あさひ MATTER.pdf　→取得対象外

■ファイルフィルターに「*あさひ*」と入力した場合

10000_株式会社ASAHI SIGNAL.xlsx　→取得対象外
20000_あさひ建設株式会社.xlsx　→取得対象
30000_株式会社あさひ MATTER.pdf　→取得対象

■ファイルフィルターに「1000?_*.xlsx」と入力した場合

10000_株式会社ASAHI SIGNAL.xlsx　→取得対象
10001_あさひ建設株式会社.xlsx　→取得対象
10010_株式会社あさひ MATTER.xlsx　→取得対象外

7-3 数の多い分岐

都道府県や会社の部署のように判断の対象が1つで複数の分岐がある場合、「Switch」アクション、「Case」アクションを使用した処理が便利です。

条件分岐の「If」アクションと、「Switch」/「Case」アクションの違いは以下のとおりです。条件分岐ごとに比較対象を変えたい場合は、「If」アクションを、比較対象が1つで分岐条件が複数ある場合は、「Switch」/「Case」アクションを使用するとよいでしょう。

「If」アクションの場合

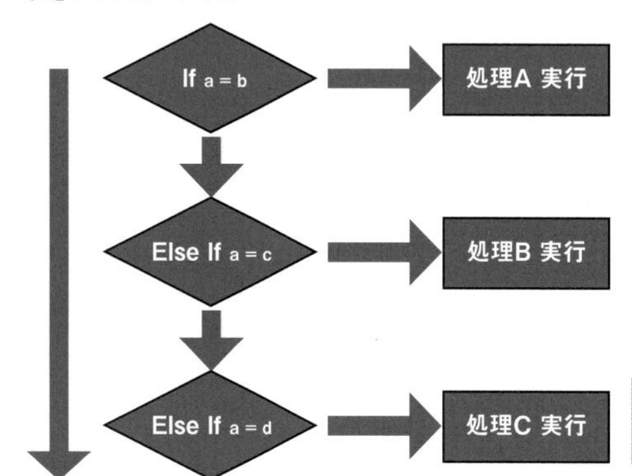

・「If」アクションごとに比較対象と演算子を設定する。
・各「If」アクションで異なる条件を設定することができる。

「Switch」/「Case」アクションの場合

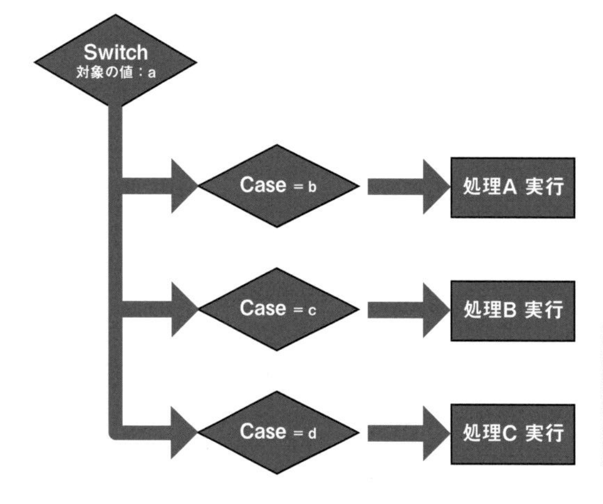

・「Switch」アクションで対象の値を設定し「Case」アクションで比較条件を設定する。
・片方の値が決まっているため、条件分岐が多い場合は確認しやすい。

第 8 章

応用操作

8-1 UI要素の編集

UI要素はセレクターと呼ばれるWebページやアプリケーション上の位置を特定する住所のようなもので構成されています。UI要素はWebページで取得したWebコントロールとWebページ以外から取得されたUIコントロールの2つが存在します。いずれの場合も構成するセレクターの考え方は同じです。

ここではUI要素を構成しているセレクターの編集方法を解説します。編集したUI要素はアクションに設定できます。これによってアプリケーションの起動ごとにウィンドウのタイトルが変わる場合や、Webページのリンクを上から順番にクリックするなど、動的に変化する箇所の操作に対応できます。

◆ ビジュアルセレクタービルダーとカスタムセレクタービルダー

UI要素のセレクターは、セレクタービルダーで確認および編集ができます。フローデザイナー右側にあるをクリックして「UI要素ペイン」に切り替え、確認したいUI要素のセレクターを右クリックして「セレクターの編集」を選択（もしくはダブルクリック）して、セレクターごとの画面で「セレクターの編集」を選択します。

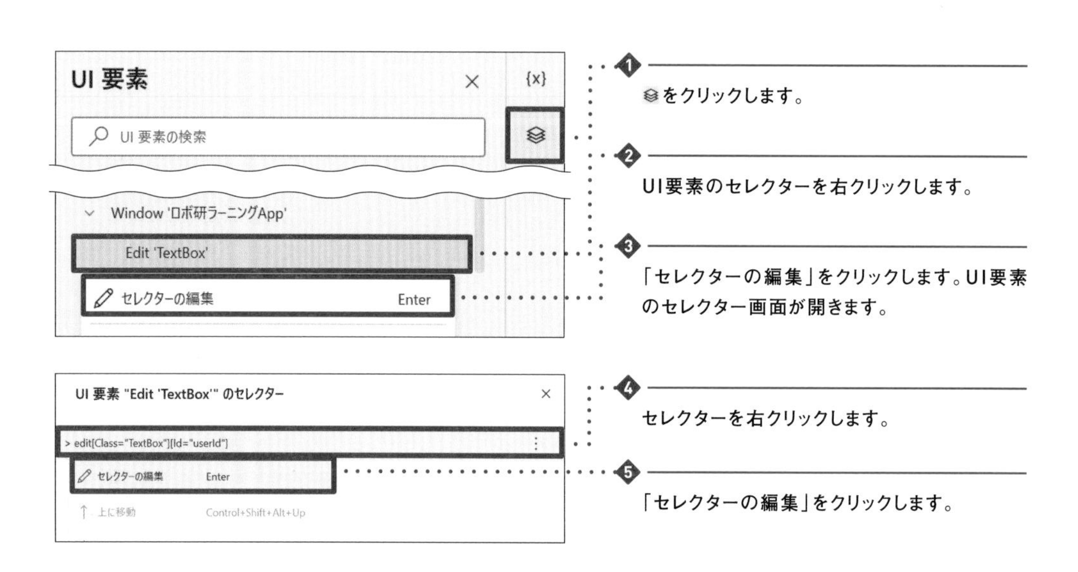

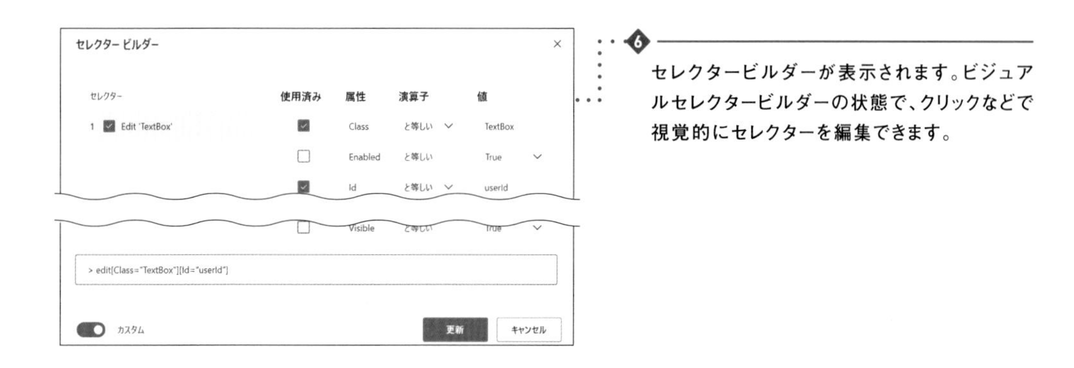

❻ セレクタービルダーが表示されます。ビジュアルセレクタービルダーの状態で、クリックなどで視覚的にセレクターを編集できます。

表示されたセレクタービルダーはビジュアルセレクタービルダーです。UI要素を特定するための条件であるセレクターを、視覚的に変更できます。また、値を比較する演算子や値を変更できます。

左下のボタンをオフにすると、カスタムセレクタービルダーに切り替わります。

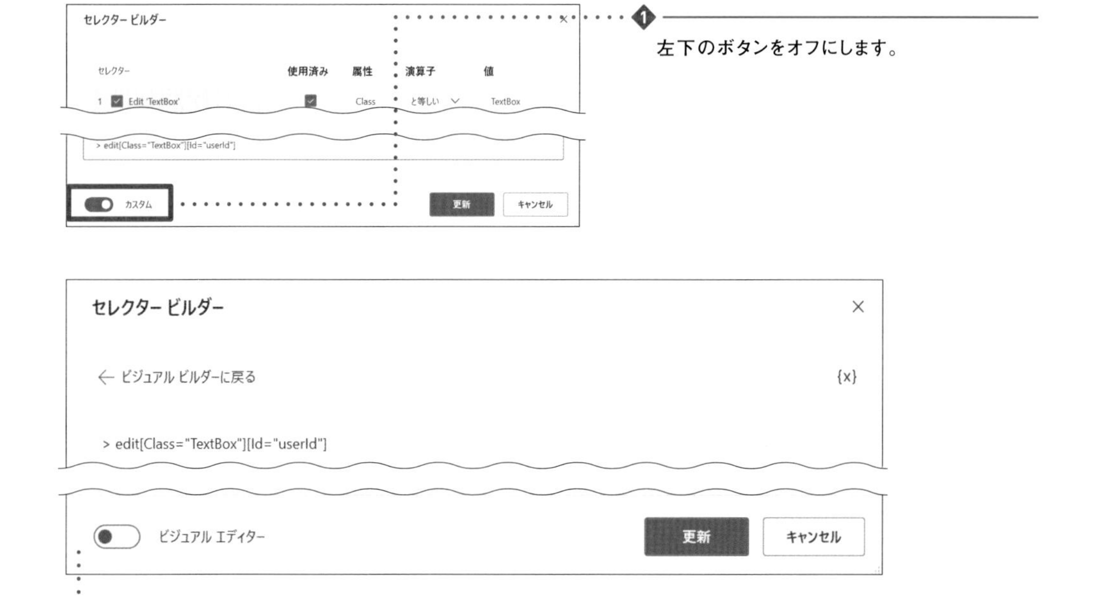

❶ 左下のボタンをオフにします。

❷ カスタムセレクタービルダーに切り替わります。左下の表示が「ビジュアルエディター」となりますが、こちらがカスタムセレクタービルダーです。再度クリックするともとに戻ります。

カスタムセレクタービルダーはセレクターをテキストベースで修正できます。ビジュアルセレクタービルダーでは変数の使用はできませんが、カスタムセレクタービルダーはセレクター内に変数を利用することができます。

◆ セレクターの編集方法

次のウィンドウの場合、ボタンを特定するセレクターは「Window > Pane > Pane > Button」となります。

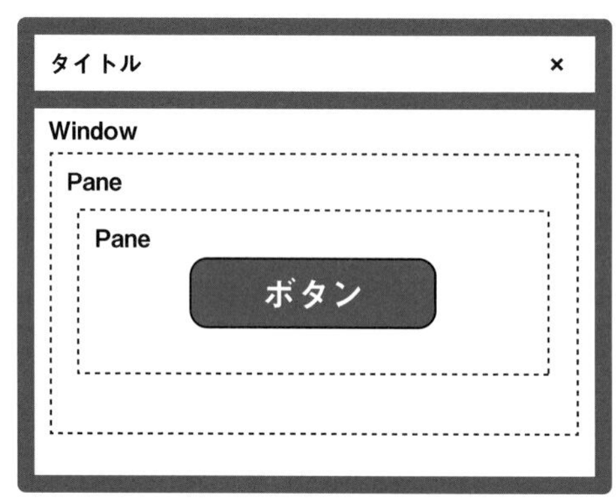

Window > Pane > Pane > Button

このウィンドウの場合、「Pane > Pane > Button」に該当するボタンは1つのため、「Window」を除いた「Pane > Pane > Button」でもボタンを特定できます。

ビジュアルセレクターではセレクターにある「Window」のチェックを外し、セレクターを「Pane > Pane > Button」としても特定することができます。

指定のUI要素	セレクター				
	Window	Pane	Pane	Button	Text
Window > Pane > Pane > Button	☑	☑	☑	☑	
Pane > Pane > Button		☑	☑	☑	

次のウィンドウのようにボタンが2つ存在する場合、セレクターを「Window > Pane > Pane > Button」とすると動作しません。「Window > Pane > Pane > Button」で特定できるボタンは「OK」ボタン、「キャンセル」ボタンの2つです。セレクターだけではどちらのボタンを操作するのかわかりません。この場合は「属性」と呼ばれるセレクターの補足情報を用いてどちらのボタンなのかを特定します。

タイトル ×

Window

Pane

Pane

OK　キャンセル

Window > Pane > Pane > Button

属性にはクラス名や名称、ID、順序などがあります。属性はUI要素によって設定されている項目が違います。今回はあくまでも1つの例として考えてください。

ボタンに文字が表示されている場合は、属性の「Name」を指定することで特定が可能です。「Name」はUI要素の名称の情報が入る属性です。上図の場合、以下のようなセレクターでどちらのボタンなのか特定できます。

「OK」ボタン	Window > Pane > Pane > Button[Name="OK"]
「キャンセル」ボタン	Window > Pane > Pane > Button[Name="キャンセル"]

属性は各セレクターごとに設定できます。以下は、ウィンドウタイトルが「タイトル」、ボタンの名称が「はい（Y)」と表示されているセレクター情報（ビジュアルセレクタービルダーの表示）です。

「Button」にName属性で「はい（Y)」と指定されていますが、「Window」にもName属性で「タイトル」と指定されています。このように属性はセレクターごとに設定され、複数のウィンドウでも対象を特定できます。

ボタンの名称が表示されているもののName属性として取得できないケースや、ボタンの名称が同じケースが発生することも考えられます。そのような場合は、順序を示すOrdinal属性を使用します。

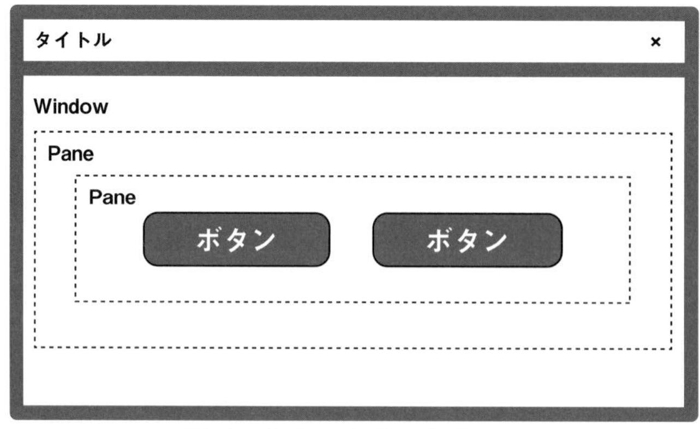

Window > Pane > Pane > Button

Ordinal属性は同条件で特定できるUI要素が存在した場合、同条件の何番目かを指定できる属性です。下記の場合、「Window > Pane > Pane > Button」で特定できるボタンは2つあるため、どちらかを特定することはできません。Ordinal属性「:eq」で指定することにより特定のボタンを順番で指定できます。1番目を0と数えます。

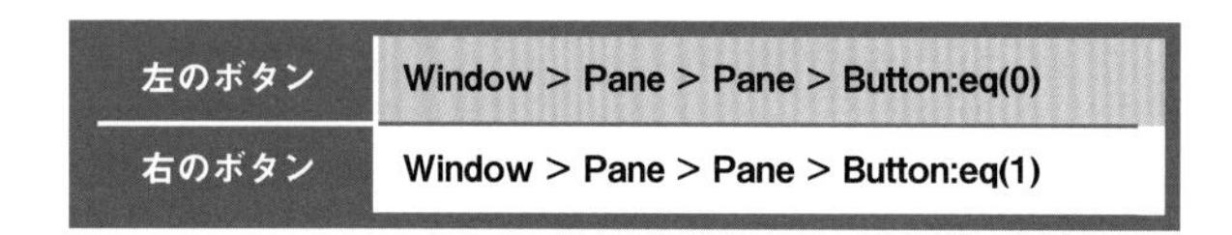

左のボタン	Window > Pane > Pane > Button:eq(0)
右のボタン	Window > Pane > Pane > Button:eq(1)

COLUMN

Name属性などボタンの名称を設定する際に「演算子」でどのようなパターンを一致条件にするか設定できます。ビジュアルセレクタービルダーでは、各属性の演算子をドロップダウンより選択することが可能です。Name属性の場合、「と等しい」「と等しくない」「含む」「次の値で開始」「次の値で終わる」「正規表現一致」が選択できます。名称が動的に変わる場合は演算子を変更することで、対応可能な場合があります。

Ordinal属性はセレクター上で「eq」と表示されます。1番目には「0」が割り当てられ、2番目には「1」が割り当てられます。ボタンの順番は必ずしも見た目で左から1番など一定ではないため、セレクターを修正し、トライ＆エラーで順番を調査する必要があります。

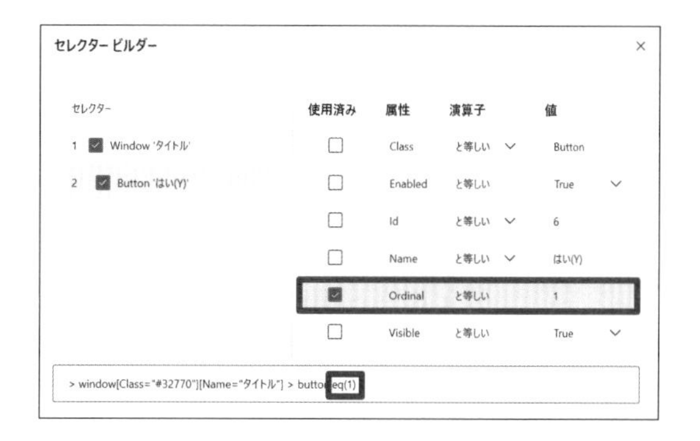

COLUMN

UI要素はウィンドウと各ボタン等の親子関係で構成されています。

親	画面（ウィンドウ）
子	画面に属するUI要素（ボタンやテキストフィールドなど）

たとえば以下の「色々なコントロール」画面では、「ウィンドウタイトル変更」ボタンは画面に属するUI要素となります。UI要素を編集する場合は画面なのかUI要素（ボタンなど）なのかを区別する必要があります。

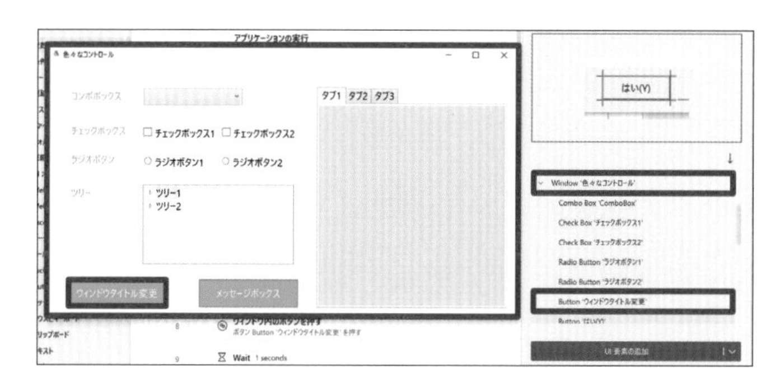

右のアクションに設定されているUI要素は「Window'色々なコントロール'」画面に属する「Button'ウィンドウタイトル変更'」ボタンを指定しています。

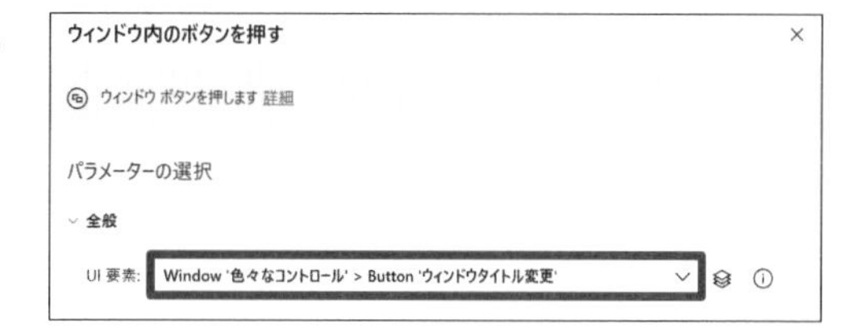

8-2 UI要素の編集が必要な場合

UI要素は、エラー修正やUI要素の取得の効率化のために編集します。実例として、第6章で使用したデスクトップアプリケーション「ロボ研ラーニングApp」のメニュー「色々なコントロール」と、第4章で使用した練習用サイト「Power Automate Desktop練習サイト」の「得意先一覧」を使用します。

◆ エラーが表示されている場合(エラー修正)

右のように「ボタンを押せません(ウィンドウを取得できません)」などのエラーメッセージが表示される場合の対処について解説します。

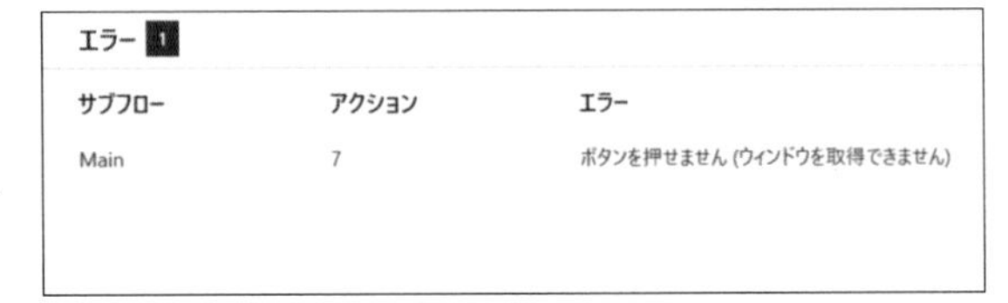

Power Automate Desktopを運用していると、1回目の実行では正しく動作するのに、2回目の実行ができない、昨日実行できたのに今日実行できない、アプリのバージョンアップをしたら実行できなくなったといった運用時に問題が出るケースが起こりえます。これらの原因はさまざまですが、アプリの変更や更新などでボタンが押せなくなったといったエラーは、UI要素の修正で、改善できる場合があります。

例として、「ロボ研ラーニングApp」の「メッセージボックス」ボタンを「ウィンドウ内のボタンを押す」アクションで操作しようとしたもののエラーになってしまったというケースを想定して解説します。

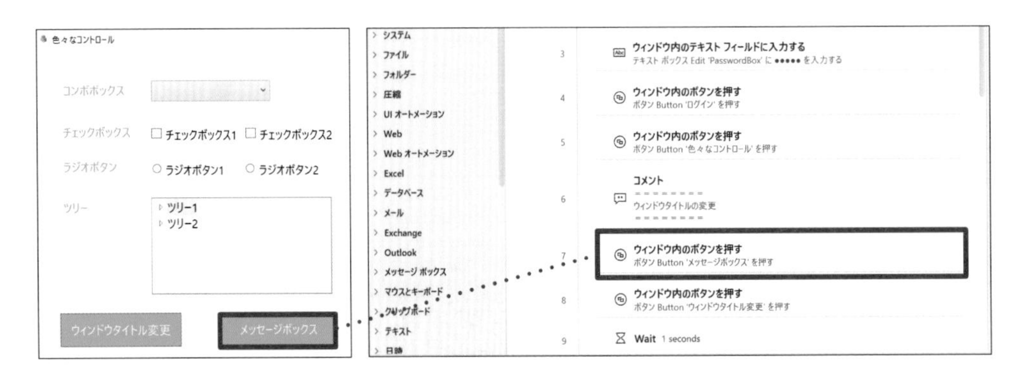

先に示した画像では、エラー内容から「ウィンドウ内のボタンを押す」アクションでエラーが発生していることがわかります。エラーの原因は「ボタンを押せません(ウィンドウを取得できません)」と表示されています。

この場合、「ウィンドウを取得できません」とあるため、ウィンドウが指定できていない可能性が考えられます。「ウィンドウ内のボタンを押す」アクションに設定されているUI要素を確認します。

「ウィンドウ内のボタンを押す」アクションの「UI要素」に、「Window '3回目 | 色々なコントロール'」>「Button'メッセージボックス'」が設定されていることが確認できます。設定してあるUI要素をUI要素ペインから探し、セレクターを確認します。

ウィンドウのセレクターは以下になっていることがわかります。

:desktop > window[Name="3回目 | 色々なコントロール"][Process="Asahi.Learning"]

右は、ウィンドウ「Window '3回目 | 色々なコントロール'」のセレクタービルダーです。このセレクターを覚えておきましょう。

右は、ボタン「Button'メッセージボックス'」のセレクタービルダーです。こちらは今回の問題とは関係がありませんが、調査時はこのようにUI要素の情報を収集します。

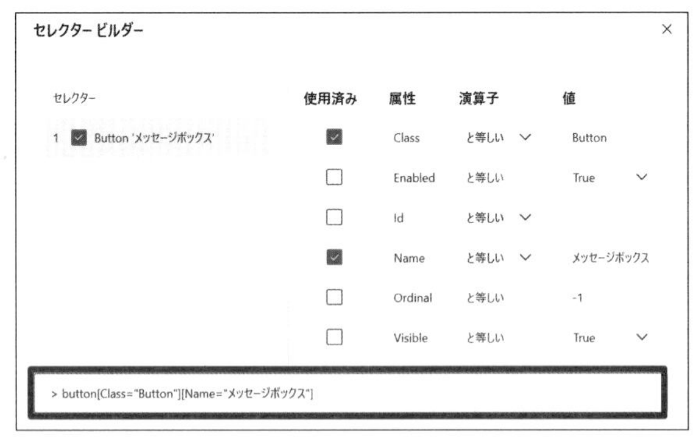

実際のウィンドウを見るとタイトルは「色々なコントロール」と表示されていますが、セレクターに登録されている名称は「3回目 | 色々なコントロール」となっています。この違いがボタンを押すことができない原因です。

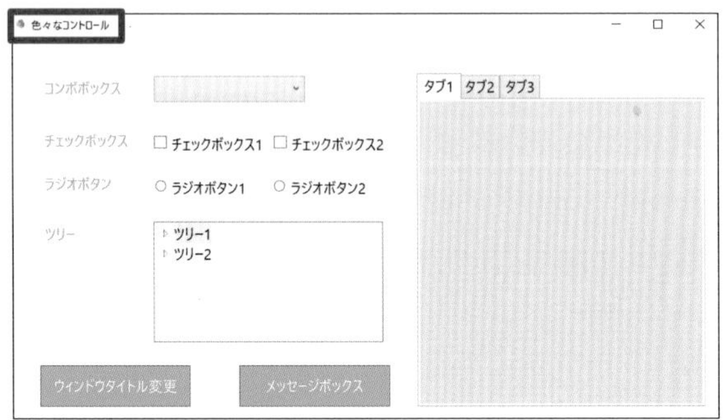

このアプリケーションのウィンドウタイトルは操作回数により「色々なコントロール」や「3回目 | 色々なコントロール」のように変化します。そこで、ウィンドウタイトルに回数が含まれても対応できるようにUI要素を修正します。

ウィンドウ「Window'3回目 | 色々なコントロール'」のセレクタービルダーで、Name属性の「演算子」を「含む」に変更し、Name属性の「値」を「色々なコントロール」に変更します。このように修正することでウィンドウタイトルの文言が「色々なコントロール」を含んだ文字列の場合にウィンドウを特定できるようになります。

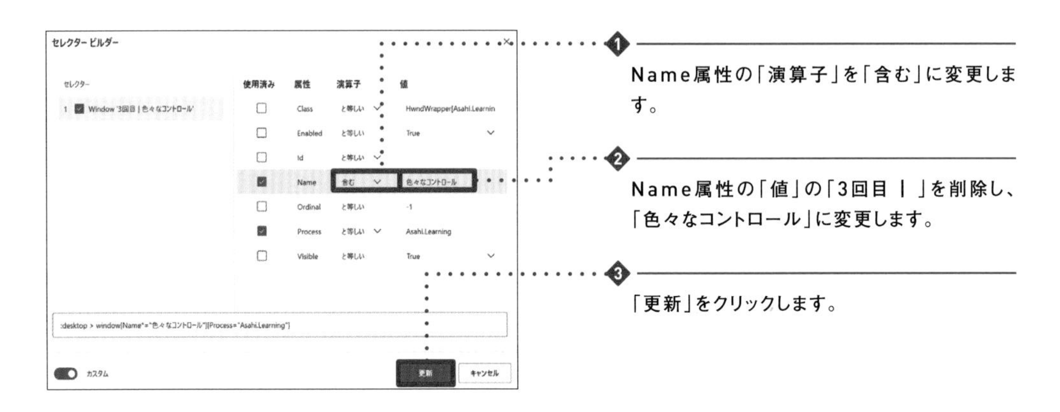

◆ Webのリンクを順番にクリックしたい場合(効率化)

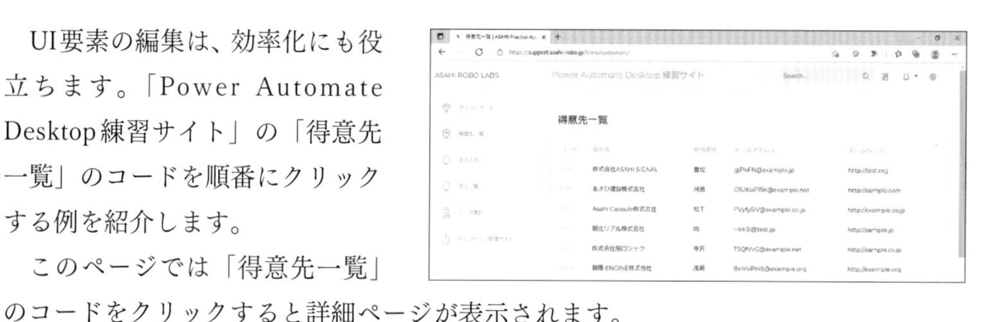

UI要素の編集は、効率化にも役立ちます。「Power Automate Desktop練習サイト」の「得意先一覧」のコードを順番にクリックする例を紹介します。

このページでは「得意先一覧」のコードをクリックすると詳細ページが表示されます。

通常クリックする対象は一つ一つUIを登録し、アクションに設定していく必要があります。対象が大量にある場合は登録するだけで多くの時間を必要とします。クリックする対象が同じ項目であれば、UI要素を編集することで、1つのUI要素で複数の箇所をクリックできます。

例として、ここでは、コードのリンク「0001」「0002」……をクリックするためのUI要素の編集について解説します。

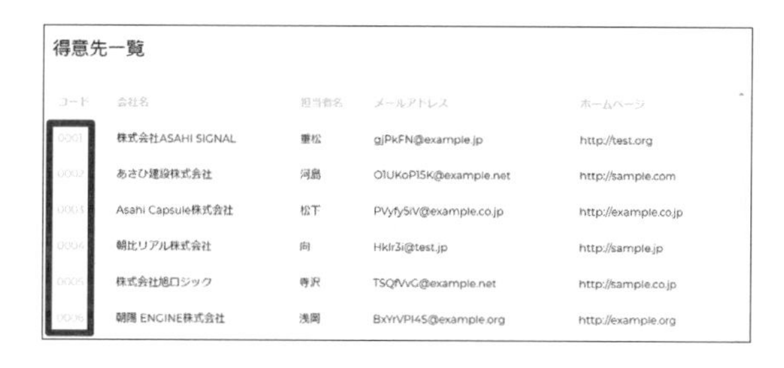

得意先一覧

コード	会社名	担当者名	メールアドレス	ホームページ
0001	株式会社ASAHI SIGNAL	重松	gjPkFN@example.jp	http://test.org
0002	あさひ建設株式会社	河島	O1UKoP15K@example.net	http://sample.com
0003	Asahi Capsule株式会社	松下	PVyfy5iV@example.co.jp	http://example.co.jp
0004	朝比リアル株式会社	向	Hklr3i@test.jp	http://sample.jp
0005	株式会社旭ロジック	寺沢	TSQfVvG@example.net	http://sample.co.jp
0006	朝陽 ENGINE株式会社	浅岡	BxYrVPI45@example.org	http://example.org

コードをクリックするためのUI要素を確認します。コード「0001」のUI要素を取得します。セレクタービルダーは右のとおりです。

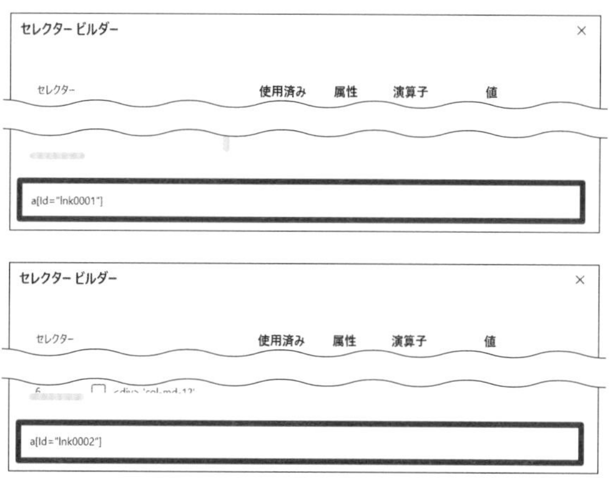

次にコード「0002」のUI要素を取得します。セレクタービルダーは右のとおりです。

取得したコードのUI要素を比較すると以下のようになります。

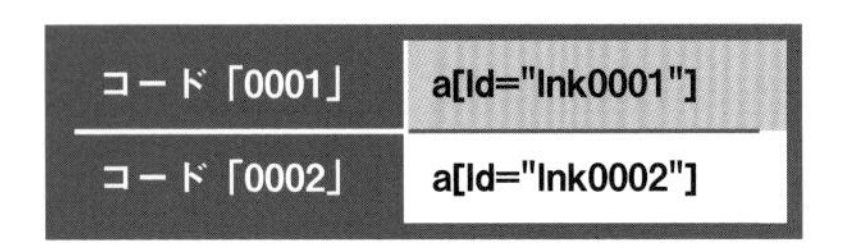

コード「0001」	a[Id="lnk0001"]
コード「0002」	a[Id="lnk0002"]

コードのUI要素の構成は セレクターが「a」、属性が「Id」となっています。このことから、このページでは複数のコードを区別するためにId属性の値「lnk0001」「lnk0002」を使用していることがわかります。

上記をもとに1つのUI要素で複数のリンクを順番にクリックできるようにUI要素を編集します。ここではセレクターに変数を用いるので、「変数の設定」アクションで変数%RowNo%を作成します。設定する値は「0」としておきます。

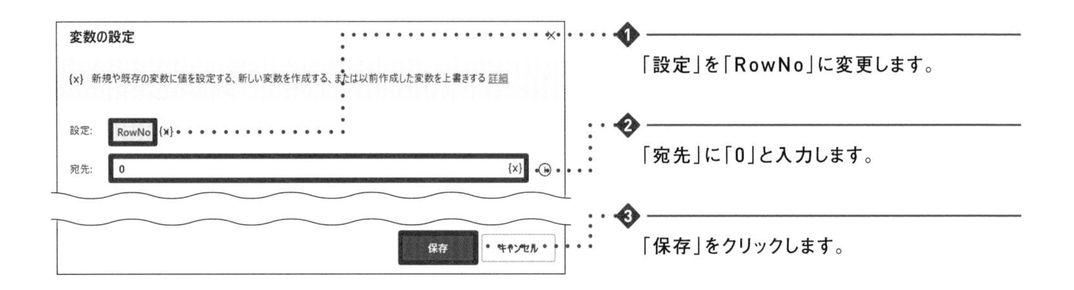

UI要素を編集するために、取得したコード「0001」のセレクタービルダーを開きます。「セレクター」でチェックが入っている<a>を選択します。属性にあるId属性の「演算子」を「含む」にし、「値」を「lnk」に編集します。値が「lnk0001」の場合は、コードのId属性が「lnk0001」を特定する条件となりますが、Id属性の値を「lnk」を「含む」とすることで、コードが「lnk0001」「lnk0002」のように「lnk」を含む場合に特定できるようになります。

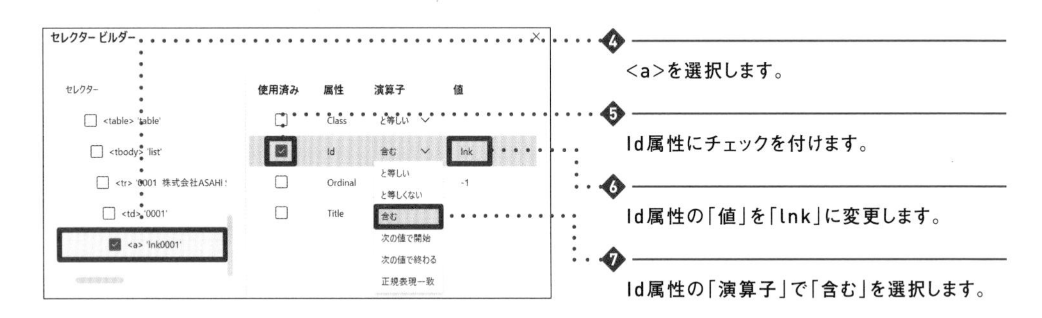

次にOrdinal属性にチェックを付けます。Id属性の指定だけでは特定される要素が複数存在し、クリック対象を1つに絞り込めません。Ordinal属性にチェックを付けることで、同じセレクターで特定できるものが複数ある場合に順番で指定できます。

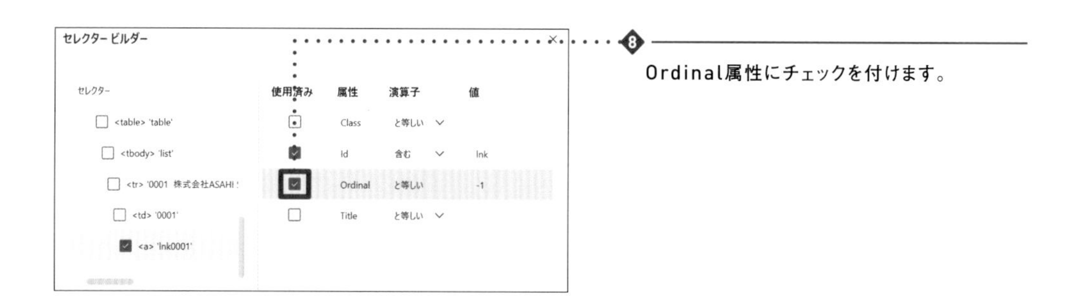

このままでは、Ordinal属性は「-1」でコードを特定することはできません。今回順番にコードをクリックしていきたいので、Ordinal属性の数値を変えることでクリック箇所を特定します。

UI要素のセレクターに含まれた数字などを、状況に応じて（動的に）変化させるためには、変数を用います。変数は、ビジュアルセレクタービルダーでは利用できないため、利用のためにカスタムセレクタービルダーへと切り替える必要があります。

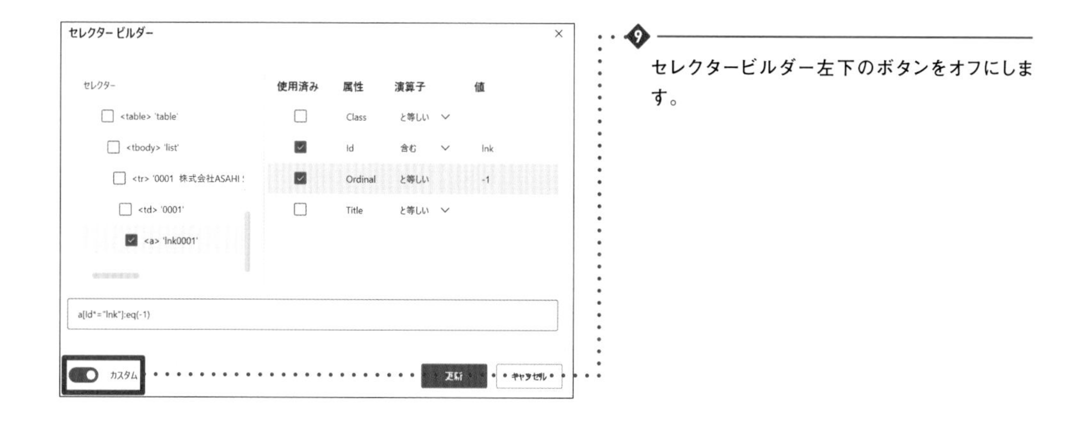

カスタムセレクタービルダーにすることで、セレクターをテキストとして入力できるようになります。セレクター内の「-1」を削除し、右上の{x}をクリックします。表示された変数一覧から事前に作成しておいた変数%RowNo%を選択します。

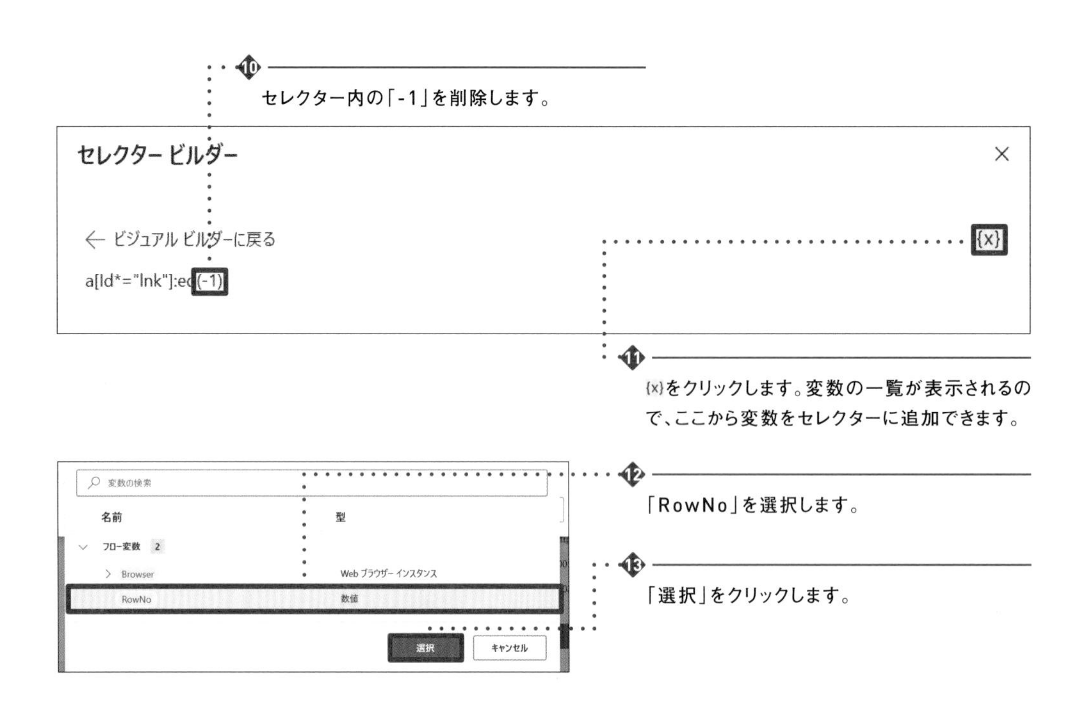

変数を使用したセレクターは下記のとおりです。

a[Id*="lnk"]:eq(%RowNo%)

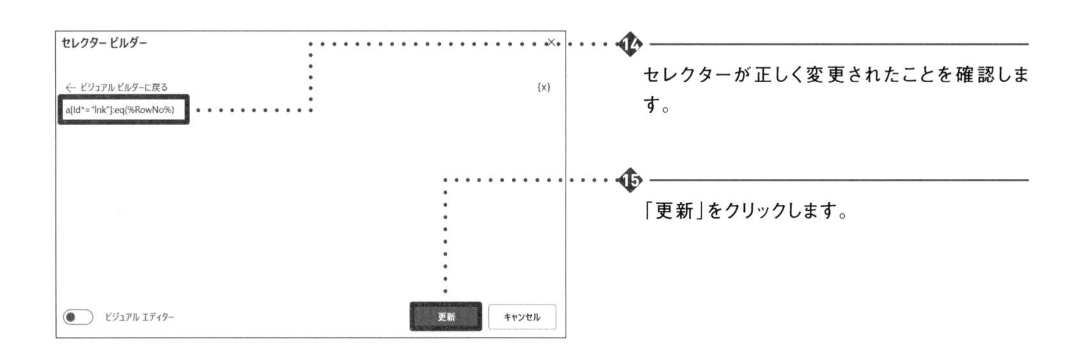

上記の手順でセレクターを編集できました。

ここから、変数%RowNo%の値を「変数」アクショングループの「変数を大きくする」アクションを使い、0、1、2、3……とくり返し処理ごとに1ずつ繰り上がるようにすることで、上から順番にコードを特定しクリックさせることができます。

8-3 外部サービス連携

Power Automate Desktopは、Webサービスの操作をUI要素や画像認識を使って自動化できます。しかし、UI要素や画像認識を使った操作に頼る場合、ページのUIが変更されるなどして想定した画面と異なってしまうと、動作を停止してしまったり、想定外の動作をしてしまったりする恐れがあります。

しかし、**API(Web API)が提供されているWebサービスに対しては、APIを呼び出して自動化することによって、処理の安定化を図ることができます。**APIとはApplication Programming Interfaceの略で、Webサービスやアプリケーション、プログラムに対し、それぞれ別のサービスどうしを連携させるための橋渡し役です。APIを決められた方法で呼び出すことで、定義された形式での値の受け取りやデータの更新、削除など、さまざまな処理を行うことができます。

◆ 外部サービスの利用方法

操作したいWebサービスがAPIを提供しているか確認します。APIが提供されている場合は、「Web」アクショングループの「Webサービスを呼び出します」アクションを使用してWebサービス（API）を呼び出すことが可能です。APIの使い方は各サービスのドキュメントを参照してください。

COLUMN

すでにPower Automateの有償ライセンス(P.31参照)を保有している場合は、Power Automate(クラウドフロー)に自動化したいサービスがコネクタとして提供されているか確認します。コネクタがすでに用意されている場合は、積極的にコネクタを利用しましょう。

8-4 例外処理

エラーが発生しそうなポイントに対して事前に対策の処理を設定することで、エラーが発生してフローが停止してしまうリスクを削減できます。こうした予期しないエラーが発生した際、エラーの回避・回復のためのしくみを、「例外処理」といいます。

◆ 例外処理の2つの方法

Power Automate Desktopは2つの方法でエラー発生時の例外処理を設定できます。

1つ目は、各アクション内の「エラー発生時」の処理設定です。各アクションに対する例外処理として、アクションの再試行や変数設定、サブフローの実行、アクションのくり返し、詳細設定などが設定できます。

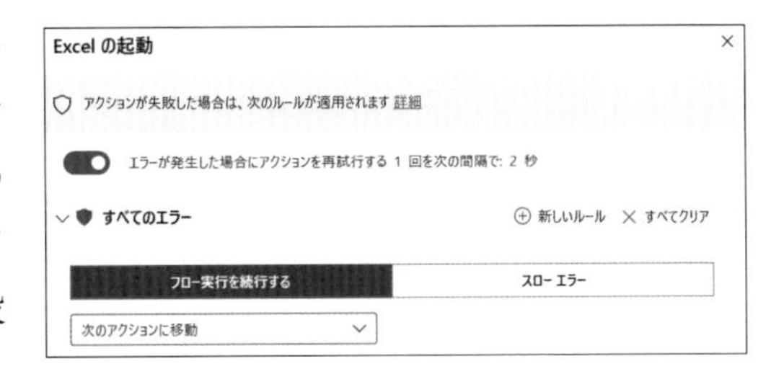

2つ目は、「フローコントロール」アクショングループの「ブロックエラー発生時」アクションによる設定です。複数アクションの組み合わせに対する例外処理として、変数設定、サブフローの実行、アクションのくり返し、ブロックの先頭／末尾への遷移などが設定できます。

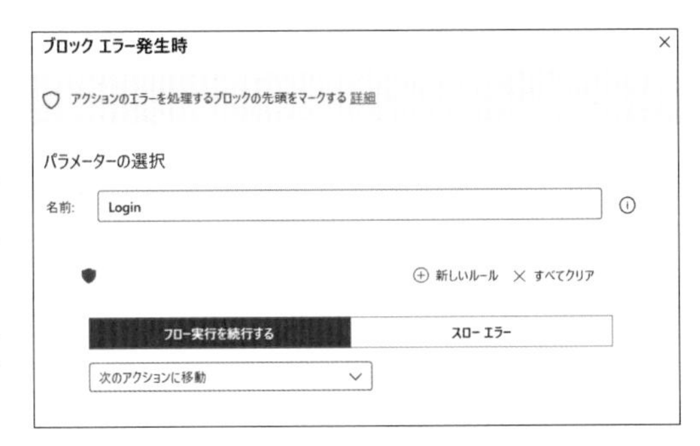

フローはさまざまな要因によって発生する予期しないエラーによって停止する可能性があります。Windowsの更新などの動作端末の影響や、操作対象のアプリケーション／Webページの構成変更、想定外のメッセージ表示などは、フローが予期せずに停止してしまう原因として挙げることができます。**アプリケーションの変更や特定のメッセージが表示されそうな処理、くり返し処理を行うポイントに、例外処理を追加することをおすすめします。**

8-5 フローの部品化

Webサービスへのログイン処理などはいくつかのフローで共通して行われる作業です。こうした処理を1つのフロー(デスクトップフロー)として作成すると、ほかのフローから呼び出して利用できます。いわばフローの部品化です。「フロー作成やテスト時間の短縮」「保守性の向上」など、さまざまなメリットがあります。「Desktopフローを実行」アクションを使用すると、部品化したフローを、別のフローの中から呼び出せます。

◆ フローを部品化して呼び出す

部品化するフローから作成していきます。フローを部品化する際には、呼び出し元と呼び出される側での情報のやり取りに変数が必要です。実行するフローから部品化したフローに情報を与えるには入力変数、取り出すには出力変数を用います。例を示します。変数ペインの「入出力変数」で、「LoginID」という名前の入力変数と、「LoginDateTime」という出力変数を作成、設定します。変数名と外部名に同じ項目を入力します。外部名はフローデザイナーの外部から参照するときに用いる名前のことです。入力変数は呼び出し元のフローから受け取る値、出力変数は呼び出し元のフローに返却する値です。

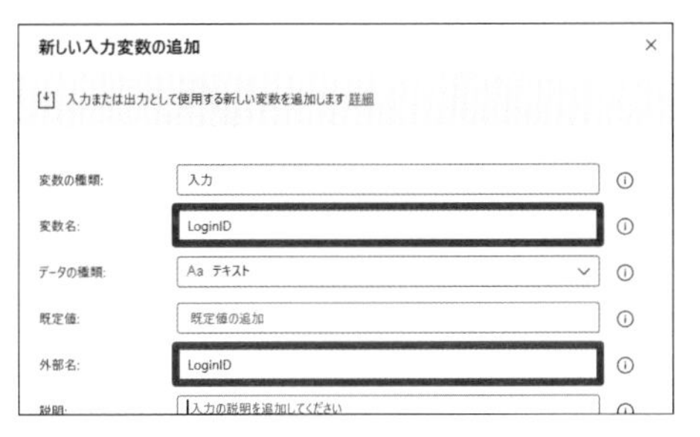

この例では、ログインIDとフローの実行時を表示するフローを作成します。フローの処理日時を表示するため、「現在の日時を取得します」アクションを配置し、取得した日時と呼び出し元のフローから受け取った値（%LoginID%）を

現在の日時を取得します
現在の日時を取得して、 CurrentDateTime に保存します
メッセージを表示
タイトルが 'ログイン成功！' の通知ポップアップ ウィンドウにメッセージ 'ログインID：' LoginID '
ログインが成功しました。
ログイン日時：' CurrentDateTime を表示する。
変数の設定
LoginDateTime を CurrentDateTime に設定します

「メッセージを表示」アクションで表示します。最後に「変数の設定」アクションを追加し、変数%LoginDateTime%に変数%CurrentDateTime%を設定します。

呼び出し元のフローを作成します。「フローコントロール」アクショングループの「Desktopフローを実行」アクションをワークスペースに追加します。

「Desktopフロー」では、自分が作成したフローが一覧表示されます。先ほど作成した部品化するフローを選択します。なお、有償ライセンスを保有しており、フローを共有している場合は、共有されたフローを実行できます。「入力変数」は、呼び出し先のフローに入力変数が設定されている場合、設定できます。この例では%LoginID%、%LoginDateTime%が用意してあります。「生成された変数」は、呼び出し先のフローに出力変数が設定されている場合、設定できます。

入力変数に入力した内容は部品化したフローで利用でき、生成された変数には部品化したフローで設定された変数が入っています。

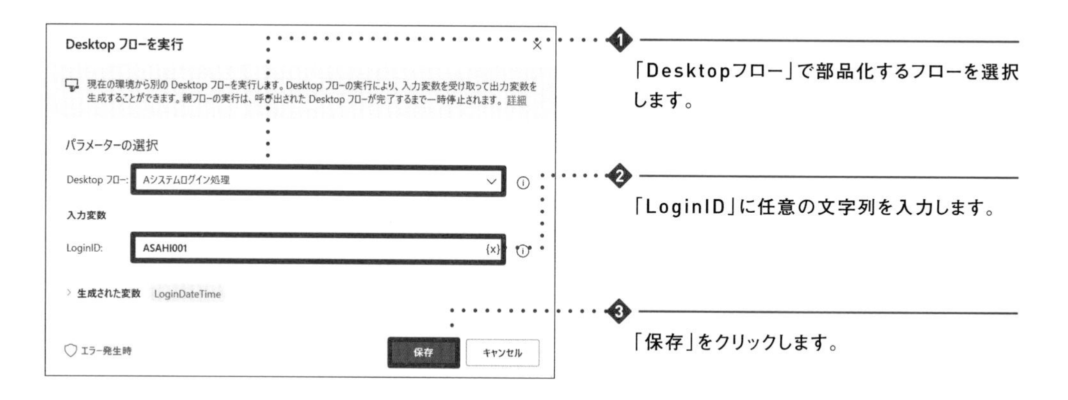

フローを実行すると、呼び出し先の部品化したフローが呼び出され、部品化したフローに渡したログインIDの値と、処理日時がメッセージに表示されます。

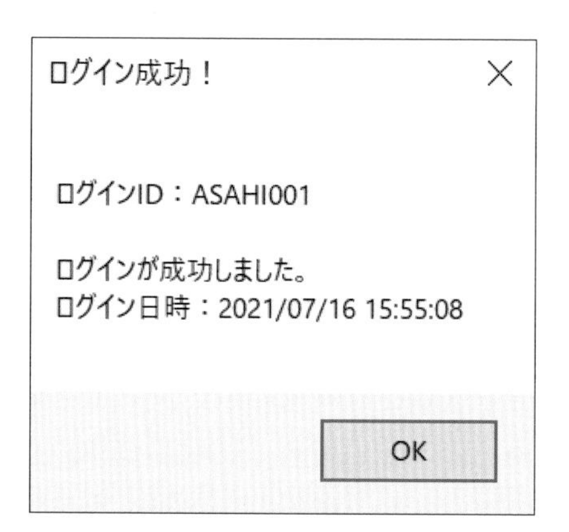

なお、「Desktopフローを実行」アクションを利用する際の注意点は、呼び出した別フローは処理が完了するまで待機するため、並列処理による処理速度向上を目的とした利用はできないことです。

8-6 有償ライセンスを使った自動化

これまでPower Automate Desktopの無償の範囲でできることに焦点を当てて解説してきました。ここでは有償ライセンス（P.31参照）を入手した場合にどのようなことができるかを紹介します。

◆ 有償ライセンスが必要となる場面

実際に業務の自動化を実現するためにはいくつかの要件を満たす必要性が出てきます。たとえば、作成したフローを、「毎週月曜日の朝8時半」のように一定のスケジュールに従って実行する場合や、Excelファイルを会計ソフトに取り込み可能な様式に変換するフローを、作業前フォルダーにExcelファイルが格納されたことをきっかけに実行する（トリガーによる実行）場合などの要件です。

Power Automate Desktopの無償利用の範囲では、スケジュール実行や、トリガーによる実行に対応していないため、これらの要件を満たすことができません。スケジュール実行の要件を無償の範囲で実現する場合、社員は毎週月曜日の8時半前に出社し、パソコンを起動し、Power Automate Desktopの画面から対象のフローを実行する必要があります。この状態では社員は毎週月曜日に必ず出社しなくてはならず、処理を実行し忘れてしまうリスクも残っているため、業務自動化の効果が低いと感じられてしまう可能性があります。

また、**作成したフローをほかのユーザーと共有することや、フローの稼働状況を監視する機能、実行管理機能にも、有償ライセンスが必要**になります。これらの機能は、企業でPower Automate Desktopを導入して展開していくためには満たすべき要件です。組織内でどのようなフローが作成されて実行されているのかを把握することで、組織内での自動化のニーズを理解でき、「野良ロボット」の抑制や実行できるフローの組織内管理、統制も可能となります。さらに、ニーズを把握して作成されたフローを、それを必要としている社員に共有することで、組織内に存在する大小のあらゆる業務の自動化を促進することが可能となります。有償ライセンスでできることについてはマイクロソフトのWebサイト（https://powerautomate.microsoft.com/ja-jp/desktop/）を参考にしてください。

索引

記号・A-Z

あ行

か行

さ行

た行

な行

は行

ま行

や行

ら行

わ行

●デザイン　小口翔平＋三沢稜（tobufune）
●組版・作図　朝日メディアインターナショナル株式会社
●編集　リンクアップ
●担当　野田大貴

■お問い合わせについて
本書に関するご質問は、本書に記載されている内容に関するもののみとさせていただきます。本書の内容と関係のないご質問につきましては、いっさいお答えできませんので、あらかじめご了承ください。また、電話でのご質問は受け付けておりませんので、本書サポートページを経由していただくか、FAX・書面にてお送りください。

＜問い合わせ先＞
●本書サポートページ
https://gihyo.jp/book/2021/978-4-297-12311-6
本書記載の情報の修正・訂正・補足などは当該Webページで行います。

● FAX・書面でのお送り先
〒162-0846　東京都新宿区市谷左内町21-13
株式会社技術評論社　雑誌編集部
「はじめてのPower Automate Desktop」係
FAX：03-3513-6173

なお、ご質問の際には、書名と該当ページ、返信先を明記してくださいますよう、お願いいたします。
お送りいただいたご質問には、できる限り迅速にお答えできるよう努力いたしておりますが、場合によってはお答えするまでに時間がかかることがあります。また、回答の期日をご指定なさっても、ご希望にお応えできるとは限りません。あらかじめご了承くださいますよう、お願いいたします。

はじめてのPower Automate Desktop
―無料&ノーコードRPAではじめる業務自動化

2021年10月9日　初版　第1刷発行
2022年10月26日　初版　第4刷発行

著　者　株式会社ASAHI Accounting Robot研究所

発行者　片岡　巌
発行所　株式会社技術評論社
東京都新宿区市谷左内町21-13
TEL：03-3513-6150（販売促進部）
TEL：03-3513-6177（雑誌編集部）
印刷／製本　図書印刷株式会社

定価はカバーに表示してあります。
本書の一部あるいは全部を著作権法の定める範囲を超え、無断で複写、複製、転載あるいはファイルを落とすことを禁じます。

©2021　株式会社ASAHI Accounting Robot研究所

造本には細心の注意を払っておりますが、万一、乱丁（ページの乱れ）や落丁（ページの抜け）がございましたら、小社販売促進部までお送りください。送料小社負担にてお取り替えいたします。

ISBN978-4-297-12311-6　C3055

Printed in Japan